· 高等学校信息类专业精品资源共享课规划教材 ·

单片机原理与应用系统设计

◎ 张东阳 李洪奎 岳明凯 编著

清华大学出版社
北京

内 容 简 介

本书旨在为学生提供一种强调工程基础，建立在真实世界的产品和系统的“构思—设计—实现—运行”全过程的工程教育，切实提高教学质量，快速培养更多的高级应用型人才。

本书首先以“用单片机点亮一盏灯”为实例，让初学者快速掌握单片机应用系统的开发工具，提高初学者对单片机应用系统设计与开发的认知和兴趣。在51系列单片机汇编语言及其应用程序设计、51系列单片机基本内部资源及其应用系统设计、51系列单片机常用接口及其应用系统设计、51系列单片机测控技术及其应用系统设计、51系列单片机应用系统实物设计等章节知识点的介绍过程中，均以较完整的单片机应用系统设计为实例，对单片机原理和应用技术及其应用系统设计进行深入的论述，把单片机原理及其应用技术与单片机应用系统设计有机地结合起来，使学生在系统地掌握单片机原理和应用技术的同时，切实提高其单片机应用系统设计与开发能力。

本书给出了所有实例的电路原理图及汇编语言源程序或C语言源程序，且所有实例均在Proteus 7.8和Keil μVision4软件平台上仿真通过，可直接运行。

本书既可作为高等院校相关专业的本科生及高职高专学生教材，也可作为学生实验及课程设计的配套教材，同时也可作为电子设计工程师培训教材，以及广大单片机爱好者自学使用的指导资料。

图书在版编目(CIP)数据

单片机原理与应用系统设计/张东阳，李洪奎，岳明凯编著. —北京：清华大学出版社，2017(2024.2重印)
(高等学校信息类专业精品资源共享课规划教材)
ISBN 978-7-302-44920-1

Ⅰ. ①单… Ⅱ. ①张… ②李… ③岳… Ⅲ. ①单片微型计算机－高等学校－教材 Ⅳ. ①TP368.1

中国版本图书馆CIP数据核字(2016)第213056号

责任编辑：贾 斌 王冰飞
封面设计：刘 键
责任校对：时翠兰
责任印制：宋 林

出版发行：清华大学出版社
网 址：https://www.tup.com.cn，https://www.wqxuetang.com
地 址：北京清华大学学研大厦A座 **邮 编**：100084
社 总 机：010-83470000 **邮 购**：010-62786544
投稿与读者服务：010-62776969，c-service@tup.tsinghua.edu.cn
质量反馈：010-62772015，zhiliang@tup.tsinghua.edu.cn
课件下载：https://www.tup.com.cn，010-83470236
印 装 者：三河市铭诚印务有限公司
经 销：全国新华书店
开 本：185mm×260mm **印 张**：19 **字 数**：461千字
版 次：2017年1月第1版 **印 次**：2024年2月第10次印刷
印 数：8001～8800
定 价：59.00元

产品编号：070309-02

前言

FOREWORD

单片机是单片微型计算机(Single Chip Microcomputer)的简称，自 20 世纪 70 年代问世以来，由于其具有集成度高、处理功能强、可靠性好、系统结构简单、体积小、速度快、功耗低、价格低廉等特点，在武器装备、航空航天、机器人、智能仪器仪表、工业检测控制、机电一体化、家用电器等许多领域得到了广泛的应用，并对人类社会产生了巨大的影响。同时，单片机的学习、开发和应用，也造就了一大批计算机应用与智能化控制的人才。

目前，单片机技术已经成为从事智能化产品开发工作的工程人员必备的技术。在工科院校，单片机原理与应用已成为非常重要的专业基础课，单片机的应用能力成为当代工科大学生一种不可或缺的技能。单片机原理与应用课程涉及的内容非常广泛，如何使学生在有限的时间内(课程教学一般为 32～56 学时)较好地掌握单片机的基本原理和应用技术，对单片机应用系统进行初步的设计和开发是一个非常重要的教学研究课题。

传统的单片机原理与应用课程教学模式中的教学顺序一般为单片机的指令系统、汇编语言程序设计、C 语言程序设计、I/O 口、定时/计数器、中断系统、串行通信、I/O 扩展、A/D 转换、D/A 转换等。在这种教学模式中，实验往往放在教学课程的中期，甚至是教学课程结束后。由于课程开始的时候，大多数学生学习目标不明确，有的甚至不知道单片机是用来做什么的，再加上学习内容枯燥乏味，所以学习兴趣不大，学习积极性不高，导致几周教学过后，学生的学习兴趣全无。这时即便是开始实验，许多学生也有了厌倦的感觉，有的干脆就放弃了。同时，目前的实验大多使用单片机实验箱，这种实验与实际的单片机应用系统设计开发在过程上有很大的差异，致使学生完全没有掌握单片机的硬件系统设计，不熟悉软件的编程、汇编及写入单片机的整个过程，当遇到实际的开发项目时，总是感到无从下手。这种课程教学模式与高校的现代实用型人才培养模式是完全相悖的，已经不能满足当前的教学需要。

近几年来，为了提高教学质量，培养更多的高级应用型人才，课题组以单片机原理与应用课程为核心开展了以设计为主线、面向学生实践能力培养的课程教学改革探索与实践，建设了精品资源共享课《单片机原理与应用》，参与了教育部以设计为主线、面向学生能力培养的人才培养模式课题的实施工作，在课程教材编写的内容和方式方法、课堂教学的内容和方式方法、实验教学的内容和方式方法、考试考核的内容和方式方法、综合成绩评定的内容和方式方法、课程教学质量保障体系等一系列涉及教与学的各个方面，进行了大胆的探索与实践，并取得了较好的成效。学生的设计能力得到了大幅度提高，自信心显著增强，精神面貌焕然一新，为他们后续的课程学习和顺利走上工作岗位奠定了坚实的基础。

目前高等院校单片机原理与应用课程所使用的教材，大多偏重于单片机原理和编程语言的论述，对于没有单片机应用系统开发经验的初学者很难快速理解、消化和吸收，以至于最后许多学生对单片机原理和应用技术只是概略的了解，根本不能够进行单片机应用系统的设计与开发。与此相反，许多应用于企业员工培训、以设计为主的培训教材，往往是针对具有一定单片机应用系统开发经验的人员所编著的，主要强调单片机应用系统的设计方法和技巧，对单片机的原理和应用技术很少提及。初学者只能是被动地掌握单片机应用系统的设计方法，对单片机原理和应用技术不能够系统地掌握，在单片机应用系统的设计和开发过程中，不能与单片机原理和应用技术较好地联系起来，因此影响了单片机应用系统综合开发能力的后期培养。

为使单片机原理与应用系统设计的初学者，能够快速提高对单片机应用系统设计与开发的兴趣和爱好，在较短的时间内系统地掌握单片机原理和应用技术，顺利进行单片机应用系统的设计与开发，为后续的学习和工作奠定坚实的基础，特编著此书。

本书的主要特点如下。

(1) 为学生提供一种强调工程基础，建立在真实世界的产品和系统的“构思—设计—实现—运行”全过程的工程教育。本书首先以“用单片机点亮一盏灯”为实例，让初学者快速掌握单片机应用系统的开发工具，提高初学者对单片机应用系统设计与开发的认知和兴趣。在后续的每一个知识点的介绍过程中，在对单片机原理和应用技术进行简要论述的基础上，均以较完整的单片机应用系统设计为实例，把单片机理论和应用技术与单片机应用系统设计实践有机地结合起来，进一步对单片机原理和应用技术进行深入的论述，使学生在系统地掌握单片机原理和应用技术理论的同时，完整地掌握“构思—设计—实现—运行”全过程的工程设计，切实提高学生的单片机应用系统的设计与开发能力。

(2) 以完整的单片机应用系统设计为主，为初学者提供一种得心应手的学习工具。在本书中，单片机应用系统设计实例均包含系统设计要求、系统设计分析、系统原理图设计、系统程序流程图设计、系统汇编语言源程序设计或 C 语言源程序设计、在 Keil 中对程序进行仿真调试、在 Proteus 中进行系统仿真调试，或在 Keil 和 Proteus 中进行系统联合仿真调试等，使初学者在没有教师指导的情况下，按照系统设计实例的操作步骤，也能够很好地进行单片机应用系统的设计，切实提高学习兴趣、学习积极性和学习成效。

(3) 以单片机原理的学习和应用系统设计为主，以编程语言的学习为辅。本书按照工程设计的思想，在每一个具体的单片机应用系统设计的过程中，让学生根据系统设计的需要，进行单片机原理的学习和应用系统设计，在系统设计过程中，较好地掌握编程语言的使用和程序设计的方法，切实培养工程设计能力。

(4) 在单片机原理的学习和应用系统设计的过程中，以汇编语言程序设计为主，同时兼顾 C 语言程序设计，使学生在快速掌握单片机的原理和应用技术的同时，把汇编语言程序设计与 C 语言程序设计有效地结合起来，较好地进行单片机应用系统的设计和开发。

(5) 课外作业以设计性作业为主。在课程教学实例的基础上，合理地设计一系列综合性的课外设计作业，进一步提高学生单片机应用系统的设计能力，激发其兴趣，培养其爱好，提高其自信心和成就感，让学生在反反复复的设计过程中较好地掌握单片机应用系统的设计思路和方法。

(6) 以仿真设计为主,以实物设计为辅,使初学者在快速掌握单片机原理及应用系统设计的基础上,通过大量的单片机应用系统的仿真设计,积累一定的单片机应用系统的设计和开发经验,同时能够基本掌握单片机应用系统实物设计的方法,通过后续的以单片机应用系统实物设计为主的综合设计训练后,可以较好地进行单片机应用系统实物的设计。

本书共分8章,各章主要内容如下。

第1章,概述。主要论述计算机、微型计算机与单片机相互之间的关系,单片机的结构与组成,单片机的分类和指标,常用单片机系列及其特点,单片机应用系统和应用领域等。

第2章,单片机应用系统的设计与开发环境。简要论述单片机应用系统设计与开发的硬件和软件环境等,并以"用单片机点亮一盏灯"为应用实例,重点介绍Proteus和Keil C51开发平台的基本使用方法。

第3章,51系列单片机的基本硬件结构及其功能。主要内容包括51系列单片机的内部结构,引脚信号和微处理器。重点介绍微处理器中的运算部件、控制部件、振荡器、CPU时序和存储器的基本结构与工作原理等。

第4章,51系列单片机汇编语言及其应用程序设计。主要内容包括51系列单片机指令系统与寻址方式,51系列单片机汇编语言程序结构及汇编语言程序设计。

第5章,51系列单片机基本内部资源及其应用系统设计。主要内容包括51系列单片机最基本的并行输入/输出端口、定时/计数器、中断及串行输入/输出的基本原理及其应用系统设计。

第6章,51系列单片机常用接口及其应用系统设计。主要内容包括LED数码管、LCD液晶显示器、键盘、A/D转换器和D/A转换器等51系列单片机的主要接口及其应用系统设计。

第7章,51系列单片机测控技术及其应用系统设计。主要内容包括智能传感器探(检)测原理及其应用系统设计,直流电动机和步进电动机的控制原理及其应用系统设计,RS-485多机远程通信原理及其应用系统设计。

第8章,51系列单片机应用系统实物设计。主要内容包括单片机应用系统的一般硬件构成,单片机应用系统设计的主要内容和设计过程,并以红外探测系统和超声波测距系统作为设计实例,讲述单片机应用系统实物设计的具体过程和方法。

在本书的编著过程中,除了参考文献所列出的书籍、文献和资料外,编者还参阅了其他书籍、文献和网上资料,在此向所有作者表示衷心的感谢。

在本书的编著过程中,得到了编者所在学校各级领导及教研室各位教师的大力支持和帮助,在此向他们表示衷心的感谢。

本书给出了所有实例的电路原理图及汇编语言源程序或C语言源程序,且所有实例均在Proteus 7.8和Keil μVision4软件平台上仿真通过,可直接运行。

为了快速高效地提高学生的实际产品设计开发能力,本课题组推出了"单片机原理与应用系统设计实例实物开发平台",本教材所有实例均可通过该平台快速设计出实物。

在本书的编著过程中,段代峰、徐雷霆、张敏、顾佳杰、郭振、谢法威、侯良伟、柴建宇、张超群、苏永超、邓昭伟、蒋志举、翁盘江、杨子亮等本专业多届学生先后提出了许多有利于初学者学习和使用的意见和建议，在此也向他们表示衷心的感谢。

感谢清华大学出版社的编辑为本书的编写提供许多宝贵建议和大力支持。

由于编者知识水平和经验的局限性，书中难免存在不足之处，敬请广大读者批评指正。Email：dongyangz@163.com。

编　者

2016年10月

目录

CONTENTS

第1章 概述

1.1 计算机、微型计算机与单片机

计算机(Computer)俗称电脑,是一种用于高速计算的电子仪器,既可以进行数值计算,又可以进行逻辑计算,还具有存储记忆功能,是能够按照程序运行,自动、高速处理海量数据的现代化智能电子设备。计算机由硬件系统和软件系统所组成。没有安装任何软件的计算机称为裸机。计算机可分为超级计算机、工业控制计算机、网络计算机、个人计算机、嵌入式计算机等。较先进的计算机有生物计算机、光子计算机、量子计算机等。

计算机是20世纪最先进的科学技术发明之一,对人类的生产活动和社会活动产生了极其重要的影响,并以强大的生命力飞速发展。它的应用领域从最初的军事科研应用扩展到社会的各个领域,已形成了规模巨大的计算机产业,带动了全球范围的技术进步,由此引发了深刻的社会变革。目前,计算机已遍及学校、企事业单位,成为信息社会中必不可少的工具。

微型计算机简称"微型机""微机"等,由于其具备人脑的某些功能,因此也称其为"微电脑",是由大规模集成电路组成的、体积较小的电子计算机。典型的微型计算机包括运算器、控制器、存储器、输入/输出接口4个组成部分。如果把运算器与控制器封装在一小块芯片上,则称该芯片为微处理器(Micro Processing Unit,MPU)或中央处理器(Central Processing Unit,CPU)。如果将它与大规模集成电路制成的存储器、输入/输出接口电路在印制电路板上用总线连接起来,就构成了微型计算机。其特点是体积小、灵活性大、价格便宜、使用方便。

把微型计算机集成在一个芯片上即构成单片微型计算机(Single Chip Microcomputer),即单片机。单片机是典型的嵌入式微控制器(Micro Controller Unit,MCU),因此单片机又称单片微控制器,它不是完成某一个逻辑功能的芯片,而是把一个计算机系统集成到一个芯片上。也就是说,单片机是一块芯片上的微型计算机,是一种集成电路芯片,是采用超大规模

集成电路技术把具有数据处理能力的中央处理器(CPU)和随机存储器(Random Access Memory,RAM)、只读存储器(Read-Only Memory,ROM)及其他输入/输出(Input/Output,I/O)通信接口集成在一块芯片上,构成一个小而完善的微型计算机系统。

单片机由运算器、控制器、存储器、输入设备、输出设备等构成,相当于一个微型计算机(最小系统)。与计算机相比,只是缺少了外围设备等。它具有体积小、质量轻、价格便宜等特点,为学习、应用和开发提供了便利条件。同时,学习使用单片机也是了解计算机原理与结构的最佳选择。

为了突出单片机在嵌入式系统中的主导地位,许多半导体公司在单片机内部还集成了许多外围功能电路和外设接口,如模/数转换(Analog-to-Digital Converter,ADC)、脉冲宽度调试(Pulse Width Modulation,PWM)等单元,突出了单片机的控制特性,使得单片机的功能越来越强大,应用越来越广泛。

单片机最早是用在工业控制领域。从 Intel 公司于 1971 年生产的第一片单片机 Intel 4004 开始,单片机就开创了电子应用的智能化新时代。单片机以其高性价比和灵活性,牢固树立了在嵌入式系统中的"霸主"地位。在 PC(Personal Computer)以 286、386、486、Pentium 高速更新换代的同时,单片机却"始终如一"的保持着其旺盛的生命力,如 80C51 系列单片机已有多年的生命期,如今仍保持着上升的趋势。

尽管单片机主要是为控制目的而设计的,但它仍然具备微型计算机的全部特征,因此单片机的功能部件和工作原理与微型计算机也是基本相同的,读者可以通过参照微型计算机的基本组成和工作原理逐步接近单片机。微型计算机的基本结构如图 1.1 所示。

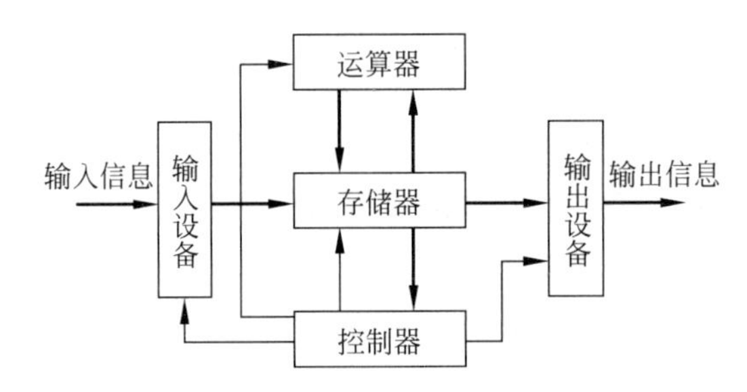

图 1.1　微型计算机的基本结构

由图 1.1 可知,微型计算机是由运算器、控制器、存储器、输入设备和输出设备五部分组成的。几十年来,虽然微型计算机技术得到了最充分的发展,但是微型计算机在体系结构上仍属于经典的计算机结构。这种结构是由计算机的开拓者数学家约翰·冯·诺依曼最先提出的,称为冯·诺依曼计算机体系结构。

计算机的地址空间有冯·诺依曼结构和哈佛结构两种结构形式,如图 1.2 所示。

冯·诺依曼结构的特点是计算机只有一个地址空间,ROM 和 RAM 统一安排地址空间,地址不重叠。CPU 访问 ROM 和 RAM 使用的是相同的访问指令。迄今为止,计算机的发展虽然已经经历了电子管计算机、晶体管计算机、集成电路计算机、大规模集成电路计算机、超大规模集成电路计算机等时期,但是当前市场上常见的大多数型号的计算机仍然遵循着冯·诺依曼体系的设计思路。

哈佛结构的特点是计算机的 ROM 和 RAM 被安排在两个不同的地址空间,ROM 和 RAM 可以有相同的地址,但 CPU 使用不同的指令访问不同的存储器空间。51 系列单片机

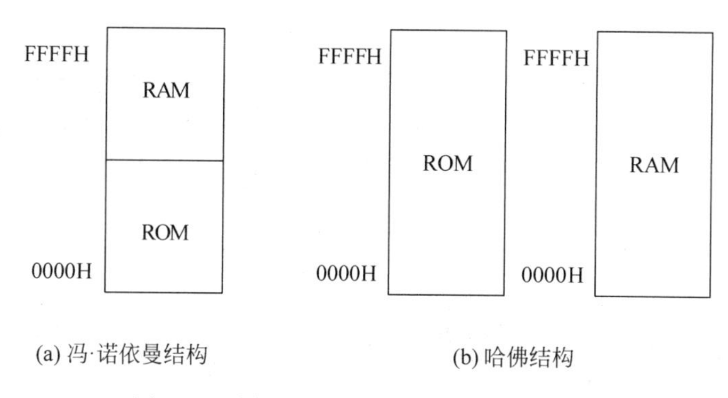

(a) 冯·诺依曼结构　　(b) 哈佛结构

图 1.2 计算机存储器地址的两种结构形式

采用的是哈佛结构。

如果要使微型计算机按照需要解决某个具体问题，并不是把这个问题直接让微型计算机去解决，而是要用微型计算机可以"理解"的语言，如汇编语言、C 语言、BASIC 等，编写出一系列解决这个问题的步骤，并输入到计算机中，命令它按照这些步骤顺序执行，从而使问题得以解决。编写解决问题的步骤，就是人们常说的编写程序（也称为程序设计或软件开发），计算机是严格按照程序对于各种数据或输入信息进行自动加工处理。

微型计算机的工作原理是预先把程序和数据用输入设备送入微型计算机内部的存储器中，由运算器完成程序中规定的各种算术和逻辑运算操作，由控制器理解程序的意图，并指挥各部件协调完成规定的任务，处理完成后把处理结果用输出设备输送出来。

1.2 单片机的内部组成

51 系列单片机的内部组成功能可用图 1.3 所示的方框图来描述。图 1.3 与图 1.1 的对应关系是：CPU 包含了控制器和运算器；ROM 和 RAM 对应存储器，其中 ROM 存放程序，RAM 存放数据；I/O 对应输入设备和输出设备。单片机通过内部总线实现 CPU、ROM、RAM、I/O 各模块之间的信息传递。具体到某一种型号的单片机，其芯片内部集成的程序存储器 ROM 和数据存储器 RAM 可大可小，输入和输出端口（I/O）可多可少，但 CPU 只有一个。

单片机内部各部分的功能如下。

1. 中央处理器（CPU）

CPU 又称微处理器或中央处理器，是单片机内部的核心部件，它决定了单片机的主要功能特性。CPU 负责控制、指挥和调度整个单元系统协调的工作，完成运算和控制输入/输出功能等操作。CPU 就像人的大脑一样，决定了单片机的运算能力和处理速度。

2. 程序存储器 ROM

ROM 是只读存储器的简称，是一种只能读出事先所存数据的固态半导体存储器，用来存放用户程序，可分为 EPROM（Erasable Programmable ROM）、EEPROM（Electrically Erasable Programmable ROM）、Mask ROM（掩膜型只读存储器）、OTP ROM（一次性可编程只读存储器）和 Flash ROM（闪存，快擦写存储器）等。EPROM 型存储器编程（把程序代

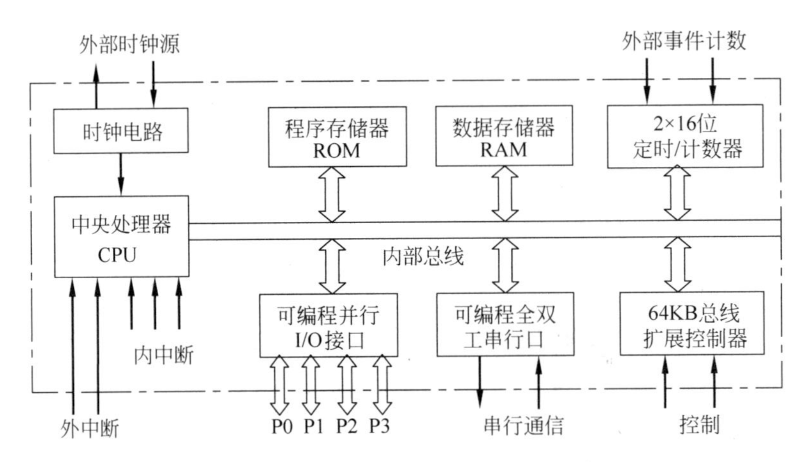

图 1.3 51 系列单片机的内部组成功能框图

码通过一种算法写入程序存储器的操作)后,其内容可用紫外线擦除,用户可反复使用,故特别适用于开发过程,但 EPROM 型单片机价格很高。EEPROM 型存储器编程后,其内容可用电擦除,用户也可反复使用,比 EPROM 更加方便,但其读写速度也不是很快。Mask ROM 型存储器的单片机价格最低,适用于大批量生产。由于 Mask ROM 型单片机的代码只能由生产厂商在制造芯片时写入,故用户更改程序代码十分不便,在产品未成熟时选用此类型单片机风险较高。OTP ROM 型单片机价格介于 EPROM 和 Mask ROM 型单片机之间,它允许用户自己对其进行编程,但只能写入一次。OTP ROM 型单片机生产多少完全可由用户自己掌握,不存在 Mask ROM 型有最小起订量和掩模费的问题,另外,该类单片机价格已与掩膜型十分接近,故特别受中小批量客户的欢迎。Flash ROM 型单片机采用电擦除的方法进行修改其内容,允许用户使用编程工具或在系统 ISP(In-System-Progammable)中快速修改程序代码,且可以反复使用,故一推出就受到广大用户的欢迎。Flash ROM 型单片机既可以用于开发过程,也可用于批量生产,随着制造工艺的改进,价格不断下降,使用越来越普遍,已成为单片机的发展趋势。

3. 随机存储器 RAM

RAM 是随机存储器的简称,用来存放程序运行时的工作变量和数据,由于 RAM 的制造工艺复杂,价格比 ROM 高得多,因此单片机内部 RAM 非常宝贵,通常几十到几百字节。RAM 的内容是易失性(也称为易挥发性)的,掉电后会丢失。EEPROM 或 Flash ROM 型数据存储器,方便用户存放不经常改变的数据及其他重要信息。单片机通常还有特殊寄存器和通用寄存器,也属于 RAM 空间,但它们在单片机中存取数据速度很快,特殊寄存器还用于充分发挥单片机各种资源的功效,但这部分存储器占用存储空间更小。

4. 可编程并行输入/输出端口(Input/Output,I/O)

可编程并行输入/输出端口通常为独立的双向 I/O 口,既可以用作输入方式,又可用作输出方式,通过软件编程设定。单片机的 I/O 口也有不同的功能,有的内部具有上拉或下拉电阻,有的是漏极开路输出,有的能提供足够的电流可以直接驱动外部设备。I/O 口是单片机的重要资源,也是衡量单片机功能的重要指标之一。

5. 定时/计数器(TIMER/COUNTER,T/C)

定时/计数器用于单片机内部精确定时或对外部事件(输入信号脉冲)进行计数,通常单片机内部有多个定时/计数器。

6. 中断系统

中断系统是计算机的重要组成部分。实时控制、故障自动处理时往往用到中断系统，计算机与外部设备间传送数据及实现人机联系时也常常采用中断方式。

7. 可编程串行输入/输出端口

可编程串行输入/输出端口用于单片机和串行设备或其他单片机的通信。串行通信有同步和异步之分，可以用硬件或串行收发器件实现。不同的单片机可能提供不同的标准的串行通信接口，如UART、SPI、I^2C、MicroWire等。

8. 时钟电路

单片机通常需要外接石英晶体或其他振荡源提供时钟信号输入，也有的使用内部RC振荡器，系统时钟相当于PC中的主频。

以上只是单片机的基本构成，现代的单片机又加入了许多新的功能部件，如模拟/数字转换器A/D、数字/模拟转换器D/A、温度传感器、液晶LCD(Liquid Crystal Display)驱动电路、电压监控、看门狗(Watchdog Timer，WDT)电路、低压检测(Low Voltage Disconnect，LVD)电路等。此时的单片机才真正属于单片化，可以说，单片机发展到了一个全新的阶段，应用领域也更为广泛，许多家用电器均走向利用单片机控制的智能化发展道路。

1.3 单片机的分类和主要指标

1.3.1 单片机的分类

单片机从用途上可分成专用型单片机和通用型单片机两大类。专用型单片机是为某种专门用途而设计的，如DVD控制器和数码相机的控制芯片等。在用量不大的情况下设计和制造这样的芯片成本很高，而且设计和制造的周期也很长。人们通常所用的都是通用型单片机，通用型单片机把所有资源(ROM、I/O等)全部提供给用户使用。当今通用型单片机的生产厂家已不下几十家，种类有几百种之多。

1.3.2 单片机的主要指标

1. 位数

位数是单片机能够一次处理的数据的宽度，有1位机(如PD7502)、4位机(如MSM64155A)、8位机(如51)、16位机(如MCS-96)、32位机(如IMST414)等。

2. 存储器

存储器包括程序存储器和数据存储器。程序存储器空间较大，字节数一般从几KB到几十KB($1KB=2^{10}B=1024B$)，另外还有不同的类型，如ROM、EPRPOM、EEPROM、Flash ROM和OTP ROM型。数据存储器的字节数通常在几十到几百字节之间。程序存储器的编程方式也是用户选择的一个重要因素，有的是串行编程，有的是并行编程。新一代的单片机有的还具有在系统编程ISP或在应用再编程(In-Application re-Progammable，IAP)功能,有的还有专用的ISP编程接口和JTAG(Joint Test Action Group)接口。

3. I/O口

I/O口即输入/输出口,一般有几个到几十个,用户可以根据自己的需要进行选择。

4. 速度

速度是指CPU的处理速度,以每秒执行多少条指令来衡量,常用单位是MIPS(百万条指令每秒)。目前最快的单片机可以达到100MIPS。单片机的速度通常是与系统时钟(相当于PC的主频)相联系的,但并不是频率高的时钟处理速度就一定快,对于同一型号的单片机来说,采用频率高的时钟一般比频率低的速度要快。

5. 工作电压

单片机的通常工作电压是5V,范围是±5%或±10%,也有3V/3.3V电压的产品,最低的可在1.5V工作。现代单片机又出现了宽电压范围型,即在2.5~7.5V内都可以正常工作。

6. 功耗

低功耗是现代单片机所追求的一个目标。目前低功耗单片机的静态电流可以低至μA(微安)或nA(纳安)级。有的单片机还具有等待、关断、睡眠等多种工作模式,以此来降低功耗。

7. 温度

单片机根据工作温度可分为民用级(商业级)、工业级和军用级3种。民用级的温度范围为0~70℃,工业级的温度范围为-40~85℃,军用级的温度范围为-55~125℃(不同厂家的划分标准可能不同)。

8. 附加功能

有的单片机有更多的功能,用户可根据自己的需要选择合适自己的产品,如有的单片机内部有A/D、D/A、LCD驱动等,使用这种单片机可以减少外部部件,提高系统的可靠性。

1.4　常用单片机系列及其特点

1. 51系列及与之兼容的80C51系列单片机

由于历史的原因,Intel公司的51系列及与之兼容的80C51系列单片机(以下简称80C51系列单片机)是国内应用最为广泛的单片机,也是最多的被电子设计工程师掌握的单片机。市场上关于单片机的书籍资料有很大一部分是基于80C51系列的,各种80C51系列单片机的开发工具如汇编器、编译器、仿真器和编程器等也很容易找到。另外,除了Intel公司,还有Atmel、Winbond、Philips、TEMIC、ISSI和LG等公司都生产兼容80C51的产品。因此用户在采购时具有广泛的选择余地,而且由于激烈的竞争关系,各兼容生产厂家不断推出性价比更高的产品,选用该系列的用户就能获得更大的价值。大量熟练的用户群、充足的支持工具、充沛的货源,是80C51兼容系列单片机的市场优势。所以自从80C51系列单片机推出以来,虽然其他的公司也推出许多新的单片机系列,但是80C51系列单片机及其兼容产品仍然占据了国内市场的很大份额。

2. TI公司的超低功耗Flash型MSP430系列单片机

TI公司的MSP430 Flash系列单片机，是目前业界所有内部集成闪速寄存器(Flash ROM)产品中功耗最低的，消耗功率仅为其他闪速微控制器(Flash MCUs)的1/5，有业界最佳“绿色微控制器(Green MCUs)”称号。在3V工作电压下其耗电电流低于350μA/MHz，待机模式仅为1.5 μA/MHz，具有5种节能模式。该系列产品的工作温度范围为－40～85℃，可满足工业应用要求。MSP430微控制器可广泛地应用于煤气表、水表、电子电度表、医疗仪器、火警智能探头、通信产品、家庭自动化产品、便携式监视器及其他低功耗产品。由于MSP430微控制器的功耗极低，可设计出只需一块电池就可以使用长达10年的仪表应用产品。MSP430 Flash系列的确是不可多得的高性价比单片机。

3. OKI公司的低电压、低功耗单片机

OKI公司的高性价比的4位机MSM64K系列也是低功耗低电压的微控制器，其工作电压可低至1.25V，使用32kHz的工作频率，典型工作电流可低至3～5μA，HALT(关断)模式下小于1μA。片内集成了LCD(液晶显示器)驱动器，可方便地与液晶显示器接口，具有片内掩模(Mask)的程序存储器，有些型号还带有串口、RC振荡器、看门狗、ADC(模/数转换器)、PWM(脉宽调制)等，几乎不需要外扩芯片即可满足应用，工作温度可达－40～85℃，提供PGA封装和裸片。该系列微控制器应用广泛，适用于使用LCD显示、电池供电的设备，如掌上游戏机、便携式仪表(体温计、湿度计)、智能探头、定时器(时钟)等低成本、低功耗的产品。

4. ST公司的ST62系列单片机

美国ST公司是一家独立的全球性公司，专门从事应用于半导体集成电路的设计、生产、制造和销售，以及生产各种微电子应用中的器件。应用领域涉及电子通信系统、计算机系统、消费类产品、汽车应用、工艺自动化和控制系统等。ST公司可提供满足各种场合的单片机或微控制器，其中，ST62系列8位单片机以其简单、灵活、低价格等特点，特别适用于汽车、工业、消费领域的嵌入式微控制系统。ST62系列提供多种不同规格的单片机以满足各种需要，存储器容量从1KB到8KB，有ROM、OTP、EPROM、EEPROM、Flash EEPROM，I/O口从9个到22个，引脚从16个到42个，还有ADC、LCD驱动、看门狗、定时器、串行口、电压监控等部件。ST62单片机采用独特的制造工艺技术，大大提高了抗干扰能力，能适应各种恶劣环境。

5. 基于ARM核的32位单片机

ARM(Advanced RISC Machine)是一种通用的32位RISC处理器。32位是指处理器的外部数据总线是32位的，与8位和16位的相同主频处理器相比性能更强大。ARM是一种功耗很低的高性能处理器，如ARM71DMI具有每瓦产生690MIPS(百万条指令每秒)的能力，以被工业界证明处于世界领先水平。ARM公司并不生产芯片，而是将ARM的技术授权其他公司生产。ARM本身并不是一种芯片，而是一种芯片结构技术，不涉及芯片生产工艺。授权生产ARM结构芯片的公司采用不同的半导体技术，面对不同的应用技术进行扩展和集成，标有不同的系列号。目前可提供含ARM核CPU芯片的著名公司有英特尔、德州仪器、三星半导体、摩托罗拉、飞利浦半导体等。ARM应用范围非常广泛，如嵌入式控制，如汽车、电子设备、保安设备、大容量存储器、调制解调器、打印机等，数字消费产品如数码相机、数字相机、数字式电视机、游戏机、GPS、机顶盒等，便携式产品，如手提式计算机、移动电话、PDA、灵巧电话。

1.5 单片机的特点

单片机除了具备体积小、价格低、性能强度、速度快、用途广、灵活性强、可靠性高等优点外，它与微型计算机相比，在硬件结构和指令设置上还具有以下独特之处。

(1) 存储器 ROM 和 RAM 是严格分工的。ROM 用作程序存储器，只存放程序、常数和数据表格，而 RAM 用作数据存储器，存放临时数据和变量。这样的设计方案使单片机更适合用于实时控制(也称为现场控制和过程控制)系统。配制较大程序存储空间的 ROM，将已调试好的程序固化(即对 ROM 编程，也称为烧录或烧写)，这样不仅掉电时程序不丢失，还避免了程序被破坏，从而确保了程序的安全性。实时控制仅需容量较小的 RAM，用于存放少量随机数据，这样有利于提高单片机的操作速度。

(2) 采用面向控制的指令系统。在实时控制方面，尤其是在位操作方面单片机有着不俗的表现。

(3) 输入/输出 I/O 端口引脚通常设计有多种功能。在设计时，究竟使用多功能引脚的哪一种功能，可以由用户编程确定。

(4) 品种规格的系列化。属于同一个产品系列、不同型号的单片机，通常具有相同的内核、相同或兼容的指令系统，其主要的差别仅在于片内配置了一些不同种类或不同数量的功能部件，以适用不同的控制对象。

(5) 单片机的硬件功能具有广泛的通用性。同一种单片机可以用在不同的控制系统中，只是其中所配置的软件不同而已。换言之，给单片机固化上不同的软件，便可形成用途不同的专用智能芯片，有时将这种芯片称为固件(Firmware)。

1.6 单片机应用系统

单片机应用系统就是以单片机为核心构成的硬件电路，是以单片机为核心构成的智能化产品，其智能化体现在以单片机为核心构成的微型计算机系统，它保证了产品的智能化处理与智能化控制能力。单片机智能化产品包括仪表、可编程控制器、空调控制器、全自动洗衣机控制器、DVD 控制器、数据采集系统、金融 POS 机、移动电话机等。在这些单片机智能化产品中，以单片机为核心组成的硬件电路统称为单片机系统。

为了实现产品的智能化处理与智能化控制，还要嵌入相应的控制程序，称为单片机应用软件。嵌入了应用软件的单片机系统称为单片机应用系统。

单片机是单片机系统中的一个器件。单片机系统是构成某一单片机应用系统的全部硬件电路，单片机应用系统是单片机系统和应用软件相结合的产物。

单片机应用系统属于嵌入式系统的应用范畴。嵌入式系统一般指嵌入到对象体系中并实现对象体系智能化控制的计算机，它包括硬件和软件两部分。硬件部分包括中央处理器、存储器、外设器件、I/O 端口和图形控制器等；软件部分包括操作系统软件(Operation System，OS，要求实时和多任务操作)和应用程序软件，有时设计人员把这两种软件组合在一起。应用程序控制着系统的运作和行为，而操作系统控制着应用程序与硬件的交互作用。

1.7　单片机的应用领域

单片机渗透到人们生活的各个领域，几乎很难找到哪个领域没有单片机的踪迹。导弹的导航装置、飞机上各种仪表的控制、计算机的网络通信与数据传输、工业自动化过程的实时控制和数据处理、广泛使用的各种智能IC卡、民用豪华轿车的安全保障系统，以及录像机、摄像机、全自动洗衣机的控制及程控玩具、电子宠物等，这些都离不开单片机。更不用说自动控制领域的机器人、智能仪表、医疗器械及各种智能机械了。因此，单片机的学习、开发与应用将造就一批计算机应用与智能化控制的科学家和工程师。

单片机广泛应用于仪器仪表、家用电器、医用设备、航空航天、专用设备的智能化管理及过程控制等领域，大致可分为如下几个范畴。

1. 智能仪器

单片机具有体积小、功耗低、控制功能强、扩展灵活、微型化和使用方便等优点，广泛应用于仪器仪表中，结合不同类型的传感器，可实现诸如电压、电流、功率、频率、湿度、温度、流量、速度、厚度、角度、长度、硬度、元素、压力等物理量的测量。采用单片机控制使得仪器仪表数字化、智能化、微型化，且功能比起采用电子或数字电路更加强大，如精密的测量设备(电压表、功率计、示波器、各种分析仪)。

2. 实时控制

单片机具有体积小、控制功能强、功耗低、环境适应能力强、扩展灵活和使用方便等优点，用单片机可以构成形式多样的控制系统、数据采集系统、通信系统、信号检测系统、无线感知系统、测控系统、机器人等应用控制系统。例如，在工业测控、航空航天、尖端武器、工厂流水线的智能化管理、电梯智能化控制、各种报警系统、与计算机联网构成二级控制系统等各种实时控制系统中，都可以使用单片机作为控制器。单片机的实时数据处理能力和控制功能，能使系统保持在最佳工作状态，提高了系统的工作效率和产品质量。例如，机器人，每个关节或动作部位都是一个单片机实时控制系统。

3. 机电一体化

机电一体化是机械工业发展的方向，机电一体化产品是指集机械技术、微电子技术、计算机技术、传感器技术于一体，具有智能化特征的机电产品，如微机控制的车床、钻床等。单片机作为产品中的控制器，能充分发挥了它体积小、可靠性高、功能强等优点，可大大提高机器的自动化、智能化程度。可编程顺序控制器也是一个典型的机电控制器，其核心常常是由一个单片机构成的。

4. 消费类电子产品控制

该应用主要反映在家电领域，如洗衣机、空调器、汽车电子与保安系统、电视机、录像机、DVD机、音响设备、电子秤、IC卡、手机、PC等。在这些设备中使用单片机机芯之后，其控制功能和性能大大提高，并实现了智能化、最优化控制。

5. 医用设备领域

单片机在医用设备中的用途也相当广泛，如医用呼吸机、各种分析仪、监护仪、超声诊断设备及病床呼叫系统等。

6. 汽车电子

单片机在汽车电子中的应用非常广泛，如汽车中的发动机控制器，基于CAN总线的汽车发动机智能电子控制器、GPS导航系统、ABS防抱死系统、制动系统、胎压检测等。

7. 网络和通信

现代的单片机普遍具备通信接口，可以很方便地与计算机进行数据通信，为在计算机网络和通信设备间的应用提供了极好的物质条件，通信设备基本上都实现了单片机智能控制，从手机、电话机、小型程控交换机、楼宇自动通信呼叫系统、列车无线通信，再到日常工作中随处可见的移动电话、集群移动通信、无线电对讲机等。

8. 终端及外部设备控制

在计算机网络终端设备（如银行终端、商用POS机、复印机等）和计算机外部设备（如打印机、绘图机、传真机、键盘、通信终端等）中使用单片机，使其具有计算、存储、显示、输入等功能，具有和计算机连接的接口，使计算机的能力及应用范围大大提高，可以更好地发挥计算机的性能。

此外，单片机在工商、金融、科研、教育、电力、通信、物流和国防航空航天等领域都有着十分广泛的用途。全世界单片机的年产量数以亿计，应用范围之广，花样之多，一时难以详述。

单片机应用的意义不仅在于它的广阔应用范围和所带来的经济效益，更重要的还在于从根本上改变了传统的控制系统设计思想和设计方法。以前，必须有模拟电路或数字电路实现的大部分控制功能，现在可以使用单片机通过软件方法实现。这种以软件取代硬件的并提高系统性能的控制技术称为微控制技术。微控制技术标示着一种全新概念，随着单片机应用的推广普及，微控制技术必将不断发展和日趋完善，而单片机的应用必将更加深入、更加广泛。

由此可见，单片机技术无疑是21世纪最为活跃的新一代电子应用技术。随着微控制技术（以软件代替硬件的高性能控制技术）的发展，单片机的应用必将导致传统控制技术发生巨大的变革。换言之，单片机的应用是对传统控制技术的一场革命。因此，学习单片机的原理，掌握单片机应用系统的设计技术，具有划时代的意义。

课外设计作业

查找相关资料，确定一个你最感兴趣的单片机应用系统，包括其系统设计要求、系统构成、系统原理图、程序设计流程图、源程序、调试或运行结果等。

第2章

单片机应用系统的设计与开发环境

为了快速掌握单片机应用系统硬件原理图设计、软件程序设计及系统调试的方法，为单片机原理的学习与应用系统的设计奠定较好的基础，本章首先以一个较小的单片机应用系统“用单片机点亮一盏灯”作为实例，对“单片机应用系统的设计与开发环境”的使用进行简要的说明。为了教与学的方便，本书所选用的单片机应用系统硬件开发环境为 Proteus 7.8，软件开发环境为 Keil μVision4。

2.1 用单片机点亮一盏灯实例

单片机应用系统的设计可简单地分为系统设计分析（总体设计）、系统硬件设计（电路原理图设计）、系统程序流程图设计、系统软件设计（汇编语言源程序设计或C语言源程序设计）、系统软件（程序）调试、系统硬件仿真调试、实物设计调试、现场调试等若干步骤。

为了快速进行“单片机应用系统的设计与开发环境”的学习，本章从系统设计分析（总体设计）、系统硬件设计（电路原理图设计）、系统软件设计、软件（程序）仿真调试、系统仿真调试等几个方面对单片机应用系统的设计进行简要的介绍。

1. 系统设计分析（总体设计）

该系统为简单的单片机应用系统，系统可简单描述为“单片机的最小系统＋一盏灯”。

2. 系统硬件设计（电路原理图设计）

系统所用元件为单片机 AT89C51、晶振 CRYSTAL 12MHz、电阻 RES(200，1K)、瓷片电容 CAP(30pF)、电解电容 CAP-ELEC(22μF)、按钮 BUTTON、发光二极管 LED-BLUE。系统硬件电路原理图如图 2.1 所示。

3. 系统软件设计（程序设计）

用汇编语言编写的“用单片机点亮一盏灯”程序清单如下：

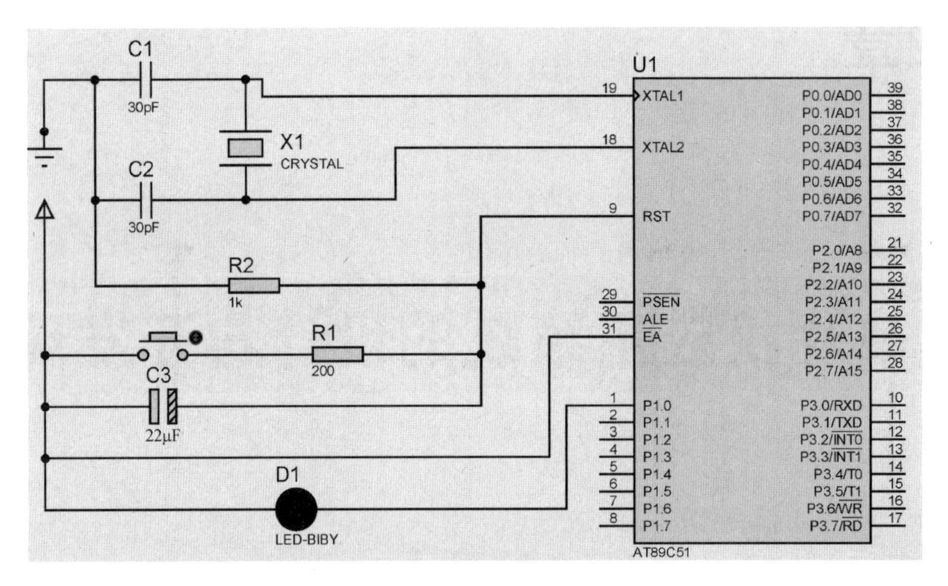

图 2.1 用单片机点亮一盏灯硬件电路原理图

```
ORG  0030H
MOV  A,#0FFH
MOV  P1,A
CLR  P1.0
END
```

4. 仿真调试

以 Keil C 作为 51 系列单片机应用系统的软件开发平台，可对单片机应用系统的软件进行编辑、编译和仿真调试，最后生成单片机所能识别的“机器语言”文件，供单片机使用。以 Proteus 作为 51 系列单片机的硬件开发平台和系统仿真平台，可对单片机应用系统的硬件进行设计、检测和仿真调试，并可与 Keil C 开发平台进行联合调试。通过仿真调试，可发现硬件和软件设计中所存在的问题，并加以改进和完善。

通过本实例的学习，可以快速地理解和掌握 Proteus 和 Keil C 的基本使用方法，为单片机原理和应用技术的学习和单片机应用系统的设计奠定较好的基础。

2.2 Proteus 7.8 开发平台

Proteus 软件是由英国 Lab Center Electronics 公司开发的 EDA 工具软件。从 1989 问世至今已有 20 多年的历史，在全球得到广泛的使用。Proteus 软件除具有和其他 EDA 软件一样的数字电路、模/数混合的电路设计与仿真平台，更是目前世界上最先进、最完整的多种型号微处理系统设计与仿真、系统测试与功能验证，到形成印制电路板的完整电子系统设计与仿真平台研发过程。

Proteus 软件由 ISIS(Intelligent Schematic Input System)和 ARES (Advanced Routing and Editing Software)两款软件构成，其中 ISIS 是一款智能电路原理图输入系统软件，可作为电子系统仿真平台；ARES 是一款高级布线编辑软件，用于制作印制电路板(Printed Circuit

Board,PCB)。

安装 Proteus 软件时,对计算机的基本配置要求如下。

(1) CPU 的频率为 200MHz 及以上。

(2) 操作系统为 Windows 98/ME/2000/XP 或更高版本。

下面将以图 2.1 为例,简单介绍 Proteus ISIS 的使用以及原理图的绘制方法。

1. 进入 Proteus ISIS

双击桌面上的 ISIS 7 Professional 图标或者选择"开始"→"程序"→Proteus 7 Professiona→ISIS 7 Professional 选项,出现如图 2.2 所示的界面,表明进入 Proteus ISIS 集成环境。

图 2.2　Proteus ISIS 启动时的界面

2. 工作界面

Proteus ISIS 的工作界面是一种标准的 Windows 界面,包括标题栏、主菜单、标准工具栏、绘图工具栏、状态栏、对象选择按钮、预览对象方位控制按钮、仿真进程控制按钮、预览窗口、对象选择器窗口、图形编辑窗口等,如图 2.3 所示。

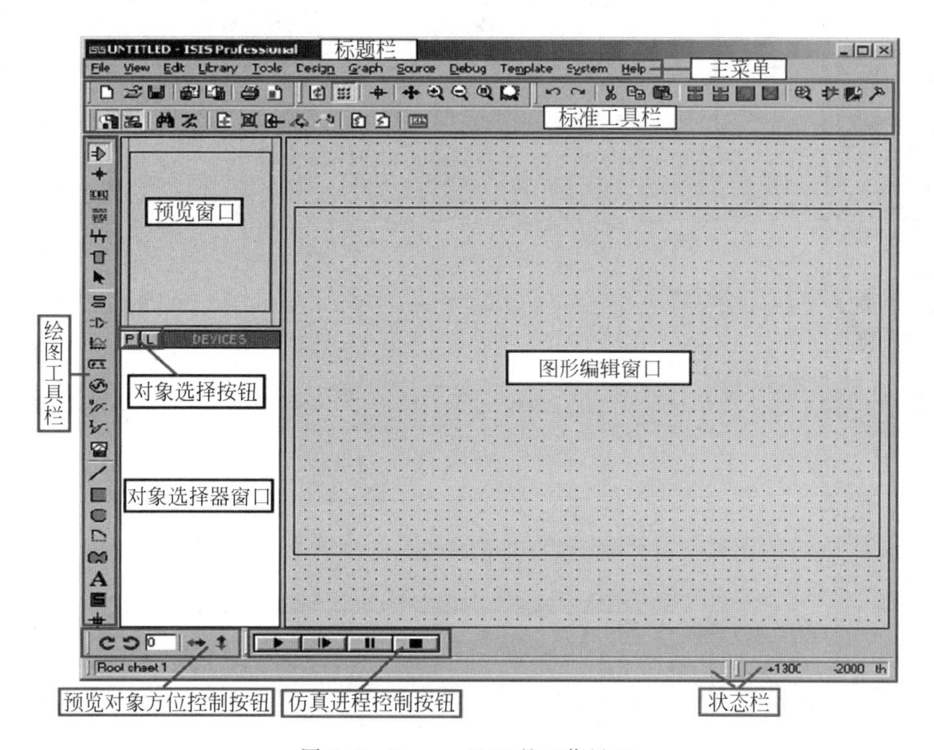

图 2.3　Proteus ISIS 的工作界面

3. 新建设计文件

执行 File→New Design 命令,弹出如图 2.4 所示的图纸模板选择窗口。选中

DEFAULT 项，再单击 OK 按钮，则新建了一个 DEFAULT 模板。

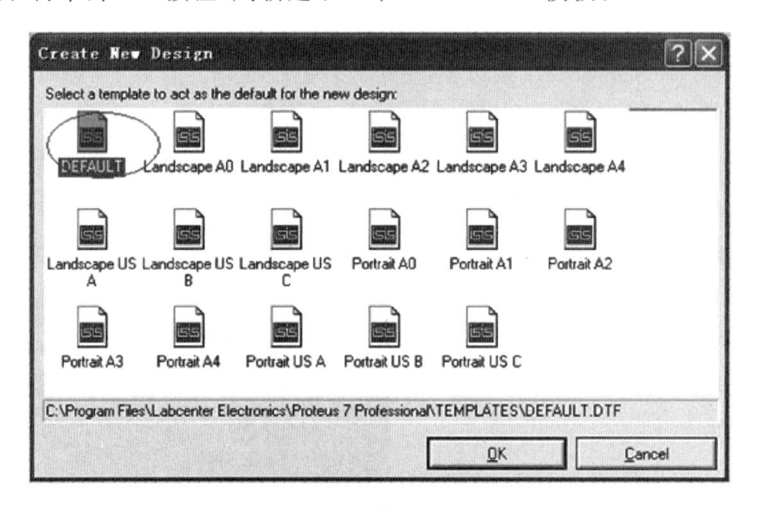

图 2.4　图纸模板选择窗口

执行 File→Save Design 命令，在弹出的对话框中，选择保存目录"F:\单片机原理与应用\点亮一盏灯\proteus"，并输入保存文件名为"点亮一盏灯"，如图 2.5 所示。

图 2.5　文件保存显示

由于项目在调试过程中会产生较多的中间文件，应分开存放 Proteus 文件和 Keil 文件，以便在使用中能够快速查找到目标文件。建议在该课程学习的过程中，建立便于使用的文件夹管理体系。

(1) 首先在某一本地磁盘根目录建立一个课程文件夹,如"F:\单片机原理与应用"。

(2) 每个项目在课程文件夹下建立一个独立的项目文件夹,如"F:\单片机原理与应用\点亮一盏灯"。项目文件夹最好与项目名称一致,以便在调试过程中进行查找。

(3) 在项目文件夹下应分别建立 Proteus 文件夹和 Keil 文件夹,分别存放 Proteus 文件和 Keil 文件,如"F:\单片机原理与应用\点亮一盏灯\proteus"和"F:\单片机原理与应用\点亮一盏灯\keil"。

4. 设定图的大小

执行 System→Set Sheet Size 命令,在弹出的 Sheet Size Configura 对话框中选择 A4 选项,单击 OK 按钮完成图纸的设置。

5. 添加元器件

按照硬件原理图添加器件,在器件选择按钮 P L DEVICES 中单击 P 按钮或执行 Library→Pick Device/Symbo 命令,弹出如图 2.6 所示的对话框。

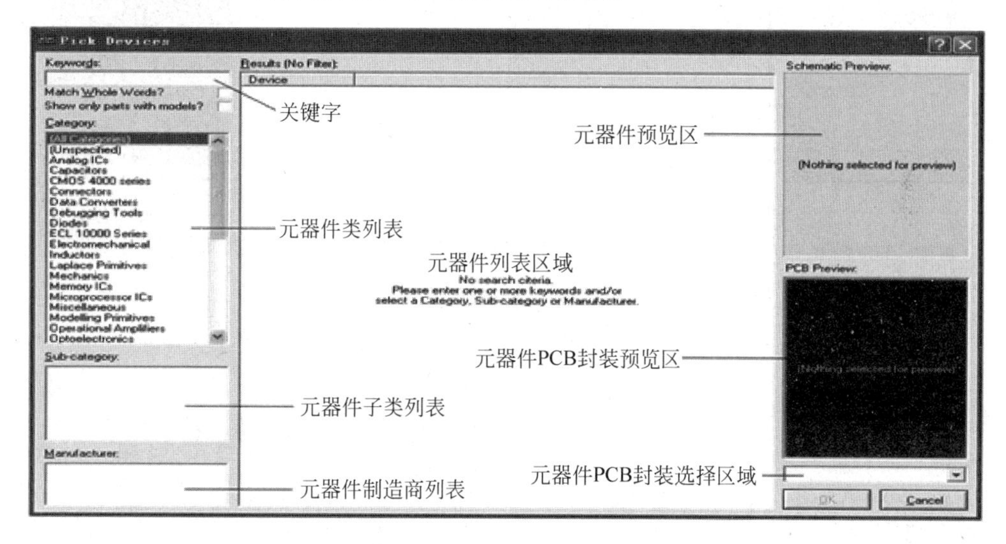

图 2.6　Pick Devices 对话框

在关键字中输入元件名称,如 AT89C51,则出现与关键字匹配的元件列表,如图 2.7 所示。选中并双击 AT89C51 所在行后,单击 OK 按钮或按 Enter 键,便将器件 AT89C51 加入到 ISIS 对象选择器中。

6. 放置及编辑对象

将元件添加到 ISIS 对象选择器后,在对象选择器中单击要放置的元件,彩色条出现在该元件名称上,移动该元件放在该元件预定的位置,再单击就放置了一个元件。如果若干个元件外观相同,可按同样的方法陆续放置。如果要移动元件,也可以在按住鼠标左键的同时,移动鼠标,在合适位置释放左键,将元件放置在预定位置,如图 2.8 所示。这时右击元器件,即可编辑元器件,也可以移动、旋转、删除等。

7. 放置电源、地

单击工具箱中的"元件终端"图标,在对象选择器中单击 POWER,再在原理图编辑窗口

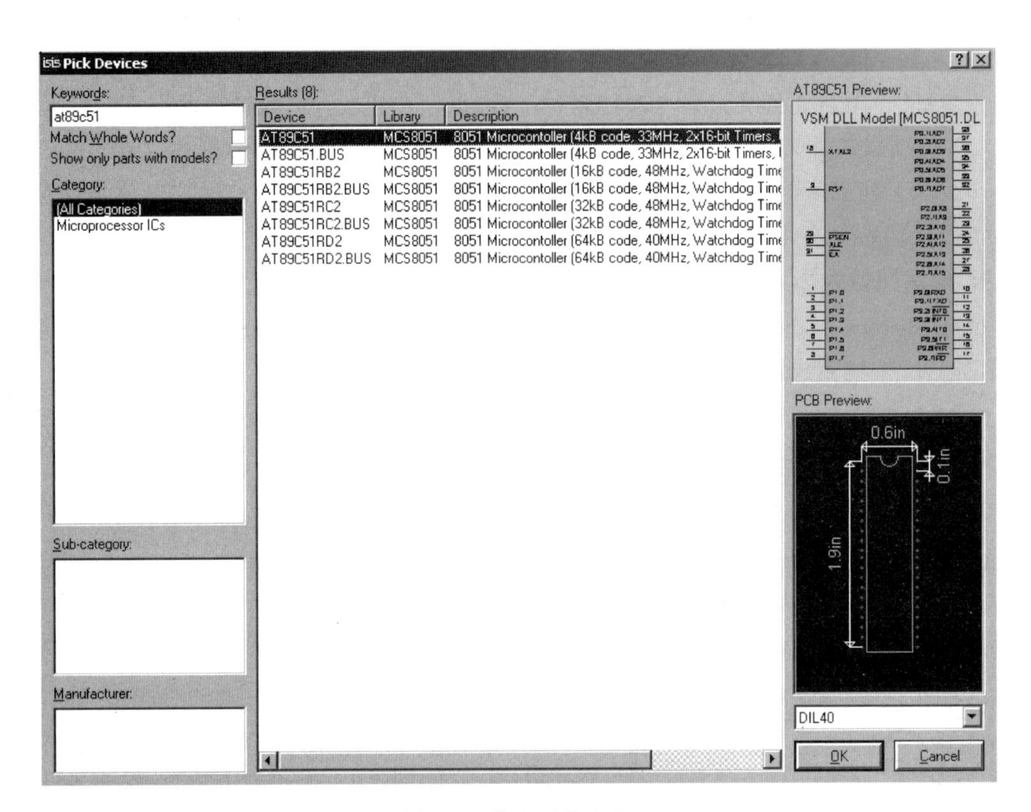

图 2.7 输入元件名称

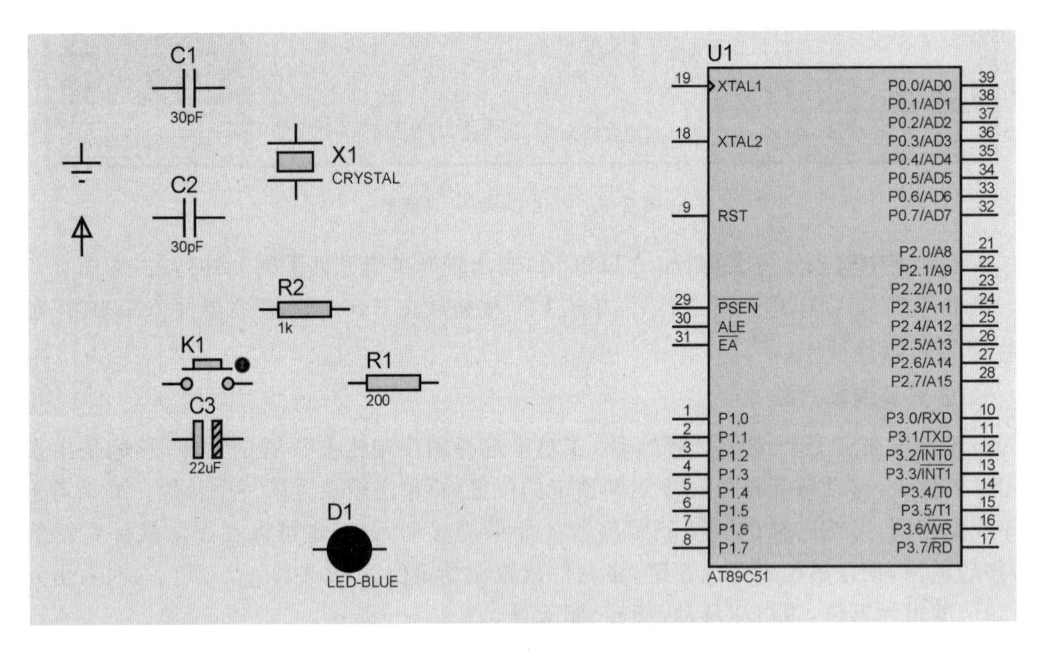

图 2.8 将各器件摆放在合适位置

合适位置单击鼠标就可将“电源”放置在原理图中；同样操作，也可将“地”放置在原理图中。

8. 布线

在 Proteus ISIS 中系统默认自动布线有效，因此可直接画线。

（1）在两个对象之间连线。将指针靠近一个对象的引脚，该处会出现一个光点，单击并拖动鼠标，放在另一个对象的引脚末端，此时也会出现一个光点，再单击就可以完成一个连线了。默认情况下，连线都是与网格线垂直或者平行的，在拖动鼠标过程中，按住 Ctrl 键就可以手动画一条任意角度的连线。

（2）移动画线、更改线型。选中连线，将指针靠近该画线，当出现双箭头时就可以按住鼠标左键拖动鼠标改变线的位置，也可以框选多根线拖动。

（3）总线及支线的画法。单击工具箱中的 Buses Mode 图标，此时在原理图编辑区就可以画出总线了，然后将元器件相应引脚与总线连线就可以了。此时通过总线连接的引脚实际上并没有连接在一起，必须要对各引脚进行标注，单击工具箱中的图标 LBL，再在各个分支线上单击，出现如图 2.9 所示的对话框，输入线路标号，然后在另一个要与之对应连接分支线上标出相同的线路标号，此时两个引脚才实际连接在一起。

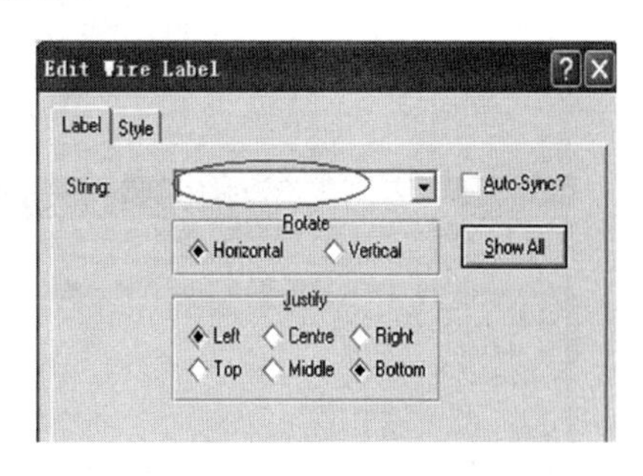

图 2.9　标注对话框

9. 设置、修改元器件

在需要修改的元件上双击，出现如图 2.10 所示的对话框，在此对话框设置元器件属性。

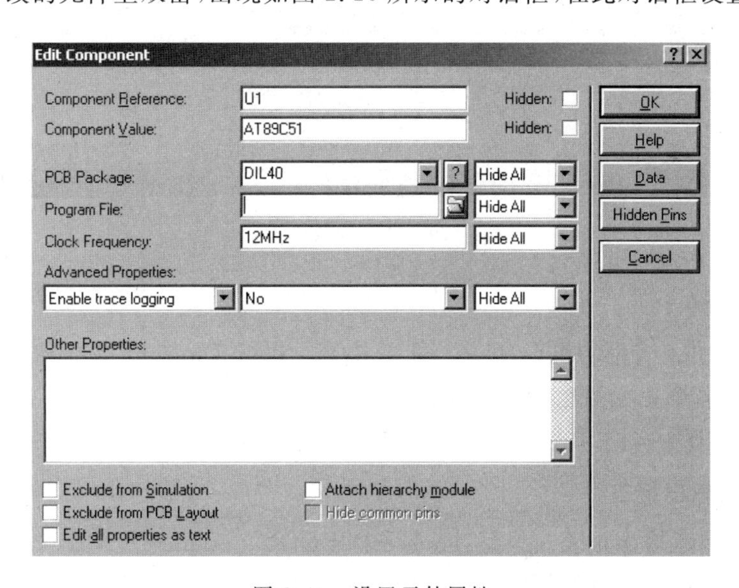

图 2.10　设置元件属性

10. 建立网络表

网络表就是一个设计中有电气连接的电路，执行 Tools→Netlist Compiler 命令，弹出如图 2.11 所示的对话框，在此对话框中，可以设置网络表的输出形式、模式、范围、深度和格式等，然后单击 OK 按钮输出如图 2.12 所示的内容。

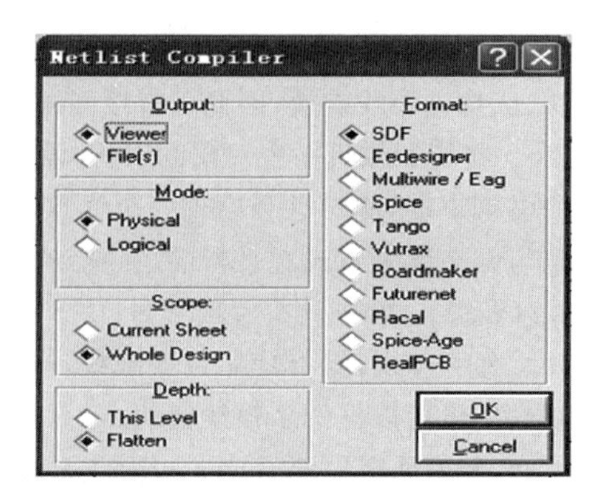

图 2.11　网络表设置对话框

图 2.12　输出网络表内容

11. 电气检测

画出电路图并生成网络表后，可进行电气检测。执行 Tools→Electrical Rules Check 命令或单击按钮，弹出如图 2.13 所示的电气检测窗口。在此窗口中显示文本信息、检测结果；若有错，会有详细说明，从窗口内容可以看出，网络表已产生，并且无电气错误。

12. 存盘及输出报表

此时保存设计，输出报表。执行 Tools→Bill Of Materials→ASCII Output 命令，弹出如图 2.14 所示的输出报表存盘窗口，单击 Save 按钮生成 BOM 文档，即材料清单，其内容包括设计信息、元件类型、元件位置、元件值、元件数量等。

用户可根据此报表上的材料清单，核对与设计预期是否一致，制订元件采购计划，并在后期制作的电路板上元件相应位置焊接元件等。

至此一个简单的原理图设计就完成了。

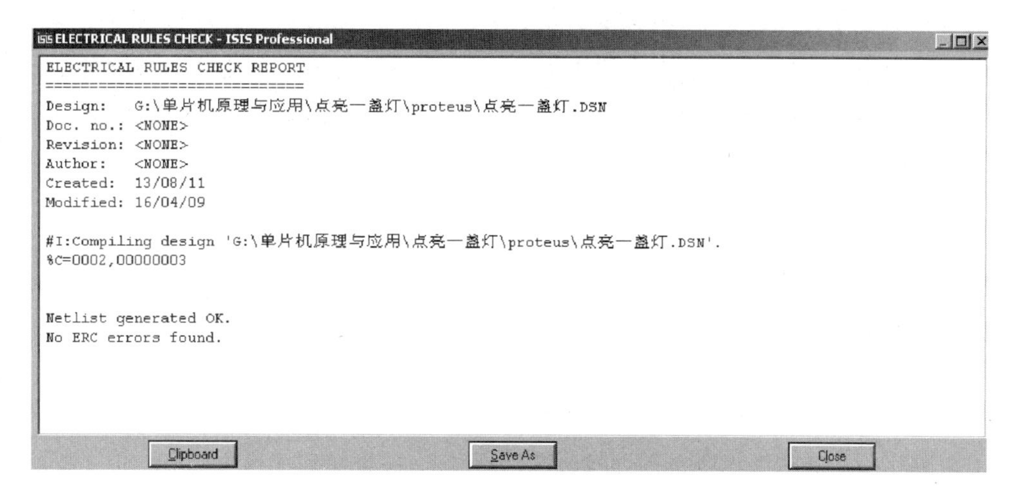

图 2.13　电气检测窗口

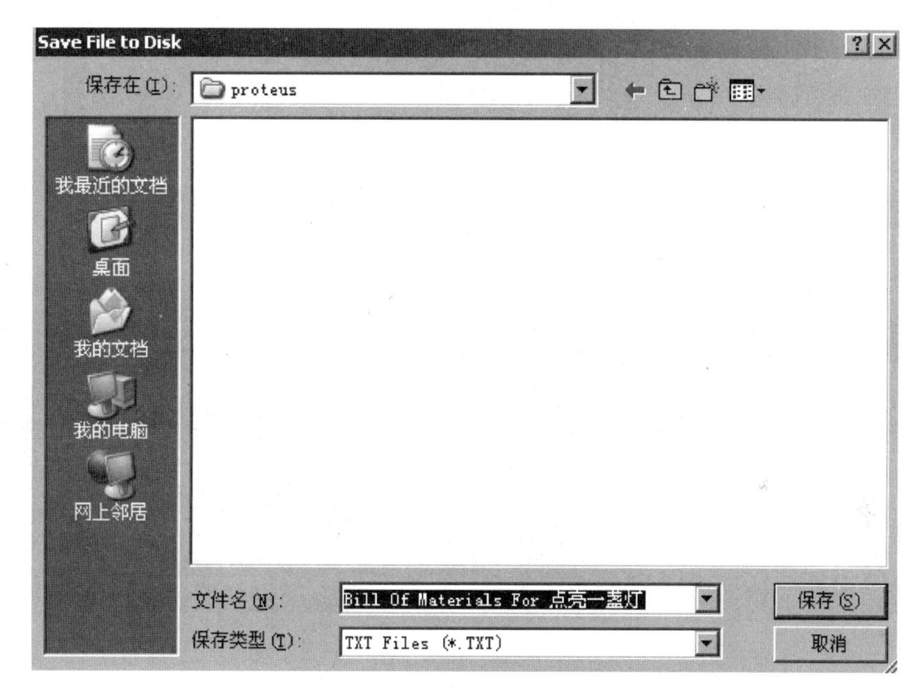

图 2.14　输出报表存盘窗口

2.3　Keil C51 的使用方法

单片机程序的编译调试软件较多，如 51 汇编集成开发环境、伟福仿真软件、Keil 单片机开发系统等。Keil C51 是当前使用最广泛的基于 80C51 系列单片机内核的软件开发平台之一，由德国 Keil Software 公司推出。μVision4 是 Keil Software 公司推出的关于 51 系列单片机的开发工具之一。μVision4 集成开发环境 IDE 是一个基于 Windows 的软件开发平台，集编辑、编译、仿真于一体，支持汇编语言和 C 语言的程序设计。在 Keil C 集成开发环境下使用工程的方法来管理文件，而不是单一文件的模式，所有的文件包括源程序(如C程序、汇编程序)、头文件等都可以放在工程项目文件中统一管理。目前已研制多种版本，如μVision2、μVision3、μVision4、Keil for ARM等，可根据实际需要选用，可以从相关网站下载并安装。

1. 创建项目

μVision4中有一个项目管理器，它包含了程序的环境变量和编辑有关的全部信息，为单片机程序的管理带来了很大的方便。

创建新项目的操作步骤如下。

(1) 启动μVision4，创建一个项目文件。

(2) 并从元器件数据库中选择一款合适的CPU。

(3) 创建一个新的源程序文件，并把这个源程序文件添加到项目中。

(4) 设置工具选项，使之适合目标硬件。

(5) 编译项目，并生成一个可供PROM编程的HEX文件。

μVision4程序安装完成后，双击桌面上快捷图标或在“开始”菜单中选择Keil μVision4命令，启动Keil μVision4集成开发环境，启动后的界面如图2.15所示，主要包括工程项目窗口、编辑窗口和输出窗口3个窗口。

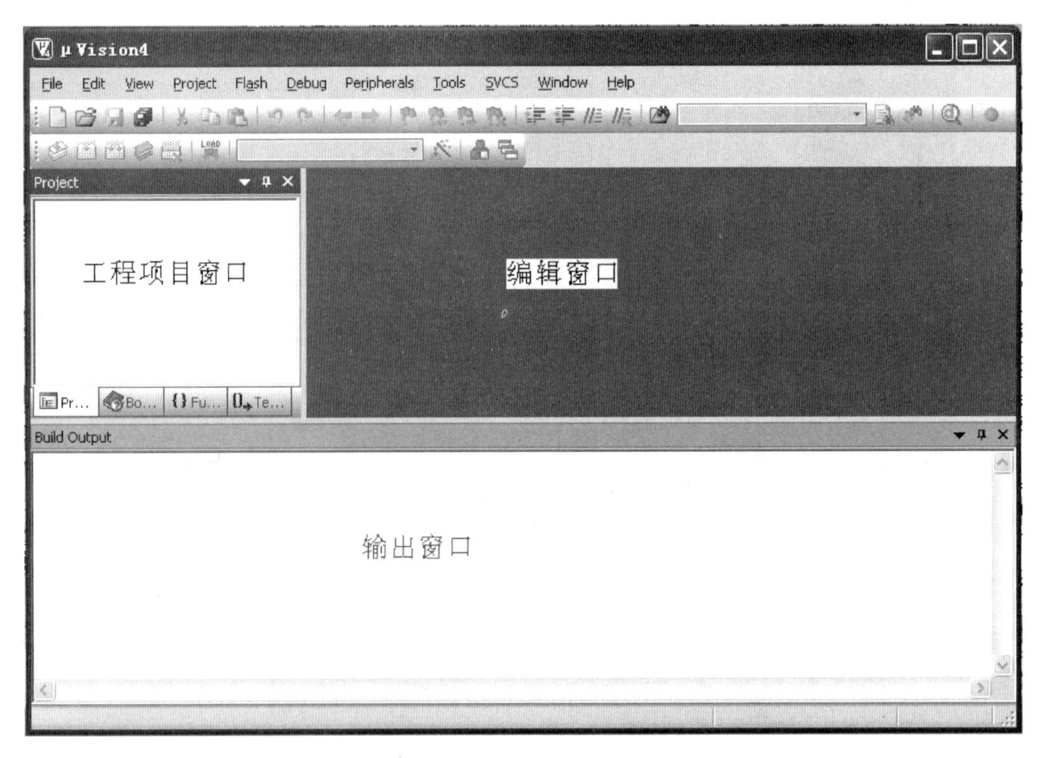

图2.15 启动Keil μVision4界面

1) 创建一个项目文件

在μVision4中执行Project→New Project命令，弹出Create New Project对话框。在弹出的对话框中，选择文件保存目录“F:\单片机原理与应用\点亮一盏灯\Keil”，并在此输入项目名称，如“点亮一盏灯”，输入新建项目名后单击 OK 按钮。

2）选择单片机型号

输入新建项目名称，单击 OK 按钮后，弹出如图 2.16 所示的 Select Device for Target “Target 1”对话框。在此对话框中根据需要选择合适的单片机型号。Keil 几乎支持所有 51 核的单片机，这里可以根据原理图设计中所使用的单片机型号来选择(Atmel 的 89C51)。

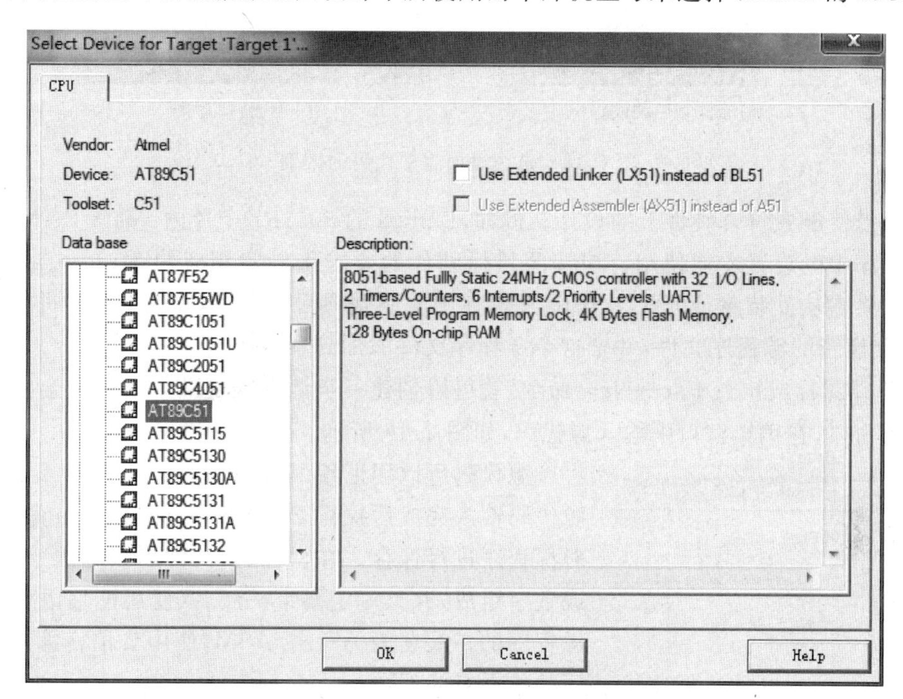

图 2.16 Select Device for Target “Target 1”对话框

首先选择 Atmel 公司，然后单击左边的“＋”号选择 AT89C51 之后，右边栏是对这个单片机的基本说明，然后单击 OK 按钮，将弹出如图 2.17 所示的对话框。

图 2.17 询问是否添加启动代码对话框

在此对话框中，询问用户是否将标准的 8051 启动代码复制到项目文件夹并将该文件添加到项目中。在此单击“是”按钮，项目窗口中将添加启动代码，单击“否”按钮，项目窗口中将不添加启动代码。两者的区别如图 2.18 所示。本课程在单片机应用系统设计训练时，单击“否”按钮即可。

Startup.a51 文件是大部分 8051 CPU 及其派生产品的启动程序。启动程序的操作包括清除数据存储器内容、初始化硬件及可重入堆栈指针等。一些 8051 派生的 CPU，需要初

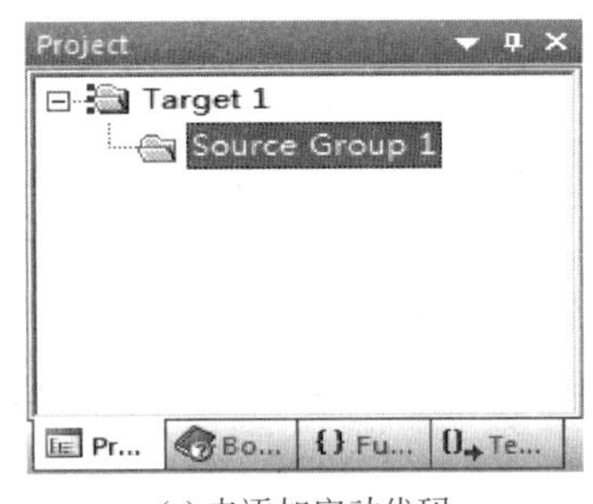

(a) 未添加启动代码

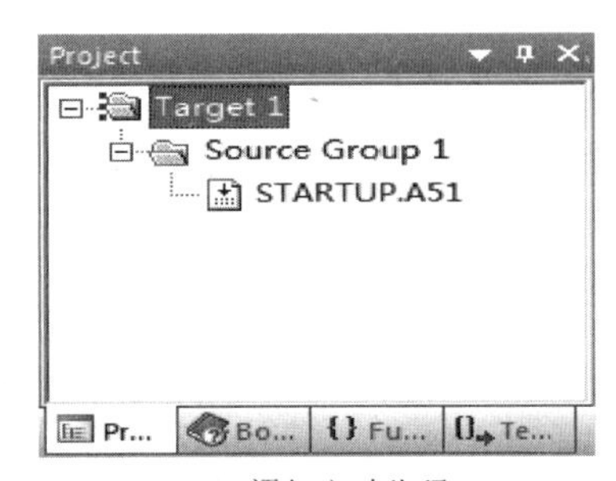

(b) 添加启动代码

图 2.18　是否添加启动代码的区别

始化代码以使配置符合硬件上的设计。例如，Philips 的 8051RD+片内 xdata RAM 需通过在启动程序中的设置才能使用。应按照目标硬件的要求来创建相应的 Startup. a51 文件，或者直接将它从安装路径的\C51\LIB 文件夹中复制到项目文件中，并根据需要进行更改。

3）创建新的源程序文件，并把这个源程序文件添加到项目中

单击图标或执行 File→New 命令，就可以创建一个源程序文件。该命令会打开一个空的编辑窗口，在编辑窗口中输入源代码，如图 2.19 所示。

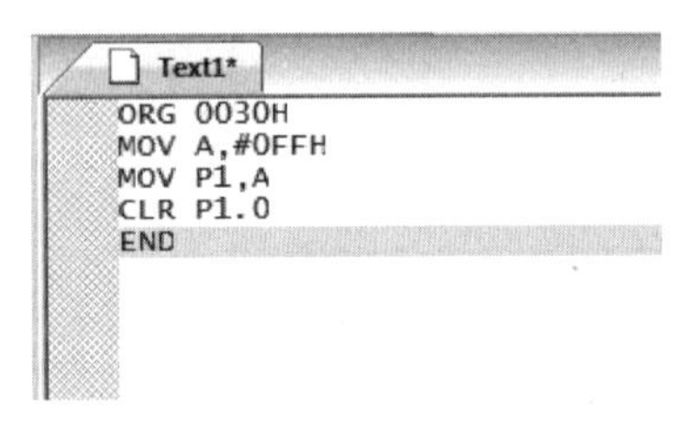

图 2.19　源程序编辑窗口

源代码可以用汇编语言书写，也可以用 C 语言书写。源代码输入完成后执行 File→Save as 或 Save 命令，即可对源程序进行保存。在保存时，文件名只能由字符、字母或数字组成，并且一定要带扩展名（使用汇编语言编写的源程序的扩展名为 A51 或 ASM，使用 C 语言编写的源程序的扩展名为 C）。

源程序文件保存在项目文件夹下所建立的 Keil 文件夹“F:\单片机原理与应用\点亮一盏灯\Keil”中，方便调试修改时查找。本程序文件名为“点亮一盏灯. asm”。源程序保存好后，源程序窗口中的关键字呈彩色高亮度显示。

源程序文件创建好后，可以把这个文件添加到项目中。在 μVision4 中，添加的方法有很多种，如图 2.20 所示。在 Source Group 1 上右击，在弹出的快捷菜单中选择 Add Files to Group “Source Group1”选项，在弹出的 Add Files to Group “Source Group 1”对话框中选择刚才创建的源程序文件，即可将其添加到项目中。

4）为目标设定工具选项

单击图标或执行 Project→Options for Target 命令，将会出现 Options for Target “Target 1”对话框，如图 2.21 所示。

在 Target 选项卡中可以对目标硬件及所选器件片内部件进行参数设定。表 2.1 描述了 Target 选项卡的选项说明。

标准的 80C51 的程序存储器空间为 64KB，若程序存储器空间超过 64KB 时，可在 Target 选项卡中对 Code Banking 栏进行设置。Code Banking 为地址复用，可以扩展现有的 CPU 程序存储器寻址空间。选中 Code Banking 复选框后，用户根据需求在 Banks 中选择合适的块数。在 Keil C51 中，用户最多能使用 32 块 64KB 的程序存储空间，即 2MB 的空间。

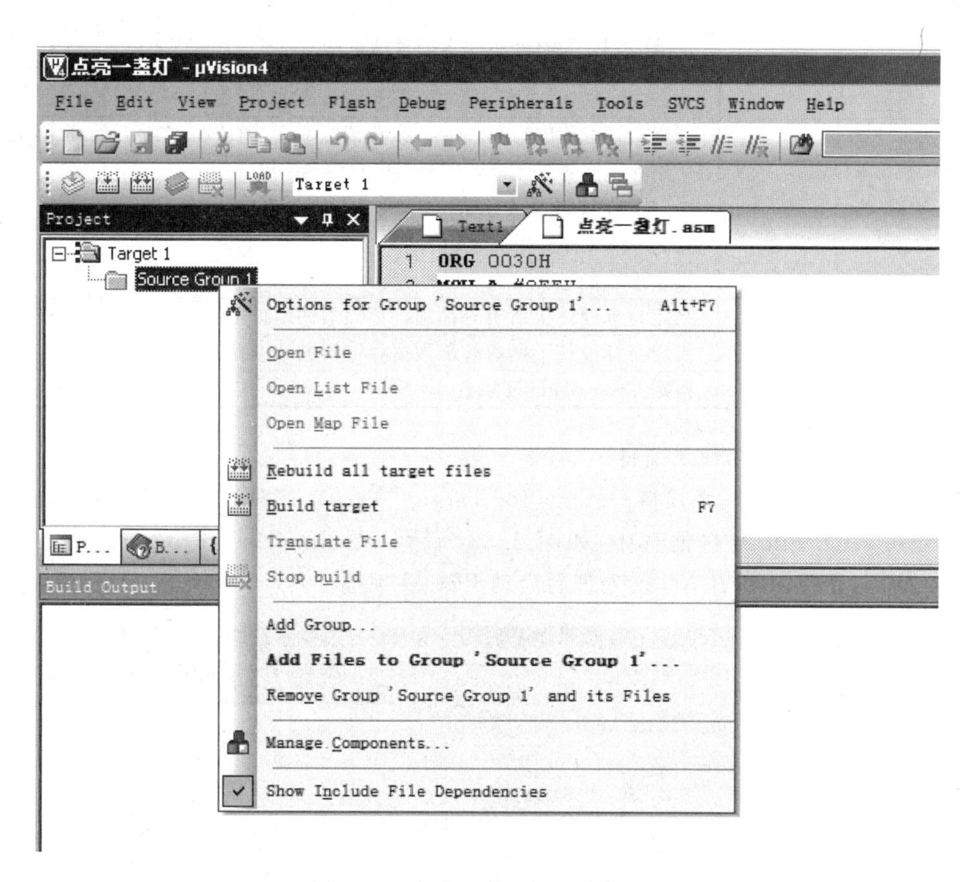

图 2.20 在项目中添加源程序文件

Options for Target 'Target 1'
Device Target Output Listing User C51 A51 BL51 Locate BL51 Misc Debug Utilities
Atmel AT89C51
Xtal (MHz): 12.0
Use On-chip ROM (0x0-0xFFF)
Memory Model: Small: variables in DATA
Code Rom Size: Large: 64K program
Operating system: None
Off-chip Code memory Start: Size:
Eprom
Eprom
Eprom
Off-chip Xdata memory Start: Size:
Ram
Ram
Ram
Code Banking Start: End:
Banks: 2 Bank Area: 0x0000 0x0000
'far' memory type support
Save address extension SFR in interrupts
OK Cancel Defaults Help

图 2.21 Options for Target "Target 1"对话框

表 2.1 Target 选项卡的选项说明

选项	说明
Xtal	指定器件的 CPU 时钟频率，多数情况下，它的值与 XTAL 的频率相同
Use On-chip ROM	使用片上自带的 ROM 作为程序存储器
Memory Model	指定 C51 编译器的存储模式，在开始编辑新应用时，默认为 Small
Code Rom Size	指定 ROM 存储器的大小
Operating system	操作系统的选择
Off-chip Code memory	指定目标硬件上所有外部地址存储器的地址范围
Off-chip Xdata memory	指定目标硬件上所有外部数据存储器的地址范围
Code Banking	指定 Code Banking 块数

5）编译项目并创建 HEX 文件

若要创建 HEX 文件，必须将 Options for Target “Target 1”对话框中的 Output 选项卡下的 Create HEX File 复选框选中，如图 2.22 所示。在 Run User Program #1 中指定 PROM 编程工具后，可以在 Make 处理后启动 PROM 编程工具。

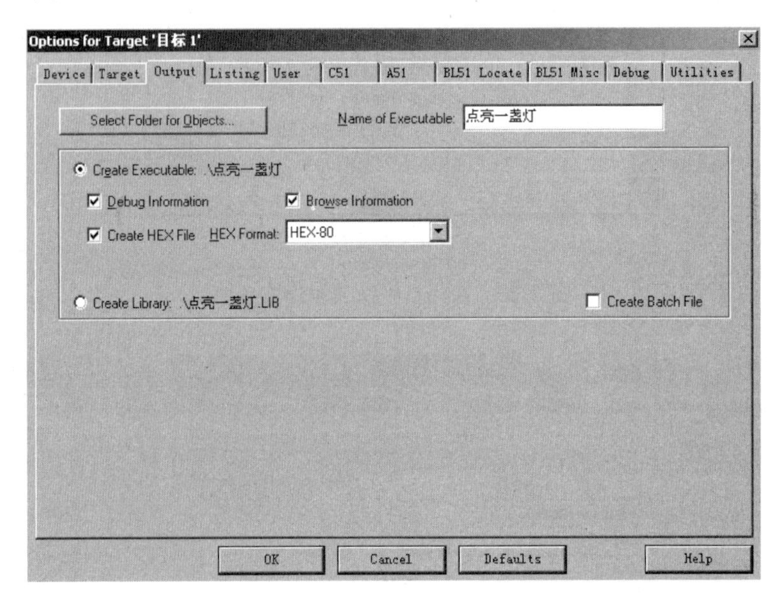

图 2.22 选中 Create HEX File 复选框

在 Target 选项卡中设置好参数后，就可对源程序进行编译。单击图标或执行 Project→Build Target 命令，可以编译源程序并生成应用程序。当所编译的程序有语法错误时，μVision4 将会在“编译输出”窗口中显示错误和警告信息，如图 2.23 所示。双击某一条信息，光标将会停留在 μVision4 文本编辑窗口中出现该错误或警告的源程序位置上。

若成功创建并编译了应用程序，生成的 HEX 文件可以下载到 EPROM 编程器或模拟器中，就可以开始仿真调试。

2. 仿真调试

仿真调试主要有两种方式：一种是通过 Program File 调入编译文件，利用 Proteus 开发环境进行仿真调试；另一种是通过在 Proteus 开发环境中设置 Use Remote Debug

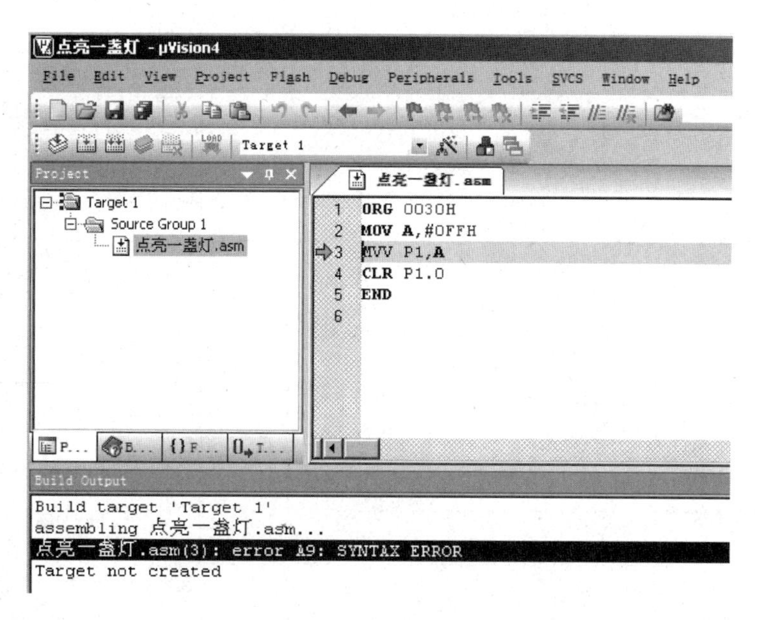

图 2.23　错误和警告信息

Monitor 后，利用 Keil 开发环境联合进行仿真调试。在系统设计过程中，两种方式一般要配合使用。前者一般在软件程序设计完成后调试使用，可以较好发现硬件原理图中存在的问题；后者一般在软件程序设计过程中调试使用，可以较好发现软件程序设计中存在的问题。

1）利用 Proteus 开发环境进行仿真调试

在 Proteus 开发环境中，打开系统原理图，单击 AT89C51，弹出如图 2.24 所示的编辑元件界面。在 Program File 后面单击按钮调入前面编译后生成的文件“点亮一盏灯.hex”，即可仿真了。

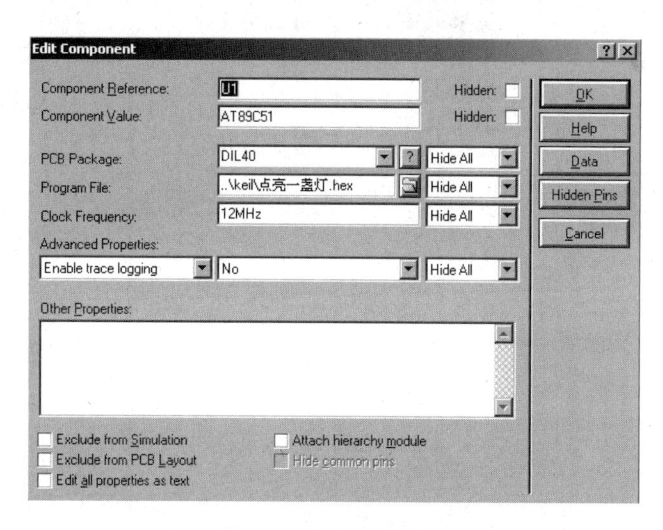

图 2.24　编辑元件界面

在仿真过程中，若发现硬件原理图问题，可利用 Proteus 开发环境对原理图进行修改；若发现软件程序存在问题，可利用 Keil 开发环境对软件程序进行修改。仿真结果如图 2.25 所示。

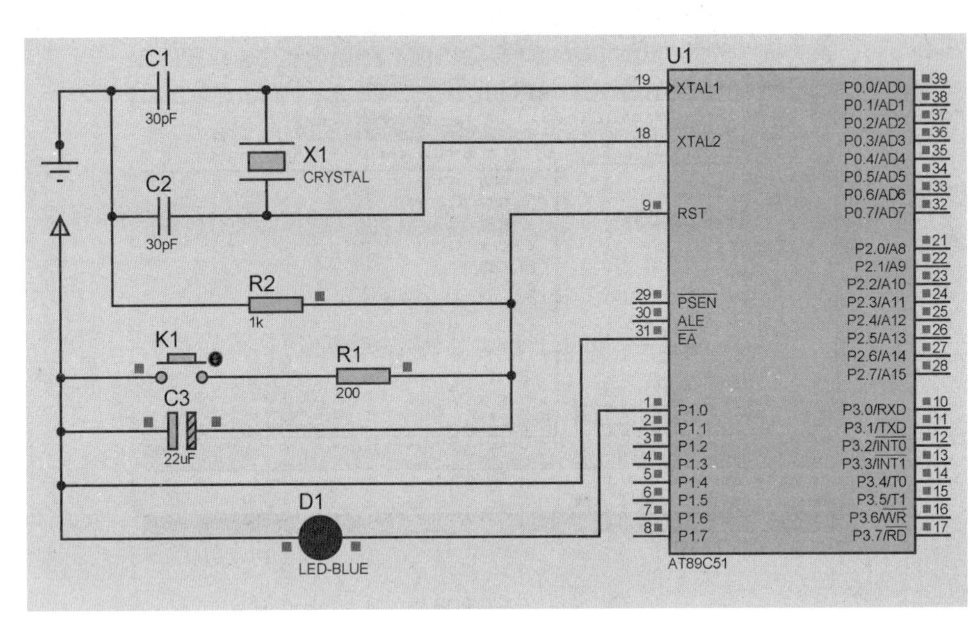

图 2.25 硬件电路仿真结果

2）利用 Keil 开发环境进行联合仿真调试

在 Proteus 开发环境中，打开系统原理图。在已绘制好的原理图的 Proteus ISIS 菜单中，执行 Debug→Use Remote Debug Monitor 命令，如图 2.26 所示。此时，Keil 开发环境就可以和 Proteus 开发环境联合仿真调试了。

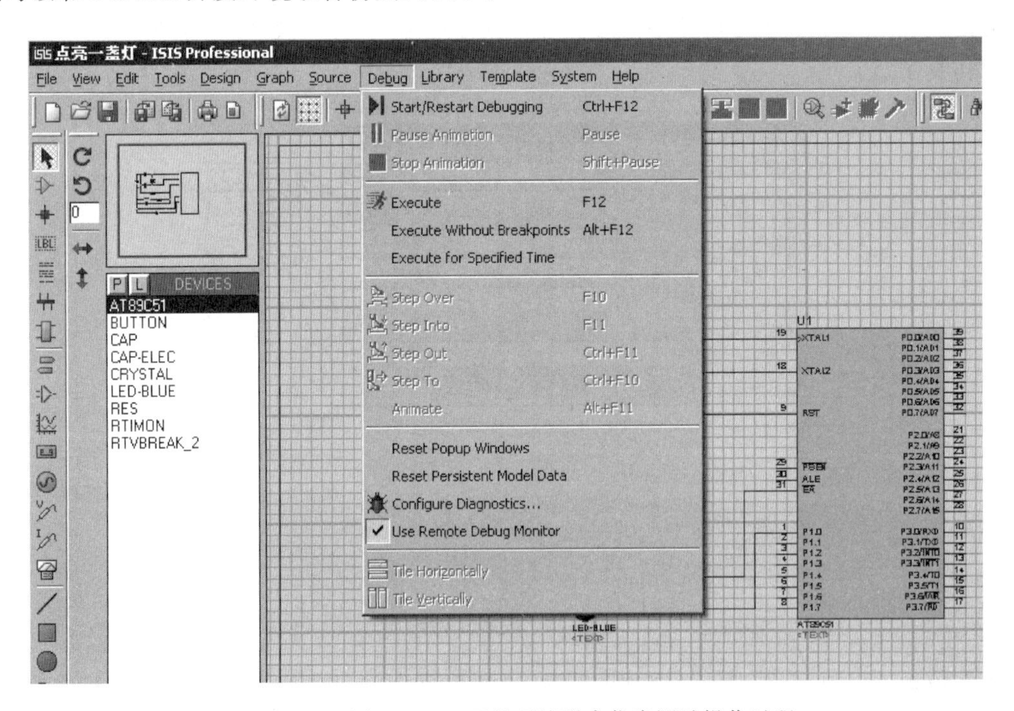

图 2.26 Keil 和 Proteus 开发环境联合仿真调试操作过程

在 Keil 开发环境中，执行 Debug→Start/Stop Debug Session 命令，进入 Keil 仿真调试环境。联合仿真时，为了观察方便，Keil 开发环境与 Proteus 开发环境最好切入到同一屏幕，如图 2.27 所示。

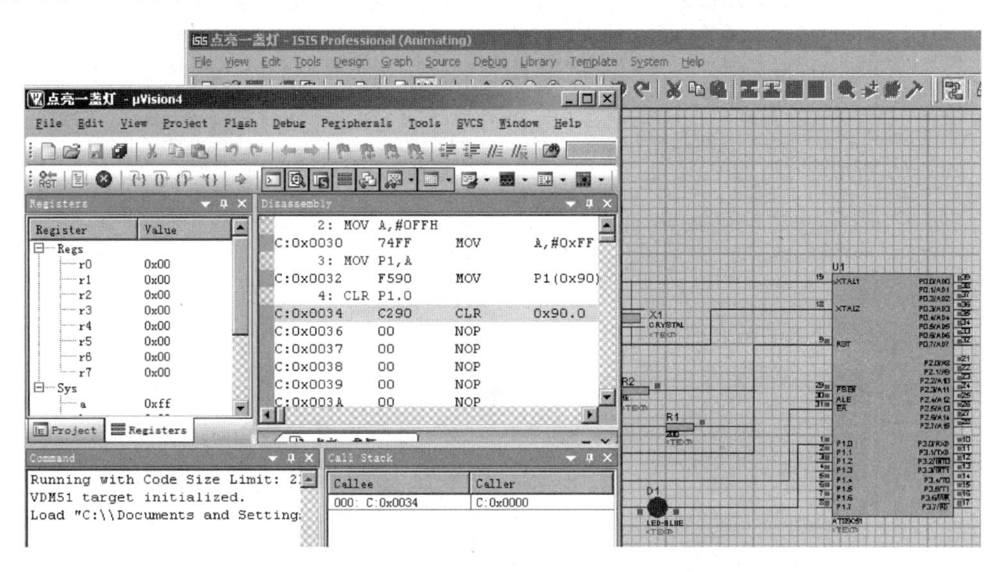

图 2.27　Keil 开发环境与 Proteus 开发环境联合调试

仿真结束后，可利用 Proteus ARES 开发工具把原理图制作 PCB 板图，由线路板厂根据 PCB 板图加工生产出 PCB 板，把相关元件按照原理图设计完成后输出报表 BOM 文档，即材料清单，焊接在 PCB 板上，把由 Keil 生成的 HEX 文件编程到单片机 AT89C51 中，接上 5V 电源，即可进行测试。测试完成后，一个简单的单片机应用系统就设计成功了。

3. 仿真设置及窗口介绍

使用 μVision4 调试器可对源程序进行测试，μVision4 提供了两种操作工作模式，这两种模式可以在 Option for Target “Target 1”对话框的 Debug 选项卡中选择，仿真设置如图 2.28 所示。

Use：硬件仿真，如 Proteus VSM Monitor-51 Driver，用户可以直接把这个环境与仿真程序或 Keil 监控程序相连。Proteus 提供了一系列可视化虚拟仪器及激励源，借助它们可进行虚拟仿真及图形分析。

Use Simulator：软件仿真模式，将 μVision4 调试器配置成纯软件产品，能够仿真 8051 系列产品的绝大多数功能，而不需要任何硬件目标板，如串行口、外部 I/O 和定时器等，这些外围部件设置是在从元器件数据库选择 CPU 时选定的。

1) CPU 仿真

μVision4 仿真器可以模拟 16MB 的存储器，该存储器被映射为读、写或代码执行访问区域。除了将存储器映射外，仿真器还支持各种 80C51 派生产品的集成外围器件。在 Debug 选项卡中可以选择和显示片内外围部件，也可通过设置其内容来改变各种外设的值。

2) 启动调试

源程序编译好后，选择相应的仿真操作模式，可启动源程序的调试。单击 图标或执行菜单命令 Debug→Start/Stop Debug Session，即可启动 μVision4 的调试模式，如图 2.29 所示。

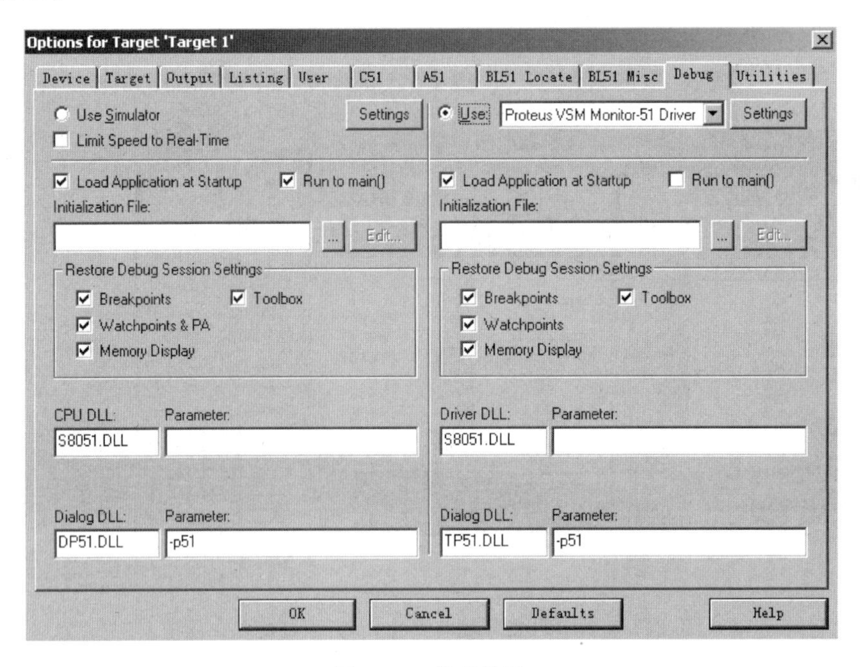

图 2.28 仿真设置

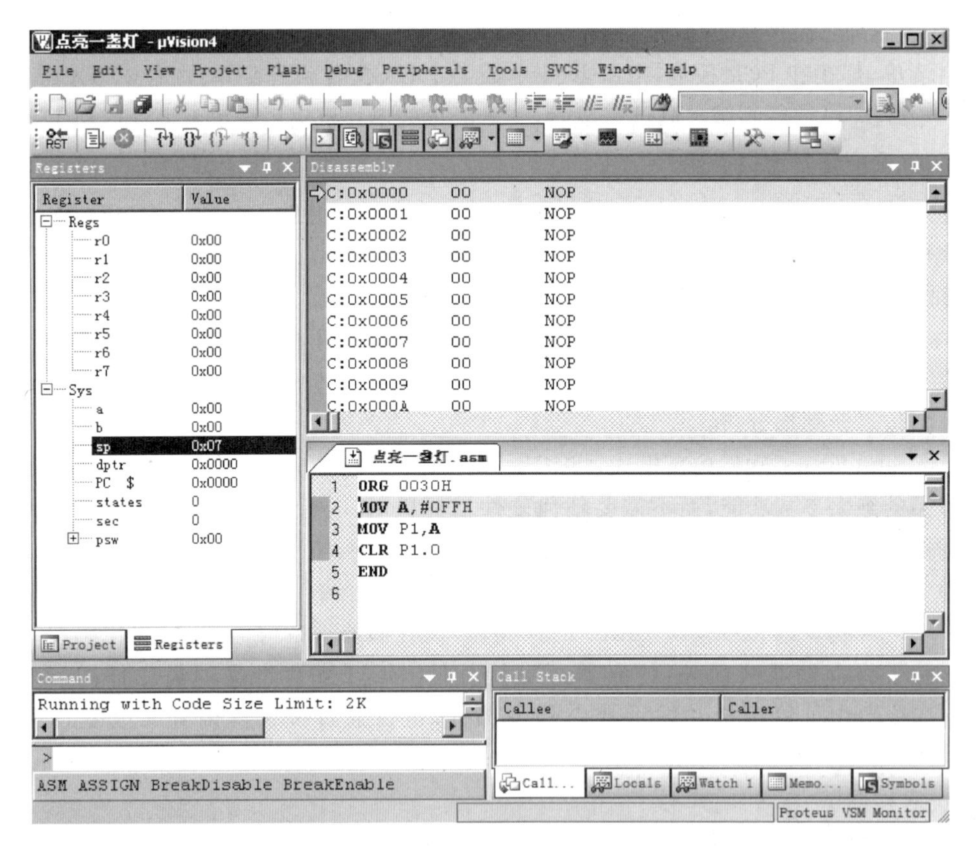

图 2.29 μVision4 调试界面

3）断点的设定

在编辑源程序过程中，或者在程序尚未编译前，用户可以设置执行断点。μVision4 中可用不同的方法来定义断点。

（1）在文本编辑框中或反汇编窗口中选定所在行，然后单击 File Toolbar 断点按钮或单击 图标。

（2）在文本编辑窗口或反汇编窗口中右击，在弹出的快捷菜单中进行断点设置。

（3）利用 Debug 下拉菜单打开 Breakpoint 对话框，在这个对话框中可以查看定义或更改断点的设置。

（4）在 Output Window 窗口的 Command 页可以使用 BreakSet、BreakKill、BreakList、BreakEnable 和 BreakDisable 命令。

4）目标程序的执行

目标程序的执行可以使用以下方法。

（1）在 Debug 下拉菜单中单击 GO 命令。

（2）在文本编辑窗口或反汇编窗口中右击，在弹出的快捷菜单中选择 Run till Cursor line 命令。

（3）在 Output Window 窗口的 Command 页中可以使用 GO、Ostep、Pstep、Tstep 命令。

5）反汇编窗口

在进行程序调试及分析时，经常会用到反汇编。反汇编窗口同时显示目标程序、编译的汇编程序和二进制文件，如图 2.30 所示。

在程序调试状态下，执行 View→Disassembly Window 命令，即可打开反汇编窗口。当反汇编窗口作为当前活动窗口时，若单步执行命令，则所有的程序将按照 CPU 指令（即汇编）来单步执行，而不是 C 语言的单步执行。

6）CPU 寄存器窗口

在程序调试状态下，执行 View→Registers Window 命令，将打开 CPU 寄存器窗口，在此窗口中将显示 CPU 寄存器相关内容，如图 2.31 所示。

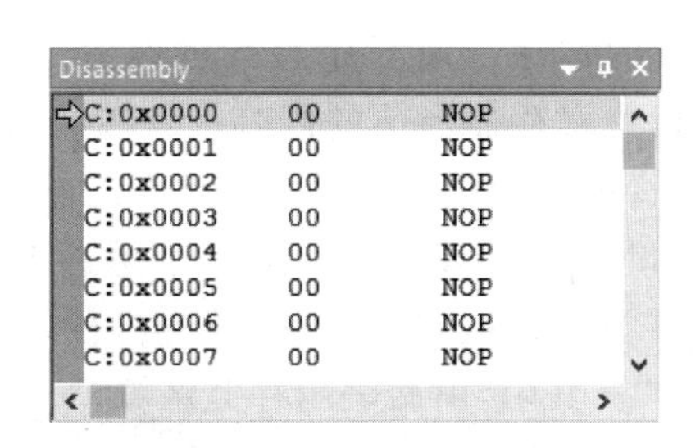

图 2.30　反汇编窗口

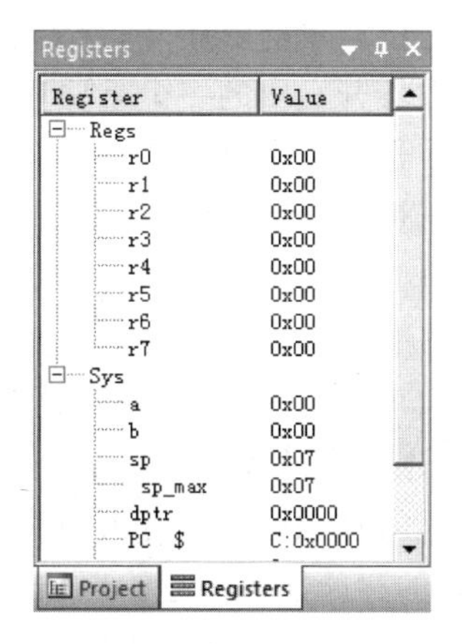

图 2.31　CPU 寄存器窗口

7) 存储器窗口

在程序调试状态下,执行 View→Memory Window→Memory ♯1 命令,将打开存储器窗口。存储器窗口最多可以通过 4 个不同的页观察 4 个不同的存储区,每页都能显示存储器中的内容,如图 2.32 所示。

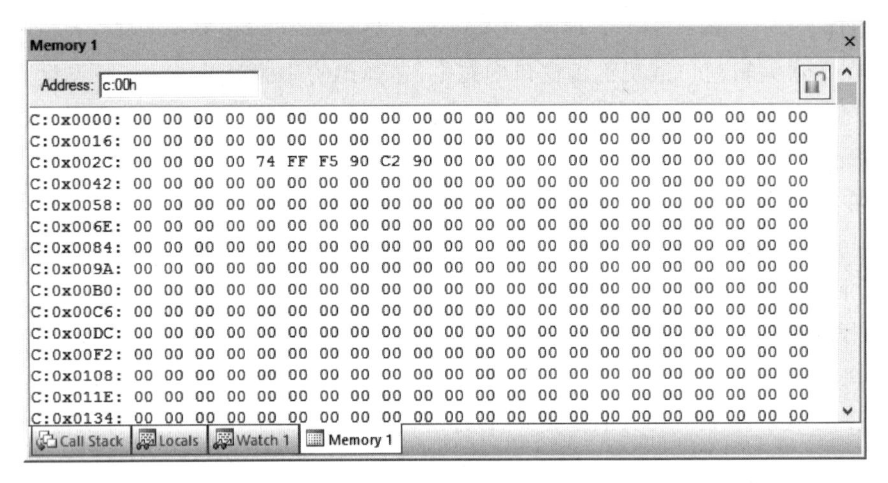

图 2.32 存储器窗口

在 Address 栏中输入地址值后,显示区域直接显示该地址的内容。若要更改地址中的起始地址,只需在该地址上双击,并输入新的起始地址即可。

8) 串行窗口

μVision4 提供了 4 个专门用于串行调试输入和输出的窗口,被模拟仿真的 CPU 串行口数据输出将在该窗口进行显示,输入串行窗口中的字符将会被输入到模拟的 CPU 中。

在程序调试状态下,执行 View→Serial Window→UART ♯1 命令,即可打开串行调试窗口。

4. Keil 程序调试与分析

前面讲述了如何在 Keil 中建立、编译、连接项目,并获得目标代码,但是做到这一步仅代表源程序没有语法错误,至于源程序中存在的其他错误,必须通过调试才能发现并解决。事实上,除了极简单的程序外,绝大多数的程序都要通过反复调试才能得到正确的结果,因此,调试是软件开发中的一个重要环节。

1) 寄存器和存储器窗口分析

进入调试状态后,执行 Debug→Run 命令或者单击 图标,全部运行源程序。执行 Debug→Step 命令或者单击 图标,单步运行源程序。源程序运行过程中,项目工作区(Project Workspace)Registers 选项卡中显示相关寄存器当前的内容。若在调试状态下未显示此窗口,可执行 View→Project Window 命令将其打开。

在源程序运行过程中,可以通过存储器窗口(Memory Window)来查看存储区中的数据。在存储器窗口的上部,有供用户输入存储器类型的起始地址的文本输入栏,用于设置关注对象所在的存储区域和起始地址,如“D:0x30”。其中,前缀表示存储区域,冒号后为要观察的存储单元的起始地址。常用的存储区前缀有 d 或 D(表示内部 RAM 的直接寻址区)、i 或 I(表示内部 RAM 的间接寻址区)、x 或 X(表示外部 RAM 区)、c 或 C(表示 ROM 区)。

由于P0端口属于SFR(特殊功能寄存器),片内RAM字节地址为80H,因此在存储器窗口的上部输入“d:80h”或“d:0x80”时,可查看P0端口的当前运行状态为FF,如图2.33所示。

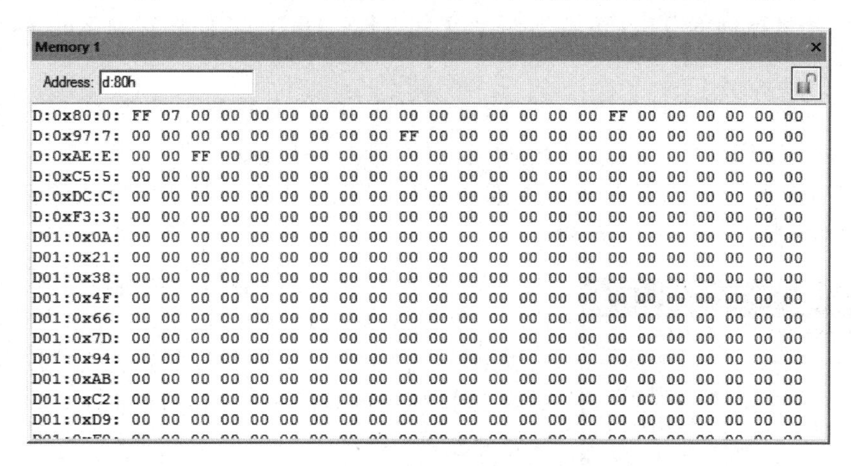

图2.33　存储器窗口

2）延时子程序的调试与分析

程序中若有延时子程序,可对延时子程序的延时时间进行测试。

具体方法为：在源程序编辑状态下,执行Project→Option for Target“Target 1”命令,或者在工具栏中单击图标,再在弹出的对话框中选择Target选项卡。在Target选项卡的Xtal(MHz)栏中输入“12”,即设置单片机的晶振频率为12MHz。然后在工具栏中单击图标,对源程序再次进行编译。

执行Debug→Start/Stop Debug Session命令或者在工具栏中单击图标,进入调试状态。在调试状态下单击图标,使指针首次指向LCALL DELAY后,项目工作区Registers选项卡的Sys项中sec为0.00000400,表示进入首次运行到LCALL DELAY时花费了0.00000400s。再次单击图标,指针指向LCALL DELAY后下一条指令,Sys项的sec为0.79846900。因此,DELAY的延时时间为两者之差,即0.79846900s,也就是说延时约为0.8s。

5. 利用仿真器进行硬件仿真

软件仿真是使用计算机软件来模拟单片机的实际运行,而用户不需要搭建硬件电路就可以对程序进行验证,但是软件仿真无法完全仿真与硬件相关的部分。硬件仿真是使用附加的硬件来替代用户系统的单片机并完成单片机全部或大部分的功能。它能直接反映单片机的全部或部分实际运行控制功能,是开发过程中所必需的。

能进行硬件仿真的器件称为仿真器。常用的仿真器件有南京伟福仿真器和广州周立功公司生产的TKS系列仿真器。TKS系列仿真器在硬件上采用了HOOKS/Bonbout仿真技术,可以实时在线仿真Philips公司生产的80C51系列单片机及Atmel、Winbond等公司生产的兼容51内核的标准80C51系列单片机。TKS仿真器的外形如图2.34所示。

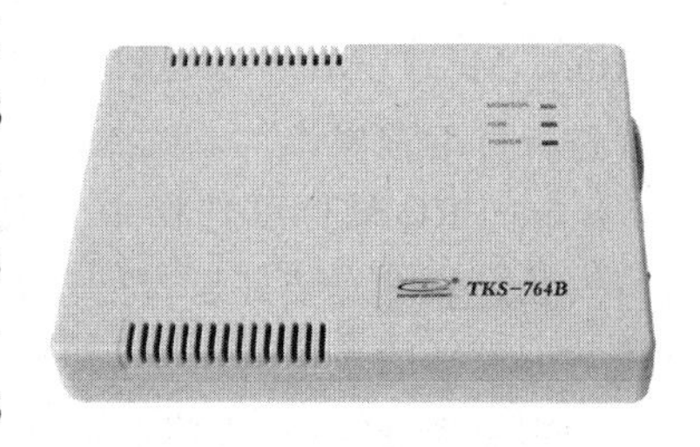

图2.34　TKS仿真器的外形

TKS 系列仿真器除了可以使用本身自带的仿真软件外，还可以嵌入 Keil C51 中进行硬件调试仿真，其加载方法如下。

(1) 将随机提供的 TKS 仿真器驱动文件 TKS_DEB. DLL 复制到 Keil 的安装目录 C51/Bin 下。

(2) 打开 Keil 安装目录下的 Took. ini 文件，在几个分类中找到 C51，并加入语句"TDRV3=C:/KEIL\C51\bin\TKS_DEB. dll("TKS Debugger")"。

TDRV3 是驱动 DLL 的序号，其数值可改变；"C:/KEIL\C51\bin"为安装目录，在此假设 Kiel 软件安装在 C 盘根目录下。

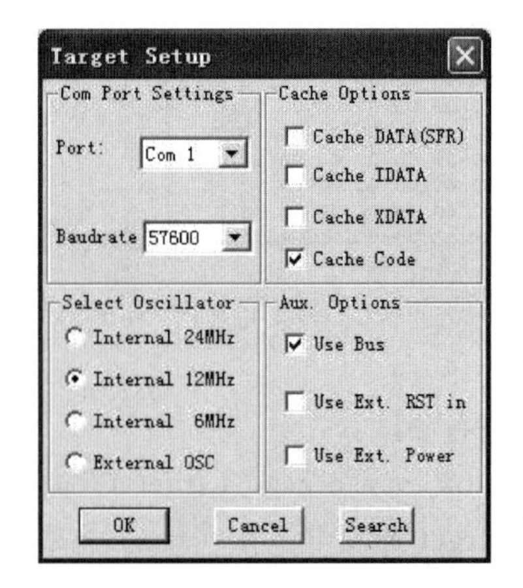

图 2.35 仿真器硬件配置

将 TKS_DEB. dll 加载到 Kiel C51 中后，首先选中"USE(硬件仿真选择)"单选按钮，并且选中合适的仿真器类型，单击"Settings(仿真器参数设置)"按钮，将弹出如图 2.35 所示的对话框。在该对话框中，进行相应的仿真硬件配置。

仿真硬件配置好后，就可以在 Kiel C51 编译环境中使用 TKS 仿真器进行硬件仿真了，其硬件仿真调试方法与软件仿真调试方法类同。

伟福仿真器使用自带的 WAVE 仿真软件，进行硬件仿真时，也需要相应的设置。

因为 80C51 系列的单片机型号较多，并且存储器的容量大小、功能等方面有所不同，所以需要选择合适的仿真器对单片机进行硬件仿真。

6. 利用编程器进行程序固化

编程器又称为程序固化器，是将调试生成的. bin 或. hex 文件固化到存储器中的器件。对于不同型号的单片机或存储器，厂家都要为其提供配套的编程器进行程序固化。由于生产厂家众多，芯片型号繁多，不可能每一种芯片都由一专用的编程器对其进行程序固化，因此一些公司研究出通用编程器。通用编程器可以支持多种型号的芯片程序的读、写操作。常用的通用编程器有南京西尔特电子有限公司的 SuperPRO 通用编程器和周立功公司生产的 EasyPRO 系列通用编程器。EasyPRO 编程器的外形如图 2.36 所示。

南京西尔特电子有限公司的 SuperPRO 是一种可靠性高、速度快、性价比比较高的通用编程器，能够直接与计算机的并行打印机口或 USB 口相连，对数十个厂家生产的 PLD、EPROM、Flash、BPROM、MCU\MPU、DRAM\SRAM 等数千种芯片进行可编程操作。

SuperPRO 软件可选择中文或英文两种语言进行安装。软件安装好后，打开软件时，将弹出计算机与编程器的连接信息。

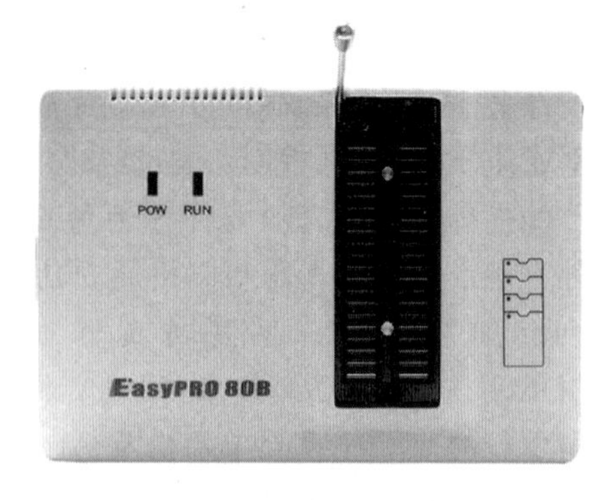

图 2.36 EasyPRO 编程器的外形

使用编程器时，首先将芯片放在锁紧座中，注意不要将芯片的方向弄错；放好后，将芯片锁紧；然后打开编程器电源，与计算机进行连接。

选择"器件"→"选择器件"命令或直接单击工具栏中的 图标，弹出"选择器件"对话框，如图 2.37 所示。

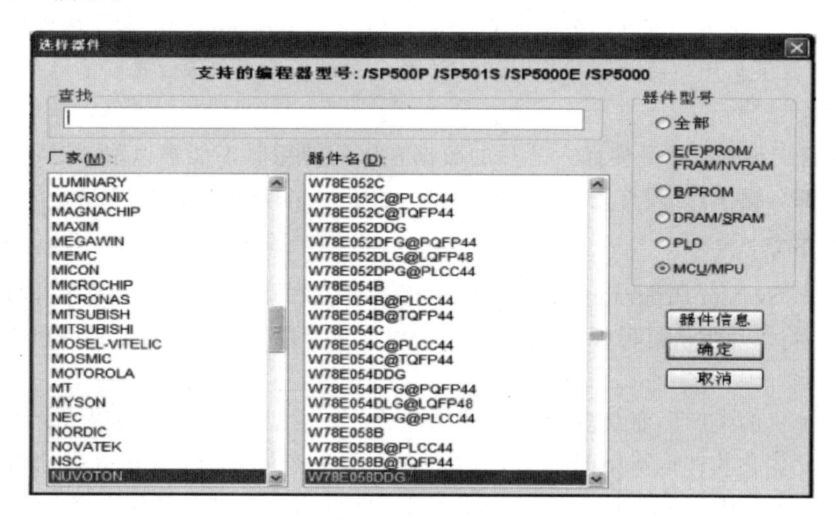

图 2.37　"选择器件"对话框

"选择器件"对话框由"厂商"与"器件名"两个列表框和"器件型号"单选按钮区组成。首先根据芯片的用途在单选按钮区中选择合适的器件类型；然后在"厂商"列表框中选择器件的生产厂商；最后在"器件名"列表框中选择该器件的型号，这样就完成了器件的选择。

选好器件后，在器件信息栏中显示该器件的厂商名(Manufacturer)、器件名(Device Name)、器件类型(Device Type)、芯片容量(Chip Size)、最多引脚(Maax Pin)、编程算法名(Algo Name)。

在 SuperRPRO 软件中，用户对器件可进行写入、读出、校验、空检查、数据比较、加密等操作。

(1) 写入。写入操作是将 HEX 文件或缓冲区内的数据烧写至芯片。在写入数据之前，需先对芯片进行擦除操作。选择"文件"→"装入文件"命令，选择需写入的 HEX 或 BIN 文件后，单击左侧工具栏中的 Program，可将该文件写入芯片中。写入完毕后将执行校验功能，如有错误，显示出错信息和出错地址，其他结果则显示在信息窗口中。

(2) 读出。读出操作是将芯片的内容读取到缓冲区。单击左侧工具栏中的 Read，进行数据的读取操作。读完之后，Environment 窗口显示数据的校验和。如果芯片是 PAL 或 GAL，Blow Count 同时显示计数值，若它们的内部安全熔丝断了，则不管芯片内容是什么，读出的数据全为"1"或全为"0"。如果为 ROM 或微控制器，将把起始地址和结束地址中的数据读入缓冲区。

(3) 校验。校验是将缓冲区的内容与芯片的内容进行比较。单击左侧工具栏中的 Verify 进行内容的校验操作。在校验过程中，若芯片的内容与缓冲区的内容不相符，将显示错误信息和出错地址。如果为 ROM 或微控制器，将对起始地址和结束地址进行比较。

(4) 空检查。空检查是读取芯片的内容并与空字符进行比较。单击左侧工具栏中的

BlankCheck,进行查空操作。如果芯片内已存入了数据,将显示写入的数据地址。如果芯片为 ROM 或微控制器,则对指定起始地址和结束地址进行部分空比较。

(5) 数据比较。数据比较仅用于 ROM 和单片微控制器,功能与校验操作相同,但产生包含芯片数据和缓冲区数据有差异的文件。文件名即为所选择器件名,cmp 作为扩展名。例如,如果选择器件为 AMD 27256,则产生的文件为 27256. cmp。可在一般编辑器中浏览此文件,它包含了芯片与缓冲区数据之间的差异。与校验功能不同,遇到第一个不同数据,它不会停下来。

(6) 加密。加密操作是使插入芯片的数据在以后使用时不能被读取。对可擦除器件,要进行加密部分操作,必须首先执行擦除操作。加密芯片有可能通过空操作。

7. ISP 下载

ISP 是 In System Programming(在系统可编程)的缩写,利用该技术对单片机进行程序固化时,不必将单片机从目标板上移出,直接利用 ISP 专用下载线便可对单片机进行程序固化操作。

因为单片机的生产厂商众多,片内带 Flash 的单片机型号也较多,所以 ISP 专用下载线及相应的 ISP 固化软件也不相同。能对 Philips 公司生产的片内带 Flash 存储器的单片机进行 ISP 下载的软件有 ZLGISP、WinISP、Flash Magic 等。这些软件的操作方法基本相同,但 Flash Magic 比 WinISP 支持的芯片型号多,且功能也较强大。

Flash Magic 可在相关网站上免费下载,安装后其界面如图 2. 38 所示。用户使用该软件可对芯片进行下载、读出、擦除、检查等操作。

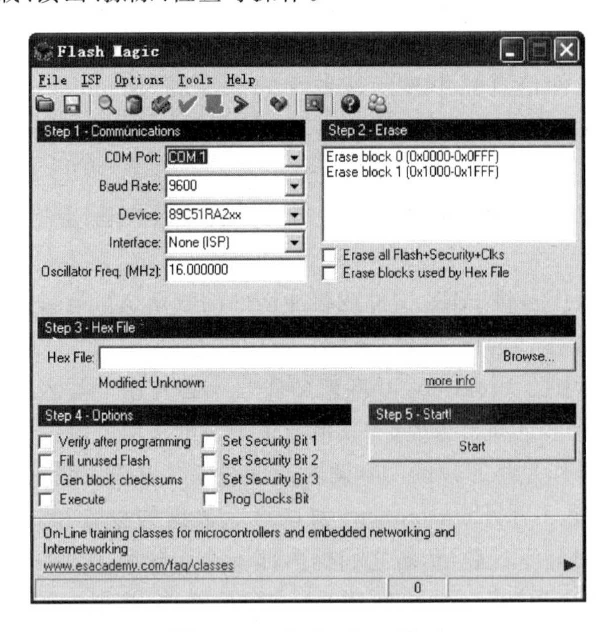

图 2. 38　Flash Magic 界面

8. 串行调试软件

在单片机系统开发中,会经常碰到串行调试操作。串行调试的软件也较多,"串口调试助手"是其中一个优秀的串行调试工具,可从网上免费下载,安装后其界面如图 2. 39 所示。

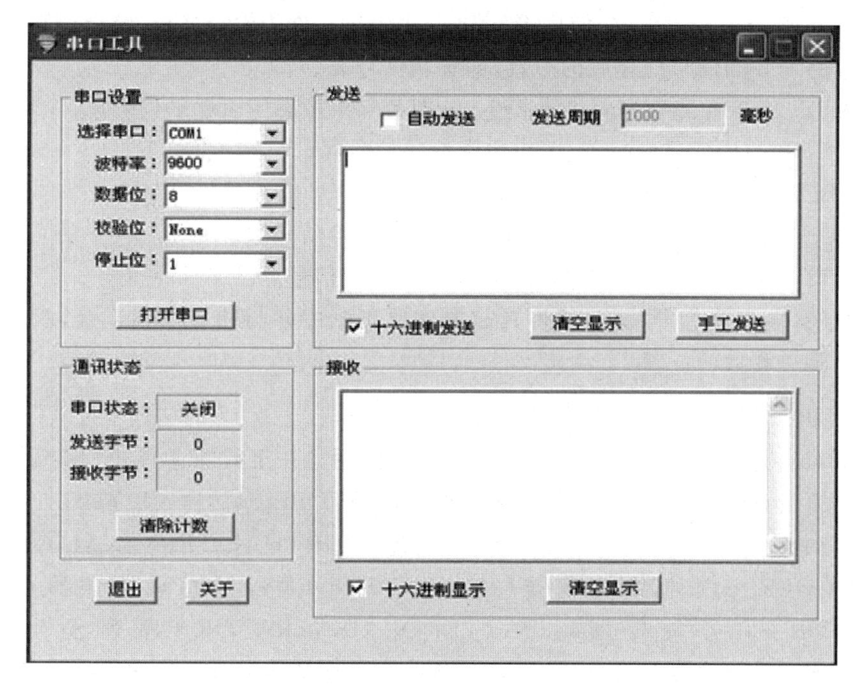

图 2.39 串口调试助手界面

为使单片机串口上的数据显示到“串口工具”界面中，需使用 9 芯串行线将单片机系统的串行口与计算机的 COM 串行口连接起来。

连接后在“串口工具”界面中进行参数设置。“选择串口”用于设置串行通信的计算机 COM 口；“波特率”用于设置串行通信的速率。

成功连接及设置后，给单片机系统通电，如果系统有向串口输出信息的指令，在此界面中就可看到所发出的信息。

2.4 Proteus VSM 虚拟系统模型

Proteus 提供了一系列可视化虚拟仪器（Virtual Instruments Mode）及信号源（Generator Mode），借助它们可进行虚拟仿真及图形分析。

1. 信号源

信号源为虚拟仿真提供信号，并允许用户对其进行参数设置。在工具箱中单击“信号源”按钮，在弹出的“Generators”窗口中将出现各种信号源供用户选择。

DC：直流信号发生器，即直流信号源。

SINE：幅值、频率和相位可控的正弦波信号源。

PULSE：幅值、周期和上升/下降沿时间可控的模拟脉冲发生器，即模拟脉冲信号源。

EXP：指数发生器，可产生与 RC 充电/放电电路相同的脉冲波，即指数信号源等。

SFFM：单频率调频信号发生器，即单频率调频波信号源。

PWLIN：PWLIN 信号发生器，可产生任意分段线性信号，即分段性信号源。

FILE：FILE 信号发生器，它的数据来源于 ASCLL 文件，即 FILE 信号信号源。

AUDIO：音频信号发生器，使用 Windows WAV 文件为输入文件，结合音频分析图表，可以听到电路对音频信号处理后的声音，即音频信号源。

DSTATE：数字单稳态逻辑电平发生器，即数字单稳态逻辑电平信号源。

DEDGE：单边沿信号发生器，即单边沿信号信号源。

DPULSE：单周期数字脉冲发生器，即数字时钟信号信号源。

DCLOCK：数字时钟信号发生器，即数字时钟信号信号源。

DPATTERN：数字序列信号发生器，即序列信号信号源。

在仿真时，若需要“信号源”，可将其放置到原理图中并与相应电路连接，双击该“信号源”，可进行相关参数的设置。

2. Proteus VSM 虚拟仪器的使用

在 Proteus 中提供了许多的虚拟仪器供用户使用。在工具箱中单击“虚拟仪器”按钮，在弹出的 Instruments 窗口中将出现 OSCILLOSCOPE（示波器）、LOGIC ANALYSER（逻辑分析仪）、COUNTER/TIMER（计数/定时器）、VIRTUAL TERMINAL（虚拟终端）、SPI DEBUGGER（SPI 总线调试器）、I^2C DEBUGGER（I^2C 总线调试器）、SIGNAL GENERATOR（信号发生器）、PATTERIN GENERATOR（序列发生器）、DC VOLTMETER（直流电压表）、DC AMMETER（直流电流表）、AC VOLTMETER（交流电压表）、AC AMMETER（交流电流表）等虚拟仪器供用户选择。

1) OSCILLISCOPE（示波器）的使用

在 Proteus 7.8 中提供了四通道虚拟示波器，供用户使用。

(1) 示波器的功能。在工具箱中单击“虚拟仪器”按钮，在弹出的 Instruments 窗口中单击 OSCILLOSCOPE，再在原理图编辑窗口中单击，添加示波器。将示波器与被测点连接好，并单击按钮后，将弹出虚拟示波器界面，如图 2.40 所示。

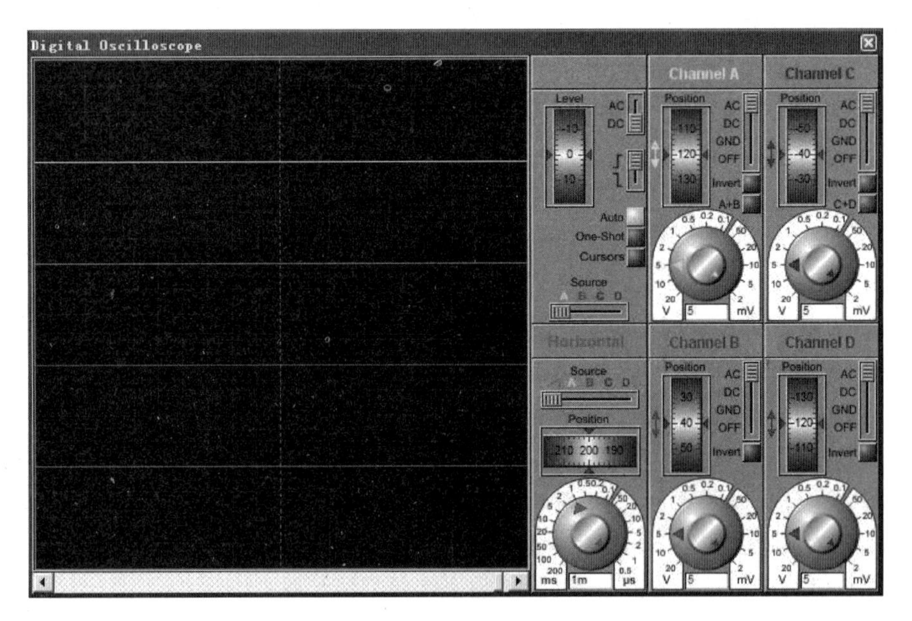

图 2.40 虚拟示波器界面

其功能如下。

① 四通道 A、B、C、D,波形分别用黄色、蓝色、红色、绿色表示。

② 20～2mV/div 的可调增益。

③ 扫描速度为 200～0.5μs/div。

④ 可选择 4 个通道中的任一通道作为同步源。

⑤ 交流或直流输入。

(2) 示波器的使用。虚拟示波器与真实示波器的使用方法类似。

① 按照电路的属性设置扫描速度,用户可看到所测量的信号波形。

② 如果被测信号有直流分量,则在相应的信号输入通道选择 AC(交流)工作方式。

③ 调整增益,以便在示波器中可以显示适当大小的波形。

④ 调节垂直位移滑轮,以便在示波器中可以显示适当位置的波形。

⑤ 拨动相应的通道定位选择按钮,再调节水平定位和垂直定位,以便观测波形。

⑥ 如果在大的直流电压波形中含有小的交流信号,需要在连接的测试点和示波器之间加一个电容器。

(3) 示波器的工作方式。虚拟示波器有以下 3 种工作方式。

① 单踪工作方式,可以在 A、B、C、D 4 个通道中选择任一通道作为显示。

② 双踪工作方式,可以在 A、B、C、D 4 个通道中选择任一通道作为触发信号源。

③ 叠加工作方式,A、B 通道有效,选择 A+B 时,可将 A、B 两路输入相互叠加产生波形; C、D 通道有效,选择 C+D 时,可将 C、D 两路输入相互叠加产生波形。

(4) 示波器的触发。虚拟示波器具有自动触发功能,使得输入波形可以与时基同步。

① 可以在 A、B、C、D 4 个通道中选择任一通道作为触发器。

② 触发旋钮的刻度表是 360°循环可调,以方便操作。

③ 每个输入通道可以选择 DC(直流)、AC(交流)、接地 3 种方式,并可选择 OFF 将其关闭。

④ 设置触发方式为上升时,触发范围为上升电压; 设置触发方式为下降时,触发范围为下降的电压。如果超过一个时基的时间内没有触发发生,将会自动扫描。

2) LOGIC ANALYSER (逻辑分析仪)的使用

(1) 逻辑分析仪的功能。在工具箱中单击"虚拟仪器"按钮,在弹出的 Instruments 窗口中,单击 LOGIC ANALYSER,再在原理图编辑窗口中单击,添加逻辑分析仪。将逻辑分析仪与被测点连接好,并单击按钮后,将弹出虚拟逻辑分析仪界面,如图 2.41 所示,其主要功能如下。

① 16 个一位的通道和 4 个 8 位的总线通道。

② 采样速度从每次采样间隔时间为 20μs 到每次采样间隔时间为 0.5ns,相应的采集时间为 5ms～2s。

③ 显示的缩放范围从每次分配 10 000 次采样到每次分配一次采样。

(2) 逻辑分析仪的使用。逻辑分析仪与真实逻辑分析仪的使用方法类似。

① 设置采样间隔时间为一个合适值,用于设定能够被记录的脉冲最小宽度,采样间隔时间越短,数据采集时间越短。

② 从设置触发条件来看,拨动开关选择下降沿或上升沿。

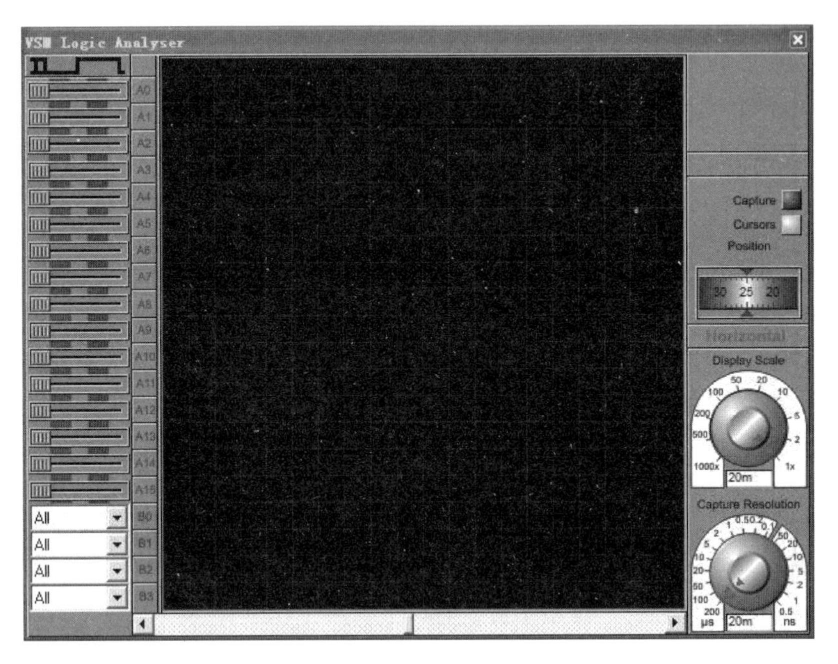

图 2.41 虚拟逻辑分析仪界面

③ 由于采集缓冲区允许 10 000 次采样，而显示仅有 250 像素的宽度，因此在采集缓冲区中需进行缩放观看，缩放观看的设置是旋转显示比例按钮。

3) COUNTER /TIMER(计数/定时器)的使用

计数/定时器可用于测量时间间隔、信号频率的脉冲数。

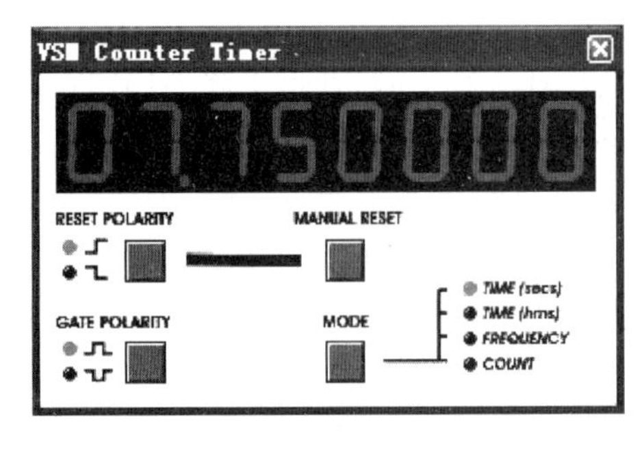

图 2.42 计数/定时器界面

(1) 计数/定时器的功能。在工具箱中单击“虚拟仪器”按钮，在弹出的 Instruments 窗口中，单击 COUNTER/ TIMER，再在原理图编辑窗口中单击，添加计数/定时器。将计数/定时器与被测点连接好，并单击按钮后，将弹出计数/定时器界面，如图 2.42 所示，其主要功能如下。

① 定时器模式(显示秒)，单位为 1μs。

② 定时器模式(显示时、分、秒)，单位为 1ms。

③ 频率计模式，单位为 1Hz。

④ 计数器模式，计数范围为 0～99 999 999。

(2) 定时器模式的使用。计数/定时器放在原理图编辑窗口中时，它有 3 个引脚：CE、RST 和 CLK。CE 为时钟使能端，这个信号将会在时间显示之前得到控制。若不需要它，可将该引脚悬空。RST 为复位引脚，它可将定时器复位清零。若不需要它，也可将该引脚悬空。CLK 引脚用于边沿触发，不同于电平触发。如果需要保持定时器为零状态，可以将 CE 和 RST 引脚连接起来。

定时器连接好后，将光标指向定时器并按 Ctrl+E 组合键或右击，在弹出的快捷菜单中选择 Editer Component 选项，打开 Edit Component 对话框，如图 2.43 所示。

在此对话框中，根据需要设置定时模式(秒或时、分、秒模式)、计数使能极性(Low 或

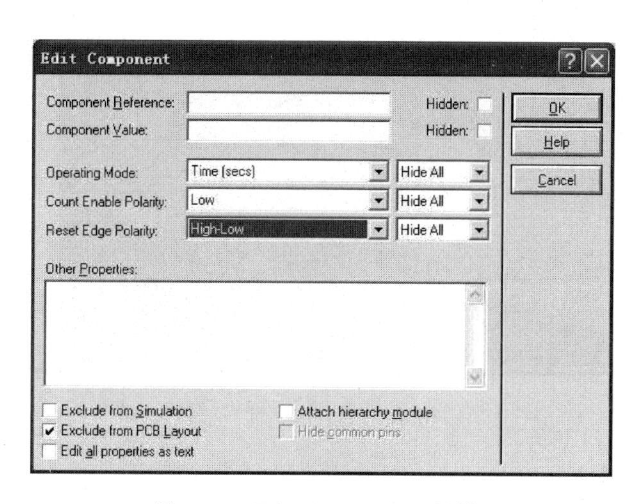

图 2.43　Edit Component 对话框

High)和复位信号边沿极性(上升沿或下降沿)。设置好后,单击▶按钮进行仿真。

(3) 频率计模式的使用。计数/定时器放在原理图编辑窗口中时,根据需要将时钟引脚CLK与被测量的信号连接起来(在频率计模式下,CE和RST引脚无效),再在图2.42中将工作模式选择为频率计模式,然后单击▶按钮进行仿真。

频率计实际上是在仿真时间中的每一秒来测出上升沿的次数,因此要求输入信号稳定且在完整的1s内有效。同时,如果仿真不是在实时速率下进行(如计算机CPU运行程序较多),那么频率计会延长读数产生的时间。

由于计数/定时器为纯数字元件,因此要测量低电平模拟信号频率时,需要在计数/定时器的CLK引脚之前放置一个ADC(模/数转换器)及其他逻辑开关,用来确实一个合适的阈位。因为在Proteus中模拟信号仿真速度比数字信号仿真慢1000倍,计数/定时器不适合测量高于10kHz的模拟振荡电路频率,在这种情况下,用户可以使用虚拟振荡器测量信号。

(4) 计数器模式的使用。计数/定时器放在原理图编辑窗口中时,根据需要将CE使能端、RST复位端与被测量的信号连接起来或悬空;再在图2.43中设置定时模式(秒或时、分、秒模式)、计数使能极性(Low或High)和复位信号边沿极性(上升沿或下降沿)。设置好后,单击▶按钮进行仿真。工作模式选择为频率计模式,然后进行仿真。

4) VIRTUAL TERMINAL(虚拟终端)的使用

虚拟终端允许用户通过计算机的键盘并经由RS-232异步发送到仿真微处理器系统。虚拟终端在嵌入系统中有特殊的用途,可以用它显示正在开发的软件所产生的信息。

(1) 虚拟终端的功能。在工具箱中单击“虚拟仪器”按钮,在弹出的Instruments窗口中,单击VIRTUAL TERMINAL,再在原理图编辑窗口中单击,添加虚拟终端。将虚拟终端与相应引脚连接好,并单击▶按钮后,将弹出虚拟终端界面,如图2.44所示。

其主要功能如下。

① 全双工,可同时接收和发送ASCII码数据。

② 简单双线串行数据接口,RXD用于接收数据,TXD用于发送数据。

③ 简单的双线硬件握手方式,RTS用于准备发送,CTS用于清除发送。

④ 传输波特率为300～57 600b/s。

图 2.44 虚拟终端界面

⑤ 7 或 8 个数据位。

⑥ 包含奇校验、偶校验和无校验。

⑦ 具有 0、1 或 2 位停止位。

⑧ 除硬件握手外，系统还提供了 XON / XOFF 软件握手方式。

⑨ 可对 RXZTX 和 RTS/CTS 引脚输出极性不变或极性反向的信号。

(2) 虚拟终端的使用。虚拟终端放在原理图编辑窗口中时，它有 RXD、TXD、RTS 和 CTS 4 个引脚。其中，RXD 为数据接收引脚；TXD 为数据发送引脚；RTS 为请求发送信号；CTS 为清除传送信号，是对 RTS 的响应信号。将 RXD 和 TXD 引脚连接到系统的发送和接收线上，如果目标系统用硬件握手逻辑，把 RTS 和 CTS 引脚连接到合适的溢出控制线上。

虚拟终端连接好后，将光标指向虚拟终端并按 Ctrl+E 组合键或右击，在弹出的快捷菜单中选择 Edit Properties 选项，打开 Edit Component 对话框，如图 2.45 所示。在此对话框中，根据需要设置传输波特率、数据长度(7 位或 8 位)、奇偶校验(EVEN 为偶校验，ODD 为奇校验)、极性和溢出控制等。设置好后，单击▶按钮进行仿真。

仿真时，虚拟终端接收到数据后即显示输入数据；发送特征给系统，确实终端窗口具有焦点并用计算机的键盘输入需要的文字。

5) SPI DEBUGGER(SPI 总线调试器)的使用

SPI(Serial Peripheral Interface)总线是 Motorola 公司最先推出的一种串行总线技术，它是在芯片之间通过串行数据线(MISO、MOSI)和串行时钟线(SCLK)实现同步串行数据传输的技术。SPI 提供访问一个 4 线、全双工串行总线的能力，支持在同一总线上将多个从器件连接到一个主器件上，可以工作在主方式或从方式下。

SPI 总线调试器用来监测 SPI 接口，它允许用户监控 SPI 接口的双项信息，观察数据通过 SPI 总线发送数据的情况。

(1) SPI 总线调试器。在工具箱中单击“虚拟仪器”按钮，在弹出的 Instruments 窗口中，单击 SPI DEBUGGER，再在原理图编辑窗口中单击，添加 SPI 总线调试器。将 SPI 总线调试器与相应引脚连接好，并单击▶按钮，将弹出 SPI 总线调试器界面，如图 2.46 所示。

SPI 总线调试器放在原理图编辑窗口中时，它有 SCK、DIN、DOUT 和 SS 4 个引脚。

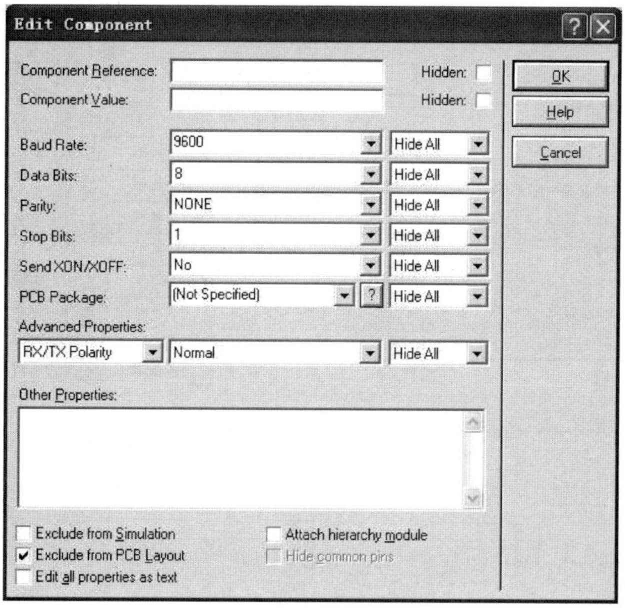

图 2.45　Edit Component 对话框

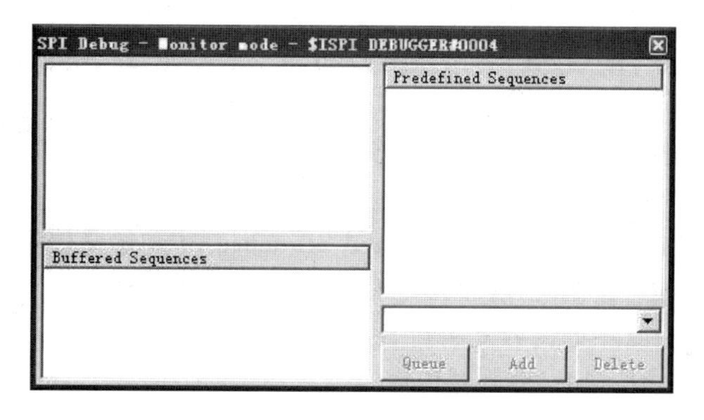

图 2.46　SPI 总线调试器界面

其中，SCK 为时钟引脚，用于连接 SPI 总线的时钟线；DIN 为数据输入引脚，用于接收数据；DOUT 为数据输出引脚，用于发送数据；SS 为从设备选择引脚，用于激活期望的调试元件。用鼠标左键单击 SPI 总线调试器，按 Ctrl＋E 组合键，弹出如图 2.47 所示的对话框。

SPI Mode：指定为主设备(Monitor)还是从设备(Slave)。

SCK Idle state is：指定 SCK 为高电平或 SCK 为低电平时空闲。

Sampling edge：指定 DIN 引脚采样的边沿，或当 SCK 从空闲到激活，或从活跃到空闲时进行采样。

Word length：指定每一个传输数据的位数，可以选择的位数为 1～16。

(2) SPI 总线调试器的使用。SPI 总线调试器传输数据的操作步骤如下。

① 将 SPI 总线调试器放在原理图编辑窗口中，将 SCK、DIN 引脚与相关设备引脚连接。

② 单击 SPI 总线调试器，按 Ctrl＋E 组合键进行参数设置。

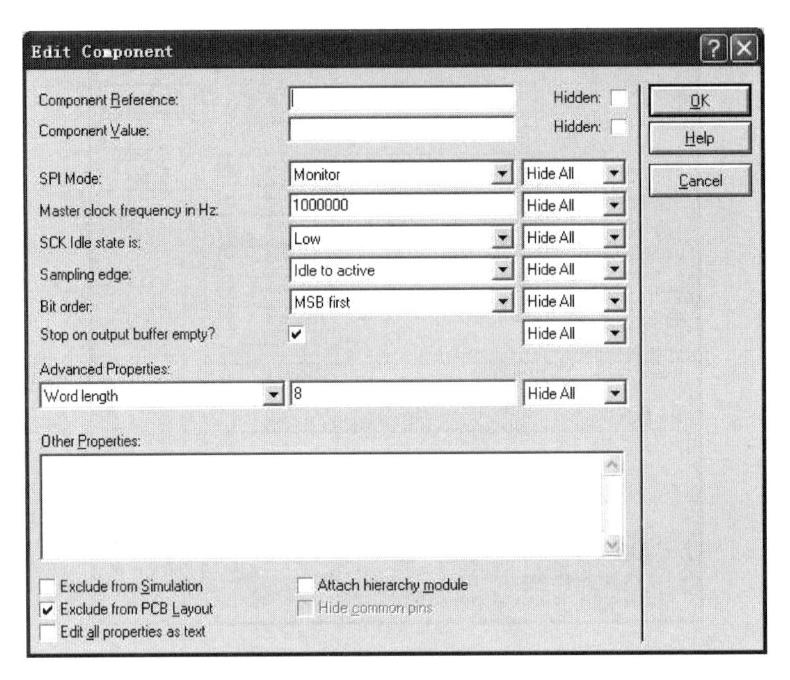

图 2.47　Edit Component 对话框

③ 设置好后，单击按钮，弹出如图 2.46 所示的界面，在 SPI Debug 栏中输入需要传输的数据。

④ 输入需要传输的数据到 Predefined Sequences 中，也可单击 ADD 按钮，将数据存放到预定义队列中。

⑤ 单击按钮，在图 2.46 的 Buffered Sequences 中初始化传输项。

⑥ 当再次单击按钮时，若序列输入为空，也可选择预定义序列，单击 Queue 按钮，将 Predefined Sequences 中的内容复制到 Buffered Sequences 中。

⑦ 再次单击按钮时，序列被传输。

6) $\mathrm{I^2C}$ DEBUGGER($\mathrm{I^2C}$ 总线调试器)的使用

$\mathrm{I^2C}$(Inter-Integrated Circuit)总线是由 Philips 公司推出的一种双线式串行总线，用于连接微控制器及其外围设备，实现同步双向串行数据传输的技术。$\mathrm{I^2C}$ 总线于 20 世纪 80 年代推出，是一种具有双线(串行数据线和串行时钟线)标准的总线。该串行总线的推出为单片机应用系统的设计带来了极大的方便，它有利于系统设计的标准和模块化，减少了各电路板之间的大量连线，从而提高了可靠性，降低了成本，使系统的扩展更加方便灵活，$\mathrm{I^2C}$ 总线调试器用来监测 SPI 接口，它允许用户监控 $\mathrm{I^2C}$ 接口的双项信息，观察数据通过 $\mathrm{I^2C}$ 总线发送数据的情况。

(1) $\mathrm{I^2C}$ 总线调试器。在工具箱中单击“虚拟仪器”按钮，在弹出的 Instrument 窗口中，单击 $\mathrm{I^2C}$ DEBUGGER，再在原理图编辑窗口中单击，将引脚连接好，并单击按钮，将弹出 $\mathrm{I^2C}$ 总线调试器界面，如图 2.48 所示。

$\mathrm{I^2C}$ 总线调试器放在原理图编辑窗口中时，它有 SCL、SDA、TRIG 3 个引脚。SCL 为输入引脚，用于连接 $\mathrm{I^2C}$ 总线的时钟线；SDA 为双向数据传输线；TRIG 为触发信号线。用鼠标左键单击 $\mathrm{I^2C}$ 总线调试器，按 Ctrl+E 组合键，弹出如图 2.49 所示的对话框。

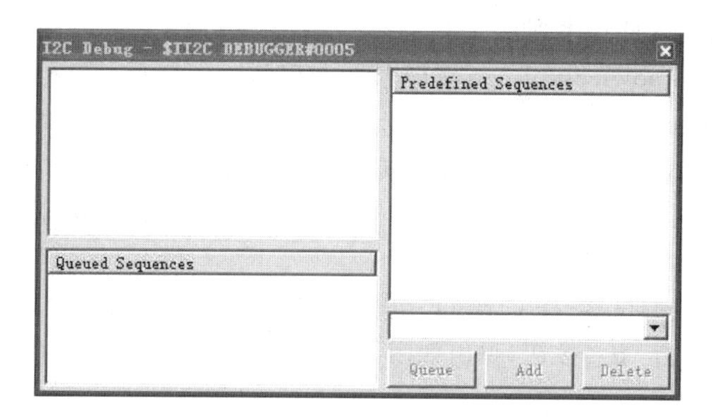

图 2.48　I²C 总线调试器界面

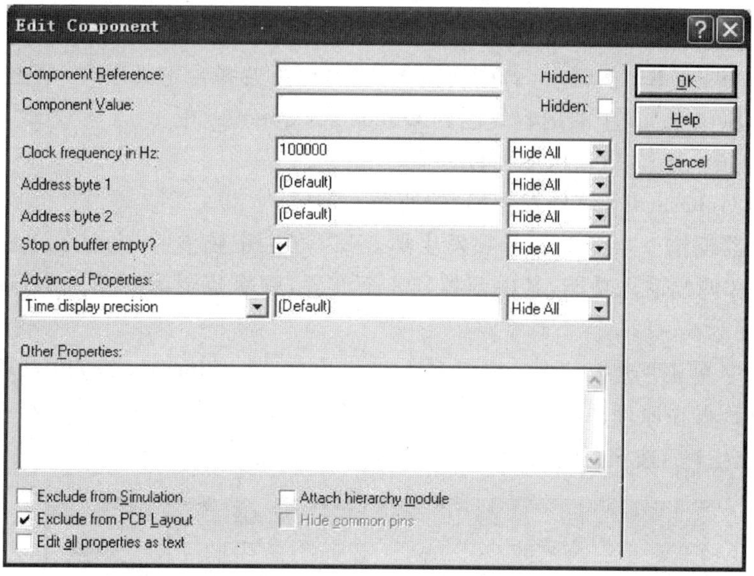

图 2.49　Edit Component 对话框

Address byte 1：使用该终端对从设备进行仿真时，该属性用于指定从设备的第一个地址字节。主机使用最低有效位作为系统进行读/写标志位，而在寻址时，这一位被忽略。如果该位没有被设置为空或默认值时，该终端不能作为从设备。

Address byte 2：使用该终端对从设备进行仿真，并希望使用 10 位地址，则本属性用于指定从设备地址和第二个地址字节。如果该属性未设置，就会采用 7 位寻址。

Stop on butter empty：设置当输出缓存器为空或一个字节要求被发送时，是否暂停仿真。

Advanced Properties：允许用户指定预先存放输出序列的文本文件的名称。如果属性设置为空，序列作为元件属性的一部分进行保存。

除以上属性之外，I²C 总线接收数据时，采用一项特殊的序列语句，该语句显示在输入数据显示窗口中，即 I²C 总线调试器窗口的左上角。显示的序列字符如下。

S：Start Sequence(启动序列)。

Sr：Restart Sequence(重新启动序列)。

P：Stop Sequence(停止序列)。

N：Negative Acknowledge Received (接收未确认)。

A：Acknowledge Received (接收确认)。

(2) I^2C 总线调试器的使用。I^2C 总线调试器传输数据的操作步骤如下。

① 将 I^2C 总线调试器放在原理图编辑窗口中，将 SCK、SDA 的引脚与相关设备引脚连接。

② 单击 I^2C 总线调试器，按 Ctrl+E 组合键进行相关设置，如字节地址设置等。

③ 设置好后，单击 按钮，弹出如图 2.48 所示的对话框，在 I^2C Debug 栏中输入需要传输的数据。

④ 当输入需要传输的数据后，既可直接传输数据，也可单击 Add 按钮，将数据存放到预定义队列中。

⑤ 单击 按钮，在图 2.48 的 Queued Sequences 中初始化传输项。

⑥ 当再次单击 按钮时，若序列输入为空，也可选择预定义序列，单击 Queue 按钮，将 Predefined Sequences 中的内容复制到 Queued Sequences 中。

⑦ 再次单击 按钮时，序列被传输。

7) Signal Generator (信号发生器)的使用

信号发生器模拟一个简单的音频发生器，可以产生正弦波、三角波、方波、锯齿波的信号；具有调频和调幅输入功能，其中调频分 8 个波段，频率范围为 0～12MHz；调幅分 4 个波段，幅值范围为 0～12V。

在工具箱中单击“虚拟仪器”按钮 ，在弹出的 Instruments 窗口中，单击 SIGNAL GENERATOR，再在原理图编辑窗口中单击，添加信号发生器。将信号发生器与相应引脚连接好，并单击 按钮，将弹出信号发生器界面，如图 2.50 所示。

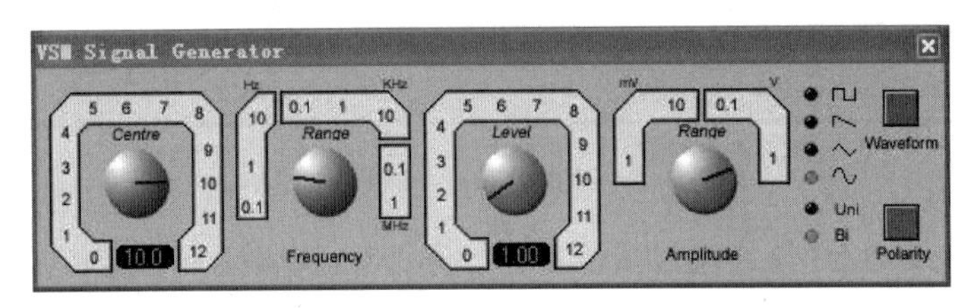

图 2.50　信号发生器界面

波形选择用来选择正弦波、三角波、方波或锯齿波；极性选择用来选择输出信号是单极性还是双极性。输出范围调节可选择 1mV、10mV、0.1V 和 1V 挡。在相应挡位的范围内，还可通过输出幅度调节旋钮来调节输出信号幅度。FM 调制频率调节旋钮用来调节输出信号的调制系数。调制输入的电压加上 FM 调制频率调节值，再乘以频率调节旋钮对应的值即为幅度的瞬时输出频率，如 FM 调制频率调节值为 2，频率调节旋钮值为 1kHz，则 3V 调频信号的输出频率为(2+3)×1 = 5kHz。

8) Patterin Generator(序列发生器)的使用

序列发生器是一种 8 路可编程发生器，它可以以事先设定的速度将预先储存的 8 路数据逐步地循环输出，利用它可产生数字系统所需的各种复杂的测试信号。

(1) 序列发生器引脚及设置。在工具箱中单击“虚拟仪器”按钮 ，在弹出的

Instruments 窗口中，单击 Patterin Generator，再在原理图编辑窗口中单击，将虚拟序列发生器添加到编辑窗口中，如图 2.51 所示。

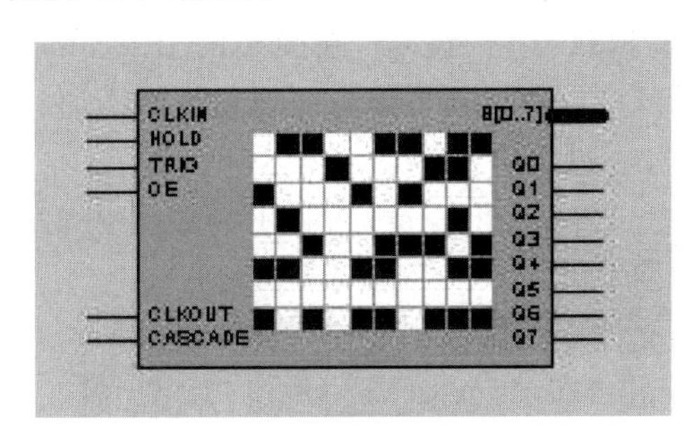

图 2.51　虚拟序列发生器

CLKIN：时钟输入引脚，用于输入外部时钟信号。系统提供了两种外部时钟模式，即外部负沿脉冲(External Pos Edge)和外部正沿脉冲(External Neg Edge)。

CLKOUT：时钟输出引脚。当序列发生器使用的是内部时钟时，用户可以配置这一引脚，与外部时钟镜像。系统提供的内部时钟(Internal)是一个负沿脉冲，可在仿真时暂停，然后通过时钟模式键指定。

HOLD：保持引脚。若给该引脚输入高电平，序列发生器暂停，直至该引脚输入低电平。对于内部时钟或内部触发，时钟将从暂停点重新开始。

TRIG：触发引脚，用于将外部触发脉冲反馈到序列发生器中。系统提供了 5 种触发模式，即内部触发(Internal)、异步外部正脉冲触发(Async External Pos Edge)和同步外部负脉冲触发(Sync External Pos Neg Edge)。

内部触发模式是按照指定的间隔触发。异步外部正脉冲触发模式是触发器由触发引脚的正边沿跳变信号触发。当触发发生时，触发器立即动作，在下一个时钟边沿发生由低到高的转换。同步外部正脉冲触发模式是触发器由触发引脚的正边沿转换触发。触发被锁定，与下一个时钟的下降沿同步动作。异步外部负脉冲触发模式是触发器由触发引脚的负边沿转换触发。当触发发生时，触发器立即动作，并且序列的第一位在输出引脚输出。同步外部负脉冲触发模式是触发器由触发引脚的负边沿转换信号触发，触发发生后，锁定触发，并与下一个时钟的下降沿同步动作。

OE：输出使能引脚。若该引脚为高电平，则使能输出。如果该引脚未置为高电平，虽然序列发生器依然按特定序列运行，但不能驱动序列发生器在该引脚输出序列信号。

CASCADE ：级联引脚。若序列的第一位被置为高电平，则级联引脚被置为高电平，而且在下一位信号(一个时钟周期后)到来之前始终为高，即当开始仿真后，第一个时钟周期时，该引脚置为高电平。

B[0..7]：8 位数据总线输出引脚。

Q0～Q7：8 根单个输出引脚。

序列发生器的输出配置提供了 4 种模式：Default(默认)、Output to Both Pins and Bus(引脚和总线均输出)、Output to Pins Only(仅存引脚输出)、Output to Bus Only(仅在总线输出)。

序列发生器脚本为纯文本文件，每个字节由逗点分隔。每个字节代表栅格上的一栏，字节可以用二进制、十进制或十六进制表示，默认情况下为十六进制。

(2) 序列发生器的使用。序列发生器的使用步骤如下。

① 在工具箱中单击“虚拟仪器”按钮，在弹出的 Instruments 窗口中，单击 Patterin Generator，再在原理图编辑窗口中单击，将虚拟序列发生器添加到编辑窗口中，根据需要将虚拟序列发生器相关引脚与电路连接。

② 单击序列发生器，按 Ctrl+E 组合键，在弹出的如图 2.52 所示的对话框中，根据系统要求，配置触发选项和时钟选项。

③ 在序列发生器脚本文件中加载期望的序列文件。

④ 退出如图 2.52 所示的对话框，单击按钮，弹出如图 2.53 所示的界面，进行仿真。

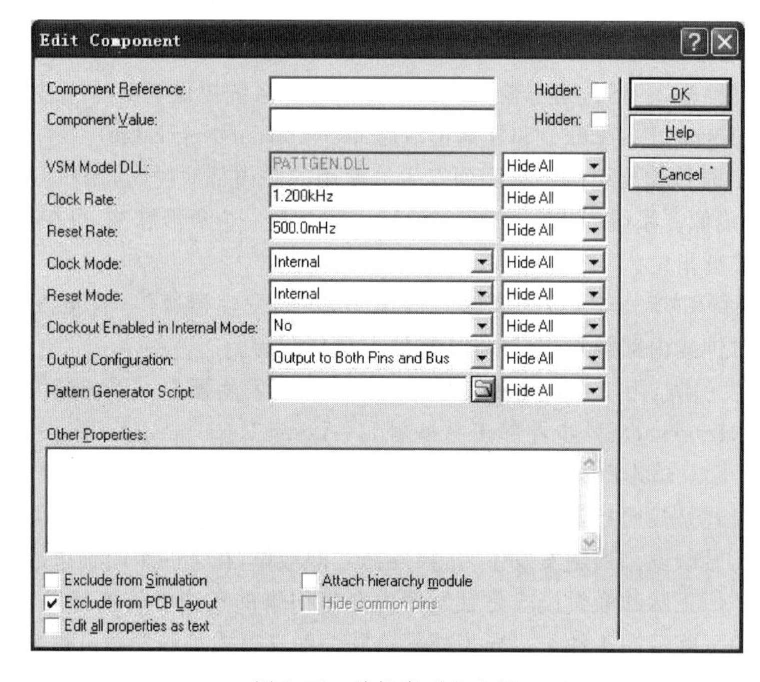

图 2.52 编辑序列发生器

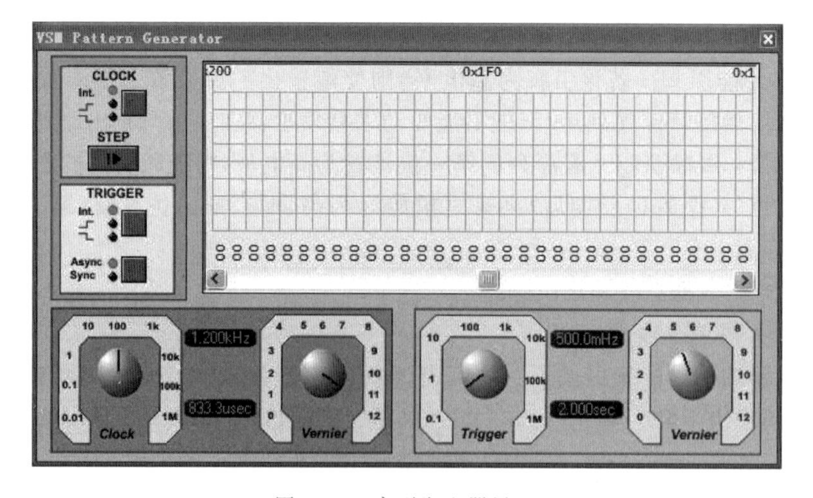

图 2.53 序列发生器界面

9）电压表与电流表的使用

在 Proteus ISIS 中提供了 DC VOLTMETER（直流电压表）、DC AMMETER（直流电流表）、AC VOLTMETER（交流电压表）、AC AMMETER（交流电流表）。这些虚拟的交、直流电压表和电流表可直接连接到电路中进行电压或电流的测量。

电压表与电流表的使用步骤如下。

（1）在工具栏中单击“虚拟仪器”按钮，在弹出的 Instrument 窗口中，单击 DC VOLTMETER、DC AMMETER、AC VOLTMETER、AC AMMETER，再在原理图编辑窗口中单击，将电压表或电流表添加到编辑窗口中，如图 2.54 所示，根据需要将电压表或电流表与被测电路连接。

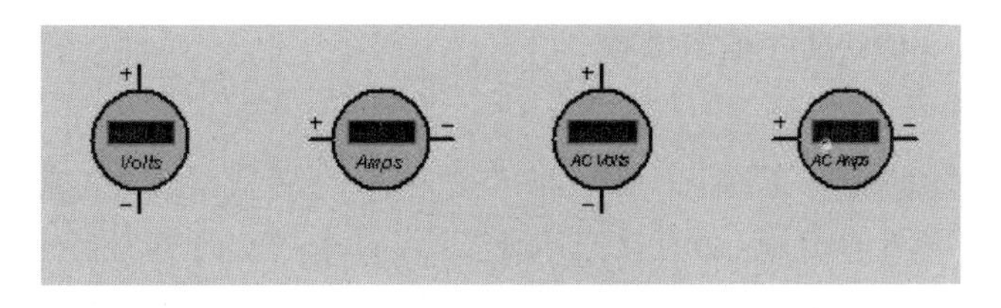

图 2.54　虚拟交、直流电压表与电流表

（2）单击电压表或电流表，按 Ctrl+E 组合键，弹出如图 2.55 所示的对话框，在此对话框中，为直流电压，根据测量要求，设置相应选项。

Edit Component

Component Reference:　Hidden:
Component Value:　Hidden:
Display Range: Volts　Hide All
Load Resistance: 100M　Hide All
Other Properties:
Exclude from Simulation　Attach hierarchy module
Exclude from PCB Layout　Hide common pins
Edit all properties as text
OK　Help　Cancel

图 2.55　编辑直流电压表

选择不同的电压表或电流表时，其对话框也有所不同。编辑直流电流表的对话框与编辑直流电压表的对话框对比，就没有设置内阻这一项；编辑交流电压表的对话框比编辑直流电压表的对话框多了时间常数（Time Constant）这一项；同样，编辑交流电流表的对话框比编辑直流电流表的对话框多了时间常数（Time Constant）这一项。电压表的显示范围有伏特（Volts）、毫伏（Milivolts）和微伏（Microvolts），电流表的显示范围有安培（Amps）、毫安（Miliamps）和微安（Microamps）。

（3）退出编辑对话框，单击 ▶ 按钮，即可进行电压或电流的测量。

2.5 Proteus ARES 的 PCB 设计

尽管 PCB 设计的软件较多，但是能够在仿真原理图的基础上进行 PCB 操作的软件并非很多。使用 Proteus 软件可在仿真原理图的基础上绘制 PCB。Proteus 的 PCB 设计是在 ARES (Advanced Routing and Editing Software，高级路由选择和编辑软件)软件中完成的。Proteus 不仅可以实现高级原理图设计、混合模式 SPICE 仿真，还可以进行 PCB (Printed Circuit Board)系统特性设计以及手动、自动布线，以此来实现一个完整的电子系统设计。

1. 印制电路板(PCB)设计基本流程

1) 绘制原理图

这是电路板设计的先期工作，主要是完成原理图的绘制，包括生成网络表。当然，有时也可以不进行原理图的绘制，而直接进入 PCB 设计系统。原来用于仿真的原理图需将信号源及测量仪表的接口连上适当的连接器。另外，要确保每一个元器件都带有封装信息。

2) 规划电路板

在绘制印制电路板之前，用户要对电路板有一个初步的规划，如电路板采用多大的物理尺寸，采用几层电路板(单面板、双面板或多层板)，各元件采用何种封装形式及其安装位置等。这是一项极其重要的工作，是确定电路板设计的框架。

3) 设置参数

参数的设置是电路板设计中非常重要的步骤。设置参数主要是设置元件的布置参数、层参数、布线参数等。一般来说，有些参数采用其默认值即可。

4) 装入网络表及元件封装

网络表是电路板自动布线的灵魂，也是原理图设计系统与印制电路板设计系统的接口，因此这一步也是非常重要的环节。只有将网络表装入之后，才可能完成对电路板的自动布线。元件的封装就是元件的外形，对于每个装入的元件必须有相应的外形封装，才能保证电路板设计的顺利进行。

5) 元件的布局

元件的布局可以让软件自动布局。规划好电路板并装入网络表后，用户可以让程序自动装入元件，并自动将元件布置在电路板边框内。当然，也可以进行手工布局。元件布局合理后，才能进行下一步的布线工作。

6) 自动布线

如果相关的参数设置得当，元件的布局合理，自动布线的成功率几乎是 100%。

7) 手工调整

自动布线结束后，往往存在令人不满意的地方，需要手工调整。

8) 文件保存及输出

完成电路板的布线后，保存完成的电路线路图文件。然后利用各种图形输出设备，如打印机或绘图仪输出电路板的布线图。

2. Proteus ARES 编辑环境

执行“开始”→“程序”→Proteus 7 Professional→ARES 7 Professional 命令，出现如图 2.56 所示的 Proteus ARES 编辑环境。

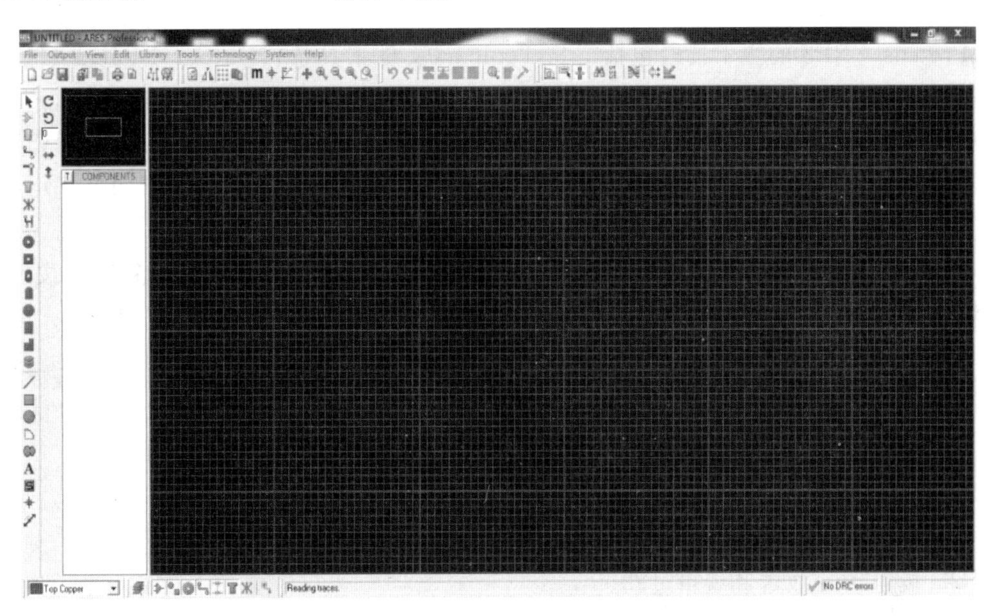

图 2.56　Proteus ARES 编辑环境

点状的栅格区域为编辑窗口，左上方为预览窗口，左下方为元器件列表区，即对象选择器。其中，编辑窗口用于放置元器件等，预览窗口可显示选中的元件以及编辑区。与 Proteus ISIS 编辑环境相似，在预览窗口中有两个框，蓝框表示当前页的边界，绿框表示当前编辑窗口显示的区域。在预览窗口上单击，并移动鼠标指针，可以在当前页任意选择当前编辑窗口。下面对编辑环境进行介绍。

1) Proteus ARES 主菜单栏

Proteus ARES 主菜单栏如图 2.57 所示。

File　Output　View　Edit　Library　Tools　Technology　System　Help

图 2.57　Proteus ARES 主菜单栏

各菜单说明如下。

File 菜单：用于新建、保存、导入文件等。

Output 菜单：用于将设计好的 PCB 文件输出到图纸或保存为其他格式的文件。

View 菜单：用于查看界面元素及缩放视图等。

Edit 菜单：用于撤销或重复操作、复制粘贴元件、新建及编辑元件。

Library 菜单：用于从库中选择元件/图形或将元件/图形保存到库。

Tools 菜单：提供了多个用于对元件/图形元素进行调整和编辑的命令，如自动轨迹选择、自动元件名管理、自动布线、断线检查等。

System 菜单：提供了多个属性设置命令，如设置层颜色、环境设置、板层设置、模板设置、绘图设置等。

Help 菜单：提供了众多帮助内容和条目，读者在学习过程中遇到问题时，可从中查找相应的解决方法。

2) Proteus ARES 主工具栏

Proteus ARES 的主工具栏包括 File Toolbar（文件工具条）、Output Toolbar（输出工具条）、View Toolbar（查看工具条）、Edit Toolbar（编辑工具条）、Library Toolbar（库工具条）和 Tools Toolbar（调试工具条）等部分。这些工具条的打开与关闭可执行 View→Toolbar 命令，在弹出的对话框中进行设置即可（复选框中的“√”表示该工具条打开）。

3) Proteus ARES 工具箱图标按钮

Proteus ARES 编辑环境中提供了很多可使用的工具，选择相应的工具箱图标按钮，系统可提供相应的操作工具。

(1) 放置和布线工具按钮。

Selection 按钮：可选择或编辑对象。

Component 按钮：放置和编辑元件。

Package 按钮：放置和编辑元件封装。

Track 按钮：放置和编辑导线。

Via 按钮：放置和编辑过孔。

Zone 按钮：放置和编辑敷铜。

Ratsnest 按钮：输入或修改连线。

Connectivity Highlight 按钮：以高亮度显示连接关系。

(2) 焊盘类型图标按钮。

Round Through-hole Pad 按钮：放置圆形通孔焊盘。

Square Through-hole Pad 按钮：放置方形通孔焊盘。

DIL Pad 按钮：放置椭圆形通孔焊盘。

Edge Connector Pad 按钮：放置板插头（金手指）。

Circular SMT Pad 按钮：放置圆形单面焊盘。

Rectangular SMT Pad 按钮：放置方形单面焊盘，具体尺寸可在对象选择器中选择。

Polygonal SMT Pad 按钮：放置多边形单面焊盘。

Padstack 按钮：放置测试点。

(3) 二维图形（2D graphics）模式图标按钮。

2D Graphics Line 按钮：直线按钮，用于绘制线。

2D Graphics Box 按钮：方框按钮，用于绘制方框。

2D Graphics Circle 按钮：圆形按钮，用于绘制圆。

2D Graphics Arc 按钮：弧线按钮，用于绘制弧线。

2D Graphics Closed Path 按钮：任意闭合形状按钮，用于绘制任意闭合图形。

2D Graphics Text 按钮：文本编辑按钮，用于插入各种文字说明。

2D Graphics Symbols 按钮：符号按钮，用于选择各种二维符号元件。

2D Graphics Markers 按钮：标记按钮，用于产生各种二维标记图标。

Dimension 按钮：测距按钮，用于放置测距标识。

3. Proteus ARES 参数设置

在 ARES 7 的 System 菜单栏中可进行相应的参数设置，如层面颜色设置、默认设计规则设置、环境设置、层面设置、策略设置等。

1）层面颜色设置

在 ARES 7 中执行 System→Set Colours 命令，在弹出的对话框中可设置工作层、机械层、丝光层、栅格等的颜色。

2）默认设计规则设置

在 ARES 7 中执行 System→Set Default Rules 命令，在弹出的对话框中可设置相应规则，然后单击 Apply to All Strategies 按钮，应用该对话框。

3）环境设置

在 ARES7 中执行 System→Set Environment 命令，在弹出的对话框中可设置自动保存时间、最大恢复次数等。

4）层面设置

在 ARES7 中执行 System→Set Layer Usage 命令，在弹出的对话框中可设置工作层面和机械层面。

5）策略设置

在 ARES 中执行 System→Set Strategies 命令，在弹出的对话框中可设置约束。

Strategy：策略，可选择 Power 层或 Signal 层。

Priority：设置优先级。

Trace Style ：Trace 样式选择。

Via Style：过孔样式选择。

Neck Style ：细线样式选择。

Pair 1：层对 1，顶层水平布线，底层垂直布线。

Vias：过孔设置，Normal 为一般过孔，Top Blind 为顶层盲孔，Buried 为埋孔。

Tactics：策略设置，Power 为电源属性层，Bus 为总线，Signal 为信号层。

Corners：走线拐角设置，Optimize 为最优化，Diagonal 为斜线。

Design Rules：设计规则设置，Pad-Pad clearance 为焊盘间距，Pad-Trace clearance 为焊盘与 Trace 的间距，Trace -Trace clearance 为 Trace 与 Trace 的间距，Graphics Clearance 为图形间距，Edge/Slot Clearance 为板边沿/槽间距。

4. Proteus ARES 中的 PCB 制作实例

将如图 2.58 所示的点亮一盏灯电路原理图绘制成 PCB 板图。

1）统计电路原理图中使用的元件

在 ISIS 7 中执行 Tool→Bill of Materials→2 ASCLL Output 命令，生成元器件清单如图 2.59 所示。

2）将网络表导入到 PCB

在 ISIS 7 中，右击 K1 按钮，在弹出的快捷菜单中选择 Edit Properties 选项，在弹出的

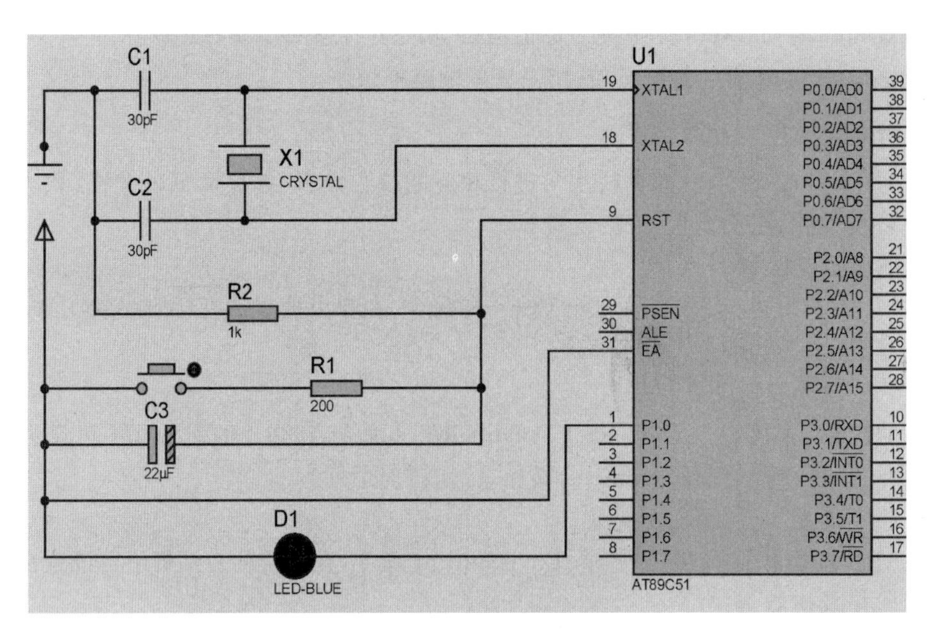

图 2.58　点亮一盏灯电路原理图

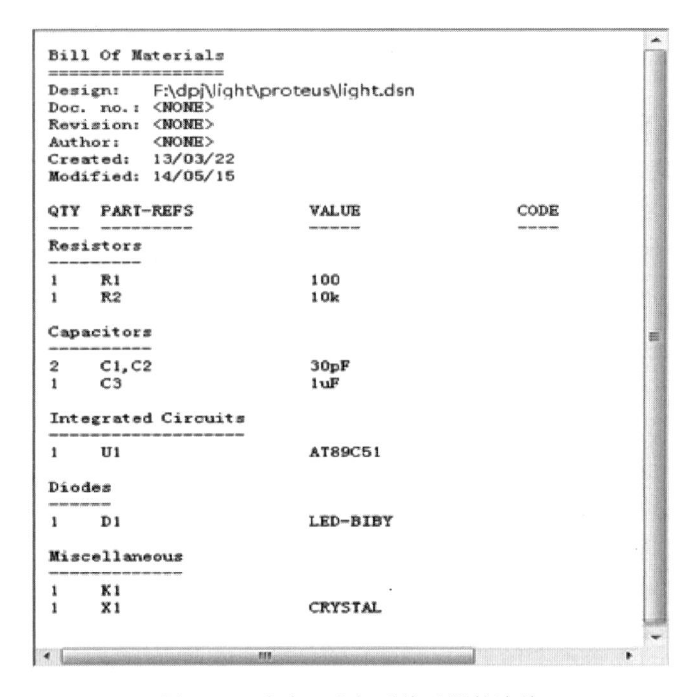

```
Bill Of Materials
=================
Design:    F:\dpj\light\proteus\light.dsn
Doc. no.:  <NONE>
Revision:  <NONE>
Author:    <NONE>
Created:   13/03/22
Modified:  14/05/15

QTY  PART-REFS        VALUE       CODE
---  ---------        -----       ----
Resistors
---------
1    R1               100
1    R2               10k

Capacitors
----------
2    C1,C2            30pF
1    C3               1uF

Integrated Circuits
-------------------
1    U1               AT89C51

Diodes
------
1    D1               LED-BIBY

Miscellaneous
-------------
1    K1
1    X1               CRYSTAL
```

图 2.59　点亮一盏灯系统元器件清单

对话框中将 Other Properties 栏清空，如图 2.60 所示。

在 ISIS 7 中执行 Tools→Netlist to ARES 命令，系统自动打开 ARES 软件(前提条件是，计算机中已安装好 Proteus ARES 软件)。由于在 ISIS 7 中有些元件没有指定封装形式，因此会弹出如图 2.61 所示的对话框。在此对话框中，输入相应的封装形式，对于发光二极管，使用的封装形式为 LED，按钮 K1 的封装形式为 SW-PUSH1。

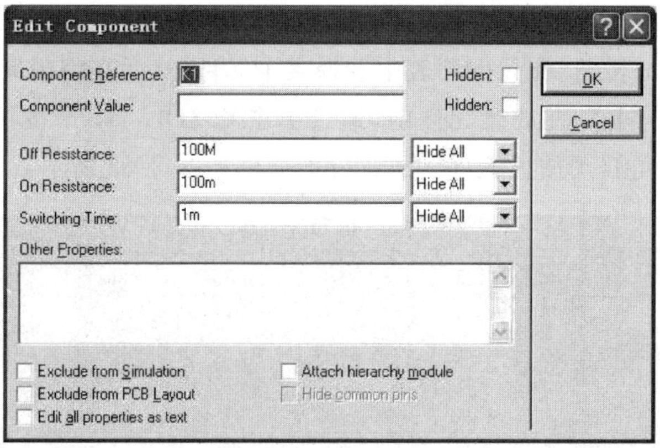

Edit Component
Component Reference: K1 Hidden:
Component Value: Hidden:
Off Resistance: 100M Hide All
On Resistance: 100m Hide All
Switching Time: 1m Hide All
Other Properties:
Exclude from Simulation
Exclude from PCB Layout
Edit all properties as text
Attach hierarchy module
Hide common pins
OK
Cancel

图 2.60 Edit Component 对话框

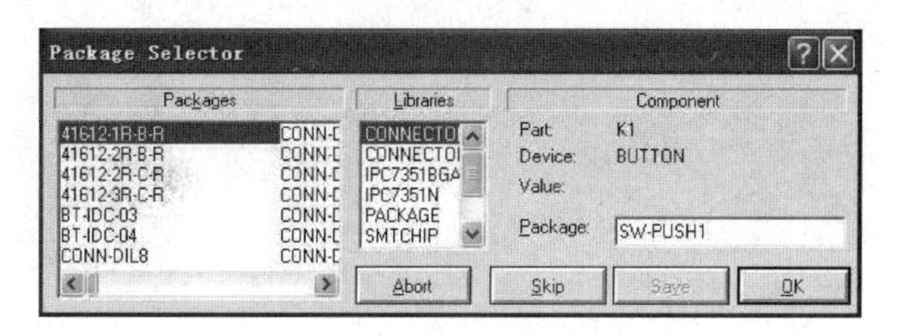

图 2.61 指定元件封装形式

3）放置元件

指定元件封装形式后，进入 ARES 7 工作界面，如图 2.62 所示。该界面右边的工作区是空的，而用户要使用的全部元件放在元件列表中。

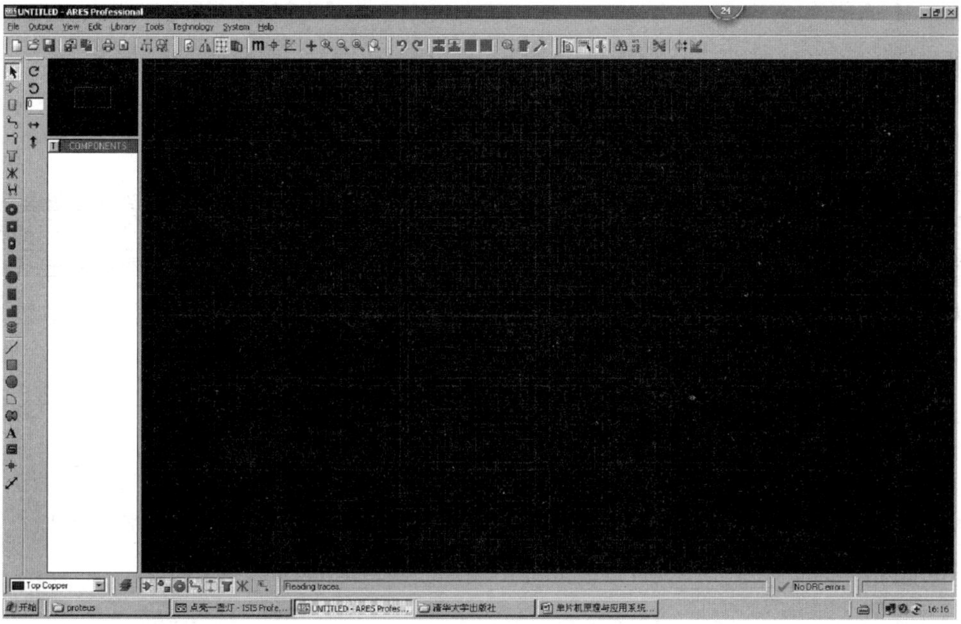

图 2.62 ARES 7 工作界面

开始放置元件，元件的放置可采用手动或自动方式来操作。手动放置元件的方法是：在主工具箱中单击按钮，在元件列表中选择某个元件，然后在编辑区中的合适位置单击，就可放置好该元件。同样，在放置元件前，通过单击按钮可更改元件的放置方向。使用按钮可自动放置元件。放置好的元件如图2.63所示。

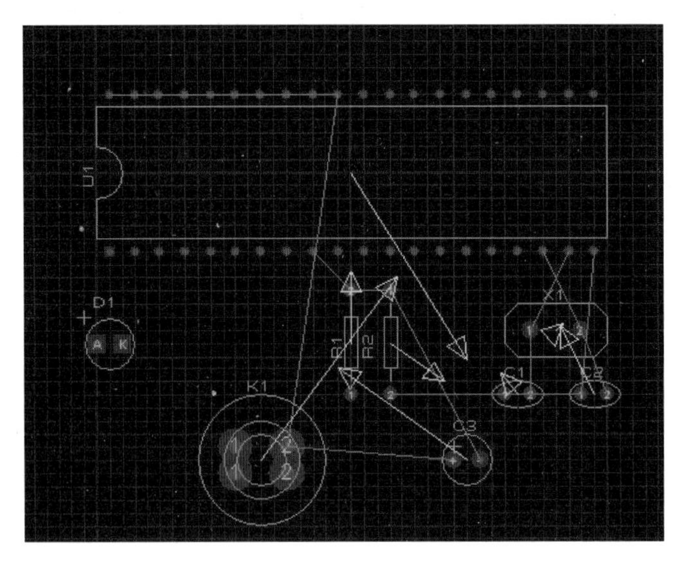

图2.63 放置好的元件

4）布线

ARES像其他软件一样，也能进行手工布线和自动布线。

（1）手工布线。

① 在ARES 7中执行View→Layers命令，弹出Displayed Layers对话框，选择Ratsnest和Vectors显示飞线和向量。

② 在工具箱中单击按钮，在列表框中选择某个元件，编辑界面相应高亮显示，进行布线。

（2）自动布线。

在ARES 7中执行Tools→Auto Router命令，在此对话框中单击Edit Strategles按钮，出现Edit Strategles对话框，可进一步进行相关设置。设置好后，在对话框中单击OK按钮，在编辑界面上显示已布好线的PCB电路图。

5）规则检查

（1）CRC检查。在ARES 7中执行Tools→Connectivity Checker命令，系统进行连接性检查，状态栏提示是否发生CRC错误。

（2）DRC检查。在ARES 7中执行Tools→Design Rule Checker命令，系统进行DRC检查。DRC检查是一种物理错误设计规则检查。若有DRC错误，出错的地方将以红圈和白线突出提示。

6）敷铜

（1）顶层敷铜

在ARES 7中执行Tools→Power Plane Generator命令，弹出Power Plane Generator

对话框。在此对话框的 Net 下拉列表中选择 GND =POWER，在 Layer 下拉列表中选择 Top Copper，在 Boundary 下拉列表中选择 T10，设置好后，单击 OK 按钮，进行顶层敷铜。

(2) 底层敷铜

在 ARES 7 中执行 Tools→Power Plane Generator 命令，弹出 Power Plane Generator 对话框，在此对话框的 Net 下拉列表中选择 GND =POWER，在 Layer 下拉列表中选择 Bottom Copper，在 Boundary 下拉列表中选择 T10，设置好后，单击 OK 按钮，进行底层敷铜。

7) 效果显示

在 ARES 7 中执行 OutPut→3D Visualization 命令，显示的 3D 效果如图 2.64 所示。通过按住鼠标左键并拖动鼠标可显示不同的 3D 效果。

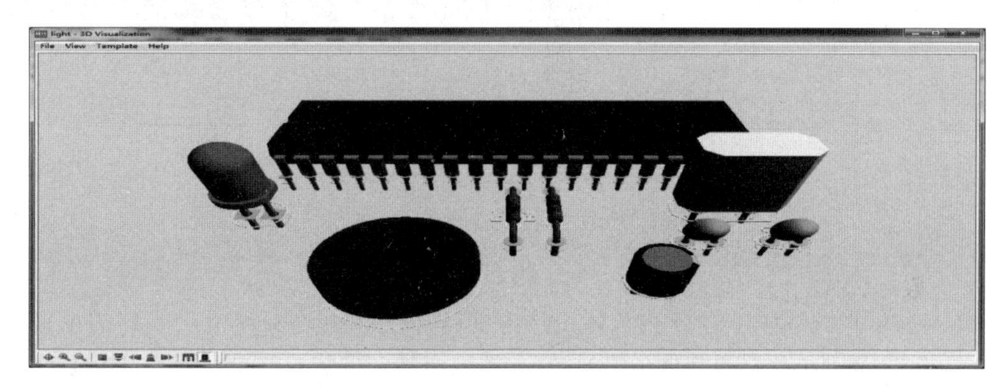

图 2.64　3D 效果图

8) 输出 CADCAM

在 ARES 7 中执行 Output→CADCAM Output 命令，在此对话框中设置相应的参数后，单击 OK 按钮，生成顶层的光绘文件。

课外设计作业

查找相关资料，选择一个简单的单片机应用系统，利用 Keil C 和 Proteus 单片机应用系统开发平台，根据系统设计要求，进行系统设计分析(总体设计)、系统硬件设计(电路原理图设计)、系统软件(程序)设计、系统仿真调试、系统仿真结果分析、系统软硬联合调试及 PCB 电路板制作等，进一步理解和掌握 Keil C 和 Proteus 的基本使用方法。

第3章

51系列单片机的基本硬件结构及其功能

51系列单片机是具有8051内核体系结构、引脚信号和指令系统完全兼容的单片机的总称，是指51系列单片机和其他公司的8051派生产品。虽然这些单片机产品在某些方面存在差异，但它们的基本结构和功能是相同的。

3.1 单片机的封装形式及其引脚识别方法

3.1.1 单片机的封装形式

芯片的封装是采用特定的材料将芯片或模块固化在其中以防损坏的保护措施，一般必须在封装后才能交付用户使用。芯片的封装方式取决于芯片安装形式和器件集成设计。

芯片的封装技术已经历了好几代的变迁，从DIP、QFP、PGA、BGA到CSP，再到MCM，技术指标一代比一代先进，包括芯片面积与封装面积之比越来越接近于1，适用频率越来越高，耐温性能越来越好，引脚数增多，引脚间距减小，质量减小，可靠性提高，使用更加方便等。

单片机的封装有DIP、PLCC、PQFP等多种形式，以适应不同产品的需求。各种封装形式简要说明如下。

(1) DIP(Double In-line Package)，双列直插式封装。插装型封装之一，引脚从封装两侧引出。封装材料有塑料和陶瓷两种。DIP是最普及的插装型封装，应用范围包括标准逻辑IC、存储器LSI、微机电路等。DIP单片机封装如图3.1(a)所示。

(2) PLCC(Plastic Leaded Chip Carrier)，塑封方形引脚插入式封装，外形呈正方形，四周都有引脚，引脚向内折起，外形尺寸比DIP封装小得多，可将引脚直接插入到对应的标准插座内。PLCC封装适合用SMT表面安装技术在PCB上安装布线，具有外形尺寸小、可靠性高的优点。PLCC 单片机封装如图 3.1(b)所示。

(3) PQFP(Plastic Quad Flat Package),塑封方形引脚贴片式封装,外形呈正方形,四周都有引脚,引脚向外侧伸展,可直接将引脚敷贴在印刷板上焊牢。此封装要用贴片机焊接。PQFP 封装的芯片引脚之间距离很小,引脚很细,一般大规模或超大规模集成电路采用这种封装形式。PQFP 单片机封装如图 3.1(c)所示。

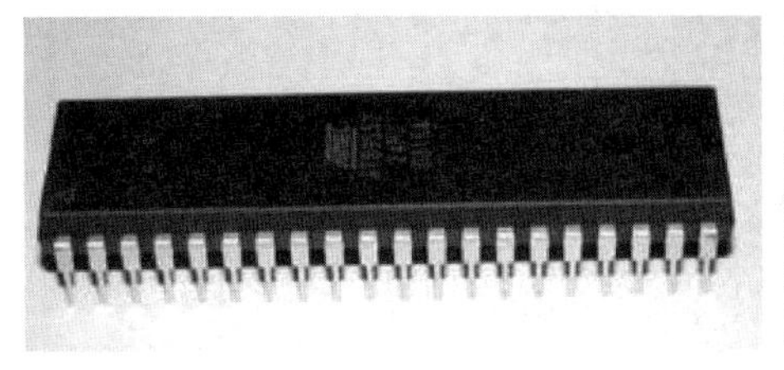
(a) DIP封装

(b) PLCC封装

(c) PQFP封装

图 3.1　单片机的封装形式

3.1.2　单片机的引脚识别方法

对 DIP 封装的单片机的型号及引脚识别方法如下。

对于 DIP 封装的 51 系列单片机来说,在外壳正中央印有字(型号)的一面是它的正面,在单片机外壳的正面的一侧边有一个半月形的小坑,同时还有一个圆形的小坑在旁边。这两个标志说明离圆形小坑最近的引脚为单片机的 1 号引脚。把单片机印有型号的一侧朝上,1 号引脚放在左手边,向右依次为 2、3、4、…、20 引脚,单片机上边沿从右到左为 21、22、23、…、40 引脚。

对于其他所有的 DIP 封装的芯片,识别方法与此类同。

对于其他封装的器件,方法与 DIP 封装的单片机引脚识别方法类似,也可参考实际的器件使用手册来找到引脚的排列。

3.2　51 系列单片机的引脚及功能

51 系列单片机最常用的是 40 引脚 DIP 集成电路芯片,由于单片机是一个芯片,体积较小,为了增加其功能,许多引脚具有两个功能,其引脚排列如图 3.2 所示。

现对 51 系列单片机各个引脚及其功能进行简要说明。

1. 主电源引脚

V_{CC}(40 脚):接+5V 电源;

V_{SS}(20 脚):接数字电路地。

2. 外接晶体引脚

XTAL1(19 脚):接外部石英晶体一端。在单片机内部,它是片内振荡器的反相放大器的输入端,这个放大器构成了片内振荡器。当采用外部时钟时,对于 HMOS 单片机,该引脚接地,对于 CHMOS 单片机,该引脚作为外部振荡信号的输入端。

XTAL2(18 脚):接外部石英晶体的另一端。在单片机内部,它是片内振荡器的反相放

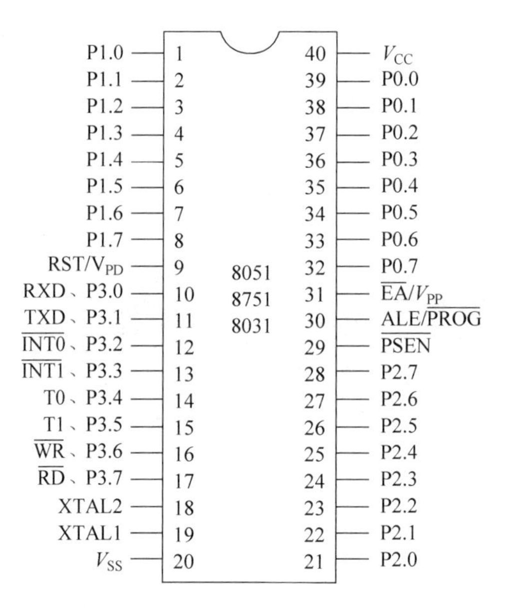

图 3.2 51 系列 DIP 封装单片机引脚排列

大器的输出端。当采用外部时钟时，对于 HMOS 单片机，该引脚作为外部振荡信号的输入端，对于 CHMOS 单片机，该引脚悬空不接。

3. 输入/输出引脚

P0 口(32～39 脚)：P0.0～P0.7 统称为 P0 口，是一组 8 位漏极开路型双向 I/O 口，也是地址/数据总线复用口。在访问片外存储器或程序存储器时，P0 口分时复用为低 8 位地址总线和双向数据总线，在访问期间激活内部上拉电阻。在 Flash 编程时，P0 口接收指令字节，而在程序校验时，输出指令字节。校验时，要求外接上拉电阻。

P1 口(1～8 脚)：P1.0～P1.7 统称为 P1 口，是一组带内部上拉电阻的 8 位准双向 I/O 口。对于 52 系列，P1.0 与 P1.1 还有第二功能：P1.0 可用作定时/计数器 2 的计数脉冲输入端 T2，P1.1 可用作定时/计数器 2 的外部控制端 T2EX。

P2 口(21～28 脚)：P2.0～P2.7 统称为 P2 口，是一组带内部上拉电阻的 8 位双向 I/O 口，一般可作为准双向 I/O 口使用。在接有片外存储器或扩展 I/O 口且寻址范围超过 256B 时，P2 口用作高 8 位地址总线。

P3 口(10～17 脚)：P3.0～P3.7 统称为 P3 口，是一组带内部上拉电阻的 8 位双向 I/O 口，除作为准双向 I/O 口使用外，还可以将每一位用于第二功能，而且 P3 口的每一条引脚均可独立定义为第一功能的输入/输出或第二功能。P3 口第二功能如表 3.1 所示。

表 3.1 P3 口第二功能表

引　脚	功　能
P3.0	RXD 串行口输入端
P3.1	TXD 串行口输出端
P3.2	$\overline{INT0}$外部中断 0 请求输入端，低电平有效
P3.3	$\overline{INT1}$外部中断 1 请求输入端，低电平有效

续表

引　脚	功　能
P3.4	T0 定时/计数器 0 计数脉冲输入端
P3.5	T1 定时/计数器 1 计数脉冲输入端
P3.6	$\overline{\mathrm{WR}}$外部数据存储器写选通信号输出端，低电平有效
P3.7	$\overline{\mathrm{RD}}$外部数据存储器读选通信号输出端，低电平有效

4. 控制信号引脚

RST/V_{PD}(9 脚)：RST 即 RESET，V_{PD}为备用电源，该引脚为单片机的上电复位或掉电保护端。当单片机振荡器工作时，该引脚上出现持续两个机器周期的高电平，就可实现复位操作，使单片机回复到初始状态。上电时，考虑到振荡器有一定的起振时间，该引脚上高电平必须持续 10ms 以上才能保证有效复位。

当 V_{CC}发生故障，降低到低电平规定值或掉电时，该引脚可接上备用电源 V_{PD}(+5V)为内部 RAM 供电，以保证 RAM 中的数据不丢失。

$\overline{\mathrm{PSEN}}$(29 脚)：片外程序存储器读选通信号输出端，低电平有效。在从外部程序存储器读取指令或常数期间，在每个机器周期内该信号两次有效，以通过数据总线 P0 口读回指令或常数。在访问片外数据存储器期间，$\overline{\mathrm{PSEN}}$信号将不出现。

ALE/$\overline{\mathrm{PROG}}$(30 脚)：地址锁存有效信号输出端，高电平有效。在访问片外存储器期间，ALE(允许地址锁存)输出脉冲用于锁存 P0 端口 8 位复用的地址/数据总线上的 8 位地址(16 位地址线中的低 8 位)。ALE 信号通常连接到外部地址锁存器(如 74HC373)的使能引脚上。在不访问片外程序存储器期间，ALE 信号端仍以不变的频率周期性地出现正脉冲信号(振荡频率 f_{OSC}的 1/6)，可作为对外输出的时钟脉冲或用于定时的目的。在复位期间，ALE 被强制输出高电平。对于片内含有 EPROM 的机型，在编程期间，该引脚用作编程脉冲$\overline{\mathrm{PROG}}$的输入端。

$\overline{\mathrm{EA}}$/V_{PP}(31 脚)：$\overline{\mathrm{EA}}$为片外程序存储器选用端。该引脚有效(低电平)时，只选用片外程序存储器，否则单片机上电或复位后选用片内程序存储器。对于片内含有 EPROM 的机型，在编程期间，此引脚用作 2.1V 编程电源 V_{PP}的输入端。

3.3　51 系列单片机的总线结构

总线就是各种信号线的集合，是单片机各部件之间传送数据、地址和控制信息的公共通道。按相对于 CPU 与其芯片的位置，可分为片内总线和片外总线。片内总线是指在 CPU 内部各寄存器、算术逻辑部件 ALU、控制部件及内部高速缓冲存储器之间传输数据所用的总线，即芯片内部总线。片外总线是 CPU 与内存 RAM、ROM 和输入/输出设备接口之间进行通信的数据通道。通常所说的总线(BUS)指的是片外总线。CPU 通过总线实现程序存取命令、内存/外设的数据交换等。

按照传递信息的类型，总线可分为数据总线 DB(Data Bus)、地址总线 AB(Address Bus)和控制总线 CB(Control Bus)。对于 51 系列单片机，每种总线都包含一系列引脚，其中 DIP 封装引脚功能分类如图 3.3 所示。

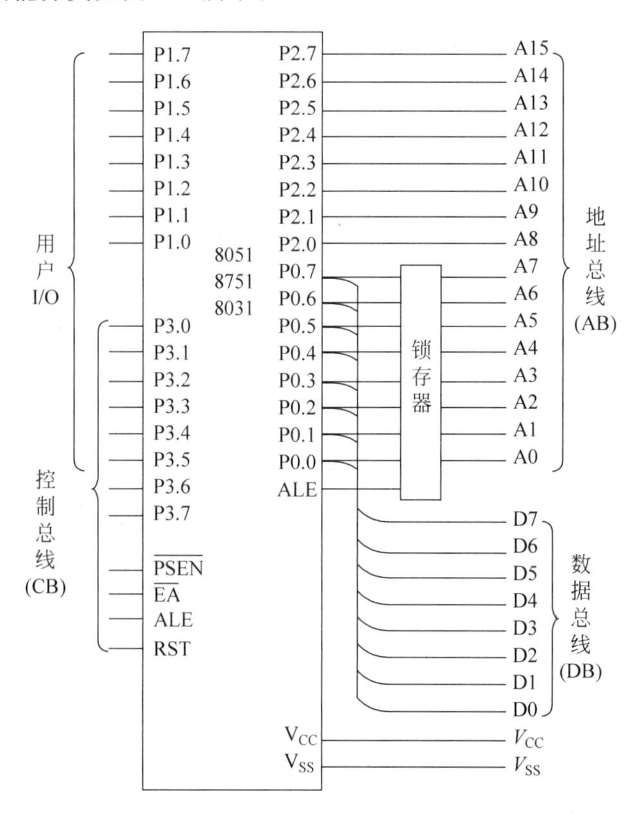

图 3.3　51 系列单片机 DIP 封装引脚功能分类

数据总线是 CPU 与存储器、I/O 接口、外设等部件之间传递数据的一组信号线，由 P0 口构成，是 8 位双向总线(89C2051 无 P0 口，无总线)，既可以由 CPU 向存储器、I/O 接口、外设等部件传递数据，也可以由存储器、I/O 接口、外设等部件向 CPU 传递数据。

地址总线是 CPU 将地址传送给存储单元或 I/O 接口的一组信号线，由 P2 口和 P0 口构成，是 16 位单向总线，其中 P2 口提供地址的高 8 位，P0 提供地址的低 8 位。

控制总线主要用来传送控制信号和时序信号，由 P3 口的第二功能和控制信号引脚构成。在控制信号中，有的是 CPU 送往存储器和输入/输出设备接口电路的，如读/写信号、片选信号、中断响应信号等；也有的是其他部件反馈给 CPU 的，如中断申请信号、复位信号、总线请求信号、设备就绪信号等。因此，控制总线的传送方向由具体控制信号而定，一般是单向的。

3.4　单片机中的数制

所谓数制，就是利用符号和一定的规则进行计数的方法。在日常生活中，人们习惯的计数方法是十进制数，而数字电路中只有两种电平特性，即高电平和低电平，这也就决定了数字电路中使用二进制。

1. 十进制

十进制数大家都很熟悉，它的基本特点如下。

（1）共有10个基本数码：0、1、2、3、4、5、6、7、8、9。

（2）逢十进一，借一当十。

2. 二进制

二进制数的基本特点如下。

（1）共有两个基本数码：0、1。

（2）逢二进一，借一当二。

十进制数1转换为二进制数是1B（这里用后缀B表示二进制数）；十进制数2转换为二进制数，因为已到2，则进1，所以对应的二进制数是10B；十进制数3为11B，4为100B，5为101B。以此类推，当十进制数为255时，对应的二进制数是11111111B。

从上面的过程可以看出，当二进制数转换为十进制数时，从二进制数的最右一位数起，最右边的第一个数乘以2的0次方，第二个数乘以2的1次方，以此类推，把各结果累计相加就是转换后的十进制数。如：

$$11010B=1\times 2^4+1\times 2^3+0\times 2^2+1\times 2^1+0\times 2^0=16+8+0+2+0=26$$

3. 十六进制

二进制数太长了，书写不方便并且很容易出错，转换成十进制数又太麻烦，所以就出现了十六进制。

十六进制数的基本特点如下。

（1）共有16个基本数码：0、1、2、3、4、5、6、7、8、9、A、B、C、D、E、F。

（2）逢十六进一，借一当十六。

十进制数的0～15表示成十六进制数分别为0～9、A、B、C、D、E、F，其中A对应十进制数10，B对应11，C对应12，D对应13，E对应14，F对应15。为了与十进制数相区分，一般在十六进制数的最后面加上后缀H，表示该数为十六进制数，如BH、46H等。但在C语言编程时是在十六进制数的最前面加上前缀0x，表示该数为十六进制数，如0xb、0x46等。这里的字母不区分大小写。

4. 各进制数之间的相互转换

一个4位二进制数共有16个数，正好对应十六进制的16个数码，这样一个1位十六进制数与一个4位二进制数形成一一对应的关系。而在单片机编程中使用最多的是8位二进制数，如果使用两位十六进制数来表示将变得极为方便。

表3.2　十进制、二进制与十六进制0～15的对应表

十　进　制	二　进　制	十六进制	十　进　制	二　进　制	十六进制
0	0000	0	8	1000	8
1	0001	1	9	1001	9
2	0010	2	10	1010	A
3	0011	3	11	1011	B
4	0100	4	12	1100	C
5	0101	5	13	1101	D
6	0110	6	14	1110	E
7	0111	7	15	1111	F

关于十进制、二进制与十六进制数之间的转换，要熟悉 0～15 之间的数的相互转换。十进制、二进制与十六进制 0～15 的对应关系如表 3.2 所示。表中的二进制数不足 4 位均在其前面补“0”。

在进行单片机编程时常常会碰到其他较大的数，这时可用 Windows 系统自带的计算器，非常方便地进行二进制、八进制、十进制、十六进制数之间的任意转换。首先打开附件中的计算器，选择“查看”→“科学型”选项，其界面如图 3.4 所示。然后选择一种进制，输入数值，再单击需要转换的进制，即可得到相应进制的数。

图 3.4 Windows 系统自带的计算器界面

3.5 51 系列单片机的内部结构

51 系列单片机内部结构中包含运算器、控制器、片内存储器、中断系统、串行口、定时/计数器、并行 I/O 口、振荡器等功能部件，如图 3.5 所示。

3.5.1 运算器

运算器是以算术逻辑单元(Arithmetic Logic Unit，ALU)为核心，再加上累加器 ACC、寄存器 B、暂存器 TMP1 和 TMP2、程序状态字(Program Status Word，PSW)等部件构成的。它能实现数据的算术逻辑运算、位变量处理、数据传输等操作。

1. 算术逻辑单元 ALU、累加器 ACC 与寄存器 B

算术逻辑单元不仅能完成 8 位二进制的加、减、乘、除、加 1、减 1 及 BCD 加法的十进制调整等算术运算，还能对 8 位变量进行逻辑“与”、“或”、“异或”、循环移位、求补、清零等逻辑运算，并具有数据传输、程序转移等功能。

累加器(ACC，简称累加器 A)为一个 8 位寄存器，它是 CPU 中使用最频繁的寄存器。进入 ALU 作算术和逻辑运算的操作数多来自于累加器 A，运算结果也常送回累加器 A 保存。

寄存器 B 是为 ALU 进行乘除法运算设置的，若不作乘除运算时，则可作为通用寄存器使用。

2. 程序状态字寄存器

程序状态字 PSW 是一个 8 位标志寄存器，用于存放程序运行的状态信息，以供程序查询和判别(字节地址 D0H)。PSW 中各位状态通常是在指令执行的过程中自动形成的，但也可以由用户根据需要采用传送指令加以改变。PSW 各位定义格式如图 3.6 所示。

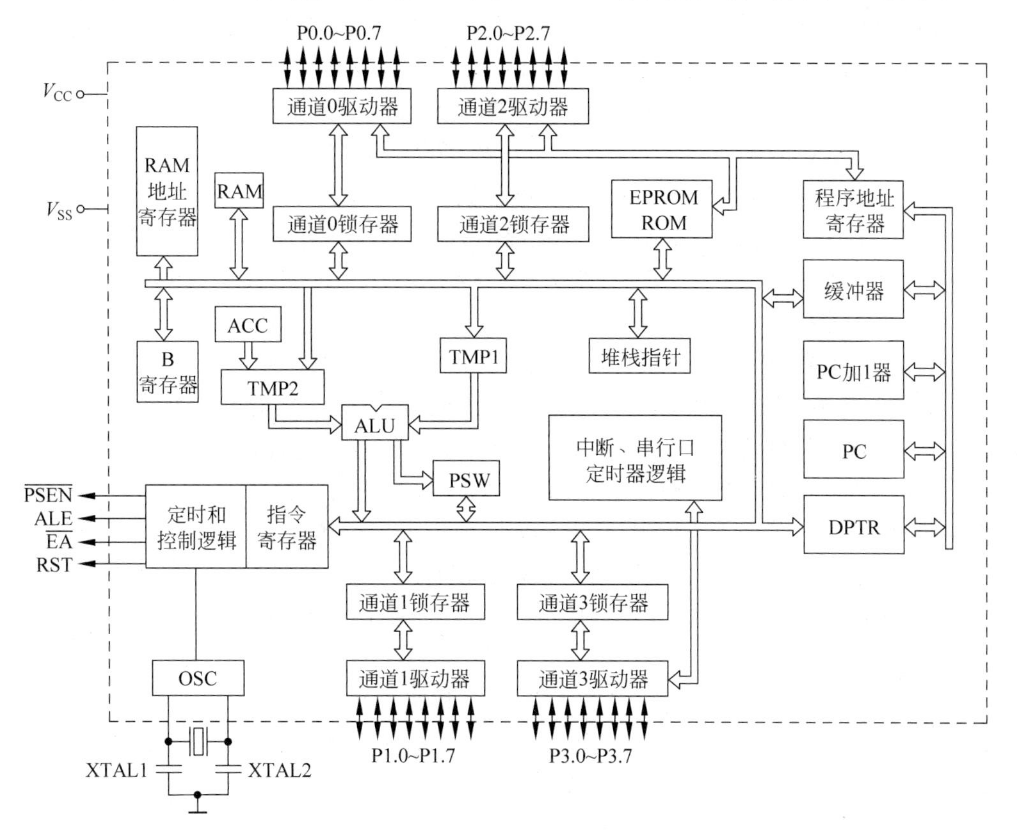

图 3.5　51 系列单片机内部结构

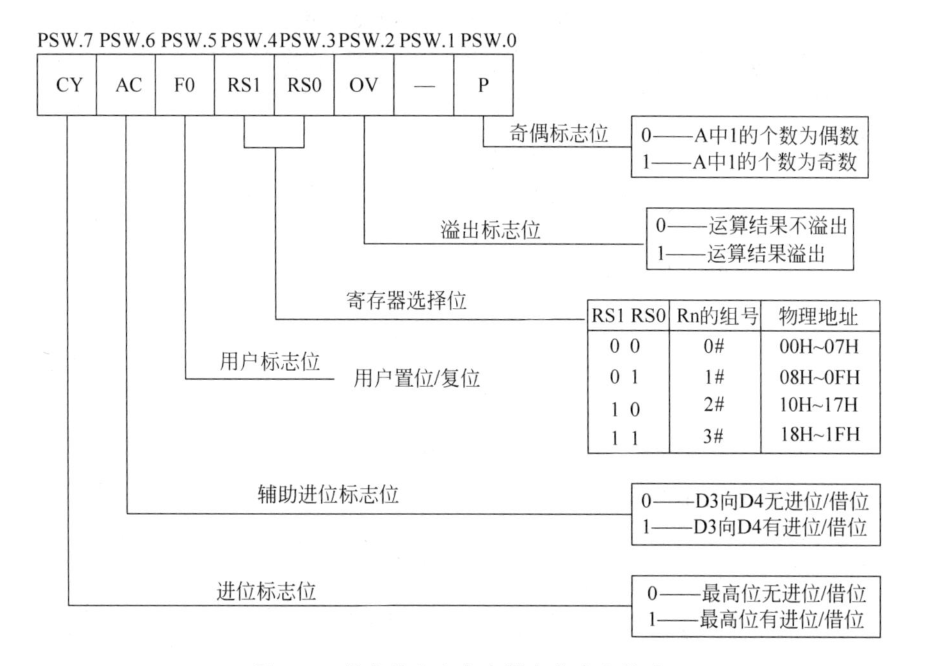

图 3.6　程序状态字寄存器各位定义格式

进位标志位 CY(PSW.7)：在执行某些算术操作类、逻辑操作类指令时，可被硬件或软件置位或清零。它表示运算结果是否有进位或借位。如果在最高位有进位(加法时)或有借位(减法时)，则 CY=1，否则 CY=0。

辅助进位(或称半进位)标志位 AC(PSW.6)：它表示两个 8 位数运算，低 4 位有无进/借位状况。当低 4 位相加(或相减)时，若 D3 位向 D4 位有进位(或借位)时，则 AC=1，否则 AC=0。在 BCD 码运算的十进制调整中要用到该标志位。

用户自定义标志位 F0(PSW.5)：用户可根据自己的需要对 F0 赋予一定的含义，通过软件置位或清零，并根据 F0=1 或 0 来决定程序的运行方式。

工作寄存器组选择位 RS1、RS0(PSW.4、PSW.3)：可用软件置位或清零，用于选定当前使用的 4 个寄存器组中的某一组。

溢出标志位 OV(PSW.2)：做加法或减法时，由硬件置位或清零，以指示运算结果是否溢出。OV=0 反映运算结果超出了累加器的数值范围(无符号数的范围是 0～255)以补码形式表示一个有符号数的范围是－128～＋127。做无符号数的加法或减法时，OV 的值与进位 C 的值相同；在做有符号数加法时，如最高位、次高位之一有进位，或做减法时，如最高位、次高位之一有借位，则 OV 被置位，即 OV 的值为最高位和次高位的异或($C_7 \otimes C_8$)。

执行乘法指令 MUL AB 也会影响 OV 标志，积大于 255 时，OV=1，否则 OV=0。

执行除法指令时 DIV AB 也会影响 OV 标志，如 B 中所放除数为 0 时，OV=1，否则 OV=1。

奇偶标志位 P(PSW.0)：在执行指令后，单片机根据累加器 A 中 1 的个数的奇偶性自动给标志置位或清零。若 A 中 1 的个数为奇数，则 P=1，否则 P=0。该标志对串行通信的数据传输非常有用，通过奇偶位校验传输的可靠性。

3. 位处理

位处理是 51 系列单片机 ALU 所具有的一种功能。单片机指令系统总的位处理指令集(17 条位操作指令)，存储器中的位地址空间，以及程序状态字寄存器 PSW 中的进位标志 CY 作为位操作“累加器”，构成了 51 系列单片机内的位处理机。它可对直接寻址的位(bit)变量进行位处理，如置位、清零、取反、测试转移，以及逻辑“与”、“或”等位操作，使用户在编程时可以利用指令完成原来单凭复杂的硬件逻辑所完成的功能，并可方便地设置标志。

3.5.2 控制器

控制器即控制电路，是单片机的指挥控制器件，用于发出控制信号，指挥单片机各元器件协调工作，是单片机的神经中枢。控制电路包括定时与控制电路、程序计数器(Program Counter，PC)、指令寄存器(Instruction Register，IR)、指令译码器(Instruction Decoder，ID)、堆栈指针(Stack Pointer，SP)、数据指针寄存器(Data Pointer Register，DPTR)，以及信息传送控制等部件。

程序计数器(PC)是由 16 位(8+8)寄存器构成的计数器。要单片机执行一个程序，就必须把该程序按顺序预先装入存储器 ROM 的某个区域。单片机动作时应按顺序一条条取出指令来加以执行。因此，必须有一个电路能找出指令所在的单元地址，该电路就是程序计数器(PC)。

当单片机开始执行程序时，给PC装入第一条指令所在的地址，它每取出一条指令（如为多字节指令，则每取出一个指令字节），PC的内容就自动加1，以指向下一条指令的地址，使指令能顺序执行。只有当程序遇到转移指令、子程序调用指令，或中断时，PC才转到所需要的地方去。CPU指定的地址，从ROM相应单元中取出指令字节放在指令寄存器IR中寄存，然后指令寄存器中的指令代码被指令译码器ID译成各种形式的控制信号，这些信号与单片机时钟振荡器产生的时钟脉冲在定时与控制电路中相结合，形成按一定时间节拍变化的电平和时钟，即所谓控制信息，在CPU内部协调寄存器之间的数据传输、运算等操作。

指令寄存器IR存放当前从主存储器读出的正在执行的一条指令。当执行一条指令时，先把它从内存取到数据寄存器（Data Register，DR）中，然后再传送至IR。计算机执行一条指定的指令时，必须首先分析这条指令的操作码是什么，以决定操作的性质和方法，然后才能控制计算机其他各部件协同完成指令表达的功能。这个分析工作由译码器来完成。

指令由操作码和地址码组成。操作码表示要执行的操作性质，即执行什么操作，或做什么，地址码是操作码执行时的操作对象的地址。为了执行任何给定的指令，必须对操作码进行测试，以便识别所要求的操作。指令译码器就是做这项工作的。指令寄存器中操作码字段的输出就是指令译码器的输入。它先以主振频率为基准发出CPU的时序，对指令进行译码。操作码一经译码后，即可向操作控制器发出具体操作的特定信号，完成一系列定时控制的微操作，用来协调单片机内部各功能部件之间的数据传送、数据运算等操作，并对外发出地址锁存ALE、外部程序存储器选通$\overline{PSEN}$，以及通过P3.7和P3.6发出数据存取信号，并且接受处理外接的复位和外部程序存储器访问控制$\overline{EA}$信号。

3.5.3　振荡器

单片机的定时控制功能是由片内的时钟电路来完成的，而片内时钟的产生方式有两种：内部时钟方式和外部时钟方式。

1. 内部时钟方式

内部时钟方式是采用单片机内部振荡器来工作的，其内部包含了一个高增益的单级反相放大器，引脚XTAL1和XTAL2分别为片外反相放大器的输入端口和输出端口，其工作频率为0～33MHz。对于Intel 8051，工作频率为1.2～12MHz。

当单片机工作于内部时钟方式时，只需在XTAL1引脚和XTAL2引脚连接一个晶体振荡器或陶瓷振荡器，并接两个电容后接地即可，如图3.7所示。

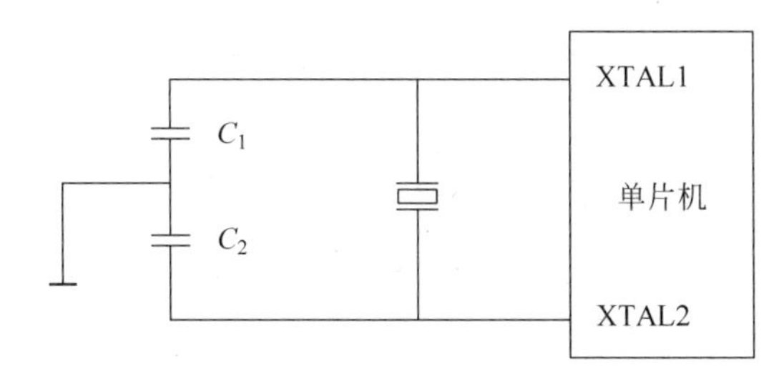

图3.7　单片机外接晶体的接法

使用时，对于电容的选择有一定的要求，当外接晶体振荡器时，电容值一般选择 $C_1=C_2=30\pm10$pF；当外接陶瓷振荡器时，电容值一般选择 $C_1=C_2=40\pm10$pF。

在实际电路设计时，应该注意保证外接的振荡器和电容尽可能靠近单片机的 XTAL1 和 XTAL2 引脚，这样可以减少寄生电容的影响，使振荡器能够稳定可靠地为单片机 CPU 提供时钟信号。

2. 外部时钟方式

外部时钟方式是采用外部振荡器产生时钟信号，直接提供给单片机使用。对于不同结构的单片机，外部时钟信号接入的方式按不同工艺制造的单片机芯片，其接法各不相同，如表 3.3 所示。

表 3.3 单片机外部时钟接法

芯 片 类 型	XTAL1 接法	XTAL2 接法
MOS 型	接地	接片外振荡脉冲输入端（带上拉电阻）
CMOS 型	接片外振荡脉冲输入端（带上拉电阻）	悬浮

对于普通的 8051 系列单片机，外部时钟信号由 XTAL2 引脚引入后直接送到单片机内部的时钟发生器，而引脚 XTAL1 则应直接接地，要注意，由于 XTAL2 引脚的逻辑电平不是 TTL 信号，因此建议外接一个上拉电阻。

对于 CMOS 型的 80C51、80C52、AT89S52 等单片机，与普通的 8051 不同的是其内部时钟发生器的信号取自于反相放大器的输入端。因此，外部的时钟信号应该接到单片机的 XTAL1 引脚，而 XTAL2 引脚则悬空即可。

外部时钟信号的频率应该满足不同单片机的工作频率要求，如普通的 8051 频率应该低于 12MHz，对于 AT89S52 则为 0～33MHz。如果采用其他的型号，则应具体参考该单片机的数据手册中的说明。

3.5.4 CPU 时序

计算机在执行指令时，是将一条指令分解为若干个基本的微操作，这些微操作所对应的脉冲信号在时间上的先后次序称为计算机时序。51 系列单片机的时序由 4 种周期构成，即振荡周期、状态周期、机器周期和指令周期，各种周期的关系如图 3.8 所示。

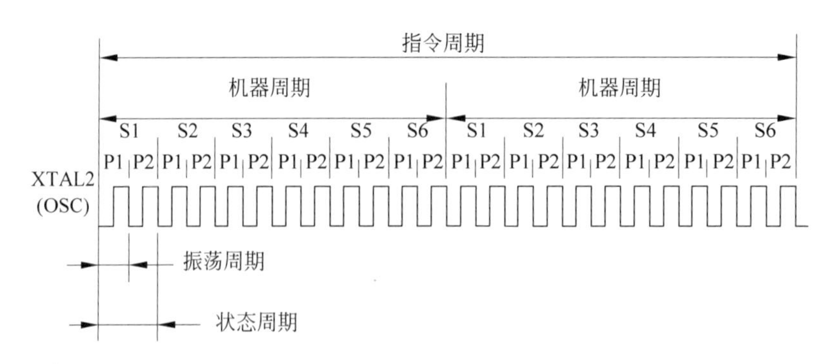

图 3.8 各种周期的关系

(1) 振荡周期：振荡脉冲的周期。

(2) 状态周期：两个振荡周期为一个状态周期，也称为时钟周期，用 S 表示。两个振荡周期作为两个节拍分别称为节拍 1 和节拍 2。在状态周期的前半周期 P1 有效时，通常完成算术逻辑运算操作；在后半周期 P2 有效时，一般进行内部寄存器之间的传输。

(3) 机器周期：一个机器周期包括 6 个状态周期，用 S1、S2、…、S6 表示，共 12 个节拍，一次可表示为 S1P1、S1P2、S2P1、…、S6P1、S6P2。

(4) 指令周期：执行一条指令所占用的全部时间，它以机器周期为单位。51 系列单片机除乘法、除法指令是 4 周期指令外，其余都是单周期指令和双周期指令。若用 12MHz 晶振，则单周期指令和双周期指令的指令周期时间分别为 1μs 和 2μs，乘法和除法指令为 4μs。

各周期指令的 CPU 时序如图 3.9 所示。

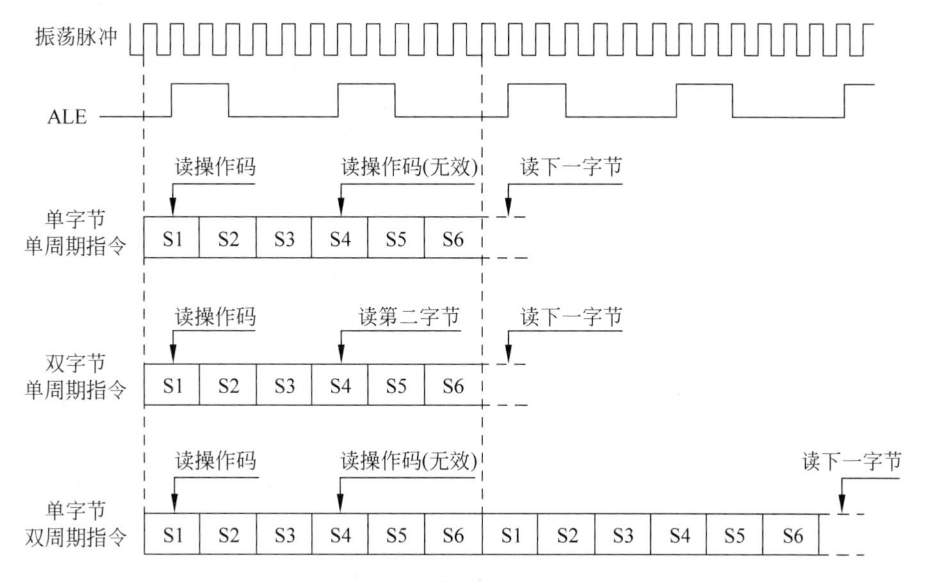

图 3.9 各周期指令的 CPU 时序

从图 3.9 中可知，CPU 在固定时刻执行某种内部操作，都是在 S1P2 和 S2P1 期间由 CPU 取指令，将指令码读入指令寄存器，同时程序计数器 PC 加 1。双字节单周期指令在同一机器周期的 S4P2 再读第二字节，只是第一个 ALE 信号有效时读的是操作码，第二个 ALE 信号有效时读的是操作数。单字节单周期指令在 S4P2 虽也读操作码，但既是单字节指令，读出的还是原指令，故读后丢弃不用，PC 也不加 1。两种指令在 S6P2 结束时都会完成操作。

如果是单字节双周期指令，则在两个机器周期内将 4 次读操作码，不过后 3 次读后都丢弃不用。

3.5.5 存储器

多数单片机系统(包括 51 系列单片机)的存储器组织方式与通用微机系统不同，其程序存储器地址空间和数据存储器地址空间是相互独立的。

51 系列单片机存储器从物理结构上可分为片内、片外程序存储器(8031 和 8032 没有片内程序存储器)与片内、片外数据存储器4个部分；从功能上可分为程序存储器、片内数据存储器、特殊功能存储器、位地址空间和片外数据存储器5个部分；其寻址空间可划分为程序存储器、片内数据存储器和片外数据存储器3个独立的地址空间。

1. 程序存储器

1）编址与访问

计算机在执行任务时，是按照事先编制好的程序命令一条条顺序执行的。程序存储器就是用来存放这些已编好的程序和表格常数，它由ROM或EPROM组成。计算机为了有序的工作，设置了一个专用寄存器——程序计数器PC，用以存放将要执行的指令地址。每取出指令的一个字节后，其内容就加1，指向下一个字节地址，使计算机从程序存储器取指令并加以执行，从而完成某程序操作。由于普通的51系列单片机的程序计数器为16位，因此可寻址的程序存储器的地址空间为64KB。

51系列单片机在物理配置上有片内、片外程序存储器，但作为一个编址空间，其编址规律为先片内，后片外，片内、片外连续，两者一般不重叠。程序存储器编址方法如图3.10所示。

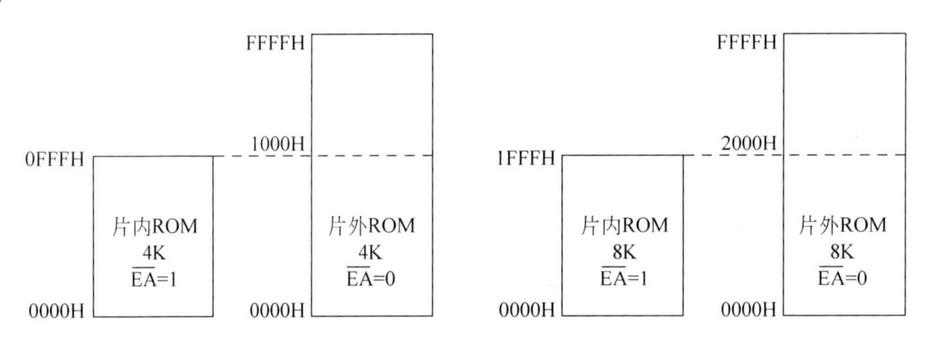

图3.10 程序存储器编址方法

单片机执行指令时，是从片内程序存储器取指令，还是从片外程序存储器取指令，这首先由单片机$\overline{EA}$引脚电平的高低来决定。

$\overline{EA}$=1时，先执行片内程序存储器的程序，当PC的内容超过片内程序存储器地址的最大值(51子系列为0FFFH，52子系列为1FFFH)时，将自动去执行片外程序存储器的程序。

$\overline{EA}$=0时，CPU则从片外程序存储器中取指令。对于片内无程序存储器的51系列单片机，$\overline{EA}$引脚应接低电平。对于片内有程序存储器的单片机，如果$\overline{EA}$引脚接低电平，将强行执行片外程序存储器的程序。此时在片外程序存储器中存放调试程序，以使单片机工作在调试状态。

注意：片外程序存储器的存放调试程序的部分，其编址与片内程序存储器的编址是可以重叠的，借$\overline{EA}$的换接可实现分别访问。现在以8051位内核的单片机大都带有内部的FLASH程序存储器，如AT89C51或AT89S51均自带4KB的FLASH程序存储器，还有的单片机带有20KB甚至更大容量的程序存储器。

2）程序的入口地址

程序地址空间原则上可由用户任意安排，但复位和中断源的程序入口地址在51系列单片机中是固定的，用户不能更改。这些入口地址如表3.4所示。

表 3.4　51 系列单片机复位和中断入口地址

操　　作	入 口 地 址
复位	0000H
外部中断 0	0003H
定时/计数器 0 溢出	000BH
外部中断 1	0013H
定时/计数器 1 溢出	001BH
串行口中断	0023H
定时/计数器 2 溢出或 T2EX 端负跳变(52 子系列)	002BH

复位后,CPU 从 0000H 地址开始执行程序。响应某个中断时,其地址为中断服务程序入口地址。

表中的各个入口地址互相离得很近,只隔几个单元,容纳不下稍长的程序段。所以,其中实际存放的往往是一条无条件转移指令,使其分别跳转到用户程序真正的起始地址,或所对应的中断服务程序真正的入口地址。

2. 数据存储器

1) 编址与访问

51 系列单片机片内、片外数据存储器是两个独立的地址空间,应分别单独编址。其编址方法如图 3.11 所示。

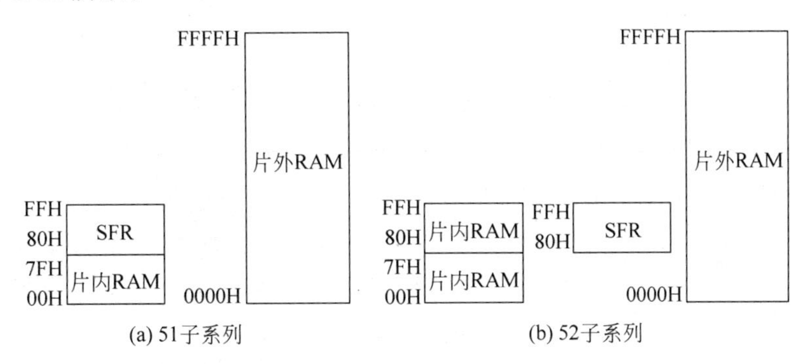

图 3.11　数据存储器编址方法

片内数据存储器除 RAM 块外,还有特殊功能寄存器(SFR)块。

对于 51 子系列,前者有 128 个字节,其编址为 00H～7FH,后者也占 128 个字节,其编址为 80H～FFH,两者连续而不重叠。

对于 52 子系列,前者有 256 个字节,其编址为 00H～FFH,后者占 128 个字节,其编址为 80H～FFH,后者与前者高 128 个字节的编址是重叠的,由于访问所用的指令不同,因而并不会引起混乱。

片外数据存储器一般是 16 位编址。如果只扩展少量片外数据存储器,且容量不超过 256 个字节,也可按 8 位编址,自 00H 开始,最大可至 FFH。在这种情况下,地址空间与片内数据存储器重叠,但访问片内、片外用不同的指令,也不会引起混乱。

片外数据存储器按 16 位编址时,其地址空间与片内存储器重叠,但也不会引起混乱,访问程序存储器是用 $\overline{\text{PSEN}}$ 信号选通,而访问片外数据存储器时,由 $\overline{\text{RD}}$ 信号(读)和 $\overline{\text{WR}}$ 信号

(写)选通。

2) 片内数据存储器

51 子系列单片机内 RAM 配置图如图 3.12 所示。由图可见,片内数据存储器共分为工作寄存器区、位寻址区、数据缓冲区 3 个区域。

(1) 工作寄存器区。00H～1FH 单元为工作寄存器区。工作寄存器也称为通用寄存器,用于临时寄存 8 位信息。工作寄存器分成 4 组,每组都有 8 个寄存器,用 R0～R7 来表示。程序中每次只有一组,其他各组不工作。

使用哪一组寄存器工作由程序状态字 PSW.3(RS0)和 PSW.4(RS1)两位来选择,其对应关系如表 3.5 所示。通过软件设置 RS0 和 RS1 两位的状态,就可任意选一组工作寄存器工作。这个特点使 51 系列单片机具有快速现场保护功能,对提高程序效率和响应中断的速度是很有利的。

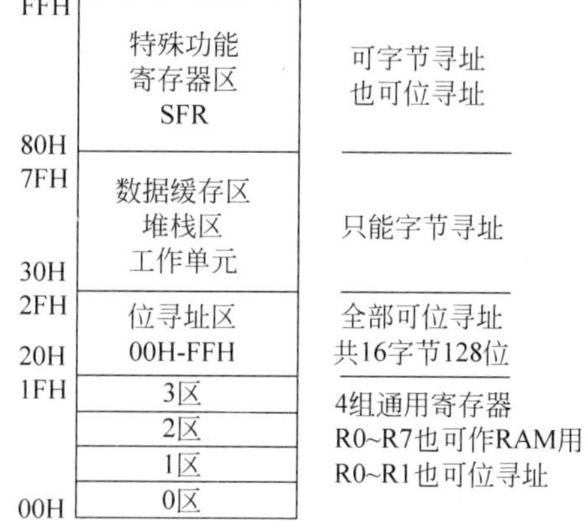

图 3.12　51 系列单片机片内 RAM 配置图

表 3.5　工作寄存器组的选择表

PSW.4(RS1)	PSW.3(RS0)	当前使用的工作寄存器组 R0～R7
0	0	0 组(00H～07H)
0	1	1 组(08H～0FH)
1	0	2 组(10H～17H)
1	1	3 组(18H～1FH)

(2) 位寻址区。20H～2FH 单元是位寻址区。这 16 个单元(共计 128 位)的每一位都赋予一个位地址,位地址范围为 00H～7FH。位寻址区的每一位都可当作软件触发器,由程序直接进行位处理。通常可以把各种程序状态标志、位控制变量存放于位寻址区。

(3) 数据缓冲区。30H～7FH 单元是数据缓冲区,也即用户 RAM 区,共 80 个单元。

由于工作寄存器区、位寻址区、数据缓冲区统一编址,使用同样的指令访问,因此这 3 个区的单元既有自己独特的功能,又可统一调度使用。前两个区未使用的单元也可作为一般的用户 RAM 单元,使容量较小的片内 RAM 得以充分利用。

52 子系列片内 RAM 有 256 个单元,前两个区的单元数与地址都和 51 子系列的一致,用户 RAM 区却为 30H～FFH,有 208 个单元。

3) 堆栈和堆栈指针

堆栈是按先进后出或后进先出的规则进行读/写的特殊 RAM 区域。

51 系列单片机的堆栈区是不固定的,原则上可设置在内部 RAM 的任意区域内。实际应用中,要根据对片内 RAM 各功能区的使用情况而灵活的设置,应避开工作寄存器区、位寻址区和用户实际使用的数据区,一般设在 2FH 地址单元以后的区域。栈顶的位置由专门设置的堆栈指针寄存器 SP 指出。

51 系列单片机的 SP 是 8 位寄存器,堆栈属向上生长型的(即栈顶地址总是大于栈底地址，堆栈从栈底地址单元开始，向高地址端延伸)，如图 3.13 所示。

当数据压入堆栈时，SP 的内容自动加 1，作为本次进栈的指针，然后再存入数据。SP 的值随着数据的存入而增加。当数据从堆栈弹出之后，SP 的值随之减少。

复位时，SP 的初值为 07H，堆栈实际上从 08H 开始堆放信息，即堆栈初始位置位于工作寄存器区内。为此，用户在初始化程序中要给 SP 赋初值以规定堆栈的初始位置(即栈底位置)。

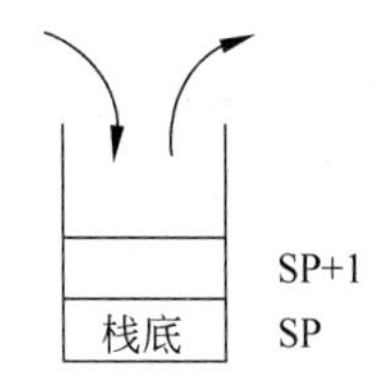

图 3.13　51 系列单片机堆栈

4) 特殊功能寄存器

特殊功能寄存器(Special Function Registers，SFR)又称为专用寄存器，专用于控制、管理片内算术逻辑部件、并行 I/O 口、串行 I/O 口、定时/计数器、中断系统等功能模块的工作。用户在编程时可以置数设定，却不能移作它用。在 51 子系列单片机中，各专用寄存器(PC 例外)与片内 RAM 统一编址，且作为直接寻址字节，可直接寻址。特殊功能寄存器的名称、表示符、地址如表 3.6 所示。

表 3.6　特殊功能寄存器的名称、表示符、地址一览表

专用寄存器名称	符号	地址	位地址与位名称							
			D7	D6	D5	D4	D3	D2	D1	D0
P0 口	P0	80H	87	86	85	84	83	82	81	80
堆栈指针	SP	81H								
数据指针 DPTR 低字节	DPL	82H								
数据指针 DPTR 高字节	DPH	83H								
定时/计数器控制	TCON	88H	TF1	TR1	TF0	TR0	IE1	IT1	IE0	IT0
定时/计数器方式	TMOD	89H	GATE	C/$\overline{T}$	M1	M0	GATE	C/$\overline{T}$	M1	M0
定时/计数器 0 低字节	TL0	8AH								
定时/计数器 1 低字节	TL1	8BH								
定时/计数器 0 低字节	TH0	8CH								
定时/计数器 1 高字节	TH1	8DH								
P1 口	P1	90H	97	96	95	94	93	92	91	90
电源控制	PCON	97H	SMOD	—	—	—	GF1	GF0	PD	IDL
串行控制	SCON	98H	SM0	SM1	SM2	REN	TB8	RB8	TI	RI
串行数据缓存器	SBUF	99H								
P2 口	P2	A0H	A7	A6	A5	A4	A3	A2	A1	A0
中断允许控制	IE	A8H	EA	—	ET2	ES	ET1	EX1	ET0	EX0
P3 口	P3	B0H	B7	B6	B5	B4	B3	B2	B1	B0
中断优先级控制	IP	B8H	—	—	PT2	PS	PT1	PX1	PT0	PX0
定时/计数器 2 控制	T2CON *	C8H	TF2	EXF2	RCLK	TCLK	EXEN2	TR2	C/$\overline{T2}$	CP/$\overline{RL2}$
定时/计数器 2 模式	T2MOD *	C9H								
捕获/自动重装低 8 位	RLDL *	CAH								
捕获/自动重装高 8 位	RLDH *	CBH								

续表

专用寄存器名称	符号	地址	位地址与位名称							
			D7	D6	D5	D4	D3	D2	D1	D0
定时/计数 2 重装低字节	TL2 *	CCH								
定时/计数 2 重装高字节	TH2 *	CDH								
程序状态字	PSW	D0H	CY	AC	F0	RS1	RS0	OV	—	P
累加器	A	E0H	E7	E6	E5	E4	E3	E2	E1	E0
B 寄存器	B	F0H	F7	F6	F5	F4	F3	F2	F1	F0

注：表中带 * 的寄存器都与定时/计数器 2 有关，只在 52 子系列芯片中存在；RLDH、RLDL 也可写作 RCAP2H、RCAP2L，分别称为定时/计数器 2 高字节、低字节寄存器。

除 PC 外，51 子系列有 18 个专用寄存器，其中 3 个为双字节寄存器，共占用 21 个字节；52 子系列有 21 个专用寄存器，其中 5 个双字节寄存器，共占用 26 个字节；其中有 12 个专用寄存器可以位寻址，其字节地址的低半字节都为 0H 或 8H(即可位寻址的特殊功能寄存器字节地址具有能被 8 整除的特征)，共有可寻址位 12 × 8－3(未定义)＝ 93 位。在表 3.5 中也表示出了这些位的位地址与位名称。

(1) 程序计数器(Program Counter，PC)。程序计数器(PC)是控制器中最基本的寄存器，不属于 SFR 存储器块，是一个独立的 16 位计数器，专门用于存放 CPU 将要执行的指令地址(即下一条指令的地址)，寻址范围为 64KB。

PC 有自动加 1 功能，不可寻址，用户无法对它进行读写，但是可以通过转移、调用、返回等指令改变其内容，以控制程序执行的顺序。

(2) 累加器(Accumulator，A)。累加器(A)是 8 位寄存器，又称为 ACC，是一个最常用的专用寄存器。在算术/逻辑运算中用于存放操作数或结果。

(3) 寄存器 B。寄存器 B 是 8 位寄存器，是专门为乘除法指令设计的，也作通用寄存器用。

(4) 工作寄存器。内部 RAM 的工作寄存器区 00H～1FH 共 32 个字节被均匀地分成 4 个组(区)，每个组(区)有 8 个寄存器，分别用 R0～R7 表示，称为工作寄存器或通用寄存器，其中，R0、R1 还经常用于间接寻址的地址指针。

在程序中通过程序状态字寄存器(PSW)第 3、4 位可设置工作寄存器区。

(5) 数据指针(Data Pointer，DPTR)。数据指针(DPTR)是 16 位的专用寄存器，即可作为 16 位寄存器使用，也可作为两个独立的 8 位寄存器 DPH(高 8 位)、DPL(低 8 位)使用。DPTR 主要用作 16 位寻址寄存器，访问程序存储器和片外数据寄存器，如“MOV DPTR，#2000H”。

(6) 堆栈指针(Stack Pointer，SP)。堆栈是内部 RAM 的一段区域，是一个特殊的存储区，用来暂存数据和地址。堆栈共有两种操作：进栈和出栈。堆栈存取数据的原则是“先进后出”或“后进先出”。

堆栈指针(SP)是一个 8 位寄存器，用于指示堆栈的栈顶，它决定了堆栈在内部 RAM 中的物理位置。51 系列单片机的堆栈地址向大的方向变化(与微机堆栈地址向小的方向变化相反)。

堆栈主要是为子程序调用和中断操作而设立的，主要有两个作用：保护断点和保护现场。所谓保护断点，就是在调用子程序或调用中断服务程序时，先把主程序的断点地址保护起来，为程序正确返回作准备。所谓保护现场，就是在执行子程序或中断服务程序时，会用到单片机的一些相同的寄存器，预先将这些寄存器的内容压入堆栈，保护这些寄存器的内容，保证返回主程序时按照原来的状态继续执行。

系统复位后，SP 初值为 07H，使得堆栈事实上由 08H 单元开始，占用 1～3 工作寄存器区，实际应用中通常根据需要在主程序开始处对堆栈指针 SP 进行初始化，一般 SP 设置为 60H。

(7) I/O 口专用寄存器(P0、P1、P2、P3)。8051 片内有 4 个 8 位并行 I/O 接口 P0、P1、P2 和 P3，在 SFR 中相应有 4 个 I/O 口寄存器 P0、P1、P2 和 P3。

(8) 定时/计数器(TL0、TH0、TL1 和 TH1)。51 系列单片机中有两个 16 位的定时/计数器 T0 和 T1，它们由 4 个 8 位寄存器(TL0、TH0、TL1 和 TH1)组成，两个 16 位定时/计数器是完全独立的。可以单独对这 4 个寄存器进行寻址，但不能把 T0 和 T1 当作 16 位寄存器来使用。

(9) 串行数据缓存器 SBUF。串行数据缓存器 SBUF 用于存放需要发送和接收的数据，它由两个独立寄存器组成(发送缓存器和接收缓存器)，要发送和接收的操作其实都是对串行数据缓存器 SBUF 进行的。

(10) 其他控制寄存器。除上述外，还有 IP、IE、TCON、SCON 和 PCON 等几个寄存器，主要用于中断、定时/计数和串行口的控制。

特殊寄存器 SFR 的字节寻址问题的几点说明如下。

(1) 在 SFR 块的地址空间 80FH～FFH 中，仅有 21 个(51 子系列)或 26 个(52 子系列)字节作为特殊功能寄存器离散分布在这 128 个字节范围内。其余字节无定义，但用户不能对这些字节进行读/写操作。若对其进行访问，则将得到一个不确定的随机数，因而是没有意义的。

(2) 程序计数器 PC 不占据 RAM 单元，它在物理上是独立的，是不可寻址的寄存器。

(3) 对专用寄存器只能使用直接寻址方式，书写时既可使用寄存器符号，也可使用寄存器地址。

3.5.6　单片机工作原理实例分析

单片机通过执行程序实现用户所要求的功能，执行不同的程序就能完成不同的任务。因此，单片机的工作过程实际上就是执行程序的过程。

单片机执行程序也就是逐条执行指令，通常一条指令的执行分为 3 个阶段：取指令、分析指令和执行指令。

(1) 取指令：根据程序计数器 PC 的值从 ROM 读出下一条要执行的指令，送到指令寄存器 IR(当执行一条指令时，先把它从内存取到数据寄存器 DR 中，然后再传送至 IR)。

(2) 分析指令：将 IR 中的指令操作码取出进行译码，分析指令要求实现的操作性质。

(3) 执行指令：取出操作数，按照操作码的性质对操作数进行操作。

单片机执行程序的过程实质上就是对每条指令重复上述操作的过程。

例如，$Y=5+10$ 的求解过程。

本实例汇编语言源程序指令代码如下：

```
MOV     A, #05H
ADD     A, #0AH
SJMP    $
```

本实例汇编语言源程序实现的功能为：首先把5(05H)存放于累加器A，然后把10(#0AH)与累加器A的值5(05H)相加，并把两数据之和15(0FH)存放于累加器A中，累加器A的值即为两数据之和。

汇编语言源程序指令代码编译后的程序存储地址及机器代码如下：

```
2000H    7405H
2002H    240AH
2004H    0FEH
```

在本实例中，计算机把汇编语言源程序的指令代码汇编成机器代码。单片机把汇编后的机器代码存放于程序存储器以地址2000H开始的区域中。

CPU工作原理如图3.14所示。CPU由运算器和控制器构成，其中运算器由算术逻辑单元ALU、累加器A、暂存器TMP1和程序状态字PSW构成；控制器包括程序计数器PC、地址寄存器AR、数据寄存器DR、指令寄存器IR、指令译码器ID、时序部件及微操作控制部件。

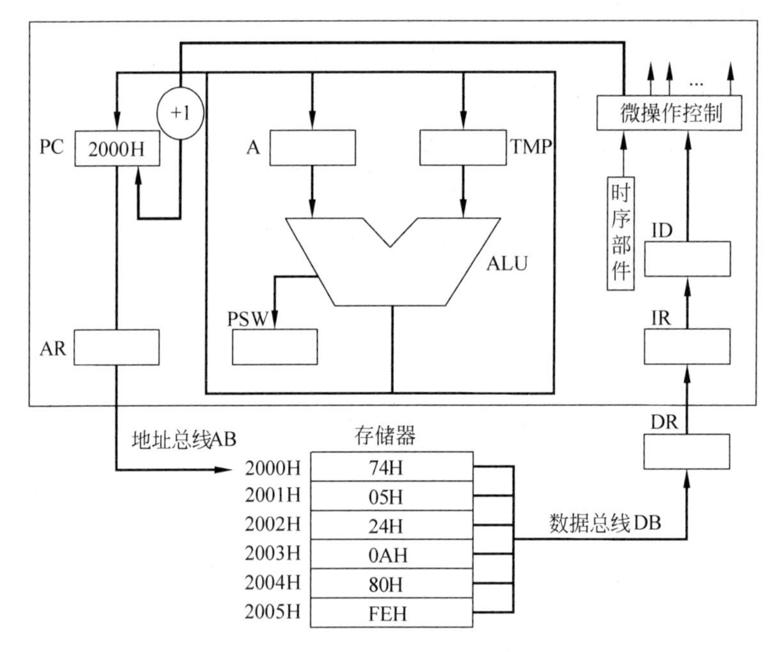

图3.14 CPU工作原理分析

取指令过程如下。

(1) 程序计数器PC的内容(2000H)送到地址寄存器AR。

(2) 程序计数器PC的内容自动加1(变为2001H)。

(3) 地址寄存器AR的内容(2000H)通过内部地址总线送到存储器，经存储器中的地址译码电路选中地址为 2000H 的存储单元。

(4) CPU 使读控制线有效。

(5) 在读命令的控制下,被选中存储单元的内容(74H)送到内部数据总线上。

(6) 该内容通过数据总线被送到指令寄存器 IR(74H)。

至此,取指令完成。下面进入译码分析和执行指令阶段。由于指令寄存器 IR 中的内容是 74H(操作码),经指令译码器 ID 译码后,单片机就会知道该指令是要将一个立即数送到累加器 A 中,而该数是此代码的下一个存储单元。所以,执行该指令就是要把数据(05H)从存储器中取出,送到累加器 A,因此执行指令实质上就是要到存储器中取第二个字节。

执行指令过程如下。

(1) 程序计数器 PC 的内容(2001H)送到地址寄存器 AR。

(2) 程序计数器 PC 的内容自动加 1(变为 2002H)。

(3) 地址寄存器 AR 的内容(2001H)通过内部地址总线送到存储器,经存储器中的地址译码电路选中地址为 2001H 的存储单元。

(4) CPU 使读控制线有效。

(5) 在读命令的控制下,被选中存储单元的内容(05H)送到内部数据总线上。

(6) 取得的数据被送到累加器 A(05H)。

至此,一条指令执行完毕。此时 PC=2002H,单片机又进入下一个取指令阶段("ADD A, #0AH"的操作码 24H),然后分析执行这一指令,取得的数据(0AH)与累加器 A 的数据(05H)相加,相加后的数据(15H)被送到累加器 A(15H)。这样一直重复下去,直到遇到循环等待指令("SJMP $"的操作码 80FEH,双字节指令,无条件相对转移指令)才停止。

3.6　51 系列单片机的复位电路与复位状态

3.6.1　复位电路

51 系列单片机的第 9 脚(RST)为复位引脚。系统上电后,时钟电路开始工作,只要 RST 引脚上出现大于两个机器周期时间的高电平即可引起单片机执行复位操作。

单片机的外部复位电路有上电自动复位和按键手动复位两种。所谓上电自动复位,是指计算机加电瞬间,要在 RST 引脚产生两个机器周期(即 24 个时钟周期)以上的高电平(如单片机的时钟频率为 12MHz,则复位脉冲宽度应在 2μs 以上),使单片机进入复位状态。按键手动复位是指用户按下"复位"按键,使单片机进入复位状态。

上电自动复位电路是最简单的复位电路,由电容和电阻串联构成,如图 3.15(a)所示。上电瞬间,由于电容两端电压不能突变,RST 引脚端电压 V_{RST} 为 V_{CC}。随着对电容的充电,RST 引脚的电压呈指数规律下降,如图 3.15(b)所示。经过时间 t_1 后,V_{RST} 降为高电平所需电压的下限 3.6V。随着对电容充电的进行,经一定时间后(约 10ms),V_{RST} 最后将接近 0V,单片机开始工作。

为了确保单片机复位,t_1 必须大于两个机器周期的时间。t_1 可以通过 $t_1=RC$ 来粗略

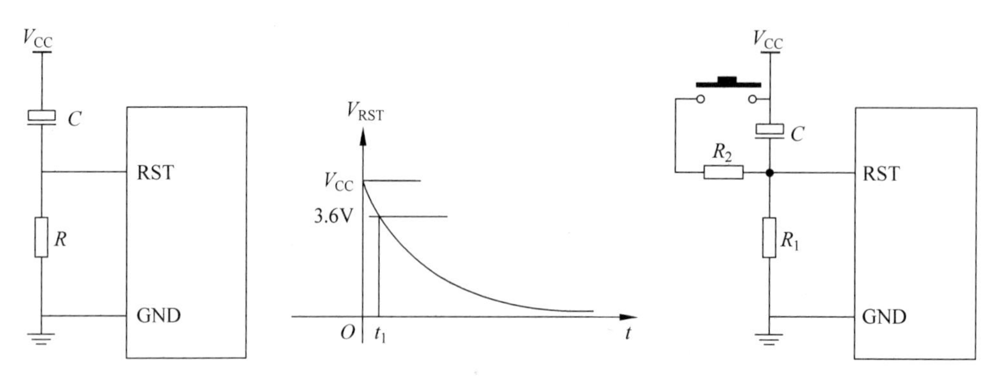

图 3.15 复位电路

地计算。上电自动复位电路中，时间常数 RC 越大，上电时保持高电平的时间越长。当振荡频率为 12MHz 时，典型值 $C=10\mu F$、$R=8.2k\Omega$；当振荡频率为 6MHz 时，$C=22\mu F$、$R=1k\Omega$。

上电复位和按键复位组合电路，如图 3.15(c)所示。R_2 的阻值一般很小，当然也可以直接短接。当按下复位按键后，电容迅速通过 R_2 放电，放电结束时 V_{RST} 为 $(R_1 \times V_{CC})/(R_1+R_2)$，由于 R_1 远大于 R_2，V_{RST} 非常接近 V_{CC}，使 RST 引脚为高电平。松开复位按键后，过程与上电复位相同。电容量和电阻值的参考值是 $C=22\mu F$、$R_1=1k\Omega$、$R_2=200\Omega$。

以上两种电路是最基本的复位电路，51 系列单片机多采用上电复位和按键复位组合电路。

在单片机应用系统中，有些外围芯片也需要复位。如果这些芯片的复位电平与单片机一致，则可以与单片机复位引脚相连，提供一个同步的复位信号。

3.6.2 复位状态

当单片机的 RST 引脚被加上大于两个机器周期时间的高电平之后，单片机进入复位方式，复位之后，单片机的内部各个寄存器进入复位状态，即初始化状态，其数值如表 3.7 所示。

表 3.7 51 系列单片机复位状态表

寄 存 器	复 位 状 态	寄 存 器	复 位 状 态
PC	0000H	TCON	00H
A	00H	T2CON	00H
B	00H	TH0	00H
PSW	00H	TL0	00H
SP	07H	TH1	00H
DPTR	0000H	TL1	00H
P0～P3	FFH	TMOD	00H
IE	00H	IP	00H

各个寄存器初始化状态及其对应的功能简要说明如下。

PC＝0000H：程序的初始入口地址为 0000H。

PSW＝00H：由于 RS1(PSW.4)＝0，RS0(PSW.3)＝0，复位后单片机选择工作寄存器 0 组。

SP＝07H：复位后堆栈在片内 RAM 的 08H 单元处建立。

TH1、TL1、TH0、TL0：它们的内容为 00H，定时/计数器的初值为 0。

TMOD＝00H：复位后定时/计数器 T0、T1 定时器方式为 0，非门控方式。

TCON＝00H：复位后定时/计数器 T0、T1 停止工作，外部中断 0、1 为电平触发方式。

T2CON＝00H：复位后定时/计数器 T2 停止工作。

SCON＝00H：复位后串行口工作在移位寄存器方式，且禁止串行口接收。

IE＝00H：复位后屏蔽所有中断。

IP＝00H：复位后所有中断源都设置为低优先级。

P0～P3：锁存器都是全 1 状态，说明复位后 4 个并行接口设置为数据入口。

3.7　51 系列单片机的低功耗方式

51 系列单片机采用两种半导体工艺生产。一种是 HMOS 工艺，即高密度短沟道 MOS 工艺；另一种是 CHMOS 工艺，即互补金属氧化物 MOS 工艺。CHMOS 是 CMOS 和 HMOS 的结合，除保持了高速度和高密度的特点外，还具有 CMOS 低功耗的特点。在便携式、手提式或野外作业仪器设备上，低功耗是非常有意义的，因此，在这些产品中必须使用 CHMOS 的单片机芯片。

采用 CHMOS 工艺的单片机不仅运行时耗电少，而且还提供两种节电工作方式，即空闲(等待、待机)工作方式和掉电(停机)工作方式，以进一步降低功耗。

实现这两种工作方式的内部控制电路如图 3.16 所示。

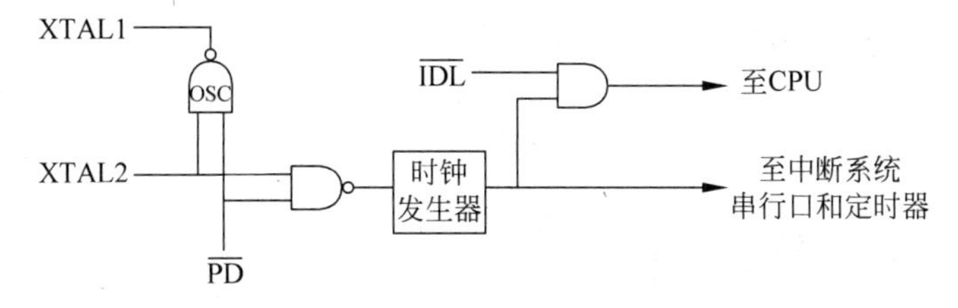

图 3.16　空闲和掉电工作方式的内部控制电路

由图可知，若 $\overline{IDL}$＝0，则进入空闲工作方式。在这种方式下，振荡器仍继续工作，但 $\overline{IDL}$＝0 封锁了 CPU 的时钟信号，而中断、串行口和定时器却在时钟的控制下正常工作。若 $\overline{PD}$＝0，则进入掉电工作方式，振荡器被冻结。$\overline{IDL}$ 和 $\overline{PD}$ 信号由电源控制寄存器 PCON 中 IDL 和 PD 触发器的 $\overline{Q}$ 输出端提供。

3.7.1　方式设定

空闲工作方式和掉电工作方式通过电源控制寄存器 PCON(地址为 87H)的相应位进行设置。电源控制寄存器 PCON(字节地址 87H)的格式如表 3.8 所示。

表 3.8 电源控制寄存器 PCON 位定义

D7	D6	D5	D4	D3	D2	D1	D0
SMOD	—	—	—	GF1	GF0	PD	IDL

其中各位说明如下。

SMOD：波特率倍频位。当串行端口工作于方式 1、方式 2、方式 3，使用定时器作为波特率产生器时，若其为 1，则波特率加倍。

GF1、GF0：一般用途标志位，用户可自行设定或清除这两个标志。通常使用这两个标志位来说明中断是在正常操作还是在待机期间发生的。

PD：掉电方式控制位。此位置 1 时，进入掉电工作方式；此位为 0 时，结束掉电工作方式。

IDL：空闲方式控制位。此位置 1 时，进入空闲工作方式；此位为 0 时，结束空闲工作方式。

如果 PD 和 IDL 两位都被置 1，则 PD 无效。

3.7.2 空闲（等待、待机）工作方式

可通过置位 PCON 寄存器的 IDL 位来进入空闲工作方式。在空闲工作方式下，内部时钟不向 CPU 提供，只供给中断、串行口、定时器部分。CPU 的内部状态维持，即包括堆栈指针 SP、程序计数器 PC、程序状态字 PSW、累加器 ACC 的所有内容保持不变，片内 RAM 和端口状态也保持不变，所有中断和外围功能仍然有效。

进入空闲工作方式后，有两种方法可以使系统退出空闲工作方式。

一种方法是任何中断请求被响应都可以由硬件将 PCON.0(IDL)清为“0”而终止空闲工作方式。当执行完中断服务程序返回到主程序时，在主程序中，下一条要执行的指令将是原先使 IDL 置位指令后面的那条指令。PCON 中的通用标志 GF1 和 GF2 可以用来指明中断是在正常操作还是在空闲工作方式期间发生的。

另一种退出空闲工作方式的方法是硬件复位。RST 端的复位信号直接将 PCON.0(IDL)清为“0”，从而退出空闲状态。CPU 则从空闲工作方式的下一条指令重新执行程序。

3.7.3 掉电（停机）工作方式

可通过置位 PCON 寄存器的 PD 位来进入掉电工作方式。在掉电工作方式下，内部振荡器停止工作，由于没有振荡时钟，所有的功能部件都将停止工作，但内部 RAM 区和特殊功能寄存器的内容被保留。

退出掉电工作方式的唯一方法是由硬件复位。复位后将所有特殊功能寄存器的内容初始化，但不改变片内 RAM 的数据。

在掉电工作方式下，V_{CC}可以降到 2V，但在进入掉电方式之前，V_{CC}不能降低。在准备退出掉电方式之前，必须恢复正常的工作电压值，并维持一段时间（约 10ms），使振荡器重新启动并稳定后，方可退出掉电方式。

3.8　51 系列单片机的最小系统

单片机的最小系统是单片机能够工作的最小硬件组合。对于 8051 系列单片机，其电路的最小系统大致相同，主要包括电源、晶体振荡电路、复位电路等，如图 3.17 所示。

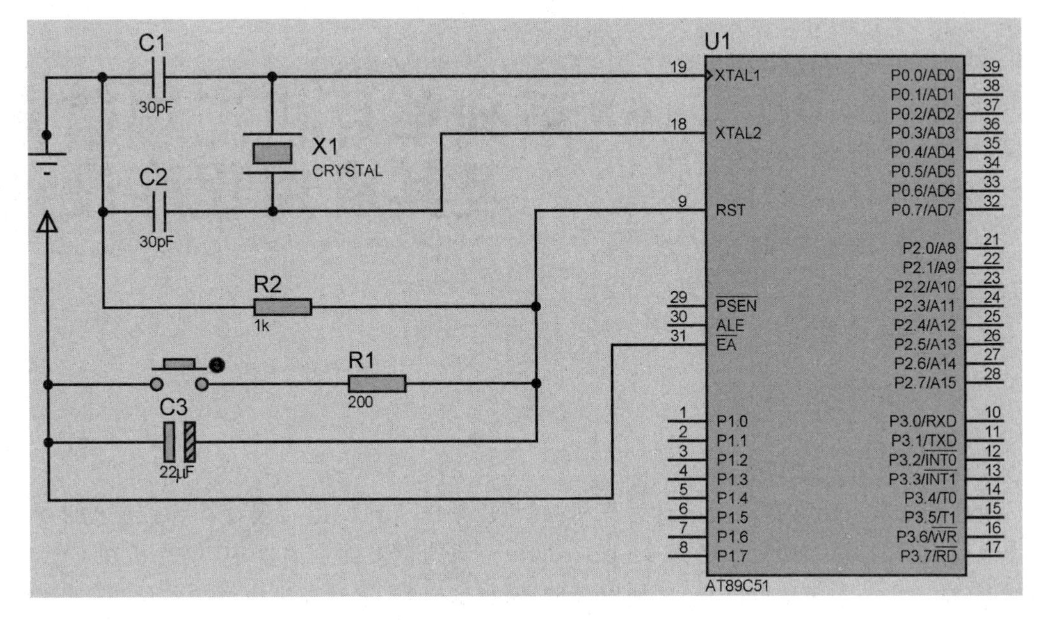

图 3.17　单片机的最小系统

在这里，外接晶振通过两个 30pF 的电容接地，同时采用了手动加上电复位电路，电容量和电阻值的参考值是 $C3=22\mu F$、$R1=200\Omega$、$R2=1k\Omega$。

该电路可以实现复位及程序运行的基本功能，对于其他一些兼容型号的单片机同样使用。

如前所述的“用单片机点亮一盏灯”的单片机应用系统设计实例，就是以该最小系统为硬件设计基础，在 P1.0 引脚连接“一盏 LED 灯”。

在后续的单片机应用系统设计实例中，均以该最小系统为硬件设计基础，并根据系统设计的需要，在此基础上进行相应的硬件扩充。

课外设计作业

查找相关资料，进一步理解和掌握 51 系列单片机的硬件结构，为后续单片机应用系统的设计奠定较好的基础。

第4章

51系列单片机汇编语言及其应用程序设计

单片机之所以能够自动地进行运算和控制，正是由于人们把实现计算和控制的步骤一步步地用命令的形式，即一条条指令(Instruction)预先存入到存储器中，单片机在CPU的控制下，将指令一条条地取出来，并加以翻译和执行。把要求计算机执行的各种操作用命令的形式写下来，这就是指令。一条指令，对应着一种基本操作。单片机所能执行的全部指令，就是该单片机的指令系统。不同种类的单片机，其指令系统也不同。

4.1 51系列单片机指令系统与寻址方式

4.1.1 51系列单片机指令系统概述

指令是规定计算机进行某种操作的命令。一台计算机所能执行的指令集合称为该计算机的指令系统。能被计算机直接识别、执行的指令是使用二进制编码表示的指令，这种指令被称为机器语言指令。

1. 汇编语言指令

以助记符表示的指令被称为汇编语言指令。

51系列单片机指令系统共有111条指令，按功能划分可分为五大类：数据传送类指令(29条)；算术运算类指令(24条)；逻辑运算及移位类指令(24条)；控制转移类指令(17条)；位操作类指令(17条)。

2. 汇编语言指令格式

一条完整的汇编语言指令格式如下：

```
[标号:]<操作码> [操作数] [,操作数]  [;注释]
```

标号是该指令的起始地址，是一种符号地址，可以由1～8个字符组成。第一个字符必须是字母，其余字符可以是字母、数字或其他特定符号。标号后跟分界符“:”。

操作码是指令的助记符。它规定了指令所能完成的操作功能。

操作数指出了指令的操作对象。操作数可以是一个具体的数据，也可以是存放数据的单元地址，还可以是符号常量或符号地址等。多个操作数之间用逗号“,”分隔。

注释是为了方便阅读而添加的解释说明性的文字，用“;”开头。

3. 指令中常用符号说明

指令中常用符号说明如表4.1所示。

表4.1　指令中常用符号说明

符　　号	说　　明
Rn	当前选中的工作寄存器组中的寄存器R0～R7，所以n=0～7
Ri	当前选中的工作寄存器组中可作地址指针的寄存器R0、R1，所以i=0,1
#data	8位立即数
#$data_{16}$	16位立即数
Direct	内部RAM的8位地址。既可以是内部RAM的低128个单元地址，也可以是特殊功能寄存器的单元地址或符号。在指令中direct表示直接寻址方式
$Addr_{11}$	11位目的地址，只限于在ACALL和AJMP指令中使用
$Addr_{16}$	16位目的地址，只限于在LCALL和LJMP指令中使用
Rel	补码形式表示的8位地址偏移量，在相对转移指令中使用
Bit	表示片内RAM位寻址区或可位寻址的特殊功能寄存器的位地址
@	间接寻址方式中间址寄存器的前缀标志
C	进位标志位，它是布尔处理机的累加器，也称为位累加器
/	加在位地址的前面，表示对该位先求反再参与操作，但不影响该位的值
(X)	由X指定的寄存器或地址单元中的内容
((X))	由X所指寄存器的内容作为地址的存储单元的内容
$	表示本条指令的起始地址
←	表示指令操作流程，将箭头右边的内容送到箭头左边的单元中

4.1.2　51系列单片机的寻址方式

寻址就是寻找操作数的地址，寻址方式则指出寻找操作数地址的方法。通常根据指令的源操作数来决定指令的寻址方式。51系列单片机提供了7种寻址方式。

1. 立即寻址

所谓立即寻址，就是在指令中直接给出操作数。通常把出现在指令中的操作数称为立即数。为了与直接寻址指令中的直接地址相区别，在立即数前面加“#”标志。

```
MOV   A,#3AH
```

其中 3AH 就是立即数，该指令功能是将 3AH 这个数本身送入累加器 A 中。

2. 直接寻址

在指令中直接给出操作数地址，这就是直接寻址方式。

```
MOV  A,3AH
```

其中 3AH 就是表示直接地址，其操作示意图如图 4.1 所示。

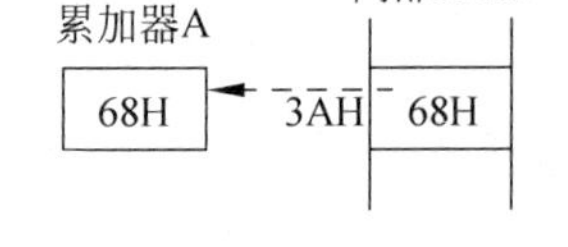

图 4.1 直接寻址操作示意图

直接寻址方式可访问以下存储空间。

(1) 内部 RAM 低 128 个字节单元。

(2) 特殊功能寄存器。

注意：直接寻址是访问特殊功能寄存器的唯一方法。例如：

```
MOV  A,80H
MOV  A,P0
```

3. 寄存器寻址

寄存器寻址即寄存器的内容就是操作数。因此在指令的操作数位置上指定了寄存器就能得到操作数。例如：

```
MOV  A,R0
MOV  R2,A
```

前一条指令是将 R0 寄存器的内容送到累加器 A 中。后一条指令是把累加器 A 中的内容传送到 R2 寄存器中。

采用寄存器寻址方式的指令都是一字节的指令，指令中以符号名称来表示寄存器。寄存器在 CPU 内部，故有较高的运算速度。

可以作寄存器寻址的寄存器有 R0～R7、A、AB 寄存器对和数据指针 DPTR。

4. 寄存器间接寻址

所谓寄存器间接寻址，就是以寄存器中的内容作为 RAM 地址，该地址中的内容才是操作数。寄存器前加“@”标志，表示间接寻址。例如：

```
MOV  A,@R0
```

其操作示意图如图 4.2 所示。

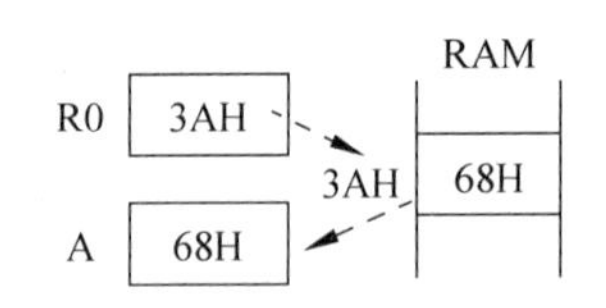

图 4.2 寄存器间接寻址操作示意图

此时 R0 寄存器的内容 3AH 是操作数地址，内部 RAM 的 3AH 单元的内容 68H 才是操作数，把该操作数传送到累加器 A 中，结果 A=68H。

寄存器间接寻址说明如下。

(1) 能用于间接寻址的寄存器有 R0、R1、DPTR、SP。其中 R0、R1 必须是工作寄存器组中的寄存器，SP 仅用于堆栈操作。

(2) 间接寻址可以访问的存储器空间包括内部 RAM 和外部 RAM。

内部 RAM 的低 128 个单元采用 R0、R1 作为间址寄存器。

外部 RAM：一是采用 R0、R1 作为间址寄存器，可寻址 256 个单元；二是采用 16 位的 DPTR 作为间址寄存器，可寻址外部 RAM 的整个 64KB 地址空间。

(3) 对于 52 子系列的单片机，其内部 RAM 是 256 个字节，其高 128 字节地址与特殊功能寄存器的地址是重叠的，在使用上，对 52 子系列的高 128B RAM，必须采用寄存器间接寻址方式访问，对特殊功能寄存器则必须采用直接寻址方式访问。

5. 变址寻址

变址寻址是以 DPTR 或 PC 作基址寄存器，以累加器 A 作变址寄存器，并以两者内容相加形成的 16 位地址作为操作数地址(ROM 中地址)。例如：

```
MOVC   A,@A + DPTR          ;A←((A) + (DPTR))
MOVC   A,@A + PC            ;A←((A) + (PC))
```

其操作示意图如图 4.3 所示。

第一条指令的功能将 A 的内容与 DPTR 的内容之和作为操作数地址，把该地址中的内容送入累加器 A 中；第二条指令的功能将 A 的内容与 PC 的内容之和作为操作数地址，把该地址中的内容送入累加器 A 中。

6. 相对寻址

相对寻址用于相对转移指令，将程序计数器(PC)的当前值与指令中给出的偏移量 rel 相加，其结果作为转移地址送入 PC 中。

相对寻址能修改 PC 的值，故可用来实现程序的分支转移；PC 当前值是指正在执行指令的下一条指令的地址；rel 是一个带符号的 8 位二进制数，取值范围为 －128～＋127。例如：

```
SJMP   54H
```

其操作示意图如图 4.4 所示。

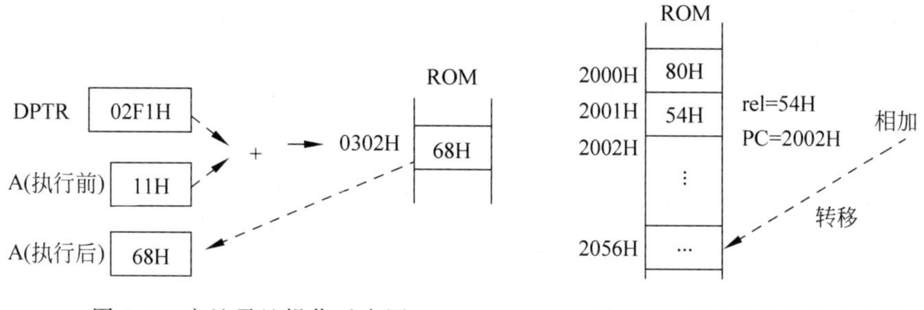

图 4.3　变址寻址操作示意图　　图 4.4　相对寻址操作示意图

这是无条件相对转移指令、双字节指令。假设此指令所在地址 2000H，指令执行后 PC 的值＝(2000H＋02H)＋54H＝2056H。

7. 位寻址

在指令的操作数位置上直接给出位地址，这种寻址方式称为位寻址。例如：

```
MOV  C,30H
```

该指令的功能是把位地址 30H 中的值(0 或 1)传送到位累加器 CY 中。51 系列单片机的内部 RAM 有两个区域可以位寻址：一个是位寻址区 20H～2FH 单元的 128 位；另一个是字节地址能被 8 整除的特殊功能寄存器的相应位。再如：

```
MOV  30H,C
```

在 51 系列单片机中，位地址有以下几种表示方式。

(1) 直接使用位地址。对于 20H～2FH 共 16 个单元的 128 位，其位地址编号为 00H～7FH，如 20H 单元的 0～7 位的位地址为 00H～07H。

(2) 用单元地址加位序号表示。如 25H.5 表示 25H 单元的 D5 位(位地址是 2DH)，而 PSW 中的 D3 可表示为 D0H.3。这种表示方法可以避免查表或计算，比较方便。

(3) 用位名称表示。特殊功能寄存器中的可寻址位均有位名称，可以用位名称来表示该位，如可用 RS0 表示 PSW 中的 D3 位。

(4) 对特殊功能寄存器可直接用寄存器符号加位序号表示。如 PSW 中的 D3 位，又可表示为 PSW.3。

4.1.3　51 系列单片机指令系统

1. 数据传送类指令(29 条)

数据传送类指令的功能是把源操作数传送到目的操作数，源操作数不变，目的操作数被源操作数所代替。

1) 内部 RAM 数据传送指令

内部 RAM 的数据传送类指令共 16 条，包括累加器、寄存器、特殊功能寄存器、RAM 单元之间的数据相互传送。

(1) 以累加器 A 为目的操作数的数据传送指令：

```
MOV  A,#data          ;A←data
MOV  A,direct         ;A←(direct)
MOV  A,Rn             ;A←(Rn)
MOV  A,@Ri            ;A←((Ri))
```

这组指令的功能是将源操作数所指定的内容送入累加器 A 中。源操作数可采用立即寻址、直接寻址、寄存器寻址和寄存器间接寻址 4 种方式。

(2) 以寄存器 Rn 为目的操作数的数据传送指令：

```
MOV  Rn,A             ;Rn←(A)
MOV  Rn,#data         ;Rn← data
MOV  Rn,direct        ;Rn←(direct)
```

这组指令的功能是将源操作数所指定的内容送到当前工作寄存器组 R0～R7 中的某个寄存器中。源操作数可采用寄存器寻址、立即寻址和直接寻址 3 种方式。

注意：没有“MOV　Rn,Ri”指令，也没有“MOV　Rn,@ Ri”指令。

(3) 以直接地址为目的操作数的数据传送指令：

```
MOV   direct,A            ;direct←(A)
MOV   direct,#data        ;direct← data
MOV   direct1,direct2     ;direct1←(direct2)
MOV   direct,Rn           ;direct←(Rn)
MOV   direct,@Ri          ;direct←((Ri))
```

这组指令的功能是将源操作数所指定的内容送入由直接地址 direct 所指定的片内存储单元。源操作数可采用寄存器寻址、立即寻址、直接寻址和寄存器间接寻址 4 种方式。

(4) 以间接地址@Ri 为目的操作数的数据传送指令：

```
MOV   @Ri,A              ;(Ri)←(A)
MOV   @Ri,#data          ;(Ri)← data
MOV   @Ri,direct         ;(Ri)←(direct)
```

这组指令的功能是把源操作数所指定的内容送入以 R0 或 R1 为地址指针的片内 RAM 单元中。源操作数可采用寄存器寻址、立即寻址和直接寻址 3 种方式。

注意：没有“MOV　@Ri,Rn”指令。

(5) 以 DPTR 为目的操作数的数据传送指令：

```
MOV   DPTR,#data16        ;DPTR←data16
```

唯一的 16 位数传送指令，其功能是将外部存储器(RAM 或 ROM)某单元地址作为立即数送到 DPTR 中，立即数的高 8 位送 DPH，低 8 位送 DPL。

在学习、使用上述各条指令时，需注意以下几点。

(1) 要区分各种寻址方式的含义，正确传送数据。

(2) 所有传送指令都不影响标志位，这里所说的标志位是指 CY、AC 和 OV，涉及累加器 A 的将影响奇偶标志位 P。

(3) 估算指令的字节数，凡是指令中既不包含直接地址，又不包含 8 位立即数的指令均为一字节指令；若指令中包含一个直接地址或 8 位立即数，则指令字节数为 2，若包含两个这样的操作数，则指令字节数为 3。

2) 访问外部 RAM 的数据传送指令

CPU 与外部 RAM 或 I/O 口进行数据传送，必须采用寄存器间接寻址的方式，并通过累加器 A 来传送。这类指令共有 4 条：

```
MOVX   A,@DPTR            ;A←((DPTR))
MOVX   @DPTR,A            ;(DPTR)←A
MOVX   A,@Ri              ;A←((Ri))
MOVX   @Ri,A              ;(Ri)←A
```

前两条指令是以 DPTR 作为间址寄存器，DPTR 是 16 位，其寻址范围可达片外 RAM 64KB 空间。后两条指令是以 R0 或 R1 作为间址寄存器，R0 或 R1 是 8 位，其寻址范围仅限于外部 RAM 256 个字节单元。

该组指令的功能是在 DPTR 或 R0、R1 所指定的外部 RAM 单元与累加器 A 之间传送数据。

3）程序存储器向累加器A传送数据指令

```
MOVC   A,@A+DPTR        ;A←((A)+(DPTR))
MOVC   A,@A+PC          ;A←((A)+(PC))近程查表指令
```

两条指令的功能是从程序存储器中读取源操作数送入累加器A中，适合用来查阅在ROM中建立的表格数据，也称为查表指令。

两者在使用中有一点差异。第一条指令采用DPTR作为基址寄存器。表格数据可存放在64KB ROM的任意位置，使用前需将表格首地址送入DPTR中，因此这条指令称为远程查表指令。第二条指令是以PC作为基址寄存器。表格长度不能超过256B，程序中PC值是确定的，为下一条指令的地址，不能送入表格首地址，使基址与实际要读取的表格数据首地址不一致，这样A+PC与实际要访问的单元地址就不一致，因此，使用该指令之前要用一条加法指令进行地址调整。由于PC的内容不能随意改变，因此只能借助于A来进行调整，即通过对累加器A加一个数，使得A+PC和所读ROM单元地址一样。

4）数据交换指令

数据交换指令共5条，可完成累加器和内部RAM单元之间的字节或半字节交换。

（1）整字节交换指令：

整字节交换指令有三条，完成累加器A与内部RAM单元内容的整字节交换。

```
XCH     A,Rn             ;(A)←→(Rn)
XCH     A,direct         ;(A)←→(direct)
XCH     A,@Ri            ;(A)←→((Ri))
```

（2）半字节交换指令：

```
XCHD   A,@Ri             ;(A)3～0←→((Ri))3～0
```

低半字节交换，高半字节不变。

（3）累加器高低半字节交换指令：

```
SWAP   A                 ;(A)7～4←→(A)3～0
```

主要用于实现十六进制数或BCD码的数位交换。

5）堆栈操作指令

所谓堆栈，是在片内RAM中按“先进后出，后进先出”原则设置的专用存储区。数据的进栈出栈由指针SP统一管理。堆栈的操作有两条专用指令：

```
PUSH   direct            ;SP ←(SP)+1,(SP)←(direct)
POP   direct             ;direct ←((SP)),SP ←(SP)-1
```

前一条指令是进栈指令，其功能是先将栈指针SP的内容加1，使它指向栈顶空单元，然后将直接地址direct单元的内容送入栈顶空单元。后一条指令是出栈指令，其功能是将SP所指的单元内容送入直接地址所指出的单元中，然后将栈指针SP的内容减1，使之指向新的栈顶单元。

注意：进栈、出栈指令只能以直接寻址方式来取得操作数，不能用累加器或工作寄存器Rn作为操作数。

例如：

```
PUSH   ACC        (ACC表示累加器A的直接地址)
```

2. 算术运算类指令(24条)

算术运算类指令可以完成加、减、乘、除等各种操作，全部指令都是8位数运算指令。算术运算类指令大多数要影响到程序状态字寄存器PSW中的溢出标志OV、进位(借位)标志CY、辅助进位标志AC和奇偶标志P。

1）加法指令

```
ADD   A,#data          ;A←(A)+data
ADD   A,direct         ;A←(A)+(direct)
ADD   A,Rn             ;A←(A)+(Rn)
ADD   A,@Ri            ;A←(A)+((Ri))
```

这组指令的功能是把源操作数所指出的内容与累加器A的内容相加，其结果存放在A中。该组指令对PSW中各标志位的影响情况如下。

进位标志CY：若D7位向上有进位，则CY=1；否则CY=0。

半进位标志AC：若D3位向上有进位，则AC=1；否则AC=0。

溢出标志OV：若D7、D6位只有一个向上有进位，则OV=1；若D7、D6同时有进位或同时无进位时，OV=0。

奇偶标志P：当A中“1”的个数为奇数时，P=1；否则P=0。

2）带进位加法指令

```
ADDC   A,#data          ;A←(A)+ data +(CY)
ADDC   A,direct         ;A←(A)+(direct)+(CY)
ADDC   A,Rn             ;A←(A)+(Rn)+(CY)
ADDC   A,@Ri            ;A←(A)+((Ri))+(CY)
```

这组指令的功能是把源操作数所指出的内容与累加器A的内容相加，再加上进位标志CY的值，其结果存放在A中。

运算结果对PSW标志位的影响与ADD指令相同。

需要说明的是，这里所加的进位标志CY的值是在该指令执行之前已经存在的进位标志值，而不是执行该指令过程中产生的进位标志值。

3）带借位减法指令

```
SUBB   A,# data         ;A←(A)- data-(CY)
SUBB   A,direct         ;A←(A)-(direct)-(CY)
SUBB   A,Rn             ;A←(A)-(Rn)-(CY)
SUBB   A,@Ri            ;A←(A)-((Ri))-(CY)
```

减法指令对PSW中各标志位的影响情况如下。

借位标志CY：若D7位向上需借位，则CY=1；否则CY=0。

半借位标志 AC：若 D3 位向上需借位，则 AC=1；否则 AC=0。

溢出标志 OV：若 D7、D6 位只有一个向上有借位，则 OV=1；若 D7、D6 位同时有借位或同时无借位时，OV=0。

奇偶标志 P：当 A 中“1”的个数为奇数时，P=1；为偶数时，P=0。

注意：减法运算只有带借位减法指令，而没有不带借位的减法指令。若要进行低字节的减法运算，应该先用指令将 CY 清 0，然后再执行 SUBB 指令。

4）加 1 指令

```
INC  A           ;A←(A) + 1
INC  direct      ;direct←(direct) + 1
INC  Rn          ;Rn←(Rn) + 1
INC  @Ri         ;Ri←((Ri)) + 1
INC  DPTR        ;DPTR←(DPTR) + 1
```

这组指令的功能是将操作数所指定单元的内容加 1。

5）减 1 指令

```
DEC  A           ;A←(A) - 1
DEC  direct      ;direct←(direct) - 1
DEC  Rn          ;Rn←(Rn) - 1
DEC  @Ri         ;Ri←((Ri)) - 1
```

这组指令的功能是将操作数所指定单元的内容减 1。除了 INC A 和 DEC A 影响 P 标志外，加 1、减 1 指令均不影响 PSW 中的各标志。

6）乘、除法指令

（1）乘法指令：

```
MUL  AB           ;BA←(A) × (B)
```

指令功能：把累加器 A 和寄存器 B 中的两个 8 位无符号数相乘，所得 16 位乘积的低 8 位放在 A 中，高 8 位放在 B 中。

乘法指令执行后会影响 OV、CY、P 3 个标志。

① 若乘积小于 FFH(即 B 的内容为 0)，则 OV=0，否则 OV=1。

② CY=0。

③ 奇偶标志 P 仍按 A 中 1 的奇偶性来确定。

（2）除法指令：

```
DIV  AB          ;A←(A) ÷ (B)之商,B←(A) ÷ (B)之余数
```

功能：对两个 8 位无符号数进行除法运算。其中被除数存放在累加器 A 中，除数存放在寄存器 B 中。执行后，商存于累加器 A 中，余数存于寄存器 B 中。

除法指令执行后也影响 OV、CY、P 3 个标志。

① 若除数为 0(即 B=0)时，则 OV=1，表示除法没有意义；若除数不为 0，则 OV=0，表示除法正常进行。

② CY=0。

③ 奇偶标志 P 仍按 A 中 1 的奇偶性来确定。

7）十进制调整指令

十进制调整指令的格式：

```
DA  A
```

功能：对 A 中刚进行的两个 BCD 码的加法结果自动进行修正。

该指令只影响进位标志 CY。

（1）相关内容如下。

所谓 BCD 码，就是采用 4 位二进制编码表示的十进制数。

4 位二进制数共有 16 个编码，BCD 码是取它前 10 个的编码 0000～1001 来代表十进制数的 0～9，这种编码简称 BCD 码。

如果两个 BCD 码数相加，结果也是 BCD 码，则该加法运算称为 BCD 码加法。

在单片机中没有专门的 BCD 码加法指令，要进行 BCD 码加法运算，也要使用加法指令 ADD 或 ADDC。

然而计算机在执行 ADD 或 ADDC 指令时，是按照二进制规则进行的，对于 4 位二进制数是按逢 16 进位，而 BCD 码是逢 10 进位的，两者存在进位差。

（2）使用方法。在上述加法指令后面紧跟一条 DAA 指令。

（3）修正方法。

若（A3～0）＞ 9 或（AC）＝ 1，则（A3～0）＋6H（A3～0）。

若（A7～4）＞ 9 或（CY）＝ 1，则（A7～4）＋6H（A7～4）。

（4）BCD 码减法运算调整。

BCD 码减法运算，也需进行调整，但不存在十进制减法调整指令，因此可将减法改为加法。

两位十进制数是对 100 取补的。

例如，减法 60－30＝30，也可以改为补数相加：

$$60+(100-30)=130$$

去掉进位，就能得到正确的结果。

3. 逻辑运算及移位类指令

逻辑运算的特点：按位进行操作。逻辑运算包括与、或、异或 3 种，还有移位指令及对 A 清零和求反指令。

1）逻辑与运算指令

```
ANL   A,#data      ;A ←(A) ∧ data
ANL   A,direct     ;A ←(A) ∧ (direct)
ANL   A,Rn         ;A ←(A) ∧ (Rn)
ANL   A,@Ri        ;A ←(A) ∧ ((Ri))
ANL   direct,A     ;direct ←(direct) ∧ (A)
ANL   direct,#data ;direct ←(direct) ∧ data
```

指令应用：用于将某些位屏蔽（即使之为 0）。

方法是：将要屏蔽的位和“0”相与，保留不变的位同“1”相与。

2）逻辑或运算指令

```
ORL   A,#data          ;A ←(A) ∨ data
ORL   A,direct         ;A ←(A) ∨ (direct)
ORL   A,Rn             ;A ←(A) ∨ (Rn)
ORL   A,@Ri            ;A ←(A) ∨ ((Ri))
ORL   direct,A         ;direct ←(direct) ∨ (A)
ORL   direct,#data     ;direct ←(direct) ∨ data
```

指令应用：用于将某些位置位（即使之为 1）。

方法是：将要置位的位和“1”相或，要保留不变的位同“0”相或。

3）逻辑异或运算指令

```
XRL   A,#data          ;A ←(A)⊕data
XRL   A,direct         ;A ←(A)⊕(direct)
XRL   A,Rn             ;A ←(A)⊕(Rn)
XRL   A,@Ri            ;A ←(A)⊕(Ri)
XRL   direct,A         ;direct ←(direct)⊕(A)
XRL   direct,#data     ;direct ←(direct)⊕data
```

指令应用：用于将某些位取反。

方法是：将需求反的位同“1”相异或，要保留的位同“0”相异或。

4）累加器清零、取反指令

累加器清零指令：

```
CLR  A                 ;A ←0
```

累加器按位取反指令：

```
CPL  A                 ;A ←(/A)
```

清零和取反指令只有累加器 A 才有；没有求补指令，要求补，可按“求反加 1”来进行。

所以逻辑运算指令对 CY、AC、OV 标志都没有影响，只是涉及累加器 A 时会影响到 P。

5）循环移位指令

移位指令只能对累加器 A 进行移位。

循环左移：

```
RL   A                 ;A i + 1←Ai ,A0 ←A7
```

循环右移：

```
RR   A                 ;Ai ←Ai + 1,A7 ←A0
```

带进位循环左移：

```
RLC  A                 ;A0←CY,Ai + 1 ←Ai,CY←A7
```

带进位循环右移：

```
RRC  A              ;A7←CY,Ai←Ai+1,CY←A0
```

前两条指令的功能分别是将累加器A的内容循环左移或右移一位。

后两条指令的功能分别是将累加器A的内容带进位位CY一起循环左移或右移一位。

后两条指令执行后影响PSW中的进位位CY和奇偶标志位P。

以上移位指令，可用图形表示，如图4.5所示。

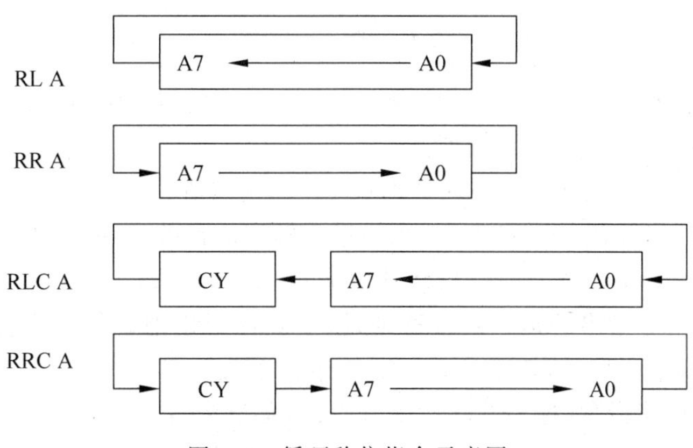

图4.5　循环移位指令示意图

4. 控制转移类指令

51系列单片机有比较丰富的控制转移指令，包括无条件转移指令、条件转移指令和子程序调用及返回指令。这类指令的特点是自动改变PC的内容，使程序发生转移，不影响标志位。

1）无条件转移指令

有以下四条无条件转移指令，提供了不同的转移范围。

（1）长转移指令：

```
LJMP    addr16            ;PC ← addr16
```

功能：把指令中给出的16位目的地址 $addr_{16}$ 送入程序计数器PC，使程序无条件转移到 $addr_{16}$ 处执行。16位地址可寻址64KB ROM，故称为长转移指令，长转移指令是三字节指令，依次是操作码、高8位地址、低8位地址。

（2）绝对转移指令：

```
AJMP  addr11            ;PC ←(PC) + 2,PC10～0←addr11
```

这是一条二字节指令，其指令格式为：

```
a10  a9  a8   0    0    0    0    1
a7   a6  a5   a4   a3   a2   a1   a0
```

指令中提供了11位目的地址，a7～a0在第二字节，a10～a8则占据第一字节的高3位，而00001是这条指令特有的操作码，占据第一字节的低5位。

绝对转移指令的执行分为以下两步完成。

第一步：取指令。此时 PC 自身加 2 指向下一条指令的起始地址(称为 PC 当前值)。

第二步：用指令中给出的 11 位地址替换 PC 当前值的低 11 位，PC 高 5 位保持不变，形成新的 PC 值，即转移的目的地址。

11 位地址的范围为 00000000000～11111111111，即可转移的范围是 2KB。转移可以向前也可以向后，但要注意转移到的位置是与 PC＋2 的地址在同一个 2K 区域。

(3) 短转移指令：

```
SJMP  rel              ;PC ←(PC) + 2,PC ←(PC) + rel
```

SJMP 是无条件相对转移指令，该指令为双字节，rel 是相对转移偏移量。

短转移指令的执行分为以下两步完成。

第一步：取指令。此时 PC 自身加 2 形成 PC 的当前值。

第二步：将 PC 当前值与偏移量 rel 相加形成转移的目的地址送 PC 中。

即：目的地址＝(PC)＋2 ＋ rel (rel 其范围为-128～＋127)。

本指令优点：指令给出的是相对转移地址，不具体指出地址值。当程序地址发生变化时，只要相对地址不发生变化，该指令就不需要做任何改动。

(4) 变址寻址转移指令(称为散转指令、间接转移指令)：

```
JMP  @A + DPTR         ;PC ←(A) + (DPTR)
```

指令的功能：把累加器 A 中的 8 位无符号数与基址寄存器 DPTR 中的 16 位地址相加，所得的和作为目的地址送入 PC。指令特点：转移地址可以在程序运行中加以改变。

例如，在 DPTR 中装入多分支转移指令表的首地址，而由累加器 A 中的内容来动态选择应转向哪一条分支，实现由一条指令完成多分支转移的功能。

2) 条件转移指令

条件转移指令是指当某种条件满足时，转移才进行；而条件不满足时，程序就按顺序往下执行。

条件转移指令的共同特点是：①所有的条件转移指令都属于相对转移指令，转移范围相同，都在以 PC 当前值为基准的 256B 范围内(－128～＋127)；②计算转移地址的方法相同，即转移地址＝PC 当前值＋ rel。

(1) 累加器判零转移指令：

```
JZ   rel               ;若(A) = 0,则转移,PC←(PC) + 2 + rel
                       ;若(A)≠0,按顺序执行,PC←(PC) + 2
JNZ  rel               ;若(A)≠0,则转移,PC←(PC) + 2 + rel
                       ;若(A) = 0,按顺序执行,PC←(PC) + 2
```

(2) 比较条件转移指令：

```
CJNE A,#data,rel       ;若(A) = data,则 PC←(PC) + 3,CY←0
                       ;若(A)> data,则 PC←(PC) + 3 + rel,CY←0
                       ;若(A)< data,则 PC←(PC) + 3 + rel,CY←1
CJNE A,direct,rel      ;若(A) = (direct),则 PC←(PC) + 3 + rel,CY←0
                       ;若(A)>(direct),则 PC←(PC) + 3 + rel,CY←0
                       ;若(A)<(direct),则 PC←(PC) + 3 + rel,CY←1
```

```
CJNE Rn, #data,rel          ;若(Rn) = data,则 PC←(PC) + 3,CY←0
                            ;若(Rn)> data,则 PC←(PC) + 3 + rel,CY←0
                            ;若(Rn)< data,则 PC←(PC) + 3 + rel,CY←1
CJNE @Ri, #data,rel         ;若((Ri)) = data,则 PC←(PC) + 3,CY←0
                            ;若((Ri))> data,则 PC←(PC) + 3 + rel,CY←0
                            ;若((Ri))< data,则 PC←(PC) + 3 + rel,CY←1
```

功能：对两个规定的操作数进行比较，相等，程序顺序执行；不相等，进行转移。

另外，目的操作数≥原操作数，CY=0；目的操作数<原操作数，CY=1。

在使用 CJNE 指令时应注意以下几点。

① 比较条件转移指令都是三字节指令，PC 当前值=PC+3(PC 是该指令所在地址)，转移的目的地址=PC+3+rel。

② 比较操作实际就是作减法操作，只是不保存减法所得到的差而将结果反映在标志位 CY 上。

③ CJNE 指令将参与比较的两个操作数当作无符号数看待、处理并影响 CY 标志。因此 CJNE 指令不能直接用于有符号数大小的比较。

④ 若进行两个有符号数大小的比较，则应依据符号位和 CY 位进行判别比较。

(3) 减 1 条件转移指令：

```
DJNZ  Rn,rel            ;Rn←(Rn) - 1
                        ;若(Rn)≠0,则转移,PC←(PC) + 2 + rel
                        ;若(Rn) = 0,按顺序执行,PC←(PC) + 2
DJNZ  direct,rel        ;direct←(direct) - 1
                        ;若(direct)≠0,则转移,PC←(PC) + 3 + rel
                        ;若(direct) = 0,按顺序执行,PC←(PC) + 3
```

第一条为双字节指令，第二条为三字节指令。这两条指令对于构成循环程序十分有用，使用中可以指定任何一个工作寄存器或者内部 RAM 单元为计数器。对计数器赋以初值以后，就可以利用上述指令对计数器进行减 1，不为零就进入循环操作，为零就结束循环，从而构成循环程序。

3) 子程序调用及返回指令

调用子程序的程序称为主程序。主程序和子程序之间的调用关系可用图 4.6 表示。

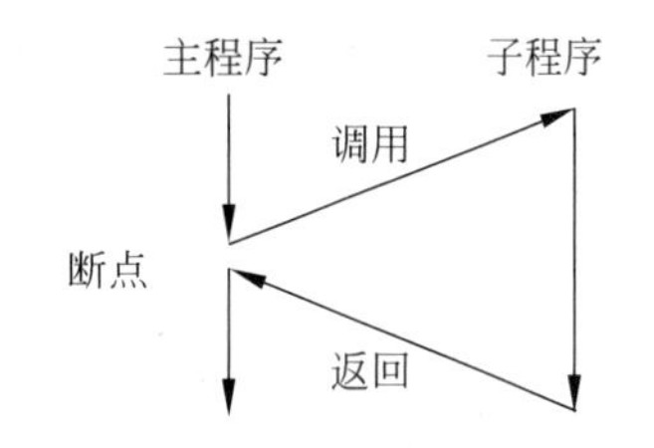

图 4.6　主程序和子程序之间的调用关系

从图 4.6 中可看出，子程序调用要中断原有指令的执行顺序，转移到子程序的入口地址去执行。与转移指令不同的是：子程序执行完毕后，要返回到原来被中断的位置，继续往下执行。子程序调用指令自动将断点地址放在堆栈中保存。

在子程序中再调用其他子程序，称为子程序嵌套，如图 4.7(a)所示。图 4.7(b)为两层子程序调用后，堆栈中断点地址存放情况。

调用和返回构成了子程序调用的完整过程。为了实现这一过程，必须有调用指令和返回指令。调用指令在主程序中使用，而返回指令则是子程序中的最后一条指令。

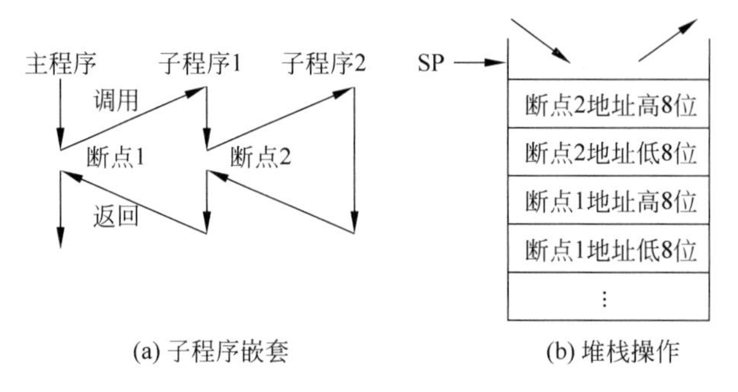

图 4.7 子程序调用子程序

(1) 子程序调用指令：

```
LCALL  addr16          ;PC←(PC)+3
                       ;SP←(SP)+1,(SP)←PC7～0
                       ;SP←(SP)+1,(SP)←PC15～8
                       ;PC←addr16
```

LCALL 指令称为长调用指令，是三字节指令，$addr_{16}$是子程序的 16 位入口地址。

功能：先将 PC 加 3，指向下条指令地址(即断点地址)，然后将断点地址压入堆栈，再把指令中的 16 位子程序入口地址装入 PC，以使程序转到子程序入口处。

长调用指令调用范围为 64KB。

```
ACALL  addr11          ;PC←(PC)+2
                       ;SP←(SP)+1,(SP)←PC7～0
                       ;SP←(SP)+1,(SP)←PC15～8
                       ;PC10～0←addr11
```

ACALL 指令称为绝对调用指令，是两字节指令。

其指令格式为：

a10	a9	a8	1	0	0	0	1
a7	a6	a5	a4	a3	a2	a1	a0

该指令的功能是：先将 PC 加 2，指向下条指令地址(即断点地址)，然后将断点地址压入堆栈，再把指令中给出的子程序 11 位入口地址装入 PC 的低 11 位上，PC 的高 5 位保持不变。使程序转移到对应的子程序入口处。

绝对调用指令调用范围为 2KB。

(2) 子程序返回指令：

```
RET                    ;PC15～8←((SP)),SP←(SP)-1
                       ;PC7～0←((SP)),SP←(SP)-1
```

RET 指令被称为子程序返回指令，放在子程序末尾。

功能：从堆栈中自动取出断点地址送入程序计数器 PC，使程序返回到主程序断点处继续执行。

```
RETI            ;PC15～8←((SP)),SP←(SP)-1
                ;PC7～0←((SP)),SP←(SP)-1
```

RETI 指令是中断返回指令，放在中断服务子程序的末尾。

功能也是从堆栈中自动取出断点地址送入程序计数器 PC，使程序返回到主程序断点处继续往下执行。

同时还清除中断响应时被置位的优先级状态触发器，告知中断系统已经结束中断服务程序的执行，恢复中断逻辑以接受新的中断请求。

注意：

① RET 和 RETI 不能互换使用。

② 在子程序或中断服务子程序中，PUSH 指令和 POP 指令必须成对使用，否则，不能正确返回主程序断点位置。

4）空操作指令

```
NOP             ;PC←(PC)+1
```

NOP 指令是单字节指令。

指令不产生任何操作，只是使 PC 的内容加 1，指向下一条指令。

单周期指令，执行时在时间上消耗一个机器周期，因此 NOP 指令常用来实现等待或延时。

5. 位操作类指令

51 系列单片机其特色之一就是具有丰富的布尔变量处理功能。布尔变量即开关变量，它是以位(bit)为单位来进行操作的，也称为位变量。位操作指令是以进位标志 CY 作为位累加器，在位指令中直接用 C 表示。

位操作类指令的对象：一是内部 RAM 中的位寻址区，即 20H～2FH 中的 128 位；二是特殊功能寄存器中位寻址的各位。

位地址在指令中都用 bit 表示，bit 有 4 种表示形式：一是采用直接位地址表示；二是采用字节地址加位序号表示；三是采用位名称表示；四是采用特殊功能寄存器加位序号表示。

1）位变量传送指令

```
MOV  C,bit          ;CY←(bit)
MOV  bit,C          ;bit←(CY)
```

指令功能：以 bit 表示的位和 CY 之间进行数据传送。

注意：两个可寻址位之间没有直接的传送指令，若要传送，以 CY 作为媒介。

2）位置位、位清零指令

```
CLR  C              ;CY← 0
CLR  bit            ;bit ← 0
SETB  C             ;CY← 1
SETB  bit           ;bit ← 1
```

上述指令的功能是对 CY 及可寻址位进行清零或置位操作。

3）位逻辑运算指令

```
ANL   C,bit          ;CY←(CY)∧(bit)
ORL   C,bit          ;CY←(CY)∨(bit)
```

这两条指令的功能是将CY的内容与位地址中的内容进行逻辑与、或操作，结果送入CY中。

```
ANL   C,/ bit        ;CY←(CY)∧(/bit)
ORL   C,/ bit        ;CY←(CY)∨(/bit)
```

这两条指令的功能同上，也是进行与、或运算。斜杠"/"表示将该位值取出后，先求反、再参加运算，不改变位地址中原来的值。

```
CPL   C              ;CY←(/CY)
CPL   bit            ;bit←(/bit)
```

这两条指令的功能是把CY或位地址中的内容取反。在位操作指令中，没有位的异或运算，如果需要，可通过上述位操作指令实现。

4）位控制转移指令

位控制转移指令都是条件转移指令，它以CY或位地址bit的内容作为转移的判断条件。

(1) 以CY为条件的转移指令：

```
JC   rel             ;若(CY)=1,则转移,PC←(PC)+2+rel
                     ;若(CY)=0,按顺序执行,PC←(PC)+2
JNC   rel            ;若(CY)=0,则转移,PC←(PC)+2+rel
                     ;若(CY)=1,按顺序执行,PC←(PC)+2
```

两字节指令，进位位为1或0时转移，否则按顺序执行。

(2) 以位状态为条件的转移指令：

```
JB   bit,rel         ;若(bit)=1,转移,PC←(PC)+3+rel
                     ;若(bit)=0,顺序执行,PC←(PC)+3
JNB   bit,rel        ;若(bit)=0,转移,PC←(PC)+3+rel
                     ;若(bit)=1,顺序执行,PC←(PC)+3
JBC   bit,rel        ;若(bit)=1,转移,PC←(PC)+3+rel,同时bit←0
                     ;若(bit)=0,顺序执行,PC←(PC)+3
```

三字节指令，直接寻址位为1或0时转移，否则按顺序执行。

注意：JB和JBC指令的区别：两者转移的条件相同，所不同的是JBC指令在转移的同时，还能将直接寻址位清0，即一条JBC指令相当于两条指令的功能。

4.2 51系列单片机汇编语言程序结构

4.2.1 汇编语言的指令类型

汇编语言的指令类型包括基本指令和伪指令。

(1) 基本指令：它们都是机器能够执行的指令，每一条指令都有对应的机器码。

(2) 伪指令：汇编时用于控制汇编的指令。它们都是机器不执行的指令，无机器码。

4.2.2　汇编语言的伪指令

伪指令具有控制汇编程序的输入/输出、定义数据和符号、条件汇编、分配储存空间等功能。常用伪指令包括ORG、END、DB、DW、EQU、DS、DATA、BIT等。

1. 定位伪指令ORG

定位伪指令的格式：

```
ORG   n
```

例如：

```
        ORG     2000H
START: MOV     A, #00H
        …
```

2. 汇编结束伪指令END

汇编结束伪指令的格式：

```
END
```

当汇编程序遇到该指令后，结束汇编过程，其后的指令将不加处理。

3. 定义字节伪指令DB

定义字节伪指令的格式：

```
DB  X1,X2,…,Xi,…,Xn
```

例如：

```
ORG     800H
MOV     A, #20H
DB      30H,40H,'A','b'
```

4. 定义字伪指令DW

定义字伪指令的格式：

```
DW  X1,X2,…,Xi,…,Xn
```

例如：

```
ORG  800H
MOV  A, #20H
DW   4530H, 78H, 20
```

5. 赋值伪指令 EQU

赋值伪指令的格式：

```
XX   EQU   YY
```

例如：

```
DEST   EQU 200H
ORG    DEST
```

4.2.3 汇编语言的汇编

把汇编语言源程序“翻译”成机器代码的过程称为“汇编”。汇编可分为手工汇编和机器汇编两类。

1. 手工汇编

人工查表翻译指令，但遇到的相对转移指令的偏移量的计算，要根据转移的目标地址计算偏移量，不但麻烦，而且容易出错。

2. 机器汇编

用编辑软件编写源程序，编辑完成后，生成一个 ASCII 码文件，扩展名为“ASM”。然后再运行汇编程序，把汇编语言源程序翻译成机器代码。

4.2.4 汇编语言格式

汇编语言的语句格式如下：

```
[标号:]操作码[操作数][,操作数][;注释]
```

(1) 标号：指令地址的标志符号，通常由1～8个字符组成。第一个字符必须是字母，其他可以是字母、数字或者下画线等，与指令操作码之间用冒号“:”隔开。不能用指令助记符、伪指令或寄存器名来作标号。

(2) 操作码：是指令的助记符，用来说明语句执行什么操作，也可以是伪指令，与后面的操作数之间用空格分开。

(3) 操作数：是指参加运算(或其他操作)的数据或数据的地址。一条语句中可以无操作数，也可以有一个或者两个操作数。两个操作数之间，用逗号“,”隔开。

(4) 注释：由分号“;”开头，是说明语句或程序段的功能或性质的文字，不属于语句功能部分，其目的是提高程序的可读性。

4.2.5 汇编语言程序结构

汇编语言程序结构是程序所采用的结构形式。汇编语言程序共有 4 种结构形式，即顺序结构、分支结构、循环结构和子程序结构。用汇编语言进行程序设计，与用高级语言(如 C 语言等)进行程序设计的过程很相似。对于比较复杂的问题可以先根据设计的要求，选用不同的程序结构，然后画出流程图，最后再根据流程图来编写程序。对于比较简单的问题则可以不画流程图而直接编程。这里除了讲解这4种基本的结构形式外，还专门讨论了常用的查表结构和运算类程序的设计。

1. 顺序结构程序

顺序结构程序是一种无分支的直线型程序结构，即按照程序编写的顺序依次执行每一条指令。它是一种最简单、最基本的程序，所以有时也称为简单程序结构。

2. 分支结构程序

分支结构程序是根据判断条件的满足与否，产生一个或多个程序分支，以实现不同的程序流向的程序结构。在一些实际应用程序中，程序不可能始终是按顺序直线执行的。要使用单片机解决一些实际的问题，通常要求单片机能够做出一些判断，从而实现分支结构程序。

分支结构程序可以分为双分支结构和多分支结构两种，如图4.8所示。

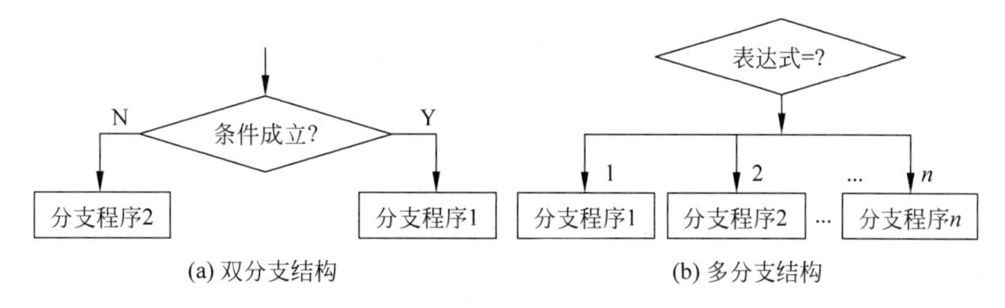

图4.8　分支结构程序

下面分别介绍这两种分支结构的程序设计。

双分支结构主要采用条件转移指令来实现分支转移，当给定的条件成立时，执行分支程序1，否则执行分支程序2。编写分支程序的关键是如何进行分支条件的判断。在51系列单片机中，主要有位条件转移指令(JC、JB等)、比较条件转移指令(CJNE等)和累加器A判断指令(JZ等)，这些指令的详细介绍请参阅第4章或附录A中的指令系统说明。合理使用这些指令可以完成各种各样的条件判断。

多分支结构是根据运算的结果在多个分支中选择一个执行的程序结构。双分支结构是比较简单的情况，在实际的应用中，往往需要多分支跳转，又称为散装。51系列单片机的指令集中有散装指令JMP，详细的讲解可以参阅前面的指令系统。

散装指令JMP的使用格式如下：

```
JMP     @A + DPTR
```

其中数据指针DPTR为存放转移指令串(S0～Sn)的首地址，由累加器A的内容动态选择对应的转移指令，这样便可以产生多达256个分支程序。

3. 循环结构程序

循环结构程序是重复执行同一个程序段的一种基本程序结构。实际应用中，经常会遇到需要多次执行某段特定代码的情况，这时可以采用循环程序，缩短程序的长度，节省程序的存储空间。从本质上来说，循环结构程序是分支结构程序的一种特殊形式。由于它在程序设计中的重要性，因此一般单独作为一种程序结构的形式来介绍。

一个典型的循环程序由4部分组成，即循环初始化部分、循环处理部分、循环控制部分和循环结束部分。

(1) 循环初始化部分：程序在进入循环处理程序段之前，需要设置循环初始参数，如循环的次数、有关的工作单元清零、变量设置和地址指针设置等。

(2) 循环处理部分：循环处理部分通常称为循环体，是循环执行的主要代码段，它是整个循环结构的核心。

(3) 循环控制部分：循环控制部分一般由两个单元组成，修改控制变量和判断循环结束。循环控制变量可以采用循环递减计数法，即每循环一次，控制变量减1，并判断是否为0，若不为0，则继续执行循环体程序，否则结束循环体的执行；也可以采用条件控制，即判断结束条件是否成立，如果不成立，则继续执行循环体，否则，结束循环。

(4) 循环结束部分：当循环体执行完毕后，需要在这里对结果进行处理和存储。

4. 子程序结构

子程序结构是将某些运算和操作设计成一小段可被其他程序调用的程序段，需要的时候直接调用这些程序段的程序结构。其中能够完成特定功能、可以被其他程序调用的程序段称为子程序。调用子程序的称为主程序，调用子程序的过程称为子程序调用。子程序执行完后返回主程序的过程称为子程序返回。

在实际的程序设计中，经常会遇到一些相同的操作，如多字节加法、代码处理等。此时，采用子程序结构将会省去很多重复编写程序段的麻烦，而且可以缩短程序代码，使程序紧凑，结构清晰明了。

子程序是具有特定功能的独立程序段，子程序的结构需要具备如下特点：子程序必须提供入口地址，以便于主程序调用；子程序必须以返回指令RET结束子程序。

在汇编主程序中调用子程序时，需要注意两个问题：参数传递和现场保护。参数传递需要用户自己安排，在主程序中，调用子程序的指令不带任何参数。

汇编程序通常采用传递数据和传递地址两种方法来进行参数传递。

(1) 传递数据。在主程序调用子程序前，将需要传递的数据送入工作寄存器R0～R7或累加器A，供子程序读取使用。

(2) 传递地址。主程序中将要传递的地址存放在数据存储器中，其地址送入工作寄存器R0～R7或数据指针DPTR，供子程序读取使用。

5. 查表结构程序

查表结构程序是把事先计算或测到的数据按照一定的顺序排列成表格，存放在单片机的程序存储器中，程序中根据被测数据，查出最终所需结果的程序结构。查表结构程序在汇编语言中使用很广泛。

在实际设计中，对于一些复杂的运算，其汇编程序长，难于计算，而且会占用很长的CPU时间，另外，对于一些非线性的运算，用汇编语言几乎无法处理，此时用查表法十分方便。利用查表法可以完成数据运算和数据转换等操作，并且具有编程简单、执行速度快、适合实时控制等优点。

6. 运算类程序

运算类程序是指专门负责算术或者逻辑运算的程序。在实际的程序设计中，经常会遇到一些数学计算类的程序，如多字节数的加法、减法、乘法和除法，以及带符号数的运算等。由于51系列单片机的指令系统中，只提供了单字节和无符号数的算术运算指令，因此需要自己编写这些子程序，这样可以方便以后使用。

4.3　51系列单片机汇编语言程序设计

4.3.1　程序设计

程序设计就是编制计算机的程序，即应用计算机所能识别的、接受的语言把要解决的问题的步骤有序地描述出来。程序设计是给出解决特定问题程序的过程，是软件构造活动中的重要组成部分。程序设计往往以某种程序设计语言为工具，给出这种语言下的程序。程序设计过程应当包括分析、设计、编码、测试、排错等不同阶段。

在计算机技术发展的早期，软件构造活动主要就是程序设计活动。但随着软件技术的发展，软件系统越来越复杂，逐渐分化出许多专用的软件系统，如操作系统、数据库系统、应用服务器等，而且这些专用的软件系统越来越成为普遍的计算环境的一部分。这种情况下软件构造活动的内容越来越丰富，不再只是纯粹的程序设计，还包括数据库设计、用户界面设计、接口设计、通信协议设计和复杂的系统配置过程。

4.3.2　程序设计语言

程序设计语言(Programming Language)，是一组用来定义计算机程序的语法规则。它是一种被标准化的交流技巧，用来向计算机发出指令。一种计算机语言让程序员能够准确地定义计算机所需要使用的数据，并精确地定义在不同情况下所应当采取的行动。

1. 机器语言

机器语言是用二进制代码表示的计算机能直接识别和执行的一种机器指令的集合。不同的CPU具有不同的指令系统。它是计算机的设计者通过计算机的硬件结构赋予计算机的操作功能。机器语言具有灵活、直接执行和速度快等特点。但是，机器语言也存在着程序难编写、难修改、难维护，需要用户直接对存储空间进行分配，编程效率极低等缺点。机器指令一般由汇编语言程序汇编或由高级语言程序编译而成。

2. 汇编语言

汇编语言(Assembly Language)是面向机器的程序设计语言，用指令助记符代替机器指令的操作码，用地址符号(Symbol)或标号(Label)代替指令或操作数的地址。像这样符号化的程序设计语言就是汇编语言，因此称为符号语言。

使用汇编语言编写的程序，机器不能直接识别，还要由汇编程序或者汇编语言编译器转换成机器指令。汇编程序将符号化的操作代码组装成处理器可以识别的机器指令，这个组装的过程称为组合或者汇编。因此，有时人们也把汇编语言称为组合语言。

汇编语言指令是机器指令的符号化，与机器指令存在着直接的对应关系，所以汇编语言同样存在着难学难用、容易出错、维护困难等缺点，但是汇编语言也有自己的优点，它是一种与硬件紧密相关的程序设计低级语言，程序结构简单，执行速度快，程序易优化，编译后占用存储空间小，是单片机应用系统开发中最常用的程序设计语言。在今天的实际应用中，它通常被应用在底层硬件操作和高要求的程序优化的场合，或在高级语言不能满足设计要求，不具备支持某种特定功能的技术性能(如特殊的输入/输出)时才被使用。驱动程序、嵌入式操作系统和实时运行程序都需要汇编语言。

3. 高级语言

高级语言是面向用户的、基本上独立于计算机种类和结构的语言。其最大的优点是：形式上接近于算术语言和自然语言，概念上接近于人们通常使用的概念。高级语言的一个命令可以代替几条、几十条甚至几百条汇编语言的指令。因此，高级语言易学易用，通用性强，应用广泛。

高级语言种类繁多，可以从应用特点和对客观系统的描述两个方面对其进一步分类。从应用角度来看，高级语言可以分为基础语言(如 FORTRAN、COBOL、BASIC 等)、结构化语言(如 PASCAL、C 语言等)和专用语言。从描述客观系统来看，程序设计语言可以分为面向过程语言(如 FORTRAN、COBOL、BASIC、PASCAL、C 语言等)和面向对象语言(如 Delphi、Visual Basic、Java、C++等)。

20 世纪 70 年代以来，结构化程序设计和软件工程的思想日益为人们所接受和欣赏。在它们的影响下，先后出现了一些很有影响的结构化语言，这些结构化语言直接支持结构化的控制结构，具有很强的过程结构和数据结构能力，其中 C 语言功能丰富，表达能力强，有丰富的运算符和数据类型，使用灵活方便，应用面广，移植能力强，编译质量高，目标程序效率高，具有高级语言的优点。同时，C 语言还具有低级语言的许多特点，如允许直接访问物理地址，能进行位操作，能实现汇编语言的大部分功能，可以直接对硬件进行操作等。用 C 语言编译程序产生的目标程序，其质量可以与汇编语言产生的目标程序相媲美，具有“可移植的汇编语言”的美称，成为编写应用软件、操作系统和编译程序的重要语言之一。

4.3.3 汇编语言程序设计步骤与方法

汇编语言程序设计要求设计人员熟悉单片机的硬件结构，编程时对数据的存放、寄存器和工作单元的使用等要由设计者进行安排。因此，编程时一定要注意方法和技巧。

1. 汇编语言程序设计步骤

使用汇编语言设计一个程序大致可分为分析题意、确定算法、画程序流程图、分配内存工作单元、编写源程序、程序调试优化、联合调试、运行结果分析、修改和最后确定源程序等步骤。

1) 分析题意，明确要求

首先要对需要解决的问题进行分析，以求对问题有正确的理解。明确问题的任务、工作过程、现有的条件、已知的数据、对运算的精度和速度方面的要求，以及设计的硬件结构是否方便编程等。

2) 确定算法

算法就是如何将实际问题转化成程序模块来处理。解决一个问题，常常有几种可选择的方法。从数学角度来描述，可能有几种不同的算法。在编制程序之前，先要对不同的算法进行分析和比较，找出最适宜的算法。

3）画程序流程图，用图解来描述和说明解题步骤

程序流程图是使用各种图形、符号及有向线段等来说明程序设计过程的一种直观的表示，常采用以下图形及符号。

(1) 椭圆框(⬭)或桶形框(▭)表示程序的开始或结束。

(2) 矩形框(▭)表示要进行的工作。

(3) 菱形框(◇)表示要判断的事情，菱形框内的表达式表示要判断的内容。

(4) 圆圈(○)表示连接点。

(5) 指向线(→)表示程序的流向。

流程图中的步骤分得越细致，编写程序就越方便。一个程序按其功能可分为若干部分，通过流程图可以把具有一定功能的部分有机地联系起来，从而使人们能够抓住程序的基本线索，对全局有完整的了解。这样，设计人员容易发现设计思想上的错误和矛盾，也便于找出解决问题的途径。因此画流程图是程序结构设计时采用的一种重要手段。有了流程图，可以很容易地把较大的程序分成若干个模块，分别进行设计，最后再汇集在一起进行联调。

一个系统的软件要有总的流程图，即主程序框图。它可以画粗一点，侧重于反映各模块之间的相互联系。另外，还要有局部的流程图，反映模块的具体实施方案。

4）分配内存工作单元，确定程序与数据区的存放地址

用汇编语言编写程序需要给程序变量指定内存单元地址或指定工作单元，工作单元即为寄存器。分配内存工作单元即为程序或数据分配存储器空间和寄存器、定义数据段、堆栈段、代码段等。

5）编写源程序及程序调试优化

单片机的程序设计通常都是借助于微型计算机实现的，即在微型计算机上使用编辑软件编写源程序。

汇编语言源程序编写完成后，必须通过汇编，转换为机器码表示的目标程序，计算机才能执行。对单片机而言，有手工汇编和机器汇编两种汇编方法。目前主要使用的汇编方法是机器汇编。

汇编语言源程序编写完成后，可能存在一些问题和错误。通过汇编即可帮助发现这些问题和错误，并可对程序进行修改、调试、优化。

可供编辑和汇编的软件很多，为了学习的方便，本书统一使用Keil Software公司推出的集编辑、编译、仿真于一体，支持汇编语言和C语言程序设计的Keil μVision4集成开发环境。

6）联合调试、运行结果分析、修改和最后确定源程序

汇编语言源程序通过汇编转换为机器码表示的目标程序是否能够正确使用，这就需要利用系统仿真开发工具与根据系统总体设计要求所设计的单片机应用系统进行联合调试。

同样，可供汇编语言源程序调试的软件很多，为了学习的方便，本书统一使用Lab Center Electronics公司开发的EDA工具软件Proteus 7.8电路设计与仿真平台。

以Keil C和Proteus作为51系列单片机的软件开发平台和系统仿真平台，对单片机应用系统进行联合调试。通过调试，发现软件和硬件设计中所存在的问题，并加以改进和完善。

2. 汇编语言模块化程序设计方法

以功能块为单位进行程序设计，实现其求解算法的方法称为模块化。模块化的目的是

为了降低程序复杂度,使程序设计、调试和维护等操作简单化。在编写汇编语言时,采用模块化的程序设计方法,可以使程序结构更为优化。

1) 模块化程序设计的优点

模块化程序设计即模块化设计,简单地说就是程序的编写不是开始就逐条录入计算机语句和指令,而是首先用主程序、子程序、子过程等框架把软件的主要结构和流程描述出来,并定义和调试好各个框架之间的输入、输出链接关系。逐步求精的结果是得到一系列以功能块为单位的算法描述。

采用模块化的程序设计方法,有以下优点。

(1) 单个模块结构的程序功能单一,易于编写、调试和修改。

(2) 便于分工,从而可使多个程序员并行进行程序的编程和调试工作,从而加快软件研制进度。

(3) 程序的可读性好,便于功能扩充和版本升级。

(4) 对程序的修改可局部进行,其他部分可保持不变。

(5) 对于使用频繁的子程序可建立子程序库,便于多个模块调用。

2) 划分模块的原则

在进行模块划分时,应首先弄清楚每个模块的功能,确定数据结构及与其他模块的关系;其次是对主要任务进一步细化,把一些专用的子任务交由下一级及第二级子模块完成。这时也需要弄清楚它们之间的关系。按这种方法一直细分成易于理解和实现的小模块为止。模块的划分有很大的灵活性,但也不可随意划分。划分时应注意以下原则。

(1) 每个模块之间应具有独立的功能,能产生一个明确的结果。

(2) 模块之间的控制耦合应尽量简单,数据耦合应尽量少。控制耦合是指模块进入和退出的条件方式。数据耦合是指模块间的信息交换(传递)方式,交换量的多少及交换的频繁程度。

(3) 模块长度要适中。模块中包含的语句通常在 20 条到 100 条的范围内较为合适。模块太长时,分析和调试比较困难,失去了模块化程序的优越性;过短则模块的连接太复杂,信息交换太频繁。

3. 汇编语言程序设计编程技巧

在进行程序设计时,应注意以下编程技巧。

(1) 尽量采用循环结构和子程序,可以使程序的总量大大减少,提高程序的效率,节省内存。在多层循环时,要注意各层循环的初值和循环结束条件。

(2) 尽量少用无条件转移指令,可以使条理更加清晰,从而减少错误。

(3) 对于通用的子程序,考虑到其通用性,除了用于存放程序入口参数的寄存器外,子程序用到的其他寄存器的内容应压入堆栈(返回前再弹出),及时保护现场。一般不必把标志寄存器压入堆栈。

(4) 由于中断请求是随机产生的,因此在中断处理程序中,除了要保护处理程序中用到的寄存器外,还要保护标志寄存器。

(5) 累加器是信息传递的枢纽。用累加器传递入口参数或返回参数比较方便,即在调用子程序时,通过累加器传递入口参数,或反过来,通过累加器向主程序传递返回参数。所以,在子程序中,一般不必把累加器内容压入堆栈。

4.3.4 汇编语言程序设计实例

1. 置位程序的设计

1）设计要求

将片内 20H 开始的连续 40 个地址内容设置为 0FFH。

2）设计分析

该系统硬件为单片机的最小系统。

将片内连续地址内容置位，可首先设定起始地址，并指定置位个数，然后使用 CJNE 指令进行循环判断。

3）系统原理图设计

系统所需元器件为单片机 AT89C51、瓷片电容 CAP 30pF、晶振 CRYSTAL 12MHz、电阻 RES、按钮 BUTTON。

在桌面上双击 ISIS 图标，打开 ISIS 7 Professional 窗口，单击 File→New Design 命令，新建一个 DEFAULT 模板，保存文件名为“置位程序.DSN”。在器件选择按钮 P L DEVICES 中单击 P 按钮，或执行 Library→Pick Devices/Symbol 命令，添加系统所需元器件。

注意：在 ISIS 中的单片机的型号必须与在 Keil 中选择的单片机型号完全一致。

在 ISIS 原理图编辑窗口中放置元件，再单击工具箱的“元件终端”图标，在对象选择器中单击 POWER 和 GROUND 按钮放置电源和地。放置好元件后，布好线。双击各元件，设置相应元件参数，完成电路图的设计，如图 4.9 所示。

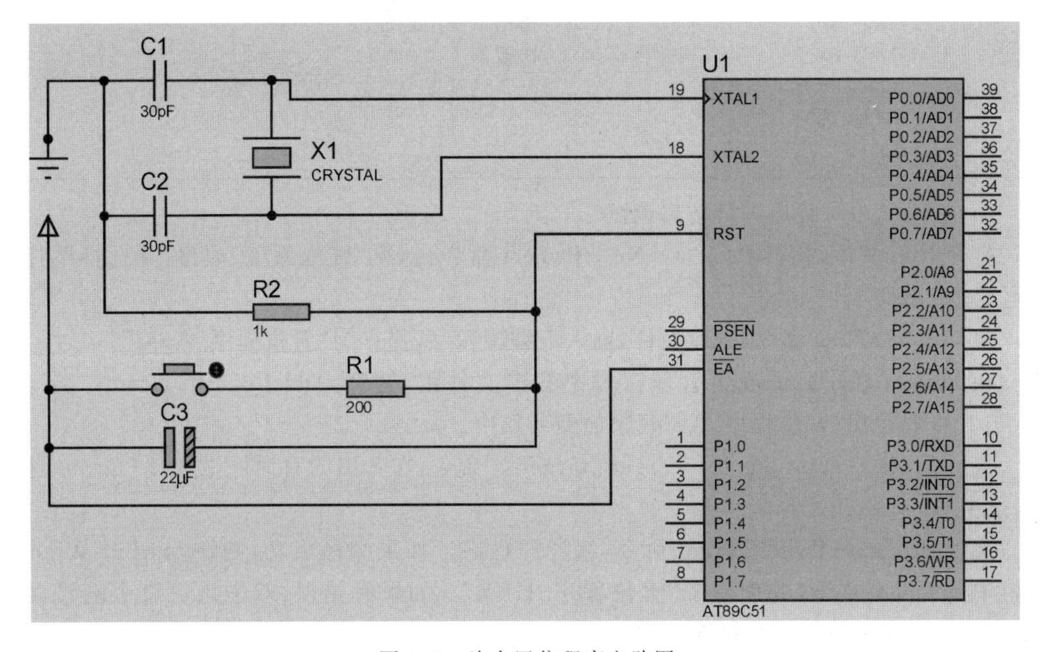

图 4.9 片内置位程序电路图

4）程序流程图设计

程序流程图设计如图 4.10 所示。

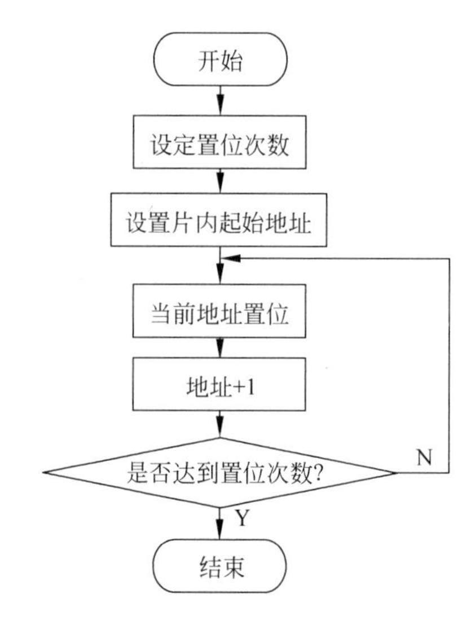

图 4.10　置位程序设计流程图

5）汇编语言源程序设计

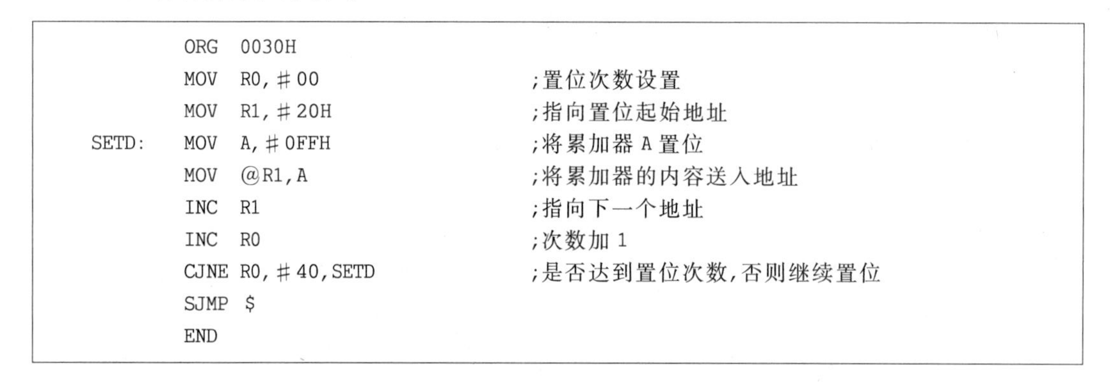

```
        ORG   0030H
        MOV   R0,#00            ;置位次数设置
        MOV   R1,#20H           ;指向置位起始地址
SETD:   MOV   A,#0FFH           ;将累加器 A 置位
        MOV   @R1,A             ;将累加器的内容送入地址
        INC   R1                ;指向下一个地址
        INC   R0                ;次数加 1
        CJNE  R0,#40,SETD       ;是否达到置位次数,否则继续置位
        SJMP  $
        END
```

6）在 Keil 中对程序进行仿真调试

打开 Keil 程序，执行 Project→New Project 命令，创建“置位程序”项目，并选择单片机型号为 AT89C51。

执行 File→New 命令，创建文件，输入汇编源程序，保存为“置位程序. ASM”。

在 Project 栏的 File 项目管理窗口中右击文件组，选择 Add Files to Group “Source Group1”将源程序“置位程序. ASM”添加到项目中。

执行 Project→Options for Target “target 1”命令，在弹出的对话框中选择 Output 选项卡，选中 Create HEX File。

执行 Project→Build Target 命令，编译源程序。如果编译成功，则在 Output Window 窗口中显示没有错误，并创建了“置位程序. HEX”。如果有错误，双击该窗口中的错误信息，则在源程序窗口中指示错误语句。

执行 Debug→Start/Stop Debug Session 命令，按 F11 键，单步运行程序。在 Memory 窗口的 Address 栏中输入 d:20，可查看相应地址的内容都为 FF，如图 4.11 所示。

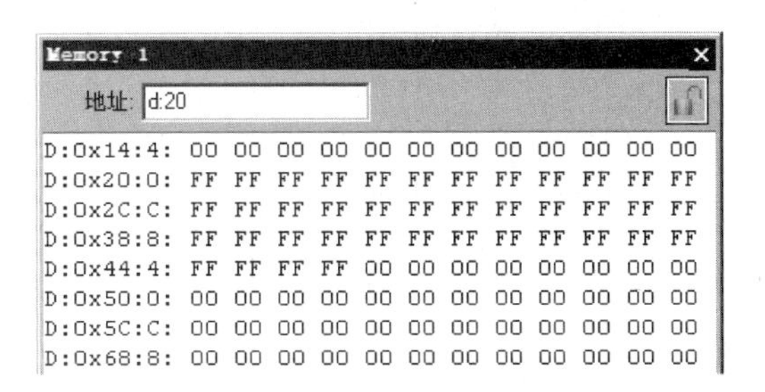

图 4.11　置位程序窗口

7）在 Proteus 中对系统进行仿真调试

双击 AT89C51 系列单片机，在弹出的对话框中进行设置，如图 4.12 所示。在 Program File 选项中必须选择在 Keil 中生成的十六进制文件置位程序.HEX。

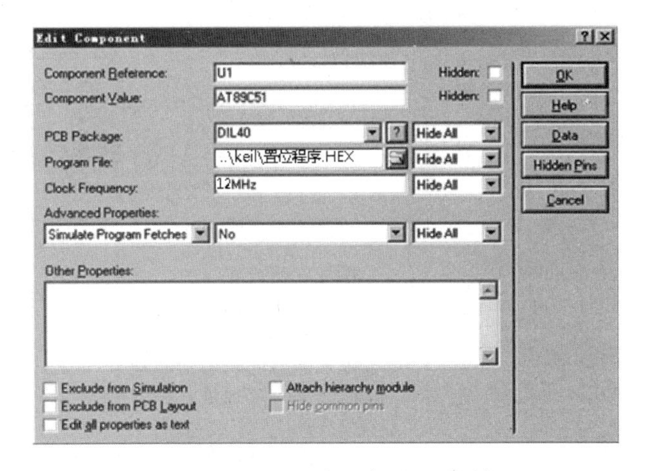

图 4.12　片内置位程序设置对话框

单击 按钮进入程序调试状态，并利用 Debug 菜单中打开 8051 CPU Registers 和 8051 CPU Internal Memory 窗口。执行 Debug→Step Info 命令或按 F11 键，单步运行程序，可在这两个窗口中看到各寄存器及存储单元的变化，如图 4.13 所示。

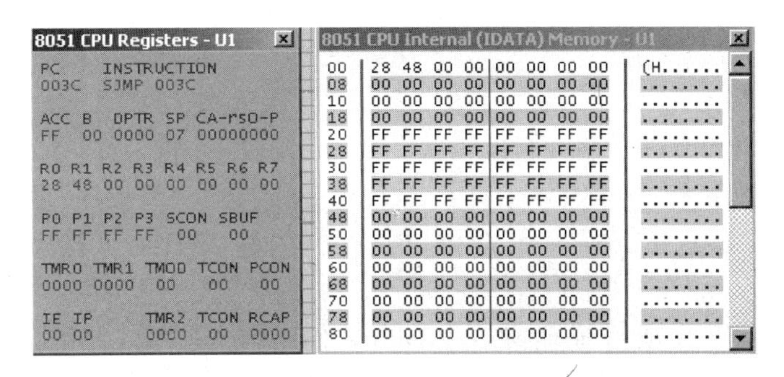

图 4.13　各寄存器及存储单元的变化情况

2. 清零程序的设计

1）设计要求

在置位程序的基础上，将片内从 30H 开始的连续10 个地址内容清零。

2）设计分析

在置位程序的基础上，将片内连续地址内容清零可首先设定起始地址并指定清零个数，然后使用 DJNZ 指令进行循环判断。

3）系统原理图设计

该系统硬件同样也为单片机的最小系统，系统所需元器件也为单片机 AT89C51、瓷片电容 CAP 30pF、晶振 CRYSTAL 12MHz、电阻 RES、按钮 BUTTON。

该系统原理图可把上例中的文件"置位程序. DSN"复制到本系统的新目录，并把文件名修改为"清零程序. DSN"，或按上例(3)对系统原理图重新设计，设计方法同上。

4）系统程序流程图设计

清零程序设计流程图如图 4.14 所示。

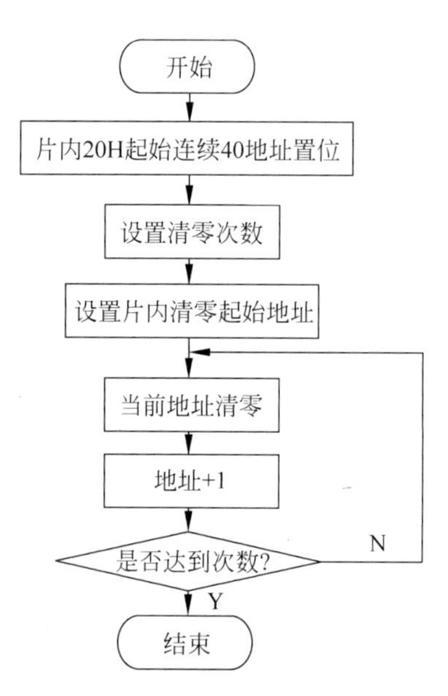

图 4.14 清零程序设计流程图

5）汇编语言源程序设计

```
        ORG     0030H
        MOV     R0, #00          ;置位次数设置
        MOV     R1, #20H         ;指向置位起始地址
SETD:   MOV     A, #0FFH         ;将累加器 A 置位
        MOV     @R1,A            ;将累加器的内容送入地址
        INC     R1               ;指向下一个地址
        INC     R0               ;次数加 1
        CJNE    R0, #40,SETD     ;是否达到置位次数，否则继续置位
;========================
        MOV     R0, #10          ;清零次数设置
        MOV     R1, #30H         ;指向清零起始地址
CLEAR:  CLR     A                ;将累加器 A 清零
        MOV     @R1,A            ;将累加器的内容送入地址
        INC     R1               ;指向下一地址
        DJNZ    R0,CLEAR         ;是否达到清零次数
        SJMP    $
        END
```

6）在 Keil 中对程序进行仿真调试

打开 Keil 程序，执行 Project→New Project 命令，创建"清零程序"项目，并选择单片机型号为 AT89C51。执行 File→New 命令，创建文件，输入汇编源程序，保存为"清零程序. ASM"。

在 Project 栏的 File 项目管理窗口中右击文件组，选择 Add Files to Group "Source Group1"将源程序"清零程序. ASM"添加到项目中。执行 Project→Options for Target "target 1"命令，在弹出的对话框中选择 Output 选项卡，选中 Create HEX File。

执行 Project→Build Target 命令，编译源程序。如果编译成功，则在 Output Window 窗口中显示没有错误，并创建了"清零程序. HEX"。如果有错误，双击该窗口中的错误信息，则在源程序窗口中指示错误语句。

执行 Debug→Start/Stop Debug Session 命令，按 F11 键，单步运行程序。在 Memory 窗口的“地址”栏中输入“d:20”，可查看相应地址的内容都为零，如图 4.15 所示。

7) 在 Proteus 中对系统进行仿真调试

双击 AT89C51 系列单片机，在弹出的对话框中进行设置，如图 4.16 所示。在 Program File 项中，必须选择在 Keil 中生成的十六进制文件“清零程序.HEX”。

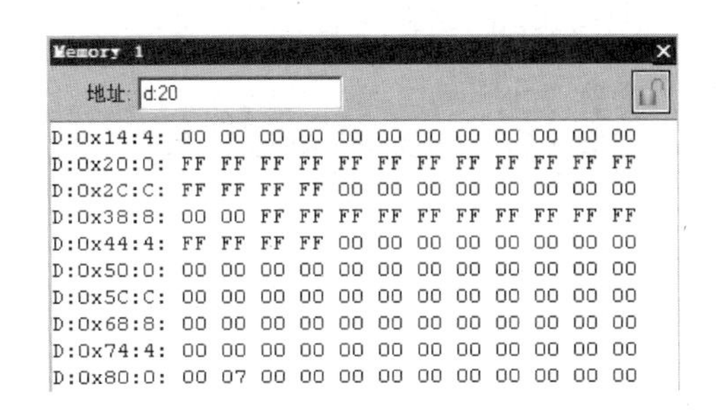

图 4.15　Memory 窗口的相应地址内容

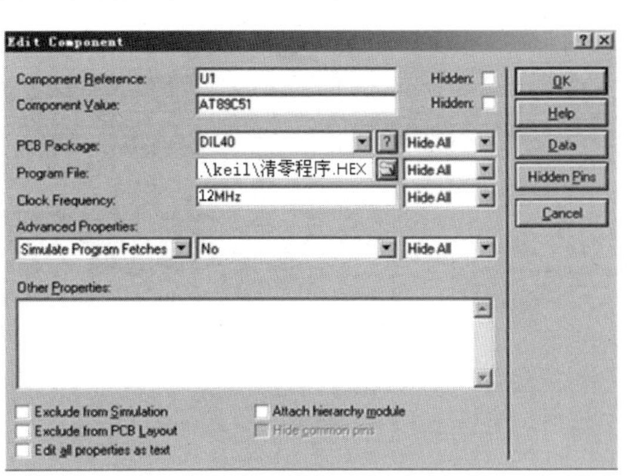

图 4.16　清零程序设置对话框

单击 按钮进入程序调试状态，并在 Debug 菜单中打开 8051 CPU Registers 和 8051 CPU Internal Memory 窗口。执行 Debug→Step Info 命令或按 F11 键，单步运行程序，可在这两个窗口中看到各寄存器及存储单元的变化，如图 4.17 所示。

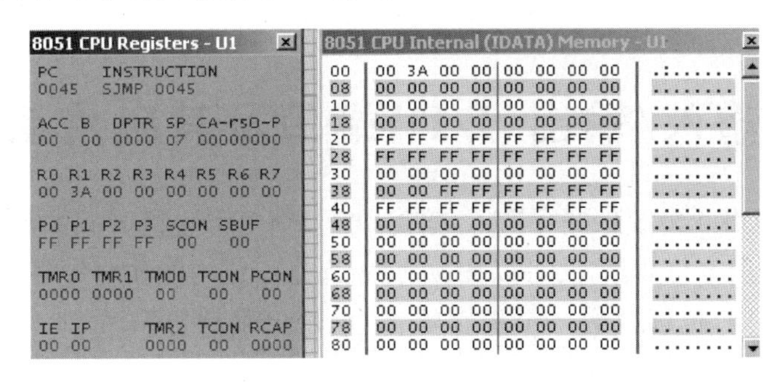

图 4.17　寄存器及存储单元变化

课外设计作业

4.1　拼字程序的设计。设计要求：将片内 30H 单元中的低位和 40H 单元中的低位拼成一个数据，放在 50H 单元中。

4.2　数据块传送程序的设计。设计要求：将片内从 30H 开始的连续 7 个单元的内容送入从 40H 开始的地址单元中。

4.3　数据排序程序的设计。设计要求：将片内从 30H 开始的 10 个无符号数，按由小到大的顺序排列。

第5章

51系列单片机基本内部资源及其应用系统设计

51系列单片机的基本内部资源除了8位中央处理器、时钟模块、128B以上的RAM和独立的、可扩展至64K的ROM外,还主要有4个8位并行输入/输出(I/O)端口、两个16位的定时/计数器、两个外部中断,以及一个全双工的异步串行口。

5.1 并行输入/输出(I/O)端口及其应用系统设计

51系列单片机有4个8位并行输入/输出(I/O)端口P0、P1、P2和P3。这4个端口既可以并行输入或输出8位数据,又可以按位使用,即每一位均能独立作输入或输出用。每个端口的功能有所不同,但都具有一个锁存器、一个输出驱动器和两个三态缓存器(P3为3个)。下面分别介绍各端口的结构、原理及其功能。

5.1.1 P0口结构、功能及操作

1. P0口结构

P0口是一个漏极开路的标准双向输入/输出口。P0口具有两个功能:一是作通用输入/输出口;二是在进行系统扩展时作为地址/数据分时复用总线,提供低8位地址和双向传送数据。P0口每个引脚的内部电路结构都相同,其内部位电路结构原理如图5.1所示。

P0口的地址/数据分时复用功能信号和控制两者分别设立,P0口既可以作为通用的I/O口进行数据的输入/输出,也可以作为单片机系统的地址/数据线使用,因此在P0口的电路中有一个多路转接电路MUX。在单片机内部控制信号的作用下,多路转接电路MUX可以分别接通锁存器输出或地址/数据线。

P0口由8个这样的电路组成。锁存器起输出锁存作用,8个锁存器构成了特殊功能寄

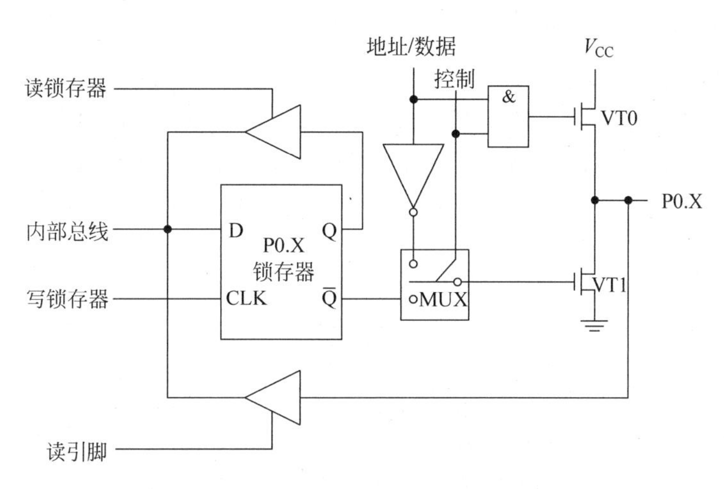

图 5.1　P0 口内部位电路结构原理

存器 P0；场效应管 VT0、VT1 组成输出驱动器，以增大负载能力；三态门有两个，一个是读引脚输入缓存器，另一个用于读锁存器端口；与门、反相器及多路转接电路 MUX 构成了输出控制电路。

2. P0 口用作通用 I/O 口

当 P0 口用作通用 I/O 口时，CPU 令控制信号为低电平，多路转接电路 MUX 接通下端，即锁存器输出端 $\overline{Q}$，同时令与门输出低电平，VT0 截止，致使输出级为漏极开路电路。

1）作为输出口

当 P0 口用作输出口时，当写信号加在锁存器的时钟端 CLK 上时，与内部总线相连的 D 端信号反相输出到 $\overline{Q}$ 端，再经过 VT1 反相后，同相出现在 P0. X 引脚上。若 D 端信号为 0，$\overline{Q}=1$，VT1 导通，P0. X 引脚输出 0；反之，若 D 端信号为 1，$\overline{Q}=0$，VT1 截止，P0. X 引脚输出 1，在 P0 引脚上出现的数据正好是内部总线的数据。

由于 VT0 截止，输出级为漏极开路电路，而内部又没有上拉电阻，因此若驱动 NMOS 或其他电流负载时，必须外接上拉电阻，才能有高电平输出，这也是 P0 口与其他 3 个 I/O 口不同的地方。

2）作为输入口

当 P0 口用作输入口时，有两种读操作，分别为读引脚和读锁存器，因此端口中设置了两个输入缓存器：读引脚输入缓存器和读锁存器输入缓存器。

读引脚，即读取端口引脚上的信息，这时由“读引脚”信号将读引脚输入缓存器打开，把引脚上的数据送入内部总线。

读引脚时，需要先向对应的锁存器写入“1”。由于此时 VT0 一直处于截止状态，引脚上的外部信号既加在读引脚输入缓存器的输入端，又加在 VT1 的漏级。假定在此之前曾输出数据“0”，则 VT1 是导通的，这样引脚上的电位就始终被钳位在“0”，使输入高电平无法读入而导致输入错误。因此，P0 口用作通用 I/O 接口时是一个准双向口，即输入数据时，应人为地先向对应口线写“1”，即使 D 端信号为 1，$\overline{Q}=0$，使 VT0、VT1 均截止，引脚处于悬浮状态，方可高阻输入。

读端口，即读取锁存器的状态。此时，由“读锁存器”信号将读锁存器输入缓存器打开，将锁存器 Q 端的数据送入内部总线。

3）“读—修改—写”操作

单片机对端口的操作除了输入/输出外，还能对端口进行“读—修改—写”操作，其中“读”即是前面所述的“读端口”，不是读 P0 引脚上的输入信号，而是读 P0 端口原来的输出信号，即锁存器 Q 端的信号，其目的是避免因外部电路的原因使端口引脚的状态发生变化而造成误读。

51 系列单片机有不少指令可直接进行端口操作，例如：

```
ANL    P0,A          ;P0←(P0)∧(A)
ORL    P0,#data      ;P0←(P0)∨ data
XRL    P0,#0FH       ;P0←(P0)⊕ 0FH
INC    P0            ;P0←(P0) + 1
DEC    P0            ;P0←(P0) - 1
CPL    P0.1          ;P0.1←(～P0.1)
SETB   P0.1          ;P0.1← 1
CLR    P0.1          ;P0.1← 0
```

这些指令的执行过程分成“读—修改—写”三步：先将 P0 口的数据读入 CPU，在 ALU 中进行运算，运算结果再送回 P0。执行“读—修改—写”类指令时，CPU 是通过三态门“读锁存器”读回锁存器 Q 端的数据来代表引脚状态的。

3. P0 口用作地址/数据分时复用总线

当 P0 口用作地址/数据分时复用总线时，可分为两种情况：一种是从 P0 口输出地址或数据，另一种是从 P0 口输入数据。

1）P0 口分时输出低 8 位地址或数据

P0 口在这种工作方式时，控制信号为高电平 1，多路转接电路 MUX 接通上端，即反相器的输出端，同时把输出控制电路的与门打开。从地址/数据总线输出的地址和数据，既通过与门去驱动上拉场效应管 VT0，又通过反相器驱动 VT1。VT0 与 VT1 构成了推拉式输出电路，使其带负载能力大大增强，可驱动 8 个 TTL 负载。

当 P0 口用作地址/数据分时复用总线，从 P0 口输出地址或数据时，若地址或数据为 1，则 VT0 导通、VT1 截止，引脚输出为 1；若地址或数据为 0，则 VT0 截止、VT1 导通，引脚输出为 0。可见，引脚的状态与地址/数据总线的信息相同。

在 P0 口用作地址/数据输出总线时，其输出是推挽式输出电路，而不是漏级开路电路，不需外接上拉电阻。

2）P0 口分时输入数据

在访问片外数据存储器而需从 P0 口输入数据信号时，引脚信息通过读引脚缓存器进入内部总线。CPU 执行此操作时，若首先将低 8 位信息出现在地址/数据线上，则引脚上的信息为地址信息。之后，CPU 会自动将多路转接电路 MUX 连接到锁存器，并自动向锁存器写“1”，同时从引脚将数据读入内部总线，此时的过程同 P0 作为通用 I/O 输入口。

在 P0 用作地址/数据分时复用功能连接外部存储器时，由于访问外部存储器期间，CPU 会自动向 P0 口的锁存器写入 0FFH，因此对用户而言，P0 口此时则是真正的三态双向口。

5.1.2 P1口结构、功能及操作

P1口为准双向口，其一位的内部电路结构原理如图5.2所示。

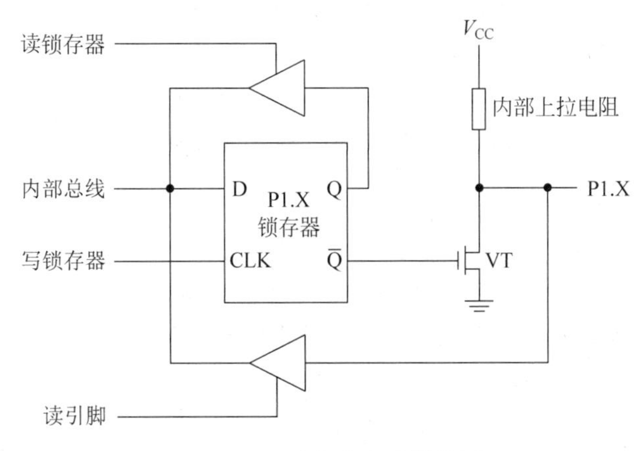

图5.2 P1口内部位电路结构原理

它在结构上与P0口的区别在于输出驱动部分。其输出驱动部分由场效应管VT漏极与内部上拉电阻组成。当其输出高电平时，可以提供推拉电流负载，不必像P0口那样需要外接上拉电阻。

P1口是唯一一个单功能口，只有通用I/O接口一种功能（对于51子系列），其输入/输出原理特性与P0口作为I/O通用接口使用一样。当P1口作为输入口使用时，同样也需先向其锁存器写1，使输出驱动电路的场效应管VT截止。

5.1.3 P2口结构、功能及操作

P2口也是准双向口，其一位的内部电路结构原理如图5.3所示。

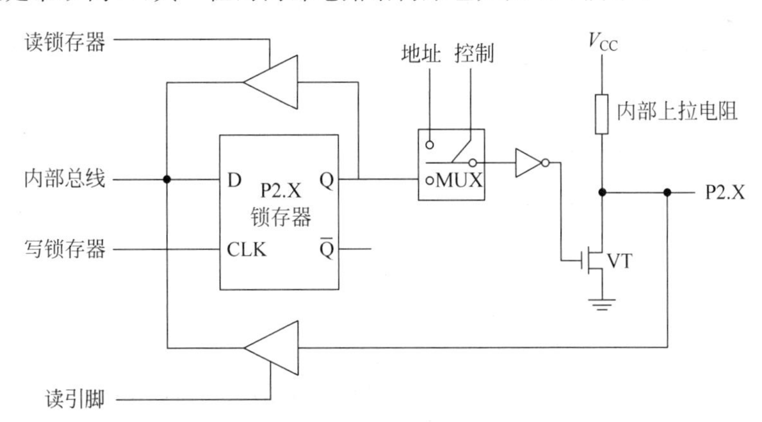

图5.3 P2口内部位电路结构原理

它具有通用I/O接口或高8位地址总线输出功能，所以其输出驱动结构比P1口输出驱动结构多了一个多路转接电路MUX和反相器。

当P2口作为准双向通用I/O口使用时，控制信号使多路转接电路MUX接向下端，即

锁存器 Q 端,锁存器 Q 端经反相器连接场效应管 VT,其工作原理与 P1 口相同,也具有输入、输出、端口操作 3 种工作方式,负载能力也与 P1 口相同。

当作为外部扩展存储器的高 8 位地址总线使用时,控制信号使多路转接电路 MUX 接向上端,由程序计数器 PC 来的高 8 位地址 PCH 或数据指针 DPTR 来的高 8 位地址 DPH 经反相器和场效应管 VT 原样呈现在 P2 口的引脚上,输出高 8 位地址 A8~A15。在上述情况下,锁存器的内容不受影响,所以取指或访问外部存储器结束后,由于转换开关又接至下侧,使输出驱动器与锁存器 Q 端相连,因而引脚上将恢复原来的数据。

5.1.4 P3 口结构、功能及操作

P3 口是单片机中使用最灵活、功能最多的一个并行端口,不仅具有通用的输入/输出功能,而且还具有多种用途的第二功能。其某一位电路结构原理如图 5.4 所示。其输出驱动由与非门和场效应管 VT 组成。P3 口比 P0、P1、P2 口多了一个缓存器,除了可作为通用准双向 I/O 接口外,每一根口线还具有第二功能。

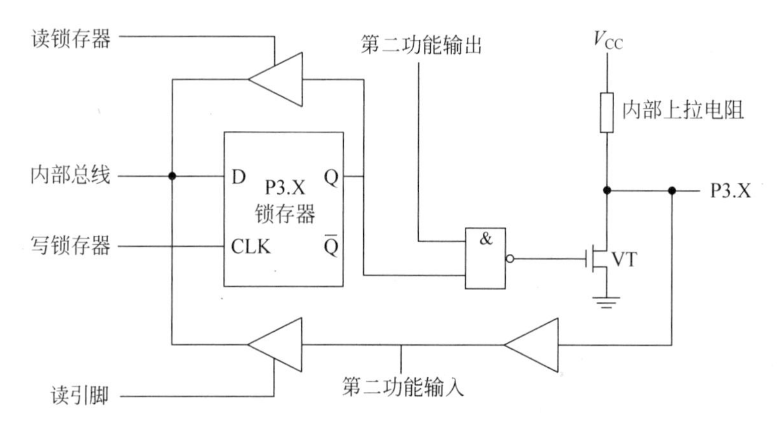

图 5.4 P3 口内部位电路结构原理

当 P3 口作为通用 I/O 接口时,第二功能输出为高电平,使与非门的输出取决于口锁存器的状态。与其他的 I/O 口一样,在这种情况下,P3 口仍是一个准双向口,它的工作方式、负载能力均与 P1、P2 口相同。

当 P3 口作为第二功能(又称为复用功能)使用时,实际上也是在该端口输入或输出信号,只不过输入、输出的是一些特殊功能的信号。所以当 P3 口作为第二功能使用时,自动将锁存器 Q 端置 1,P3 口的口线状态就取决于第二功能输出线的状态。

作为第二功能的输出口线,由于该位的锁存器已自动置 1,使与非门对第二功能输出端是畅通的,引脚状态与第二功能输出端状态一致。

作为第二功能的输入口线,由于锁存器和第二功能输出口都已置 1,使场效应管 VT 截止,引脚状态通过第一个输入缓存器进入第二功能输入端。

单片机复位时,锁存器输出端为高电平。P3 口的引脚信号输入通道中有两个缓存器,第二功能输入信号 RXD、$\overline{\text{INT0}}$、$\overline{\text{INT1}}$、T0、T1 经第二个缓存器输入,通用输入信号仍经读引脚缓存器输入。

5.1.5　并行输入/输出端口应用系统设计

1. 利用 P1 口驱动发光二极管

发光二极管简称 LED(Light Emitting Diode)，采用砷化镓、镓铝砷、磷化镓等材料制成，其内部结构为一个 PN 结，具有单向导电性。当在 LED 发光二极管 PN 结上加正向电压时，P 区的空穴注入 N 区，N 区的电子注入 P 区，这些空穴与电子相复合时产生的能量大部分以光的形式出现，因此而发光，并且根据释放能量的不同能发出不同波长的光，在电路或仪器中可用作指示灯，也可以组成文字或显示器件。

发光二极管按封装(这里可以暂理解为外形)可分为直插式和贴片式两种，按发光颜色可分为红色、蓝色、绿色等。

发光二极管工作时，应该串接一个限流电阻，该电阻的阻值大小应根据不同的使用电压和发光二极管所需工作电流来选择。发光二极管的压降一般为 1.5～3.0V(红色和黄色一般为 2V。其他颜色一般为 3V)，其工作电流一般取 10～20mA 为宜。其限流电阻的计算公式为 $R=(U-U_L)/I$，其中 U 为电源电压，U_L 为发光二极管正常发光时端电压，I 为发光二极管的电流。只要限流电阻选择恰当，就可以让发光二极管发光。

1) 系统设计要求

P1 口为准双向 I/O 口，每一位口线都能独立作为输入、输出线。设计程序，当按下按钮时，P1.0 控制发光二极管点亮，否则，P1.1 控制发光二极管点亮。

2) 系统设计分析

单片机的最小系统＋两盏灯。

为保护电路及控制设备(在此为发光二极管)，应在相应电路中增加一定阻值的限流电阻。蓝色和绿色发光二极管的压降一般为 3.0V，其工作电流一般取 10～20mA。在 5V 单片机的发光二极管电路中，限流电阻的阻值大小一般为 100～200Ω。

3) 系统原理图设计

系统所需元器件为单片机 AT89C51、瓷片电容 CAP 30pF、晶振 CRYSTAL 12MHz、电阻 RES、按钮 BUTTON、发光二极管 LED-BLUE、发光二极管 LED-GREEN、开关 SWITCH。利用 P1 口驱动发光二极管电路原理图如图 5.5 所示。

4) 系统程序流程图设计

利用 P1 口驱动发光二极管程序流程图如图 5.6 所示。

5) 系统源程序设计

汇编语言源程序如下：

```
        ORG    0030H
        MOV    A,#0FFH
        MOV    P1,A            ;将 P1 口全置 1
        JB     P1.2,KD         ;P1.2 是否按下
        CLR    P1.0            ;按下,P1.0 驱动蓝色发光二极管点亮
        AJMP   EXIT
KD:     CLR    P1.1            ;未按下,P1.1 驱动绿色发光二极管点亮
EXIT:   NOP
        END
```

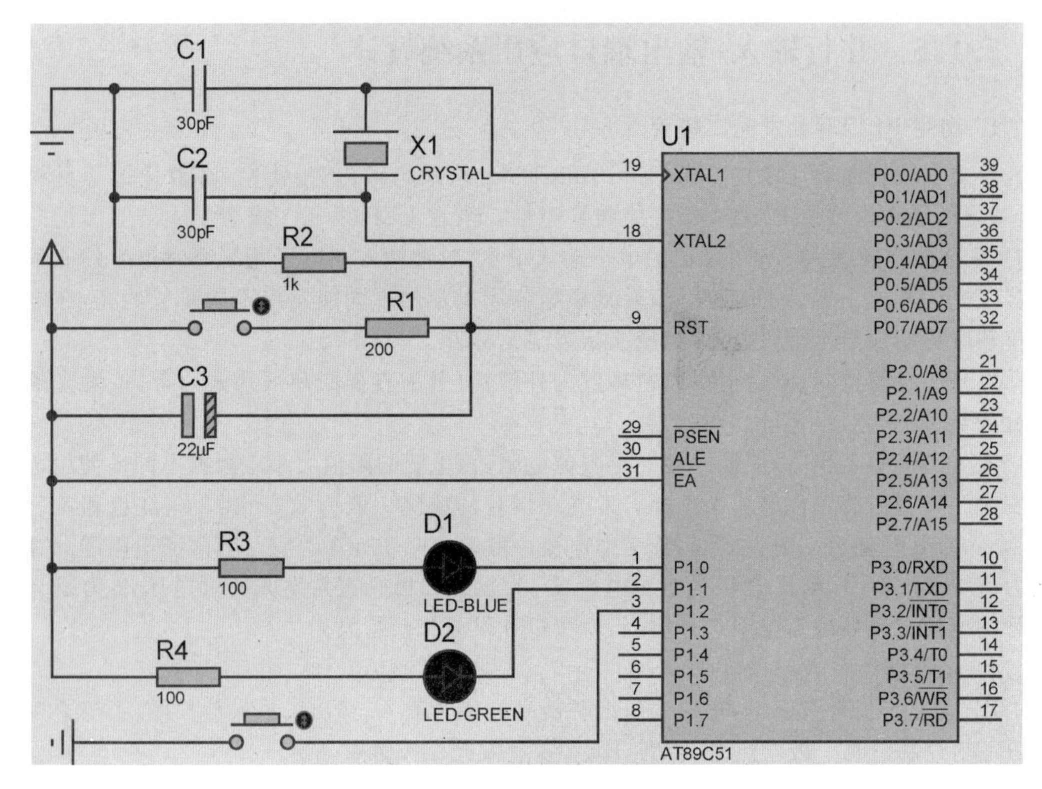

图 5.5 利用 P1 口驱动发光二极管电路原理图

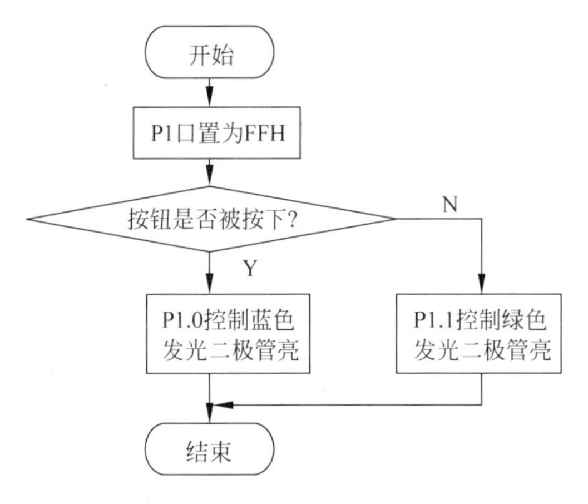

图 5.6 利用 P1 口驱动发光二极管程序流程图

C 语言源程序如下：

```
#include "reg51.h"
#define uint unsigned int
#define uchar unsigned char
sbit DIPswitch = P1 ^ 2;
sbit blueLED = P1 ^ 0;
sbit greenLED = P1 ^ 1;
void main(void)
```

```
{
    P1 = 0XFF;
    while(1)
    {
        if(DIPswitch == 0)
        {
            blueLED = 0;
            greenLED = 1;
        }
        else
        {
            blueLED = 1;
            greenLED = 0;
        }
    }
}
```

6）在 Keil 中仿真调试

创建“P1 口驱动发光二极管”项目，并选择单片机型号为 AT89C51。汇编源程序，保存为“P1 口驱动发光二极管.ASM”或“P1 口驱动发光二极管.C”。将源程序“P1 口驱动发光二极管.ASM”或“P1 口驱动发光二极管.C”添加到项目中。编译源程序，并创建“P1 口驱动发光二极管.HEX”。

7）在 Keil 和 Proteus 中联合仿真调试

在已绘制好的原理图的 Proteus ISIS 菜单中，执行 Debug→Use Remote Debug Monitor(使用远程调试监控)命令，此时，Keil 和 Proteus 就可以联合调试了，如图 5.7 所示。

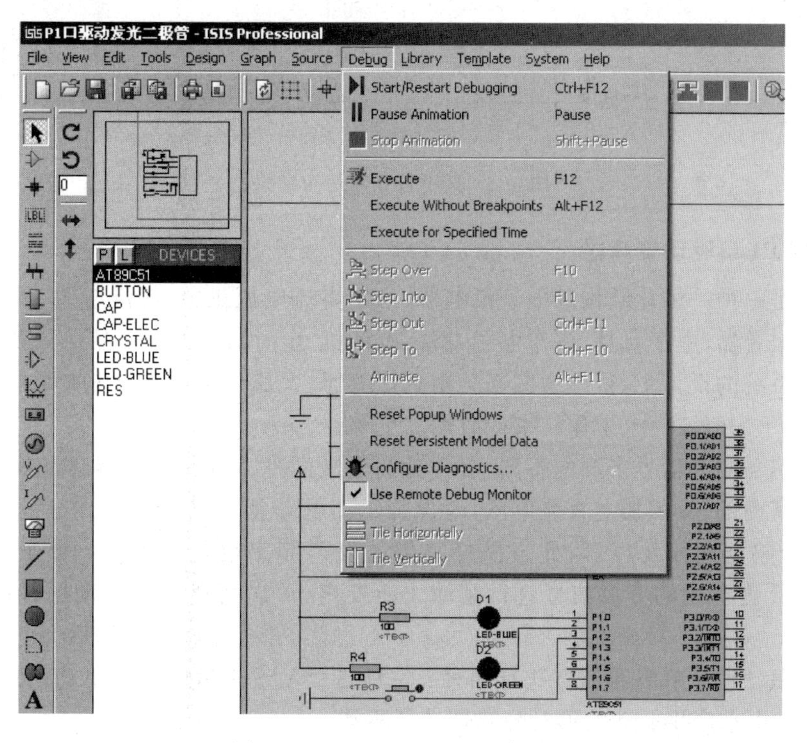

图 5.7　Keil 和 Proteus 联合调试

在 Keil 中执行 Debug→Start/Stop Debug Session 命令，进入 Keil 调试环境。同时在 Proteus ISIS 窗口中可以看到 Proteus 也进入了程序调试状态。

在 Keil 代码编辑窗口中设置相应断点。断点的设置方法为在需要设置断点语句的空白处双击，可设置断点，再次双击，取消断点。

设置好断点后，在 Keil 中按下 F5 键或者 F11 键运行程序。按下按钮时，运行结果如图 5.8 所示，蓝色发光二极管发亮；未按下按钮时，运行结果如图 5.9 所示，绿色发光二极管发亮。

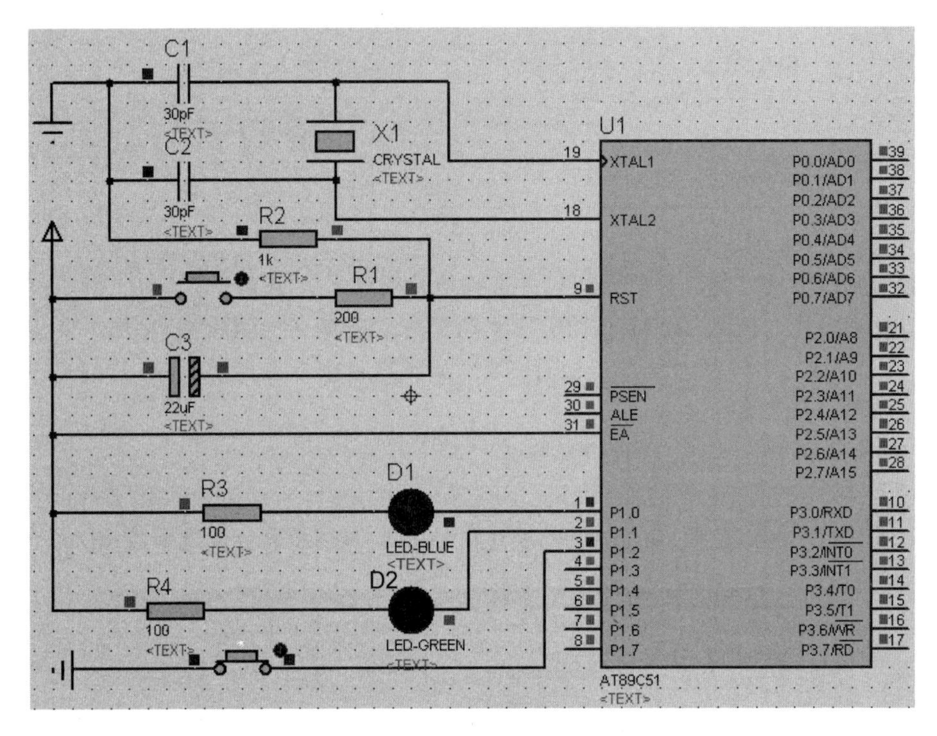

图 5.8 按下按钮时运行结果

2. 利用 P1 口驱动蜂鸣器

蜂鸣器是一种一体化结构的电子讯响器，采用直流电压供电，广泛应用于计算机、打印机、复印机、报警器、电子玩具、汽车电子设备、电话机、定时器等电子产品中作发声器件。在单片机应用系统的设计中，很多方案都会用到蜂鸣器，大部分都是使用蜂鸣器来做提示或报警，如按键按下、开始工作、工作结束或故障发生等。

依照蜂鸣器驱动信号来源的不同，有自激和他激两种。自激蜂鸣器已将驱动信号产生电路设计在其内部，只需加上直流电压，内含的驱动电路就会产生已设计好的频率的电压信号，驱动蜂鸣器连续发声，因此自激蜂鸣器的发声频率也是固定的。他激蜂鸣器需要使用外部 1/2 占空比的方波信号进行驱动才能发声，可以通过外部驱动脉冲的频率改变发声频率。

单片机驱动他激蜂鸣器的方式有两种：一种是 PWM 输出口直接驱动，另一种是利用 I/O 定时翻转电平产生驱动波形对蜂鸣器进行驱动。

PWM 输出口直接驱动，是利用 PWM 输出口本身可以输出一定的方波来直接驱动蜂

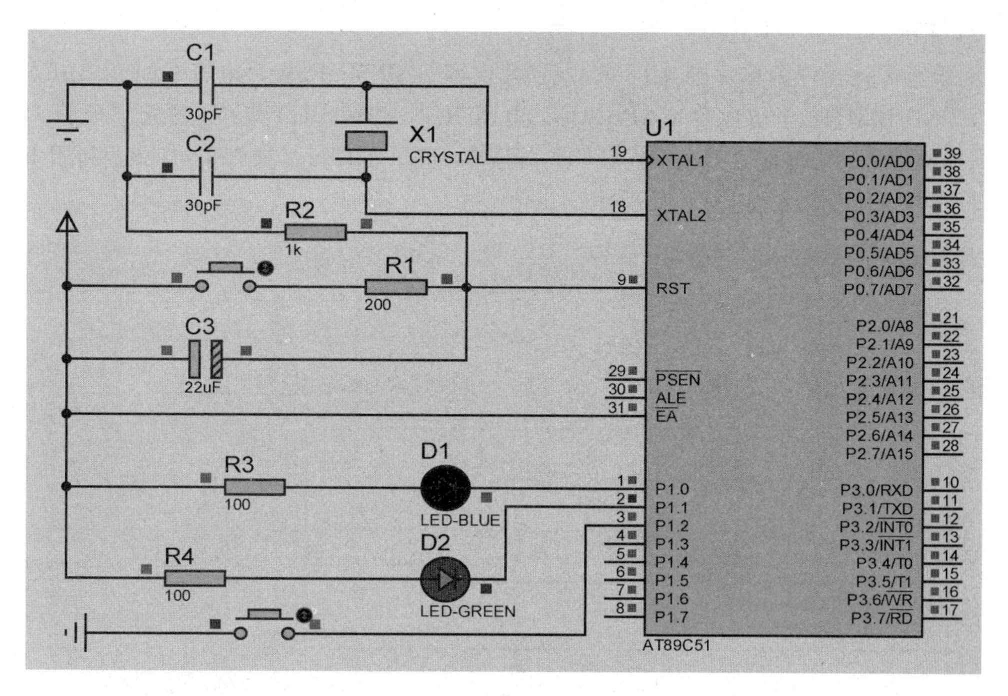

图 5.9　未按下按钮时运行结果

鸣器。在单片机的软件设置中，有几个系统寄存器是用来设置 PWM 口的输出的，可以设置占空比、周期等，通过设置这些寄存器产生符合蜂鸣器要求的频率的波形之后，只要打开 PWM 输出，PWM 输出口就能输出该频率的方波，这时利用这个波形就可以驱动蜂鸣器了。例如，频率为 2000Hz 的蜂鸣器的驱动，可以知道周期为 500μs，这样只需要把 PWM 的周期设置为 500μs，占空比电平设置为 250μs，就能产生一个频率为 2000Hz 的方波，通过这个方波再利用三极管就可以去驱动这个蜂鸣器了。

对于没有 PWM 功能的单片机，利用定时器或延时实现 I/O 口电平定时翻转，从而产生符合蜂鸣器要求的频率的波形，这个波形就可以用来驱动蜂鸣器了。如为 2500Hz 的蜂鸣器的驱动，可以知道周期为 400μs，这样只需要驱动蜂鸣器的 I/O 口每 200μs 翻转一次电平就可以产生一个频率为 2500Hz，占空比为 1/2 的方波。

由于蜂鸣器的工作电流一般比较大，因此要利用放大电路来驱动，一般使用三极管或内部集成达林顿三极管的 ULN2003 来驱动。

1）系统设计要求

在某控制系统中，当系统发生故障时，能产生声光报警，直至技术人员将故障排除。使用单片机 P1 口实现该报警功能。

2）系统设计分析

单片机的最小系统＋蜂鸣器(三极管驱动、P1 口)＋发光二极管(P1 口)。

控制系统发生故障可用开关接地(P1.0 为 0)来模拟。声光报警中的声音可用蜂鸣器来模拟，发光可用 LED 来模拟。由于蜂鸣器的工作电流一般比较大，在此可用三极管来驱动，用定时器或延时实现 I/O 电平定时翻转，从而产生符合蜂鸣器要求的频率的波形。由于蜂鸣器的频率未知，定时器知识尚未涉及，在此可用定时不太准确的延时程序实现。

3）系统原理图设计

系统所需元器件为单片机 AT89C51、瓷片电容 CAP 30pF、瓷片电容 CAP 0.1μF、晶振 CRYSTAL 12MHz、电解电容 CAP-ELEC、电阻 RES、按钮 BUTTON、发光二极管 LED-RED、三极管 NPN(8050)、开关 SWITCH、蜂鸣器 SPEAKER、二极管 IN4148。利用 P1 口驱动蜂鸣器系统原理图如图 5.10 所示。

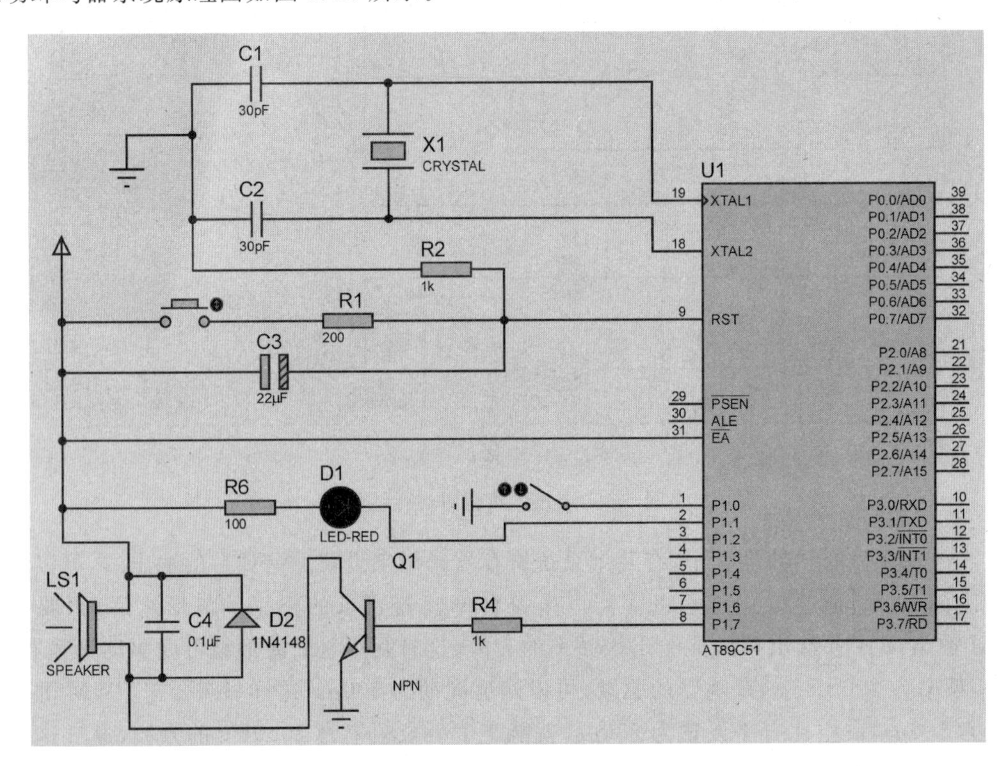

图 5.10　利用 P1 口驱动蜂鸣器系统原理图

4）系统程序流程图设计

利用 P1 口驱动蜂鸣器程序流程图如图 5.11 所示。

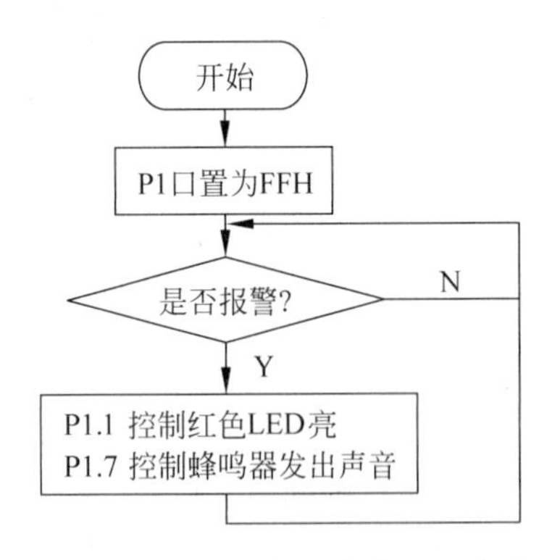

图 5.11　利用 P1 口驱动蜂鸣器程序流程图

5）系统源程序设计

汇编语言源程序如下：

```
        ORG     0030H
        MOV     A,#0FFH         ;将P1口全置1
        MOV     P1,A
LOOP:   JB      P1.0,LOOP       ;P1.0是否为高电平
        CPL     P1.1            ;P1.1红色LED闪烁(取反)
        CLR     P1.7            ;P1.7控制蜂鸣器发声
        LCALL   DELAY
        SETB    P1.7
        LCALL   DELAY
        AJMP    LOOP
DELAY:  MOV     R7,#200         ;延时子程序
D1:     MOV     R6,#248
D2:     DJNZ    R6,$
        DJNZ    R7,D1
        RET
        END
```

C语言源程序如下：

```
#include "reg51.h"
#define uint unsigned int
#define uchar unsigned char
sbit DIPswitch = P1^0;
sbit redLED = P1^1;
sbit sounder = P1^7;
void delay(void)
{
    unsigned char  i;
    {
        for(i = 0;i < 125;i++)
        {;}
    }
}
void main(void)
{
    P1 = 0XFF;
    while (1)
    {
        if(DIPswitch == 0)
        {
            redLED = ~redLED;
            sounder = 0;
            delay();
            sounder = 1;
            delay();
        }
    }
}
```

6）在 Keil 中仿真调试

创建“P1 口驱动蜂鸣器”项目，并选择单片机型号为 AT89C51，输入汇编源程序，保存为“P1 口驱动蜂鸣器. ASM”或者“P1 口驱动蜂鸣器. C”，将源程序“P1 口驱动蜂鸣器. ASM”或“P1 口驱动蜂鸣器. C”添加到项目中。编译源程序，创建了“P1 口驱动蜂鸣器. HEX”。

7）在 Keil 和 Proteus 中联合仿真调试

在已绘制好的原理图的 Proteus ISIS 菜单中，执行 Debug→Use Remote Debug Monitor（使用远程调试监控）命令，此时，Keil 和 Proteus 就可以联合调试了，如图 5.7 所示。

在 Keil 中执行 Debug→Start/Stop Debug Session 命令，进入 Keil 调试环境。同时在 Proteus ISIS 窗口中可以看到 Proteus 也进入了程序调试状态。

在 Keil 代码编辑窗口中设置相应断点，断点的设置方法：在需要设置断点语句的空白处双击，可设置断点，再次双击，取消断点。

设置好断点后，在 Keil 中按下 F5 键或者 F11 键运行程序。无故障时，发光二极管不亮，没有报警声音，当系统发生故障时，红色 LED 闪烁，蜂鸣器发出声音，如图 5.12 所示。

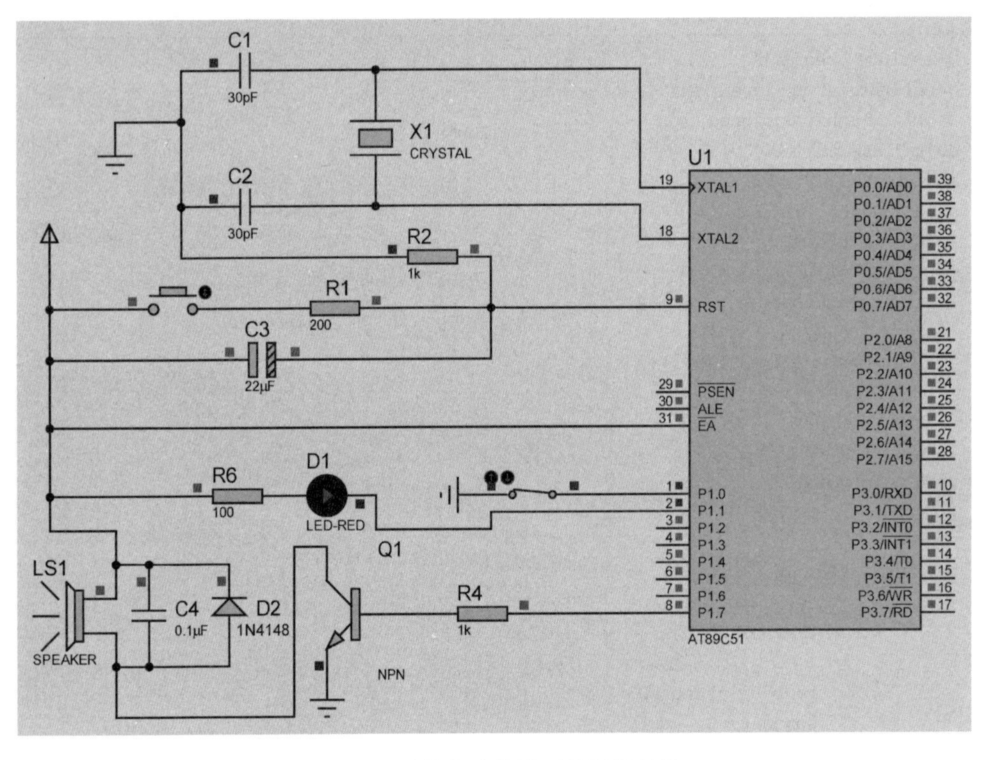

图 5.12　系统发生故障时的运行结果

5.2　定时/计数器及其应用系统设计

定时/计数器是 51 系列单片机的重要功能模块之一，它的用途非常广泛，常用于测量时间、速度、频率、脉宽、为编程人员提供准确定时等。

定时器可以产生毫秒宽的脉冲来驱动步进电机一类的电器机械。计数器常用于外部事件的计数。

51 系列单片机(51 子系列)内带有两个 16 位定时/计数器 T0 和 T1,它们既可用作定时器,也可用作计数器,具体应用哪种,可以通过编程来设定。

5.2.1　定时/计数器的结构及其工作原理

1. 定时/计数器的结构

定时/计数器由加法计数器 T0、T1、方式寄存器 TMOD 和控制寄存器 TCON 等构成,其结构如图 5.13 所示。

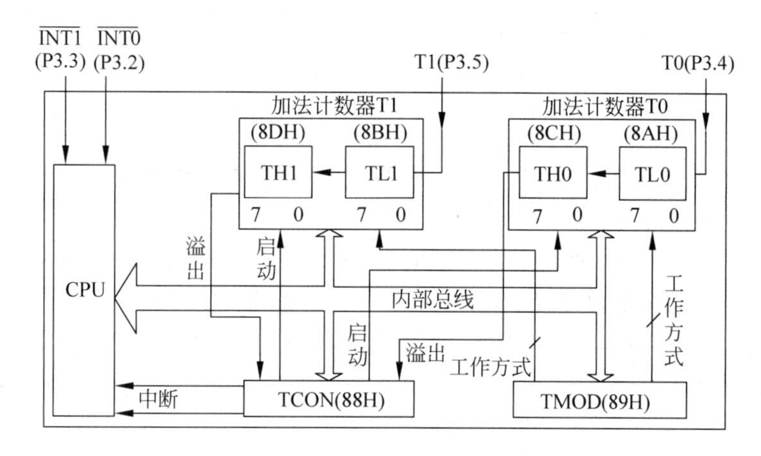

图 5.13　定时/计数器的结构

T0、T1 是定时/计数器的核心,都是 16 位加法计数器,最大计数值为 $2^{16}=65\,536$,分别由特殊功能寄存器 TH0、TL0 和 TH1、TL1 组成。TH0、TL0 是定时/计数器 T0 的高 8 位和低 8 位,TH1、TL1 是定时/计数器 T1 的高 8 位和低 8 位。

方式寄存器 TMOD 用于定时/计数器的工作模式和工作方式的选择;TCON 用于定时/计数器的启动和停止的控制。

2. 定时/计数器的用法

定时/计数器用作计数器时,计数器对芯片引脚 T0(P3.4)或 T1(P3.5)上的输入脉冲计数,每输入一个脉冲,计数器增加 1。计数器溢出时可向 CPU 发出中断请求信号。

定时/计数器用作定时器时,计数器对内部机器周期脉冲 T_{cy}计数,由于机器周期是定值,因而对 T_{cy}的计数就是定时。

晶振频率 f_{OSC}、晶振周期 T、机器周期 T_{cy}的关系如下:

$$晶振周期\ T = 1/f_{OSC}$$

$$机器周期\ T_{cy} = 晶振周期\ T \times 12 = 12/f_{OSC}$$

假如单片机的晶振频率 f_{OSC}为 12MHz,则机器周期 T_{cy}应为 1μs,机器周期脉冲计数值 100,相当于定时 100μs;假如单片机的晶振频率 f_{OSC}为 6MHz,则机器周期 T_{cy}应为 2μs,机器周期脉冲计数值 100,相当于定时 200μs。

计数器的初值可以由程序设定,设置的初值不同,计数值或定时时间就不同。在计数器的工作过程中,计数器的内容可用程序读回 CPU。

1）定时器的用法

定时器的功用是用来确定时间。如果要求单片机在一定时间后产生某种控制，可将定时/计数器设为定时器。T0 定时器用法示意图如图 5.14 所示。

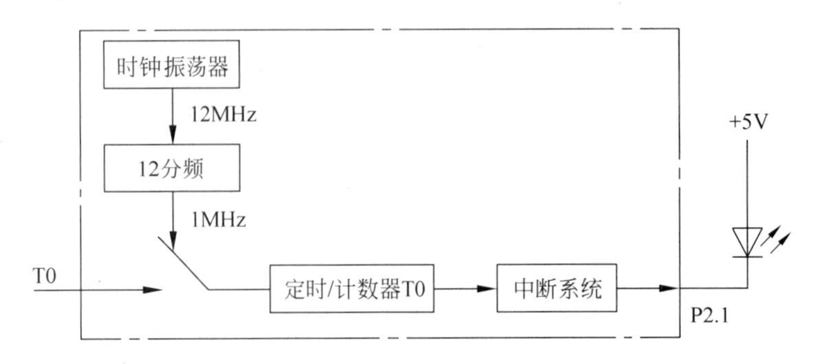

图 5.14　T0 定时器用法示意图

将定时/计数器设为定时器，实际上就是将定时/计数器与外部中断断开，而与内部信号接通，对内部信号进行计数。

（1）最大定时的方法。假设单片机的时钟振荡器频率 f_{OSC} 为 12MHz，它经过 12 分频后得到 1MHz 的脉冲信号，1MHz 信号每个脉冲的持续时间为 1μs。

如果 T0 对 1MHz 的信号进行计数，当计到 65 536 时，将需要 65 536μs，也即 65.536ms。65.536ms 后计数达到最大值，会溢出而输出一个中断请求信号去中断系统。中断系统接受中断请求后，执行中断子程序，子程序的运行结果将 P2.1 端口置"0"，发光二极管发光。

（2）任意定时的方法。在最大定时的方法中，T0 只有在 65.536ms 后计数达到最大值时才会溢出，如果不需要到 65.536ms 就产生溢出，如 1ms，该怎么办呢？1ms＝1000×1μs，即在 1ms 时间内，振荡周期 1μs 的机器时钟振荡次数为 1000 次，即计数 1000。

为了定时 1ms，或计数 1000，可以对 T0 预先进行置数，其初值为 64 536(65 536－1000)，这样 T0 就会从 64 536 开始计数，当计到 65 536 时，就会为 1ms 而产生一个溢出信号。

2）计数器的用法

将定时/计数器设为计数器，实际上就是将定时/计数器与外部中断接通，而与内部信号断开，对外部脉冲信号进行计数。

计数器的功能是用来计数。对定时/计数器，可以用编程的方法将它设为计数器。当定时/计数器用作计数器时，它有 16 位，最大计数值 $2^{16}=65\ 536$。当有脉冲信号输入时，计数器对脉冲进行计数，计数达到最大值 65 536 时，计数器溢出，会输出一个中断请求信号到中断系统，中断系统接受中断请求后，执行中断子程序。

任意计数的方法与任意定时的方法类似，也是先进行预先置数，然后才开始计数。

3. 定时/计数器控制寄存器 TCON

定时/计数器控制寄存器 TCON，字节地址 88H，其位定义如表 5.1 所示。

表 5.1　TCON 控制寄存器位定义

D7	D6	D5	D4	D3	D2	D1	D0
TF1	TR1	TF0	TR0	IE1	IT1	IE0	IT0

TF0(TF1)：T0(T1)溢出中断标志位。当 T0(T1)计数溢出时，由硬件置位，并在允许中断的情况下，向 CPU 发出中断请求信号，CPU 响应中断而转向中断服务程序时，由硬件自动将该位清 0。

TR0(TR0)：T0(T1)运行控制位。当 TR0(TR1)=1 时，T0(T1)启动；当 T0(T1)=0 时，T0(T1)关闭。该位由软件进行设置。

IE0(IE1)：外部中断请求标志位。当 P3.2(P3.3)有中断信号，即$\overline{INT0}$($\overline{INT1}$)= 0 时，将 IE0(IE1)置 1，请求中断。

IT0(IT1)：外部中断触发方式控制位，通过软件置 1 或清 0 来控制外部中断的触发信号类型。IT0(IT1)= 1，边沿触发(高到低跳变有效)；IT0(IT1)= 0，电平触发(低电平有效)。

当进入外部中断服务程序后，若触发方式为边沿触发，CPU 自动将 IE0(IE1)清 0；若触发方式为电平触发，则应撤掉外部中断引脚上的中断请求信号，使 IE0(IE1)清 0。

4. 工作模式(方式)设置寄存器 TMOD

定时/计数器有 4 种工作方式，可通过对工作模式(方式)设置寄存器 TMOD 编程设置来选择。TMOD 的低 4 位用于 T0，高 4 位用于 T1，字节地址是 89H。其位定义如表 5.2 所示。

表 5.2　TMOD 位定义

D7	D6	D5	D4	D3	D2	D1	D0
GATE	$C/\overline{T}$	M1	M0	GATE	$C/\overline{T}$	M1	M0

GATE：门控位，用于控制定时/计数器的启动是否受到外部中断请求信号的影响。一般情况下 GATE=0。如果 GATE=1，则 T0 的启动受芯片引脚$\overline{INT0}$(P3.2)控制，T1 的启动受芯片引脚$\overline{INT1}$(P3.3)控制，即当$\overline{INT0}$($\overline{INT1}$)=0 时，T0(T1)不能启动，$\overline{INT0}$($\overline{INT1}$)=1 时，T0(T1)能够启动；如果 GATE=0，则定时/计数器的启动与芯片引脚$\overline{INT0}$、$\overline{INT1}$无关。

$C/\overline{T}$：定时或计数功能选择位。当 $C/\overline{T}$=1 时，为计数模式；当 $C/\overline{T}$=0 时，为定时模式。

M1、M0：定时/计数器工作方式选择位，其值与工作方式对应关系如表 5.3 所示。

表 5.3　定时/计数器工作方式

M1	M0	工作方式	方 式 说 明
0	0	0	13 位定时/计数器，T0 由 TH0(8 位)和 TL0 的低 5 位构成，T1 由 TH1(8 位)和 TL1 的低 5 位构成，最大计数值为 $2^{13}=8192$
0	1	1	16 位定时/计数器，T0 由 TH0 和 TL0 构成，T1 由 TH1 和 TL1 构成。最大计数值为 $2^{16}=65\,536$
1	0	2	带自动重装功能的 8 位计数器，TL0 和 TL1 为 8 位计数器，TH0 和 TH1 存储自动重装载的初值
1	1	3	只用于 T0。把 T0 分为两个独立的 8 位定时器 TH0 和 TL0。TL0 占用 T0 的全部控制位，TH0 占用 T1 的部分控制位，此时 T1 用作波特率发生器

5.2.2 定时/计数器的工作方式

1. 工作方式0

当 M1M0=00 时，定时/计数器工作于方式 0。此时 TH0(TH1)为 8 位计数器，TL0(TL1)为 5 位计数器(高 3 位未用)，组成 13 位加法计数器。其逻辑结构如图 5.15 所示(图中 x 取 0 或 1，分别代表 T0 或 T1 的有关信号)。

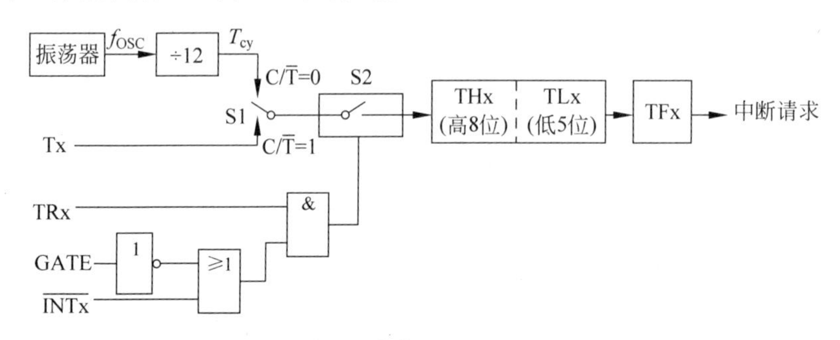

图 5.15 定时/计数器方式 0 的逻辑结构

每当计数脉冲到来时，TLx 首先加 1 计数，TLx 低 5 位计满溢出时，都会向 THx 进位，THx 加 1 计数，当全部 13 位计数器溢出时，则计数器溢出标志位 TFx 置 1，最大计数值为 $2^{13}=8192$。

如果 C/$\overline{T}$=1，开关 S1 将打在下面，定时/计数器工作在计数状态，计数器对 Tx 引脚上的外部脉冲计数；当 C/$\overline{T}$=0 时，开关 S1 打在上面，定时/计数器工作在定时状态，计数器对机器周期脉冲 T_{cy} 计数，每个机器周期 TLx 加 1。

注意：计数器 THx、TLx 溢出后，必须用程序重新对 THx、TLx 设置初值，否则下一次 THx、TLx 将从 0 开始计数。

在工作方式 0 中，任意定时/计数的方法如下。

可以对 Tx 预先进行置数，如果初值为 N，则初值 N 的 6～13 位送入 THx、低 5 位送入 TLx。Tx 就会从 N 开始计数，当计到 8192 时，就会产生一个溢出信号。计数次数为 $(8192-N)$，定时时间为 $(8192-N)\times T_{cy}$。

定时/计数器的启动或停止由 TRx 控制。当 GATE=0 时，只要用软件置 TRx=1，开关 S2 闭合，定时/计数器就开始工作；用软件置 TRx=0，S2 打开，定时/计数器停止工作。

GATE=1 门控方式。此时，仅当 TRx=1 且$\overline{INTx}$引脚上出现高电平(即无外部中断请求信号)时 S2 才闭合，定时/计数器开始工作。如果$\overline{INTx}$引脚上出现低电平(即有外部中断请求信号)，则停止工作。所以，门控方式下，定时/计数器的启动受外部中断请求信号的影响，可用来测量$\overline{INTx}$引脚上出现正脉冲的宽度。

2. 工作方式1

当 M1M0=01 时，定时/计数器工作于方式 1。此时，THx、TLx 都是 8 位计数器，构成 16 位定时/计数器。其他与工作方式 0 相同。

在工作方式 1 中，任意定时/计数的方法如下。

可以对 Tx 预先进行置数，如果初值为 N，则初值 N 的高 8 位送入 THx、低 8 位送入

TLx。Tx 就会从 N 开始计数，当计到 65 536 时，就会产生一个溢出信号。计数次数为(65 536－N)，定时时间为(65 536－N)×T_{cy}。

3. 工作方式 2

当 M1M0＝10 时，定时/计数器工作于方式 2。此时 Tx 是自动重装初值的 8 位定时/计数器。TLx 作为 8 位加法计数器使用，THx 作为初值寄存器使用。其逻辑结构如图 5.16 所示。

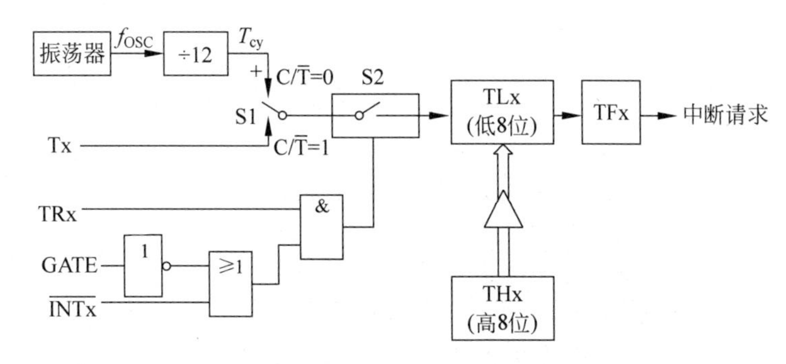

图 5.16　定时/计数器方式 2 的逻辑结构

从前面的讲述可知，工作方式 0 和工作方式 1 的最大特点是计数溢出后，计数器全为“0”，因此循环定时或循环计数应用时就存在反复设置计数初值的问题，这不但影响定时精度，而且也会给程序设计带来麻烦。方式 2 就是针对此问题而设置的，它具有自动重新加载功能，能自动加载计数初值。在这种工作方式下，把 16 位计数器分为两部分，即以 TLx 为计数器，以 THx 为预置寄存器，初始化时把计数器初值分别装入 TLx 和 THx 中。计数溢出后，不是像前两种工作方式那样通过软件方法，而是由预置寄存器 THx 以硬件方法自动给 TLx 重新加载，变软件加载为硬件加载。

THx、TLx 的初值都由软件设置。TLx 计数溢出时，不仅置位 TFx，而且发出重装信号，使三态门打开，将 THx 中的初值自动送入 TLx，并从初值开始重新计数。重装初值后，THx 的内容保持不变。

在工作方式 2 中，任意定时/计数的方法如下。

可以对 Tx 预先进行置数，如果初值为 N，则 THx、TLx 的初值均为 N。TLx 就会从 N 开始计数，当计到 256 时，就会产生一个溢出信号。计数次数为(256－N)，定时时间为(256－N)×T_{cy}。

这种自动重新加载工作方式非常适用于循环定时或循环计数应用，例如产生固定脉宽的脉冲，以及作为串行数据通信的波特率发生器使用。

4. 工作方式 3

当 M1M0＝11 时，定时/计数器工作于方式 3。此时定时/计数器的逻辑结构如图 5.17 所示。

方式 3 只适用于 T0。当 T0 工作在方式 3 时，TH0 和 TL0 被分成两个独立的 8 位寄存器。其中，TL0 即可作为定时器使用，也可作为计数器使用，并使用原 T0 的所有控制位及溢出标志和中断源。而 TH0 只能作为定时器使用，并借用 T1 的两个控制信号 TR1 和

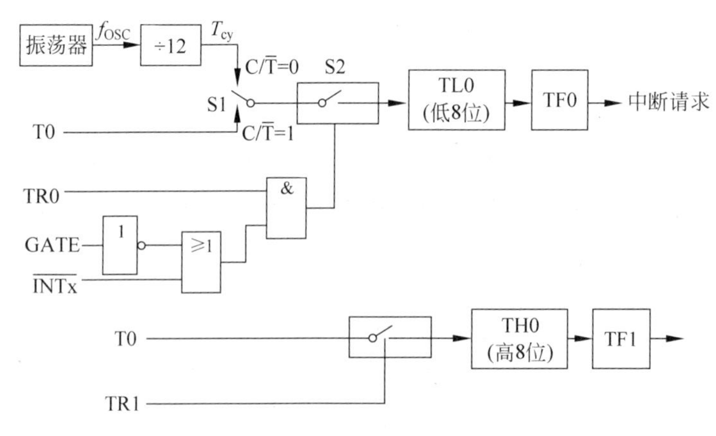

图 5.17 定时/计数器方式 3 的逻辑结构

TF1,TR1 负责 TH0 定时的启动和停止。在这种情况下,由于 TF1 被 T0 占用了,T1 虽然仍可用于方式 0、1、2,但不能使用中断方式。T1 通常用作串行口的波特率发生器,以确定串行通信的速率。当作为波特率发生器使用时,只需设置好工作方式,便可自行运行。如果要 T1 停止工作,只需送入一个把 T1 设置为方式 3 的方式控制字就可以了。由于定时/计数器 T1 不能在方式 3 下使用,如果强行把它设置为方式 3,就相当于停止工作。

在工作方式 3 中,任意定时/计数的方法,同工作方式 2。

5.2.3 定时/计数器应用系统设计

1. 利用定时/计数器控制两盏灯按一定时间交替闪烁

在前面的实例中,由于尚未涉及定时器的知识,只能用定时不太准确的延时程序来实现。在本实例中,可以用定时器准确定时,控制两盏灯按一定时间交替闪烁。

1) 系统设计要求

设晶振频率为 12MHz,使用定时/计数器 0 作为延时控制方式,要求在两灯 P0.0 和 P0.1 之间按 1s 交替闪烁,以查询方式完成。

2) 系统设计分析

单片机的最小系统+LED1(P0.0)+LED2(P0.1)。

延时 1s,定时/计数器 0 应选择哪种工作方式? 工作方式 0、1、2、3 均能实现。哪种工作方式更适合延时 1s 呢? 延时 1s,超出了定时器的最大定时间隔,由于工作方式 1 定时最大值为 65.536ms,因此可采用循环计数方式实现。晶振频率为 12MHz,$T_{cy}=1\mu s$,为便于计算,可选定时 50ms,重复 20 次即为 1s。定时 50ms,计数次数应为 50ms /1μs =50×1000=50 000。T0 初值应为 65 536−50 000=15 536。15 536 可用 16 位二进制数来表示:

```
15536 = 0011 1100 1011 0000B = 3CB0H
```

因此,TMOD 初值应为 01H,TH0 初值应为 3CH,TL0 初值应为 B0H。

3) 系统原理图设计

系统所需元器件为单片机 AT89C51、瓷片电容 CAP30pF、晶振 CRYSTAL 12MHz、电解电容 CAP-ELEC、电阻 RES、按钮 BUTTON、发光二极管 LED-BLUE、发光二极管 LED-GREEN。利用定时/计数器控制两盏灯交替闪烁系统原理图如图 5.18 所示。

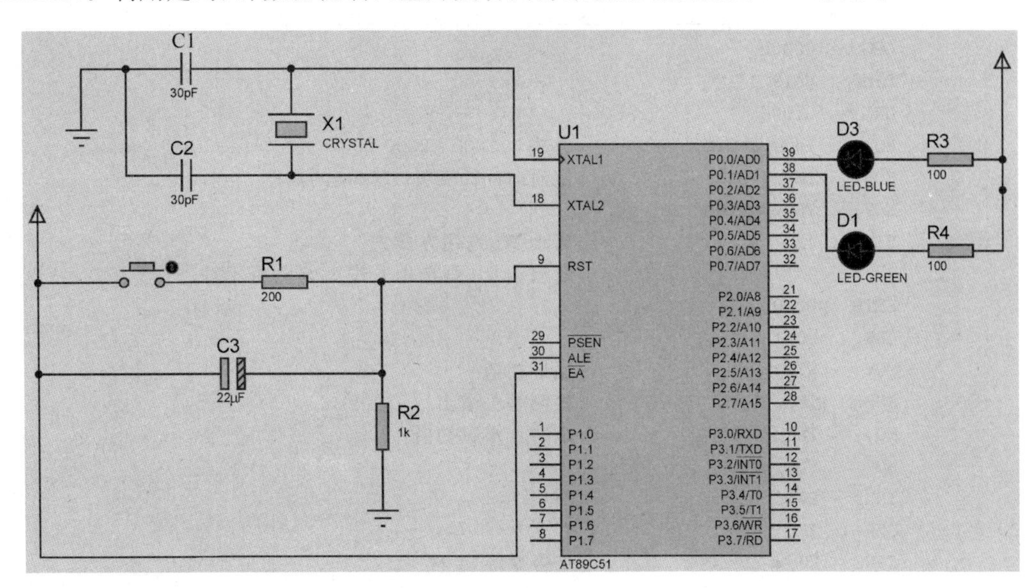

图 5.18　利用定时/计数器控制两盏灯交替闪烁系统原理图

4）系统程序流程图设计

利用定时/计数器控制两盏灯交替闪烁系统程序流程图如图 5.19 所示。

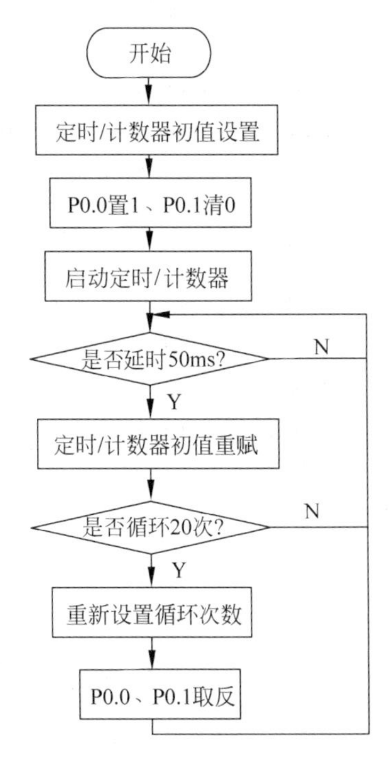

图 5.19　利用定时/计数器控制两盏灯交替闪烁系统程序流程图

5）系统源程序设计

汇编语言源程序如下：

```
        ORG     0000H
        LJMP    MAIN
        ORG     0100H
MAIN:   MOV     TMOD,#01H          ;方式 1,TMOD = 0000 0001
        MOV     TH0,#3CH           ;定时时间为 50ms,12MHz 的晶振
        MOV     TL0,#0B0H
        SETB    TR0                ;启动 T0,选用方式 1
                                   ;若启动 T1,则选用方式 0,与分析不符
        SETB    P0.0
        CLR     P0.1
        MOV     R7,#00             ;循环初值
LOOP:   JNB     TF0,LOOP           ;检测是否溢出
        MOV     TH0,#3CH           ;定时器重赋初值
        MOV     TL0,#0B0H
        INC     R7
        CLR     TF0
        CJNE    R7,#20,LOOP        ;是否循环 20 次
        MOV     R7,#00
        CPL     P0.0
        CPL     P0.1
        AJMP    LOOP
        END
```

C 语言源程序如下：

```
#include"reg51.h"
#define uint unsigned int
#define uchar unsigned char
sbit P0_0 = P0^0;
sbit P0_1 = P0^1;
uint t = 0;
void main(void)
{
    TMOD = 0x01;            //选择方式 1
    TH0 = 0x3C;             //定时时间为 50ms,12MHz 的晶振
    TL0 = 0xB0;
    TR0 = 1;                //启动 TR0,选用方式 1
    P0_0 = 1;
    P0_1 = 0;
    while(1)
    {
        if(TF0 == 1)
        {
            t++;
            TF0 = 0;
            if(t == 20)
            {
```

```
                    t = 0;
                    P0_0 = ~P0_0;
                    P0_1 = ~P0_1;
                }
                TH0 = 0x3C;
                TL0 = 0xB0;
            }
        }
    }
```

6）在 Keil 中仿真调试

创建“定时计数器控制两盏灯”项目，选择单片机型号为 AT89C51，输入源程序，保存为“定时计数器控制两盏灯. ASM”或“定时计数器控制两盏灯. C”。将源程序添加到项目中。编译源程序创建了“定时计数器控制两盏灯. HEX”。

7）在 Proteus 中仿真调试

打开定时计数器控制两盏灯. DSN，双击 AT89C51 系列单片机，在 Program File 项中，选择在 Keil 中生成的十六进制文件“定时计数器控制两盏灯. HEX”。

单击▶按钮进入程序运行状态，观看原理图中灯的变化，如图 5.20 所示。

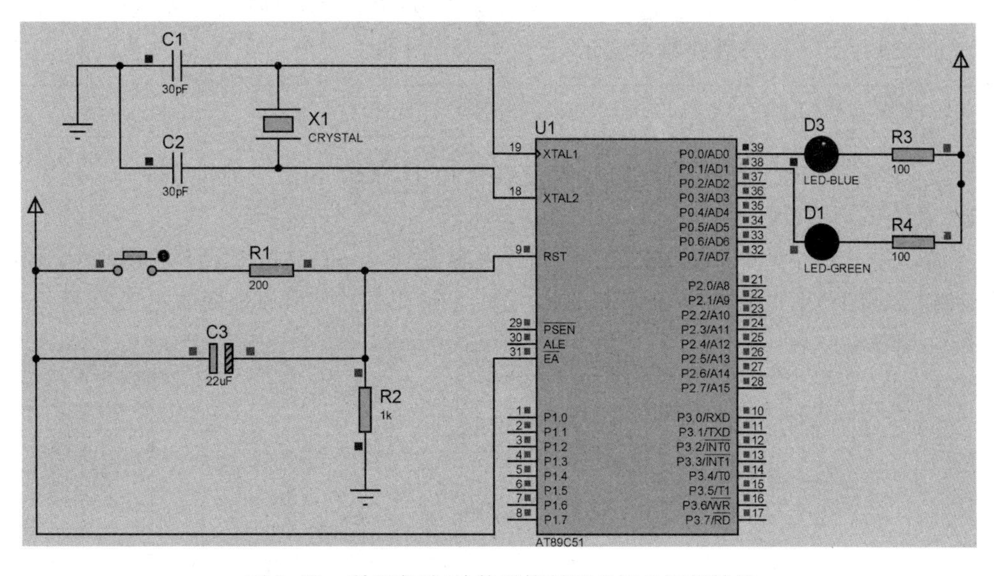

图 5.20 利用定时/计数器控制两盏灯的运行结果

2. 利用定时器输出占空比为一定比率的脉冲信号

在 5.1.5 节中的利用 P1 口驱动蜂鸣器实例中，他激蜂鸣器需要使用外部 1/2 占空比的方波信号驱动才能发声。对于有 PWM 功能的单片机，可以利用 PWM 输出口直接控制外部驱动脉冲频率来驱动蜂鸣器；对于没有 PWM 功能的单片机，就需要利用定时器或延时实现 I/O 电平定时翻转，从而产生符合蜂鸣器要求的频率的波形，用这个波形来驱动蜂鸣器。

占空比是指高电平在一个周期之内所占的时间比率，方波的占空比为 50%，占空比为 1/2，说明正电平所占时间为 1/2 个周期。在 5.1.5 节中的利用 P1 口驱动蜂鸣器实例中，他激蜂鸣器需要使用外部1/2占空比的方波信号驱动才能发声。

在现代控制系统中,控制精度要求越来越高,特别是在电控系统中,以前所采用的一些普通的开关式的执行器件已经不能满足现代控制系统的要求了。准确地说,占空比控制应该称为电控脉宽调制技术,它是通过电子控制装置对加在工作执行元件上一定频率的电压信号进行脉冲宽度的调制,以实现对所控制的执行元件工作状态精确、连续的控制。那么为什么又将电控脉宽调制技术称为占空比控制技术呢,事实上,占空比是对电控脉宽调制的引申说明,占空比实质上是指受控制的电路被接通的时间占整个电路工作周期的百分比。

1) 系统设计要求

设单片机的晶振频率为12MHz,利用定时/计数器1,在方式0下由P1.0输出周期为1ms占空比为20%的脉冲信号,以查询方式完成。

2) 系统设计分析

单片机的最小系统+示波器(OSCILLOSOPE)(可由工具箱中"虚拟仪器"按钮弹出INSTRUMENTS选择)。

当定时/计数器1工作于方式0时,计数器T1为13位,最大计数值为$2^{13}=8192$。当晶振频率为12MHz时,$T_{cy}=1\mu s$,定时最大值为$8192\mu s$。根据输出要求,脉冲信号在一个周期内高电平占$200\mu s$,低电平占$800\mu s$,可较好地满足要求。

为便于使用循环嵌套,可选定时$100\mu s$,计数次数应为100。T1初值应为8192−100=8092。8092可用16位二进制数来表示:

```
8092 = 1111 1100 × × ×1 1100B = FC1CH
```

因此,TMOD初值应为00H,TH1初值应为FCH,TL1初值应为1CH。

3) 系统原理图设计

系统所需元器件为单片机AT89C51、瓷片电容CAP 30pF、晶振CRYSTAL 12MHz、电阻RES、按钮BUTTON、电解电容CAP-ELEC。定时器输出脉冲信号原理图如图5.21所示。

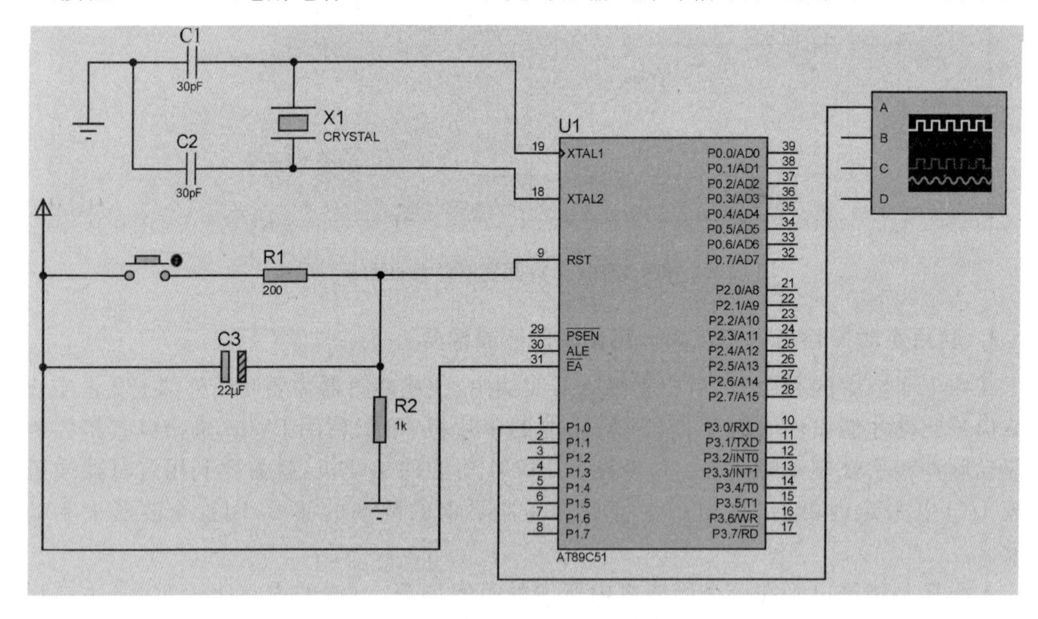

图5.21 定时器输出脉冲信号原理图

4）系统程序流程图设计

定时器输出脉冲信号程序流程图如图 5.22 所示。

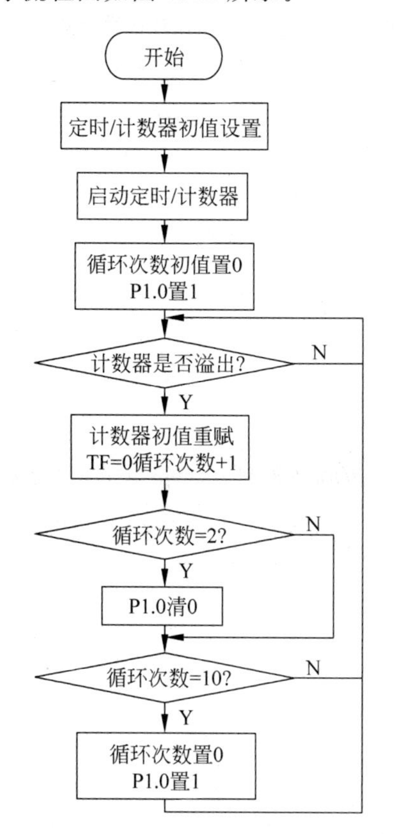

图 5.22 定时器输出脉冲信号程序流程图

5）系统源程序设计

汇编语言源程序如下：

```
        ORG     0100H
        MOV     TMOD, #00H          ;工作方式 0
        MOV     TH1, #0FCH          ;T1 初值高 8 位
        MOV     TL1, #1CH           ;T1 初值低 5 位
        MOV     R0, #00             ;循环次数
        SETB    TR1                 ;启动 T1
        SETB    P1.0
LOOP:   JNB     TF1,LOOP
        MOV     TH1, #0FCH          ;T1 初值重赋
        MOV     TL1, #1CH
        INC     R0
        CLR     TF1
        CJNE    R0, #2,LOOP1        ;是否达到 2 次(高电平 200μs)
        CLR     P1.0                ;达到 2 次(高电平 200μs),转为低电平
```

```
LOOP1:    CJNE    R0,#10,LOOP         ;是否达到10次(高电平200μs, 低电平800μs)
          SETB    P1.0                ;达到10次(1000μs), 开始新的周期
          MOV     R0,#00              ;循环次数重置
          AJMP    LOOP
          END
```

C语言源程序如下:

```
#include"reg51.h"
#define uint unsigned int
#define uchar unsigned char
sbit P1_0 = P1^0;
uint t = 0;
void main(void)
{
    TMOD = 0x00;              //选择方式0
    TH0 = 0xfc;               //定时时间为100μs,12MHz的晶振
    TL0 = 0x1c;
    TR0 = 1;                  //启动TR0
    P1_0 = 1;
    while(1)
    {
        if(TF0 == 1)
        {
            t++;
            TF0 = 0;
            if(t == 2)
            {
                P1_0 = 0;
            }
            if(t == 10)
            {
                t = 0;
                P1_0 = 1;
            }
            TH0 = 0xfc;
            TL0 = 0x1c;
        }
    }
}
```

6) 在Keil中仿真调试

创建"定时器输出脉冲信号"项目,选择单片机型号为AT89C51,输入源程序,保存为"定时器输出脉冲信号.ASM"或者"定时器输出脉冲信号.C"。

将源程序添加到项目中,编译源程序,并创建了"定时器输出脉冲信号.HEX"。

7) 在Proteus中仿真调试

打开"定时器输出脉冲信号.DSN",双击AT89C51系列单片机,在Program File项中,选择在Keil中生成的十六进制文件"定时器输出脉冲信号.HEX"。单击▶按钮进入程序

运行状态，示波器的变化如图 5.23 所示。

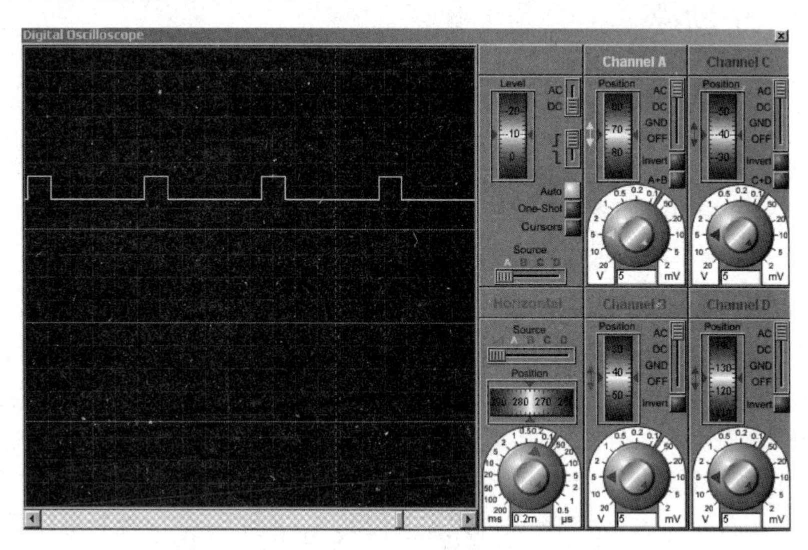

图 5.23　定时器输出等宽正方波的运行结果

5.3　中断及其应用系统设计

5.3.1　中断的基本概念

在单片机中，当 CPU 正在执行程序时，由于单片机内部或外部的原因引起的随机事件要求 CPU 暂停正在执行的程序，而转向执行一个用于处理该随机事件的程序，处理完后又返回被中断的程序断点处继续执行，这一过程就称为中断。中断可以提高 CPU 的工作效率、实现实时处理、及时处理故障等。

中断系统是指能实现中断功能的硬件和软件，是单片机的重要组成部分。实时控制、故障自动处理时往往用到中断系统，单片机与外部设备间传送数据及实现人机联系时也常常采用中断方式。中断系统需要解决的问题如下。

(1) 中断源。中断请求信号的来源，包括中断请求信号的产生及该信号怎样被 CPU 有效地识别，而且要求中断请求信号每产生一次，只能被 CPU 接收处理一次，即不允许一次中断申请被 CPU 多次响应。这就涉及中断请求信号的及时撤除问题。

(2) 中断优先级控制。一个单片机应用系统，特别是单片机实时测控应用系统，往往有多个中断源，各个中断源所要求的处理具有不同的轻重、缓急程度。与人处理问题的思路一样，希望重要、紧急的事件先处理，而且如果当前正在处理某个事件的过程中，有更重要的、更紧急的事件到来，就应当暂停当前事件的处理，转去处理新事件。这就是中断系统优先级控制所要解决的问题。中断优先级的控制形成了中断嵌套。

(3) 中断响应与返回。CPU 采集到中断请求信号后，怎样转向特定的中断服务子程序及执行完中断服务子程序后怎样返回被中断的程序继续正确的执行。中断响应与返回的过程中涉及 CPU 响应中断的条件、现场保护等问题。

5.3.2 中断源

产生中断请求信号的来源统称为中断源。8051单片机有5个(52子系列6个)中断源。包括两个外部中断($\overline{INT0}$、$\overline{INT1}$)、两个定时中断(T0、T1)和一个串行中断。

5个中断源共有6个中断请求标志(TF0、TF1、IE0、IE1、TI、RI),分别存放在定时控制寄存器(TCON)和串口控制寄存器(SCON)中。

1. 外部中断

外部中断是由外部接口电路(如打印机、键盘、控制开关、外部故障等)引起的中断。外部中断0请求信号$\overline{INT0}$由P3.2引脚输入;外部中断1请求信号$\overline{INT1}$由P3.3引脚输入。当这两个中断源有中断请求信号时,对应的中断请求标志位IE0和IE1由硬件自动置1。

外部中断请求触发有两种方式:电平触发(低电平有效)及边沿触发(负跳变即下降沿有效)。用户可通过对触发方式控制位IT0和IT1的设置来选择所需的触发方式。

中断请求标志位IE0、IE1和触发方式控制位IT0、IT1位于定时控制寄存器TCON中。

2. 定时中断

定时中断是由内部定时或外部计数溢出引起的中断。外部计数信号T0由P3.4输入;外部计数信号T1由P3.5输入。当这两个中断源有中断请求信号时,对应的中断请求标志位TF0和TF1由硬件自动置1。CPU响应中断而转向中断服务程序时,由硬件自动将TF0或TF1清0,即CPU响应中断后能自动撤除中断请求信号。利用定时中断,可以实现定时或计数功能。

定时中断请求标志位TF0和TF1位于定时控制寄存器TCON中。

3. 串行口中断

串行口中断是为了接收和发送串行数据而设置的。串行中断请求输入信号RXD由P3.0输入,串行中断请求输出信号TXD由P3.1输入。51系列单片机内部有一个全双工的异步串行口,当串行口发送或接收完一帧信息时,产生发送或接收中断请求,中断请求标志位TI或RI由硬件自动置1。CPU响应中断后,接口硬件不能自动将TI或RI清0,即CPU响应中断后不能自动撤除中断请求信号,用户需采用软件方法将TI或RI清0,撤除中断请求信号。

串行口中断请求标志位TI和RI位于串行控制寄存器SCON中。

5.3.3 中断控制

51系列单片机设置了4个特殊功能寄存器用于中断控制,分别是定时控制寄存器TCON、串行控制寄存器SCON、中断允许寄存器IE和中断优先级寄存器IP。这4个寄存器都是可位寻址的特殊功能寄存器,用户可以通过设置其中每位的状态来管理中断系统。

中断源的中断请求通过TCON和SCON中相应的中断请求标志位的状态得到反映;通过设置IE中各中断允许控制位的状态,可以禁止或允许对应中断源的中断请求;通过设置IP中各中断源的优先级别,可以决定对各中断源的响应顺序及实现中断嵌套。

1. 定时控制寄存器 TCON

TCON 寄存器的字节地址为 88H，其高 4 位用于定时/计数器的中断控制，低 4 位用于外部中断的控制，其位定义如表 5.4 所示。

表 5.4　定时控制寄存器 TCON 位定义

D7	D6	D5	D4	D3	D2	D1	D0
TF1	TR1	TF0	TR0	IE1	IT1	IE0	IT0

有关 TCON 的位地址、含义和用法在 5.2 节已进行了详细说明，这里只给出与中断控制有关位的含义和用法。

(1) TF0(TF1)：T0(T1)溢出中断标志位。当 T0(T1)计数溢出时，TF0(TF1)由硬件自动置 1，并在允许中断的情况下，向 CPU 发出中断请求信号，CPU 响应中断而转向中断服务程序时，由硬件自动将该位清 0。

当 T0(T1)工作于中断方式时，TF0(TF1)作为中断请求标志位，得到 CPU 响应中断后自动清 0；当 T0(T1)工作于查询方式时，执行完相应服务程序后，需要由软件清 0，如 CLR TF0。

(2) IE0(IE1)：外部中断 1(0)的中断请求标志位。当 CPU 检测到 P3.2(P3.3)有中断请求信号，即$\overline{INT0}$($\overline{INT1}$)= 0 时，IE0(IE1)由硬件自动置 1；得到响应后，由硬件自动清 0。

(3) IT0(IT1)：外部中断触发方式控制位，通过软件置 1 或清 0 来控制外部中断的触发信号类型。IT0(IT1)= 1，边沿触发(高到低跳变有效)；IT0(IT1)= 0，电平触发(低电平有效)。进入外部中断服务程序后，若触发方式为边沿触发，CPU 自动将 IE0(IE1)清 0；若触发方式为电平触发，则应撤掉外部中断引脚上的中断请求信号，使 IE0(IE1)清 0。

2. 串行口控制寄存器 SCON

SCON 寄存器的字节地址为 98H，其中 D2～D7 位用于串行口方式设置和串行口发送/接收控制，与中断控制有关的只有两位，其位定义如表 5.5 所示。

表 5.5　串行口控制寄存器 SCON 位定义

D7	D6	D5	D4	D3	D2	D1	D0
SM0	SM1	SM2	REN	TB8	RB8	TI	RI

(1) TI：串行口发送中断标志位。

当串行口向外设发送完一帧数据时，向 CPU 请求中断，请求 CPU 向串口缓存器传送一帧数据，TI 由硬件自动置 1。但当 CPU 响应中断请求后，TI 不能被硬件自动复位，而必须由用户在中断服务程序中用指令将其清 0，如 CLR TI。

(2) RI：串行口接收中断标志位。

当串行口从外设接收完一帧数据时，向 CPU 请求中断，请求 CPU 从串口缓存器取走这帧数据，RI 由硬件自动置 1。但当 CPU 响应中断请求后，RI 不能被硬件自动复位，而必须由用户在中断服务程序中用指令将其清 0，如 CLR RI。

3. 中断允许控制寄存器 IE

中断允许控制寄存器 IE 的字节地址为 A8H,用于实现二级中断允许控制管理。第一级可视为一个总开关,第二级可视为 5 个分开关。通过对 IE 中这些控制位的设置,可以决定是否允许 CPU 响应各中断源的中断请求。其位定义如表 5.6 所示。

表 5.6 中断允许寄存器 IE 位定义

D7	D6	D5	D4	D3	D2	D1	D0
EA	—	ET2	ES	ET1	EX1	ET0	EX0

(1) EA:中断允许控制位。EA=0,屏蔽所有的中断请求;EA=1,开放中断。EA 的作用是使中断允许形成两级控制,即各中断源的中断允许与否,首先受 EA 位的控制,其次还要受各中断源自己的中断允许位控制。

(2) ET2:定时/计数器 T2 的溢出中断允许位,只用于 52 子系列(51 子系列无此位)。ET2=0,禁止 T2 中断;ET2=1,允许 T2 中断。

(3) ES:串行口中断允许位。ES=0,禁止串行口中断;ES=1,允许串行口中断。

(4) ET0(ET1):定时/计数器 T0(T1)的溢出中断允许位。ET0(ET1)=0,禁止 T0(T1)中断;ET0(ET1)=1,允许 T0(T1)中断。

(5) EX0(EX1):外部中断 0(1)的中断允许位。EX0(EX1)=0,禁止外部中断 0(1)中断;EX0(EX1)=1,允许外部中断 0(1)中断。

4. 中断优先级控制寄存器 IP

1) 中断优先级控制寄存器 IP

中断优先级控制寄存器 IP 的字节地址为 D8H。51 系列单片机的中断源有两个用户控制的中断优先级,从而可实现二级中断嵌套。每个中断源的优先级可通过中断优先控制寄存器 IP 进行设置管理。其位定义格式如表 5.7 所示。

表 5.7 中断优先寄存器 IP 位定义

D7	D6	D5	D4	D3	D2	D1	D0
—	—	PT2	PS	PT1	PX1	PT0	PX0

(1) PT2:定时/计数器 T2 的中断优先级控制位,只用于 52 子系列。

(2) PS:串行口的中断优先级控制位。

(3) PT1:定时/计数器 T1 的中断优先级控制位。

(4) PX1:外部中断$\overline{\text{INT1}}$的中断优先级控制位。

(5) PT0:定时/计数器 T0 的中断优先级控制位。

(6) PX0:外部中断$\overline{\text{INT0}}$的中断优先级控制位。

若以上某一控制位被置 1,则相应的中断源就被设定为高优先级中断;若某一控制位被置 0,则相应的中断源就被设定为低优先级中断。

2) 中断优先级处理原则

由于 51 系列单片机有多个中断源,但却只有两个优先级,因此必然会有若干个中断源处于同一中断优先级。那么,若同时接收到几个同一优先级的中断请求,则CPU又该如何响应中断呢?在这种情况下,响应的优先顺序由中断系统的硬件确定,用户无法决定。该优先级顺序如表5.8所示。

表5.8 中断优先级顺序

中断源	中断请求标志	优先级
外部中断$\overline{INT0}$	IE0	最高
定时/计数器T0中断	TF0	↓
外部中断$\overline{INT1}$	IE1	↓
定时/计数器T1中断	TF1	↓
串行口中断	RI/TI	↓
定时/计数器T2中断	TF2	最低

中断系统遵循如下三条规则。

(1) 正在进行的中断过程不能被新的同级或优先级低的中断请求所中断,一直到该中断服务程序结束,返回了主程序且执行了主程序中的一条指令后,CPU才响应新的中断请求。

(2) 正在进行的优先级低的中断服务程序能被高优先级中断请求所中断,实现两级中断嵌套。

(3) CPU同时接收到几个中断请求时,首先响应优先级最高的中断请求。

3) 中断优先权的实现

上述前两条规则的实现是靠中断系统的两个用户不可寻址的优先级状态触发器来保证的。其中一个触发器用来指示CPU是否正在执行低优先级的中断服务程序。当某个中断得到响应时,由硬件根据其优先级自动将相应的一个优先级状态触发器置1。若高优先级的状态触发器为1,则屏蔽所有后来的中断请求;若低优先级的状态触发器为1,则屏蔽后来的同一优先级中断请求。当中断响应结束时,对应优先级的状态触发器被硬件自动清0。

中断源和相关的特殊功能寄存器以及内部硬件构成了51系列单片机的中断系统。其逻辑结构如图5.24所示。

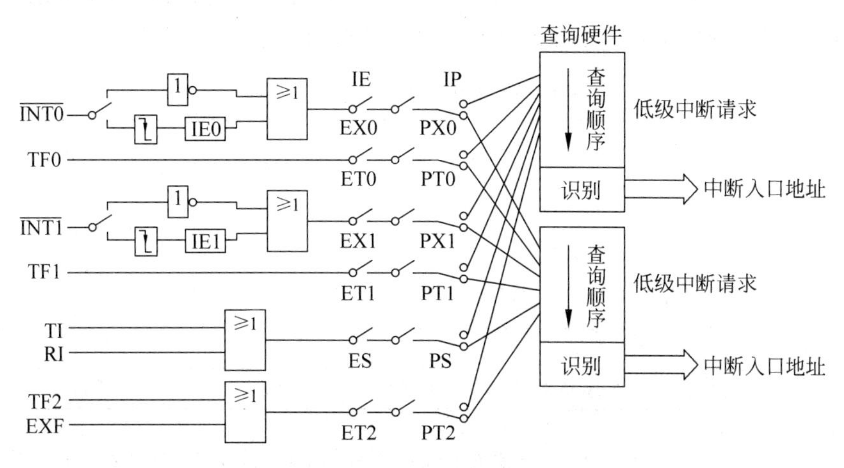

图5.24 中断系统的逻辑结构示意图

5.3.4 中断响应

1. 中断响应条件

单片机每个机器周期中都会对所有中断源的中断标志位按用户设置的优先级和内部规定的优先级进行顺序检测,看它们是否为1。如果是,就说明有中断请求,但CPU不一定会响应,只有满足中断响应条件时,才会给予响应。

中断响应条件一般有以下几个。

(1) CPU开放中断,即EA=1。

(2) 开放对应的中断源,即IE中的标志为1,允许中断。

(3) 无同级或更高级中断正在处理。

(4) 现行指令执行到最后一个机器周期且已结束。

(5) 现行指令为RETI或访问IE、IP后又执行了一条指令。

其中,前两个条件是基本条件,若满足,CPU一般会给予响应。但是,如果后面3个条件不能满足,则中断响应会被阻断。

如果中断请求得不到立即响应,CPU会将该中断请求锁存在对应的中断请求标志位中,然后在下一个机器周期自动查询。

2. 中断响应操作

CPU响应中断后,由硬件自动执行如下的功能操作。

(1) 根据中断请求源的优先级高低,对相应的优先级状态触发器置1。

(2) 保护断点,即把程序计数器PC的内容压入堆栈保存。

(3) 清除内部硬件可清除的中断请求标志位(IE0、IE1、TF0、TF1)。

(4) 把响应的中断服务程序入口地址送入PC,从而转入相应的中断服务程序执行。

(5) 中断服务程序的最后一条指令必须是中断返回指令RETI。CPU执行该指令时,先将相应的优先级状态触发器清0,然后从堆栈中弹出断点地址到PC,从而返回到断点处。

以上这些工作都是由硬件自动完成的,用户不用考虑。但是,用户必须考虑中断服务程序的入口地址是如何分配的。中断服务程序的入口地址如表5.9所示。

表5.9 51系列单片机中断入口地址

操　　作	入口地址
外部中断0($\overline{INT0}$)	0003H
定时/计数器0(T0)中断	000BH
外部中断1($\overline{INT1}$)	0013H
定时/计数器1(T1)中断	001BH
串行口中断	0023H
定时/计数器2溢出或T2EX端负跳变(52子系列)	002BH

程序地址空间原则上可由用户任意安排,但中断源的程序入口地址在51系列单片机中是固定的,用户不能更改。

由于入口地址互相离得很近，只隔几个单元，容纳不下稍长的程序段。所以，其中实际存放的往往是一条无条件转移指令，使其分别跳转到用户程序真正的起始地址或所对应的中断服务程序真正的入口地址。另外，实际编程时，程序必须从 0000H 开始，而且为了让出中断源的中断向量所占用的地址空间，需要在 0000H 开始处也安排一条无条件转移指令，而真正的主程序从 0030H 单元以后开始存放。

同时，由以上过程可知，51 系列单片机响应中断后，只保护断点而不保护现场信息，如累加器 A、工作寄存器 R*n*、程序状态字 PSW 等，且不能清除串行口中断标志 TI 和 RI，也无法清除电平触发的外部中断请求信号，这都需要用户在编制中断服务程序时予以考虑。

5.3.5 中断应用系统设计

1. 利用定时中断控制两盏灯交替闪烁

在定时/计数器应用系统设计实例中，利用定时/计数器控制两盏灯按一定时间交替闪烁，以查询方式完成。在本实例中，也是利用定时/计数器控制两盏灯按一定时间交替闪烁，但是以中断方式完成。注意这两种方式程序设计的区别。

在单片机应用系统的设计中，应熟练掌握查询方式和中断方式应用系统的程序设计方法。在涉及中断的单片机应用系统程序设计中，注意 51 系列单片机中断入口地址(表 5.9)。在单片机应用系统的 C 语言程序设计中，应熟练掌握中断服务函数的使用方法。

中断服务函数格式如下：

```
函数类型 函数名(形式参数) interrupt  M  [using N]
```

例如：

```
void  Time0(void)  interrupt  M  using  N
```

函数各部分代表含义如下。

void Time0(void)是中断服务函数类型及其名称。在 51 系列单片机中，5 种中断分别对应 5 种中断服务函数。中断服务函数的名称可以任意设定，为便于区分，要尽可能与中断名称相近。

值得注意的是，中断服务函数类型 void，说明中断服务函数是不能有返回值的，这点要明确，所以不要企图让中断函数返回值。还有，函数名后面括弧内是没有参数的，这点也需要注意，中断函数不能传递参数。

interrupt 关键字是不可缺少的，由它告诉编译器该函数是中断服务函数，并由后面的 M 指明所使用的中断号。M 的取值范围为 0～31，但具体的中断号要取决于芯片的型号，51 系列实际上就使用 0～4 这 5 个中断号。每个中断号都对应一个中断向量，其中 0 代表外部中断 0、1 代表定时器/计数器 0、2 代表外部中断 1、3 代表定时器/计数器 1、4 代表串行口中断。中断源响应后，处理器会跳转到中断向量所处的地址执行程序，编译器会在这地址上产生一个无条件跳转语句，转到中断服务函数所在的地址执行程序。

using N 中的 *N* 表示所用工作寄存器组，数字范围为 0～3，用来选择不同的寄存器组。如果不需要 using 的话，编译器会自动选择一组寄存器作为绝对寄存器访问的。如果不写，由系统自动分配，一般不用去理会。

1）系统设计要求

设晶振频率为12MHz，使用定时/计数器T0作为延时控制方式，要求在两灯P0.0和P0.1之间按1s交替闪烁，以中断方式完成。

2）系统设计分析

同定时/计数器应用系统设计实例，定时/计数器0仍选择工作方式1，$T_{cy}=1\mu s$，定时50ms，计数次数为50ms /$1\mu s$ =50×1000=50000。T0初值应为65536−50000=15536。15536用16位二进制数来表示：

```
15536 = 0011 1100 1011 0000B = 3CB0H
```

TMOD初值为01H，TH0初值为3CH，TL0初值为B0H。

3）系统原理图设计

系统原理图设计同5.2.3节中的定时/计数器应用系统设计实例(图5.18)。

4）系统程序流程图设计

利用定时中断控制两盏灯交替闪烁系统程序流程图如图5.25所示。

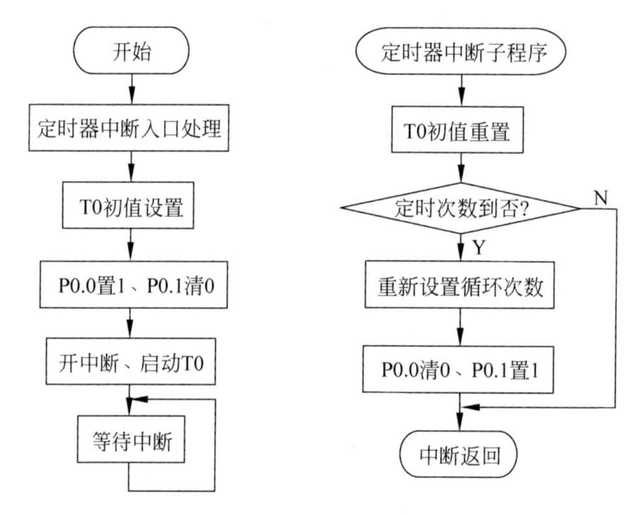

图5.25 利用定时中断控制两盏灯交替闪烁系统程序流程图

5）系统源程序设计

汇编语言源程序如下：

```
        ORG     0000H
        AJMP    MAIN
        ORG     000BH           ;T0 中断入口地址
        AJMP    LIGHT
        ORG     0030H
MAIN:   MOV     SP, #60H        ;堆栈起始地址
        MOV     TMOD, #01H      ;设置 T0 方式 1,定时模式
```

```
        MOV     TH0,#3CH        ;设置 T0 的初值
        MOV     TL0,#0B0H
        SETB    EA              ;设置总中断允许
        SETB    ET0             ;允许 T0 中断
        MOV     R7,#20          ;设置循环计数初值
        SETB    P0.0
        CLR     P0.1
        SETB    TR0             ;启动 T0 工作
        SJMP    $               ;等待中断
;定时中断子程序
        ORG     0100H
LIGHT:  MOV     TH0,#3CH        ;重置 T0 的初值
        MOV     TL0,#0B0H
        DJNZ    R7,EXIT         ;判断次数到否,未到,退出中断子程序,继续
                                ;次数到(1s 时间到),向下执行程序
        MOV     R7,#20          ;重置循环计数初值
        CPL     P0.0
        CPL     P0.1
EXIT:   RETI
        END
```

C 语言源程序如下：

```
#include"reg51.h"
#define uint unsigned int
#define uchar unsigned char
sbit P0_0 = P0^0;
sbit P0_1 = P0^1;
uint t = 0;
void time0_server_(void) interrupt 1
{
    TH0 = 0x3C;
    TL0 = 0xB0;
    t++;
    if(t == 20)
    {
        t = 0;
        P0_0 = ~P0_0;
        P0_1 = ~P0_1;
    }
}
void Init_t0(void)                  //定时器初始化
{
    TMOD = 0x01;                    //选择方式 1
    TH0 = 0x3C;
    TL0 = 0xB0;
    EA = 1;                         //开放中断
    ET0 = 1;                        //定时器中断允许
    TR0 = 1;                        //启动 TR0
```

```
}
void main(void)
{
    P0_0 = 1;
    P0_1 = 0;
    Init_t0();
    while(1)
     {;}
}
```

6）在 Keil 中仿真调试

创建“定时中断控制两盏灯”项目，选择单片机型号为 AT89C51，输入源程序，保存为“定时中断控制两盏灯. ASM”或“定时中断控制两盏灯. C”。将源程序添加到项目中。编译源程序创建了“定时中断控制两盏灯. HEX”。

7）在 Proteus 中仿真调试

打开“定时中断控制两盏灯. DSN”，双击 AT89C51 系列单片机，在 Program File 项中，选择在 Keil 中生成的十六进制文件“定时中断控制两盏灯. HEX”。单击▶按钮进入程序运行状态，观看原理图中灯的变化。

2. 利用中断控制八盏灯花样闪烁

排电阻(Line of Resistance)也称为集成电阻，是一种集多只电阻于一体的电阻器件。一般用于相同多点输入的电路中，如有 N 个开关量的输入需要对输入信号进行限流、滤波的回路。排电阻是 SIP n 的封装，像 SIP 9 就是 8 个电阻封装在一起。8 个电阻有一端连在一起，就是公共端，在排电阻上用一个小点表示。排电阻体积小，安装方便，适合多个电阻阻值相同，而且其中一个引脚都是连在电路的同一位置的场合。

1）系统设计要求

P0 口接 8 盏 LED，使 8 个 LED 闪烁。设计要求：当奇数次按下$\overline{\text{INT0}}$时，8 个 LED 灯每次同时点亮 4 盏，点亮 3 次，即 D0～D3(4 盏灯)与 D4～D7 交叉点亮 3 次；偶数次按下$\overline{\text{INT0}}$时，D0～D7 左移和右移两次；当按下$\overline{\text{INT1}}$时，报警(高优先级)。

2）系统设计分析

单片机的最小系统＋八盏灯(P0 口：电阻或排电阻)＋按钮(中断$\overline{\text{INT0}}$、$\overline{\text{INT1}}$)＋蜂鸣器(报警)＋三极管(放大)。

本系统涉及两个外中断、奇偶判断、中断优先级、LED 的左移和右移等问题。在设计中首先注意两个外中断的入口地址和中断优先级的设置。在按键次数的奇偶判断上可以利用 ANL 等逻辑操作指令更新 PSW 奇偶校验进行判断。LED 的左移和右移问题可以用 RR 和 RL 等逻辑操作指令实现。

3）系统原理图设计

系统所需元器件为：单片机 AT89C51、瓷片电容 CAP(30pF、0.1μF)、晶振 CRYSTAL 12MHz、电解电容 CAP-ELEC、按钮 BUTTON、电阻 RES、排阻 RESPACK-8、发光二极管 GREEN、二极管 IN4148、发光二极管 YELLOW、发光二极管 RED、蜂鸣器 SPEAKER、三极管 NPN(0805)。利用中断控制八盏灯花样闪烁原理图如图 5.26 所示。

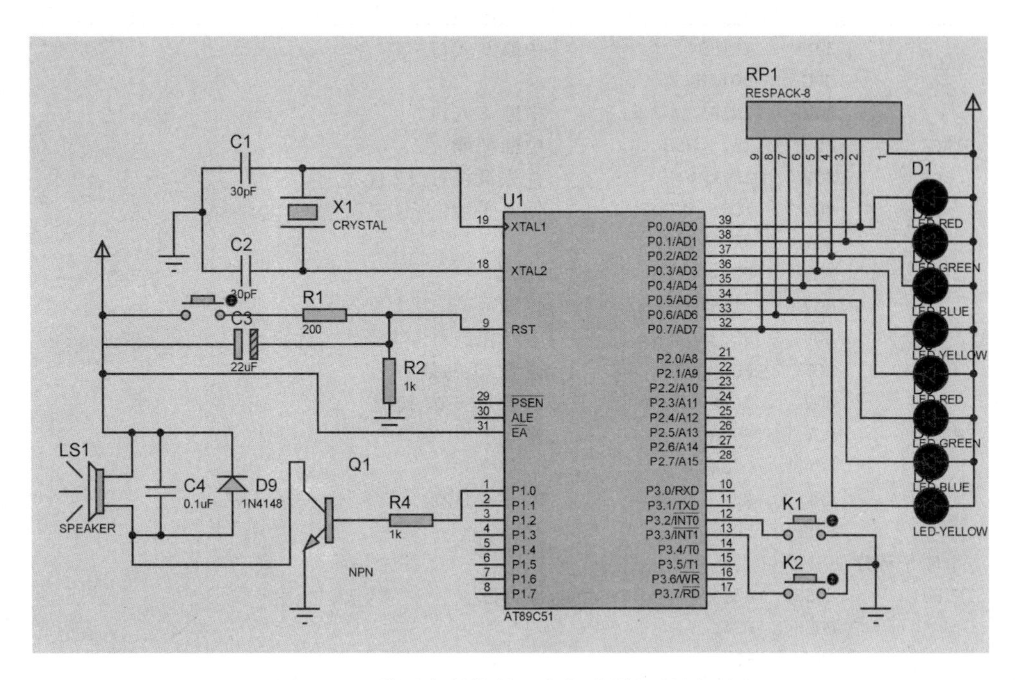

图 5.26　利用中断控制八盏灯花样闪烁原理图

4）系统程序流程图设计

利用中断控制八盏灯花样闪烁程序流程图如图 5.27 所示。

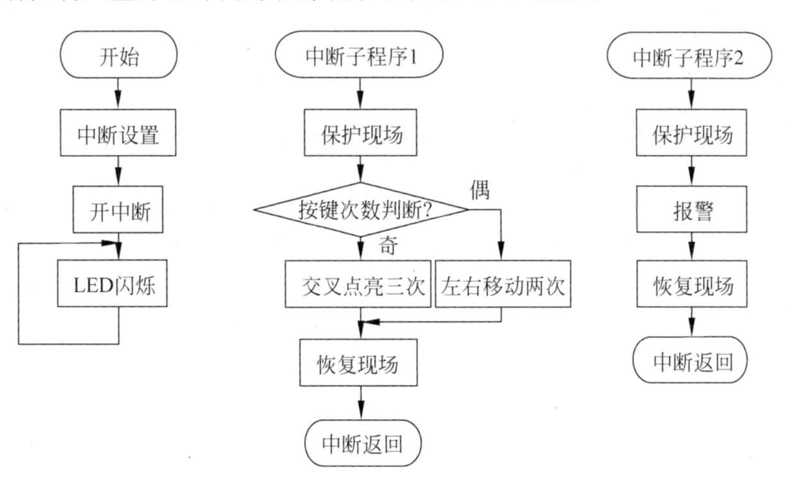

图 5.27　利用中断控制八盏灯花样闪烁程序流程图

5）系统源程序设计

汇编语言源程序如下：

```
        ORG     0000H
        AJMP    START
        ORG     0003H
```

```
            AJMP    INTR0           ;中断 0 入口
            ORG     0013H
            AJMP    INTR1           ;中断 1 入口
START:      MOV     IE, # 85H       ;中断使能
            MOV     IP, # 04H       ;优先级设置,K2 优先
            MOV     TCON, # 00H     ;低电平触发
            MOV     SP, # 60H
            MOV     P0, # 0FFH      ;LED 灯
            MOV     P1, # 0FFH      ;报警
            MOV     P3, # 0FFH      ;中断控制
            MOV     R0, # 00H       ;设置 K1 初值
            MOV     A, # 00H        ;设置 D0～D7 初值
LP1:        MOV     P0,A            ;将 A 送至 P0 口
            LCALL   DELAY
            CPL     A               ;D0～D7 闪烁
            SJMP    LP1
;中断子程序 1
INTR0:      PUSH    ACC             ;保存断点
            PUSH    PSW
            INC     R0              ;K1 + 1
            MOV     A, # 01H        ;取 R0 最后一位
            ANL     A,R0            ;更新 PSW 奇偶校验位
            JNB     PSW.0,DOUBLE    ;判断累加器的奇偶,偶跳转 DOUBLE
            MOV     P0, # 00H
            MOV     A, # 0FH        ;D0～D3,D4～D7 交叉
            MOV     R4, # 03H       ;点亮 3 次
SINGLE:     MOV     P0,A
            LCALL   DELAY
            SWAP    A               ;A 高低字节转换
            DJNZ    R4,SINGLE
            AJMP    EXIT            ;交叉次数到,退出
DOUBLE:     MOV     P0, # 0FFH      ;D0～D7 进行左移和右移程序
            MOV     R1, # 02H       ;移动两次
DOUBLE1:    MOV     A, # 0FEH       ;右边第一个灯灭
            MOV     R2, # 08H       ;移动 8 个灯
LP2:        MOV     P0,A
            RL      A               ;循环左移
            LCALL   DELAY
            DJNZ    R2,LP2
            MOV     A, # 07FH       ;左边第一个灯灭
            MOV     R2, # 08H
LP3:        MOV     P0,A
            LCALL   DELAY
            RR      A               ;循环右移
            DJNZ    R2,LP3
            DJNZ    R1,DOUBLE1      ;移动两次
EXIT:       NOP                     ;恢复断点
            POP     PSW
            POP     ACC
            RETI
```

```
;中断子程序 2
INTR1:      CLR     P1.0        ;报警
            LCALL   DELAY
            SETB    P1.0
            RETI
DELAY:      MOV     R7,#20      ;延时 0.2 秒
DELA1:      MOV     R6,#20      ;延时 0.01 秒
DELA2:      MOV     R5,#248
            DJNZ    R5,$
            DJNZ    R6,DELA2
            DJNZ    R7,DELA1
            RET
            END
```

C 语言源程序如下：

```
#include "reg51.h"
#define uint unsigned int
#define uchar unsigned char
sbit  P1_0 = P1^0;
const tab1[] = { 0xf0,0x0f,0xf0,0x0f, 0xf0,0x0f,           //同时点亮 4 个灯
                 0xaa,0x55,0xaa,0x55,0xaa,0x55,0xff,};
const tab2[] = { 0xfe,0xfd,0xfb,0xf7,0xef,0xdf,0xbf,0x7f,   //正向流水灯
                 0xbf,0xdf,0xef,0xf7,0xfb,0xfd,0xfe,0xff,   //反向流水灯
                 0xfe,0xfd,0xfb,0xf7,0xef,0xdf,0xbf,0x7f,   //正向流水灯
                 0xbf,0xdf,0xef,0xf7,0xfb,0xfd,0xfe,0xff,}; //反向流水灯
uchar a;
void delay()
{
    uint  i,j;
    for(i = 0;i < 256;i++)
    for(j = 0;j < 256;j++)
    {;}
}
void int0() interrupt 0                                     //中断INT0子程序
{
    a = a + 1;
    if(a == 1)
    {
        uchar i;
        for(i = 0;i < 13;i++)
        {
            P0 = tab1[i];
            delay();
        }
    }
```

```
        if(a == 2)
        {
            uchar i;
            for(i = 0;i < 32;i++)
            {
                P0 = tab2[i];
                delay();
            }
            a = 0;
        }
    }
    void int1() interrupt 2                    //中断INT1子程序
    {
        P1_0 = 0;
        delay();
        P1_0 = 1;
    }
    void main(void)
    {
        IE = 0x85;
        IP = 0x04;
        TCON = 0x00;
        a = 0;
        while(1)
        {
            uchar x;
            for(x = 0;x < 23;x++)
            {
                P0 = ~P0;
                delay();
            }
        }
    }
```

6）在 Keil 中仿真调试

创建"中断控制八盏灯花样闪烁"项目，选择单片机型号为 AT89C51，输入源程序，保存为"中断控制八盏灯花样闪烁.ASM"。将源程序"中断控制八盏灯花样闪烁. ASM"或"中断控制八盏灯花样闪烁. C"添加到项目中，编译源程序，并创建"中断控制八盏灯花样闪烁. HEX"。

7）在 Proteus 中仿真调试

打开"中断控制八盏灯花样闪烁. DSN"，双击单片机，选择程序"中断控制八盏灯花样闪烁. HEX"。单击▶按钮进入程序运行状态，在没有按下连接$\overline{INT0}$和$\overline{INT1}$的按钮时，8 个 LED 闪烁；当奇数次按下连接$\overline{INT0}$的按钮时，8 个 LED 每次同时点亮 4 个，点亮 3 次；偶数次按下按钮时，D0～D7 左移和右移两次；当按下连接$\overline{INT1}$的按钮时报警。运行结果如图 5.28 所示。

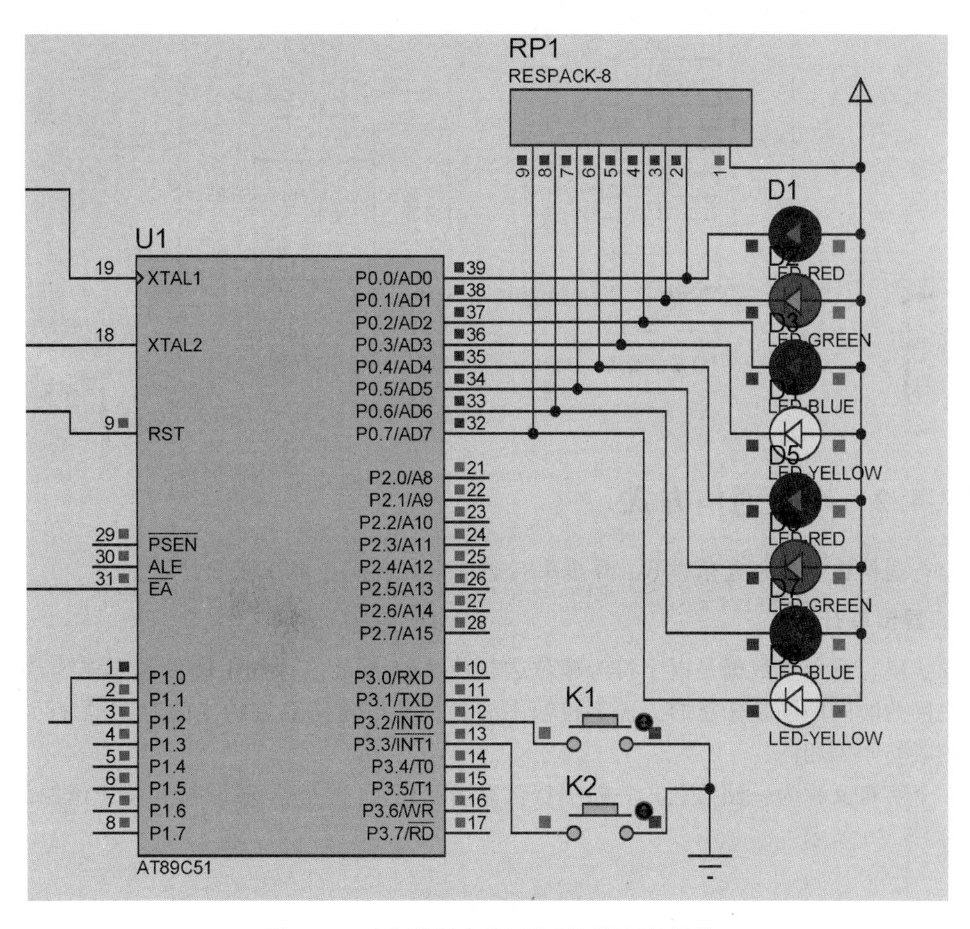

图 5.28　中断控制八盏灯花样闪烁运行结果

5.4　串行口通信及其应用系统设计

5.4.1　数据通信方式

在当前微型计算机应用中，计算机与计算机之间、计算机与其他外设之间需要进行信息的交换，这种信息交换被称为“通信”。在计算机系统中，有两种基本的通信方式：并行通信和串行通信，如图 5.29 所示。

并行通信是构成一组数据的各位同时进行传送，即字节数据的各位在多条数据线上同时传送，每一位数据都需要一条数据线。如图 5.29(a)所示，8 位数据并行传送。其特点是传送速度快，但当距离较远、位数又多时，会导致通信线路成本增加，只适于近距离的通信。

串行通信是数据一位接一位的顺序传送，即字节数据的各位只在一条数据线上按顺序一位接一位的传送，如图 5.29(b)所示，双向数据传送只需要一对传输线。其缺点是传送速度慢，但是其通信线路简单，只要一对传输线就可以实现通信(如电话线)，从而大大降低了成本，特别适用于远距离通信。目前，微型计算机、数码设备等普遍采用的 USB 接口就是采用这种通信方式。

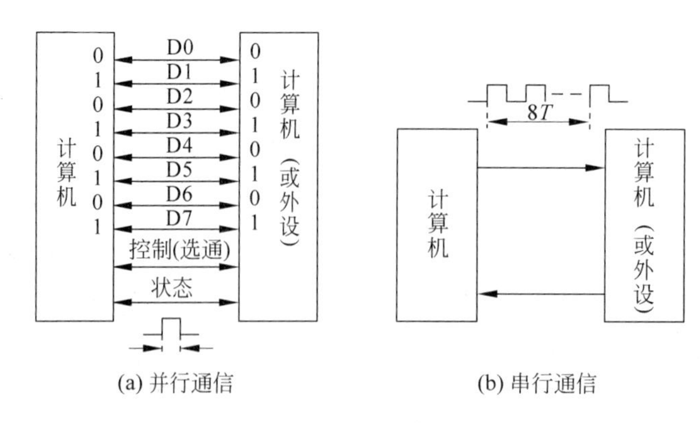

(a) 并行通信 (b) 串行通信

图 5.29 数据通信方式

5.4.2 串行通信方式

串行通信也有两种通信方式：异步串行通信方式和同步串行通信方式。

1. 异步串行通信

异步串行通信中数据是以字符为单位进行传送的，数据在线路上的传送不连续，字符与字符之间的时间间隔是任意的。而字符帧中的各位是以通信双方约定的时间顺序发送的，各位的时间间隔相同。

一个字符又称为一帧信息。一帧字符信息由起始位、数据位、校验位和停止位四部分组成，如图 5.30 所示。

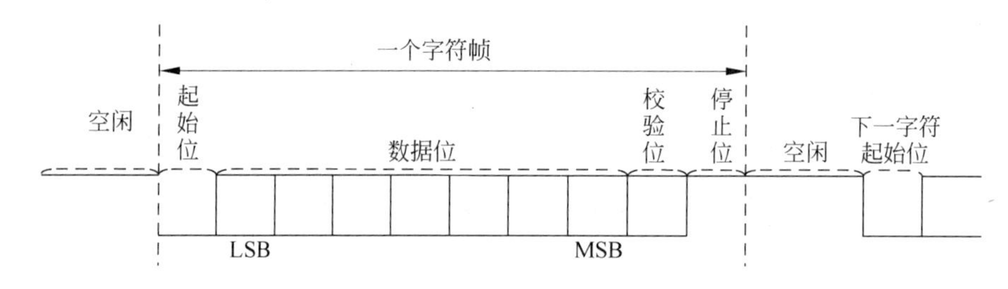

图 5.30 异步串行通信传送的字符格式

1）起始位

起始位位于一帧字符的开头，用低电平 0 来表示。它是一个起始标志，是发送方告知接收方数据开始传送的标志。当接收方检测到传输线上出现低电平时，开始按位接收数据。

2）数据位

数据位紧跟在起始位之后，一般是 7 位或 8 位数据。传送时低位在前、高位在后。

3）校验位

奇偶校验位位于数据的最高位之后，用于数据传送差错的校验，分为奇校验和偶校验。奇校验是使一帧信息中“1”的位数为奇数，偶校验是使一帧信息中“1”的位数为偶数。奇偶校验位是一个选择位，可选可不选，用户可根据需要进行选择。

4）停止位

停止位位于奇偶校验位或数据位之后，是一个字符数据结束的标志。它用高电平“1”来表示一帧信息的结束，可以是一位、一位半或两位。

停止位之后可以是下一帧字符的开始，也可以是若干个空闲位，使线路处于等待状态。空闲位也用高电平“1”来表示。接收方不断地检测线路状态，若连续为“1”后，又检测到一个“0”，就知道一个新的字符到来了。

例如，用 ASCII 码通信，有效数据位 7 位，加一个奇偶校验位、一个起始位和一个停止位，共 10 位。

异步通信的特点是不需要传送双方的时钟一致，设备简单。但每个字符要附加 2～3 位，用于起始位、校验位和停止位，从而降低了有效数据传送的速率。在单片机与单片机之间，单片机与外设之间通常采用异步通信方式。

2. 同步串行通信

在同步串行通信的数据传送中，每一个数据开头处要用同步字符 SYN 来加以指示，使发送与接收取得同步。数据块的各字符间取消了起始位和停止位，从而使通信速率提高。同步串行通信时，如果发送的数据块之间有时间间隔，则发送同步字符填充。同步串行通信的数据传送格式如图 5.31 所示。

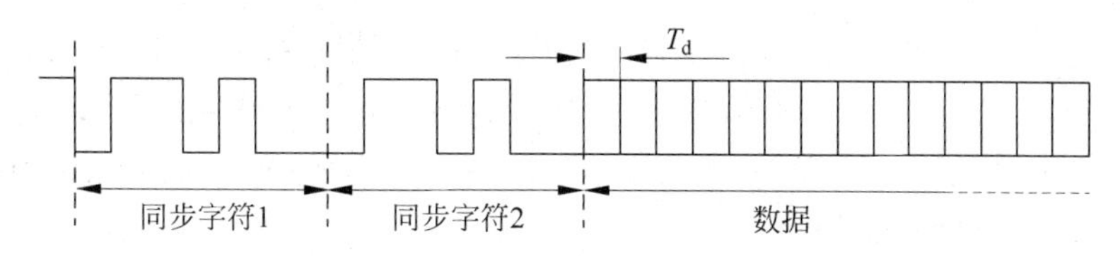

图 5.31 同步串行通信传送的字符格式

3. 串行通信的数据传送方式

串行通信的数据传送方式有单工方式、半双工方式、全双工方式及多工方式。

1) 单工方式

单工方式如图 5.32(a)所示，A 端为发送站，B 端为接收站，数据仅能从 A 端发送至 B 端。

2) 半双工方式

半双工方式如图 5.32(b)所示，数据既可以从 A 端发送至 B 端，也可以从 B 端发送至 A 端。不过，在同一时间只能作一个方向的传送。

3) 全双工方式

全双工方式如图 5.32(c)所示，每个端(A、B)即可同时发送，也可同时接收。

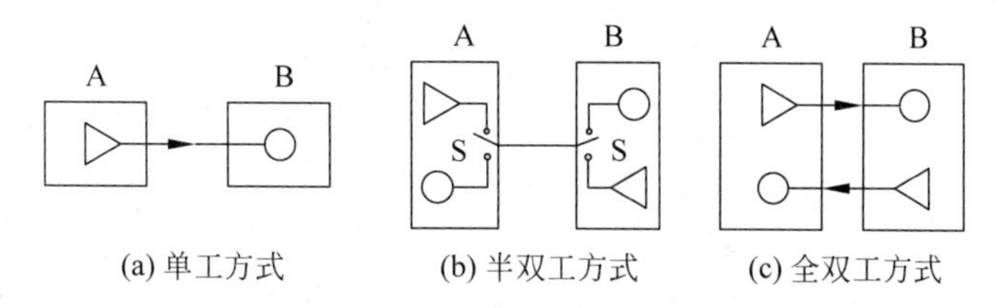

图 5.32 串行通信数据的传送方式

4) 多工方式

以上 3 种传输方式都是用同一线路传送一种频率信号。为了充分利用线路资源，可以使用多路复用器或多路集线器，采用频分、时分或码分复用技术，即可实现在同一线路上资源共享功能，称为多工传输方式。

4. 串行通信的传输速率

串行通信数据线上的数据按位传送，每位信号持续的时间是由数据传送速率决定的。在串行通信中用波特率(Baud Rate)作为数据传送速率的单位。

波特率：单位时间内传送的信息量，以每秒传送的二进制代码的位数表示，即1波特=1位/秒，单位是bps(位/秒)。

在异步串行通信中，发送设备与接收设备要保持相同的传送波特率；在同一次传送过程中，一帧信息的起始位、数据位、校验位和停止位，也必须保持一致，这样才能成功地发送数据。

目前，单片机与其他数字设备之间常采用的波特率为2400bps、4800bps、9600bps、19 200bps、38 400bps、57 600bps等。单片机波特率的实现与主频有关，随着其主频的不断提高，串行口的速率也在提高。

5. 串行通信的距离

若两个单片机通信距离很近，就可以将两个串行口直接用导线连接，但是必须共地。如果距离超过1米，应该使用串行通信接口，最常用的是RS-232通信接口，最大传输距离为12米。如果传输距离大于12米，小于1200米，可以采用RS-485通信接口。当需要传输距离更远时，还需加中继器或调制器。

6. 串行通信的常用标准接口

在串行通信时，要求通信双方都采用一个标准接口，使不同的设备可以方便地连接起来进行通信。51系列单片机与其他51系列单片机或PC进行串行通信时，由于单片机串行接口的信号的电平是TTL型，抗干扰能力差，传输距离短。为了提高串行通信的可靠性，延长通信距离，工程设计人员一般采用标准接口，如RS-232、RS-422A、RS-485等。这3种接口标准都是由美国电子工业协会(Electronic Industry Association，EIA)制定并发布的。随着计算机硬件、软件技术及集成电路技术的迅速发展，工业控制系统已成为计算机技术应用领域中最具活力的一个分支，并取得了巨大进步。由于对系统可靠性和灵活性的高要求，控制器局部网CAN总线也应运而生。

1) RS-232接口

RS-232接口是最常用的一种串行通信接口，它被广泛用于计算机串行接口外设连接。与TTL以高低电平表示逻辑状态的规定不同，RS-232接口是用正负电压来表示逻辑状态，因此，为了能够同计算机接口或终端的TTL器件连接，必须在RS-232与TTL电路之间进行电平和逻辑关系的变换。实现这种变换的方法可用分立元件，也可用集成电路芯片。目前较为广泛地使用集成电路转换器件，其中MAX232芯片可完成TTL↔EIA双向电平转换。

RS-232接口使用一根信号线和一根信号返回线而构成共地的传输形式，容易产生共模干扰，抗噪声干扰性弱；传输速率较低，在异步传输时，波特率为20Kbps；传输距离有限，最大传输距离为15m左右；可以实现点对点的通信方式，但不能实现联网功能。因此，在要求通信距离为几十米到上千米时，广泛采用RS-485串行总线。

2）RS-485 接口

RS-485 接口采用差分信号负逻辑，+2～+6V 表示“0”，-6V～-2V 表示“1”，一般采用主从通信方式通信，即一个主机带多个从机。通信网络现在多采用两线制接线方式，为总线式拓扑结构，在很多情况下，只是简单地用一对双绞线将各个接口的“A”、“B”端连接起来，在同一总线上最多可以挂接 32 个结点。

RS-485 接口采用半双工工作方式，任何时候只能有一点处于发送状态，因此，发送电路须由使能信号加以控制。采用平衡发送和差分接收，因此具有抑制共模干扰的能力。加上总线收发器具有高灵敏度，能检测低至 200mV 的电压，故传输信号能在千米以外得到恢复。

RS-485 理论上的最大传输速率为 10Mb/s(可传送 15m)，最大传输距离为 1200m(传输速率 100Kb/s)，但在实际应用中传输的距离要比 1200m 短，具体能传输多远视周围环境而定。在传输过程中可以采用增加中继的方法对信号进行放大，最多可以加 8 个中继，最大传输距离可以达到 9.6km。如果需要更长距离传输，可以在收发两端各加一个光电转换器，采用光纤为传播介质，多模光纤的传输距离是 5～10km，而采用单模光纤可达 50km 的传播距离。

3）CAN 总线

CAN(Controller Area Network)是控制器局域网络的简称，是德国 BOSCH 公司从 20 世纪 80 年代初为解决现代汽车中众多的控制与测试仪器之间的数据交换而开发的一种串行数据通信协议，并最终成为国际标准(ISO11898)。它是一种有效支持分布式控制或实时控制的串行通信网络，是国际上应用最广泛的现场总线之一。它是一种多主总线，通信介质可以是双绞线、同轴电缆或光导纤维，通信速率最高可达 1Mbps。较之许多 RS-485 基于 R 线构建的分布式控制系统而言，基于 CAN 总线的分布式控制系统具有明显的优越性。

首先，CAN 控制器工作于多种方式，网络中的各结点都可根据总线访问优先权(取决于报文标识符)采用无损结构的逐位仲裁的方式竞争向总线发送数据，且 CAN 协议废除了站地址编码，而代之以对通信数据进行编码，这可使不同的结点同时接收到相同的数据，这些特点使得 CAN 总线构成的网络各结点之间的数据通信实时性强，并且容易构成冗余结构，提高系统的可靠性和系统的灵活性。而利用 RS-485 只能构成主从式结构系统，通信方式也只能以主站轮询的方式进行，系统的实时性、可靠性较差。

CAN 总线通过 CAN 收发器接口芯片 82C250 的两个输出端 CANH 和 CANL 与物理总线相连，而 CANH 端的状态只能是高电平或悬浮状态，CANL 端只能是低电平或悬浮状态。这就保证不会再出现在 RS-485 网络中的现象，即当系统有错误，出现多结点同时向总线发送数据时，导致总线呈现短路，从而损坏某些结点的现象。而且 CAN 结点在错误严重的情况下具有自动关闭输出功能，以使总线上其他结点的操作不受影响，从而保证不会出现在网络中因个别结点出现问题，使得总线处于“死锁”状态。而且，CAN 具有的完善的通信协议可由 CAN 控制器芯片及其接口芯片来实现，从而大大降低系统开发难度，缩短了开发周期，这些是仅有电气协议的 RS-485 所无法比拟的。

与其他现场总线比较而言，CAN 总线是具有通信速率高、容易实现、且性价比高等诸多特点的一种已形成国际标准的现场总线，并被广泛地应用于工业自动化、船舶、医疗设备、工业设备等方面。现场总线是当今自动化领域技术发展的热点之一，被誉为自动化领域的计算机局域网。它的出现为分布式控制系统实现各结点之间实时、可靠的数据通信提供了强有力的技术支持。

7. 串行通信的差错校验

在串行通信中数据按位在数据线上传输，如果距离较远，由于信号畸变、线路干扰及设备质量等问题很容易出现传输错误，所以串行通信中一项很重要的技术就是差错控制技术，它包括对传送的数据进行校验，并在检验出错误时能够校正。目前常用的方法有奇偶校验、校验和校验及循环冗余码校验等。

1）奇偶校验

这是一种简单的校验方法，用于对一个字符的传送过程进行校验，分奇校验和偶校验。用这种校验方法，发送时在每一个字符的最高位之后，都附加一个奇偶校验位。如果是奇校验，它要保证整个字符（包括奇偶校验位）中的"1"的个数为奇数。如果是偶校验，"1"的位数为偶数。接收时，按照发送所确定的校验方法，对接收到的每一个字符进行校验，若二者不一致，便说明数据传送出了差错。

奇偶校验法只能检查出所传字符的一位错误，对两位或两位以上同时出错时就不能检测出来，是一种在串行通信中的有限的差错检测方法。

2）校验和校验

校验和的检验方法是对数据块进行校验，而不是单个字符。在数据发送时，发送方对所发数据块简单求和，产生一个单字节的校验字符（校验和），附加到数据块结尾。接收方对接收到的数据块（除校验字节外）也作算术求和，将所得的结果与接收到的校验和进行比较，如果两者不同，则说明接收有错。

3）循环冗余码校验

循环冗余码校验（Cyclic Redundancy Check，CRC）是通过某种数学运算实现有效信息与校验位之间的循环校验，常用于对磁盘信息的传输、存储区的完整性校验等。这种校验方法纠错能力强，广泛应用于同步通信中。

5.4.3 串行口的功能与结构

51 系列单片机内部有一个功能很强的全双工异步串行接口，可同时接收和发送数据。接收、发送数据均可工作在查询方式或中断方式，使用非常灵活。可用作通用异步收发器（Universal Asynchronous Receiver/Transmitter，UART），也可作同步移位寄存器用。作为 UART 可以实现单片机之间的双机通信、多机通信，以及与其他计算机或串行传送信息的外部设备（如打印机、CRT 终端等）之间的通信。

1. 串行口的内部结构

51 系列单片机串行口主要由两个物理上独立的串行数据缓存器、发送控制器、接收控制器、输入移位寄存器和输出控制门等组成，其内部结构如图 5.33 所示。

两个相互独立的接收数据缓存器 SBUF 和发送数据缓存器 SBUF，可以同时进行数据的发送和接收，实现双工通信。它们属于特殊功能寄存器，共用一个 SFR 地址"99H"。发送 SBUF 用于存放要发送的数据，只能写，不能读。接收 SBUF 用于存放接收到的数据，只

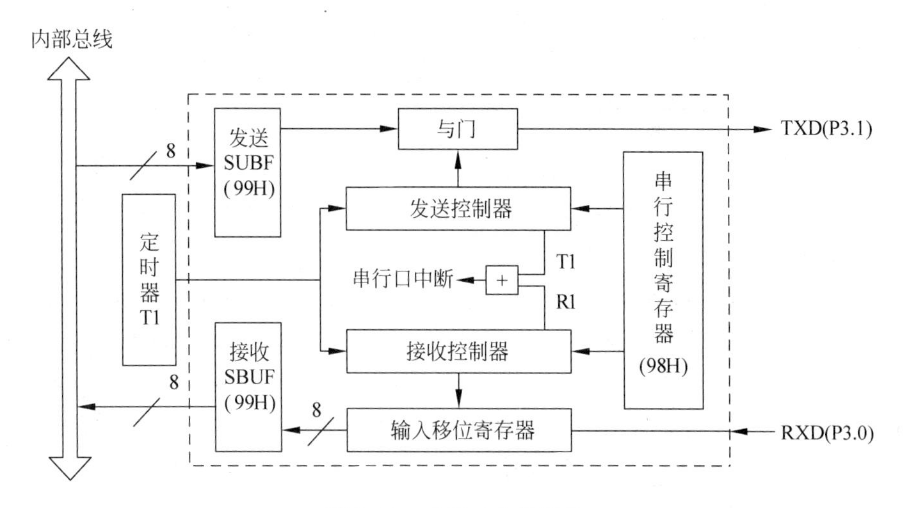

图 5.33　串行口内部结构

能读,不能写。由于一个地址 99H 对应着两个数据缓冲器,CPU 只能通过识别对 SBUF 的操作指令是"读"还是"写",来选择接收缓冲器还是发送缓冲器。

P3 口的 P3.0 和 P3.1 是与外部串行通信的数据传输线,P3.0 为接收端 RXD,P3.1 为发送端 TXD,数据的发送和接收是通过这两根信号线来实现的。

2. 数据传送过程

1) 发送数据

发送数据时,CPU 执行一条写 SBUF 的指令,就启动了发送过程,如"MOV SBUF,A",将 8 位数据通过内部总线写入发送缓存器 SBUF,发送控制器在 8 位数据前插入起始位,在 8 位数据后插入 TB8 位和一位停止位,构成一帧信息。在波特率发生器 T1 产生的移位脉冲作用下,依次由 TXD 发出。在数据发送完毕后,将串口发送中断标志位 TI 置 1。

2) 接收数据

接收数据时,数据从 RXD 端输入。当允许串口接收数据后,接收控制器便以波特率的 16 倍速率采样 RXD 端电平,当采样到有 1 至 0 的跳变时,就启动接收控制器接收数据,位检测器对每位数据采样 3 个值,用采 3 取 2 的办法确定每位的状态,然后将数据移入输入移位寄存器中。直到采集完最后一位数据后,将 8 位数据装入接收数据缓存器 SBUF 中,如果有第 9 位数据则装入 RB8 位,并将串口接收中断标志位 RI 置 1。CPU 可通过查询 RI 状态或中断方式得知串口接收到了数据,执行读出 SBUF 指令"MOV A,SBUF",获得接收到的数据。如果接收到的一个字节的数据没有被读出,又接收到第二个数据,则第一个数据被丢弃。

5.4.4 串行口控制寄存器

51 系列单片机串行口中还有两个特殊的功能寄存器 SCON 和 PCON,分别用来控制串行口的工作方式和波特率。

1. 串行口控制寄存器(SCON)

串行口控制寄存器(SCON)用于设定串行口的工作方式、控制数据的接收和发送,以及设置串行口接口的状态标志，字节地址为98H，其位定义如表5.10所示。

表5.10 串行口控制寄存器SCON位定义

D7	D6	D5	D4	D3	D2	D1	D0
SM0	SM1	SM2	REN	TB8	RB8	TI	RI

（1）SM0、SM1：由软件置位或者清零，用于选择串行口的工作方式。

（2）SM2：多机通信接收数据控制位。在方式2和方式3中，在接收数据时，如果SM2=1，则接收到的第9位数据RB8为0时，不启动接收标志位RI(即RI=0)，并且接收到的前8位数据丢失，RB8为1时，才将接收到的前8位数据送入SUBF中，并置位RI产生中断请求；如果SM2=0，接收总能实现。在方式0时，SM2必须为0。

（3）REN：允许串行接收控制位。若REN=0，则禁止接收；若REN=1，则允许接收。该位由软件置位或清零。

（4）TB8：发送数据的D8位。在方式2和方式3时，TB8为所要求的第9位数据。在多机通信中，以TB8位的状态表示主机发送的是地址还是数据。若TB8=0，主机发送的是数据，若TB8=1，主机发送的则为地址。也可用作数据的奇偶校验位。该位由软件进行置位或清零。

（5）RB8：接收数据的D8位。在方式2和方式3时，接收到的第9位数据可作为奇偶校验位或地址帧或数据帧的标志。在方式1时，若SM2=0，则RB8是接收到的停止位。在方式0时，不适用RB8位。

（6）TI：发送中断标志位。在方式0时，当发送的数据第8位结束后，或在其他方式发送停止位后，由内部硬件使TI置位，向CPU请求中断。CPU在响应中断后，必须用软件清零。此外，TI也可供查询使用。

（7）RI：接收中断标志位。在方式0时，当接收数据的第8位结束后，或在其他的方式接收到停止位后，由内部硬件使RI置位，向CPU请求中断。同样，也必须在CPU响应中断后，必须用软件清零。RI也可供查询使用。

2. 电源控制寄存器PCON

电源控制寄存器PCON，字节地址是97H，其位定义如表5.11所示。

表5.11 电源控制寄存器PCON位定义

D7	D6	D5	D4	D3	D2	D1	D0
SMOD	—	—	—	GF1	GF0	PD	IDL

PCON的最高位SMOD是串行口波特率控制位。当SMOD=1时，波特率增大一倍。其他各位与串行口无关。

5.4.5 串行口的工作方式

串行口有4种工作方式，如表5.12所示。方式0并不用于通信，而是通过外接移位寄存器芯片实现扩展I/O口的功能，该方式又称为移位寄存器方式。方式1、方式2、方式3都是异步通信方式。方式1是8位异步通信接口,一帧信息由10位组成,用于双机通信。方式2和方式3都是9位异步通信接口,其区别仅在于波特率不同。方式2和方式3主要用于多机通信,也可用于双机通信。

表5.12 串行口工作方式

SM0	SM1	工作方式	功能	波特率
0	0	方式0	8位移位寄存器方式,用于并行I/O扩展	$f_{OSC}/12$
0	1	方式1	8位通用异步接收器/发送器	可变
1	0	方式2	9位通用异步接收器/发送器	$f_{OSC}/32$ 或 $f_{OSC}/64$
1	1	方式3	9位通用异步接收器/发送器	可变

1. 方式0

方式0为移位寄存器方式,主要用于并行输入/输出接口扩展。数据从RXD引脚上接收或发送,同步脉冲从TXD引脚上输出。发送和接收信息均为8位数据,低位在前,高位在后。波特率固定为$f_{OSC}/12$。

使用方式0实现数据的移位输入/输出时,实际上是把串行口变成并行口使用。串行口作为并行口输出使用时,要有“串入并出”功能的移位寄存器(如74LS164、CD4014等)配合,其电路连接如图5.34所示。

数据预先写入串行口数据缓存器,然后从串行口RXD端在移位时钟脉冲TXD的控制下逐位移入74LS164。当8位数据全部移出后,SCON寄存器的发送中断标志位TI被自动置“1”。其后主程序就可以以中断方式或查询方式,把74LS164的内容并行输出。

如果把能实现“并入串出”功能的移位寄存器(如74LS165、CD4094等)与串行口配合使用,就可以把串行口变成并行口使用,其电路连接如图5.35所示。

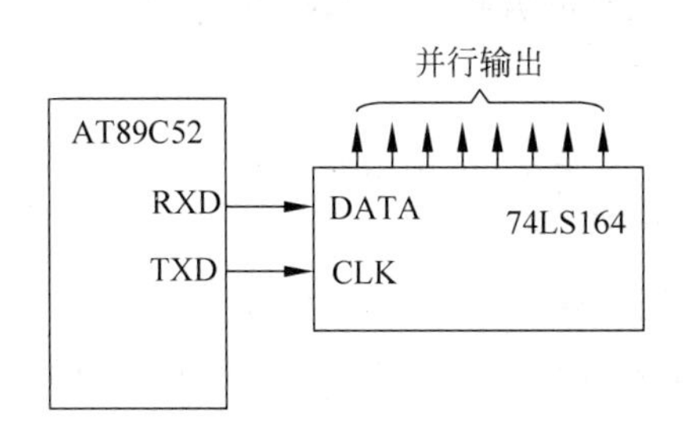

图5.34 串行口与74LS164配合

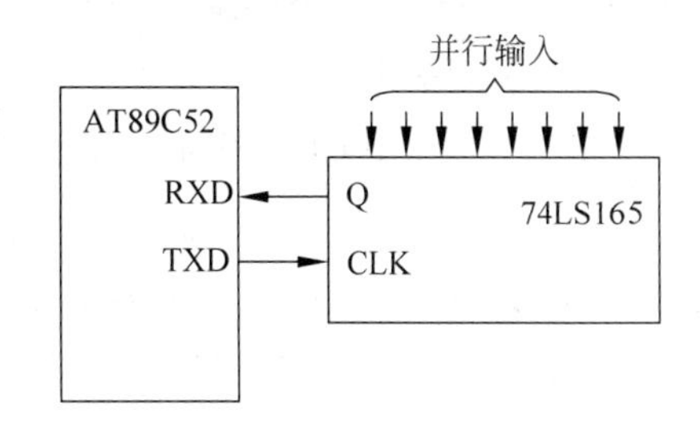

图5.35 串行口与74LS165配合

74LS165移出的串行数据同样经RXD端串行输入,还是由TXD端提供移位时钟脉冲。8位数据串行接收需要有允许接收的控制,具体由SCON寄存器的REN位实现。REN=0,拒绝接收;REN=1,允许接收。当软件置位REN时,即开始从RXD端串行输入数据(低位在前),当接收到8位数据时,置位接收中断标志RI。

2. 方式1

方式1为8位异步通信接口方式,RXD为接收端,TXD为发送端。一帧信息由10位组成,其中1位起始位、8位数据位、1位停止位。方式1的波特率可变,有定时/计数器T1

的溢出率与 SMOD(PCON.7)决定，且发送波特率与接收波特率可以不同。

$$方式1的波特率=定时器T1的溢出率\times 2^{SMOD}/32$$

由于奇偶校验法在串行通信中是一种低级的差错检测方法，51 系列单片机使用起来程序处理较烦琐，影响传输速度，尤其是数据块传送时，尤为突出，所以在单片机串口通信时，不采用奇偶校验法进行差错检测。此时选择方式 1 数据传送，传输速率设置灵活，易于与对方相适应。同时，由于数据位少时，传输速度快，因而这种方式使用较多。

3. 方式 2

方式 2 是 9 位异步通信接口方式，同样 RXD 为接收端，TXD 为发送端。发送或接收一帧信息由 11 位组成，其中 1 位起始位、9 位数据位和 1 位停止位。

$$方式2的波特率=f_{OSC}/32(SMOD=1时)\quad 或\quad f_{OSC}/64(SMOD=0时)$$

在方式 2 时，发送、接收数据的过程与方式 1 基本相同，所不同的仅在于对第 9 位数据的处理上。发送时，第 9 位数据由 SCON 中的 TB8 位提供；接收数据时，当第 9 位数据移入移位寄存器后，将 8 位数据装入 SBUF，第 9 位数据装入 SCON 中 RB8。

4. 方式 3

方式 3 同样是 9 位异步通信接口方式，其通信过程与方式 2 完全相同，所不同的仅在于波特率。方式 2 的波特率有两种，而方式 3 的波特率则可由用户根据需要设定，其设定方法与方式 1 类似，方式 3 主要用于多机通信。

5.4.6 波特率的确定

1. 方式 0 的波特率

方式 0 的波特率固定，为 $f_{OSC}/12$。单片机的每个机器周期产生一个移位时钟，对应着一位数据的发送和接收。当 $f_{OSC}=12MHz$ 时，方式 0 的波特率为 1MHz。

2. 方式 2 的波特率

方式 2 的波特率由 PCON 中的选择位 SMOD 来决定，可用公式表示：

$$波特率=f_{OSC}\times 2^{SMOD}/64$$

也就是当 SMOD=1 时，波特率为 $f_{OSC}/32$；当 SMOD=0 时，波特率为 $f_{OSC}/64$。

当 $f_{OSC}=12MHz$ 时，方式 2 的波特率为 375kHz(SMOD=1)或 187.5kHz(SMOD=0)。

3. 方式 1 和方式 3 的波特率

51 系列单片机串行通信时，一般使用 T1 作波特率发生器，定时器工作在方式 2，是一个自动重装初值的 8 位定时器。此时，如果 N 为计数初值，TH1 只是保存预装的初值 N，而 TL1 在进行加 1 计数。当内部电路产生一个计数脉冲，计数器加 1 加至 FFH 时，再增加 1，TL1 就产生溢出。溢出后，定时器自动地将 TH1 的初值 N 送入 TL1，使 TL1 自动地从初值 N 开始计数。

上述过程表明，定时器每计数 $256-N$，溢出一次。每计数一次的时间为一个机器周期(12 个振荡周期)，由此得出定时器溢出一次的时间如式(5.1)所示，其倒数为定时器溢出率，如式(5.2)所示。

$$定时器\ T1\ 溢出一次的时间 = \frac{12 \times (256 - N)}{f_{OSC}} \tag{5.1}$$

$$定时器\ T1\ 溢出率 = \frac{f_{OSC}}{12} \times \frac{1}{256 - N} \tag{5.2}$$

$$波特率 = \frac{2^{SMOD}}{32} \times \frac{f_{OSC}}{12 \times (256 - N)} \tag{5.3}$$

在串行通信程序设计中，设定波特率后，需要计算定时器 T1 的计数初值 N，并写入定时器 T1 的 TH1 和 TL1 中。由式(5.3)可推导出初值 N 的计算公式，如式(5.4)所示。

$$N = 256 - \frac{2^{SMOD} \times f_{OSC}}{波特率 \times 32 \times 12} \tag{5.4}$$

表 5.13 列出了定时器 T1 工作于方式 2 时串行口方式 1 和方式 3 的常用波特率及其初值。

表 5.13　定时器 T1 工作于方式 2 时串行口方式 1 和方式 3 的常用波特率及其初值

常用波特率	f_{OSC}(MHz)	SMOD	计数初值 N	TH1 初值
19 200	11.0592	1	253	FDH
9600	11.0592	0	253	FDH
4800	11.0592	0	250	FAH
2400	11.0592	0	244	F4H
1200	11.0592	0	232	E8H

当时钟频率为 11.0592MHz 时，容易获得标准的波特率，所以这是很多单片机系统选用时钟频率为 11.0592MHz 晶体振荡器的原因。

5.4.7　串行口的初始化

串行口工作之前，应对其进行初始化，主要是确定串行口的控制方式(编程 SCON)、确定定时/计数器 1 的工作方式(编程 TMOD)、波特率设置(计算 T1 的初值，装载 TH1、TL1)、确定串行口工作于中断方式或者查询方式、中断控制设置(编程 IE、IP)、启动定时/计数器 1 等。

1. 确定串行口的控制方式(编程 SCON)

串行口的控制方式主要包括串行口的工作方式、是否多机通信、是否是允许接收、第 9 位数据的处理(如发送地址第 9 位数据 TB8 必须为 1)等。

2. 确定定时/计数器 1 的工作方式(编程 TMOD)

根据串行口的工作方式确定定时/计数器 1 的工作方式。串行口工作于方式 0 和方式 2 时，波特率基本固定，不需要定时/计数器 1；串行口工作于方式 1 和方式 3 时，一般使用 T1 作波特率发生器，定时/计数器工作在方式 2，是一个自动重装初值的 8 位定时/计数器。

3. 波特率设置(计算 T1 的初值，装载 TH1、TL1)

串行口工作于方式 1 和方式 3，使用 T1 作波特率发生器时，首先需要设定波特率。波特率设定后，需要根据 SMOD 设置的情况，计算定时/计数器 T1 的计数初值 N，并写入定时/计数器 T1 的 TH1 和 TL1 中。

4. 确定串行口工作于中断方式或者查询方式

由于中断方式和查询方式的工作效率、编程方法等都是不同的，都有其独特的应用场合，因此在编程前首先要确定串行口是工作于中断方式，还是查询方式，并根据不同的方式，编制相对应的程序。

5. 中断控制设置(编程 IE、IP)

串行口在中断方式工作时，要进行根据中断源的使用情况，进行中断允许设置(编程 IE)，以及中断优先级设置(编程 IP)。

6. 启动定时/计数器 1

编程 TCON 中的 TR1，即 TR1 置位或使 TR1＝1。

5.4.8 两个单片机串行通信应用系统设计

1. 系统设计要求

在控制系统中有甲、乙两个单片机，首先将 P1 口拨码开关数据载入 SBUF，然后经由 TXD 将数据传送给乙单片机，乙单片机将接收数据存入 SBUF，再经由 SBUF 载入累加器，并输出至 P1 口，点亮相应端口的 LED。

2. 系统设计分析

单片机的最小系统(2 个)＋八盏灯(单片机 2：P1 口)＋拨码开关(单片机 1：P1 口)。

首先确定串口控制(编程 SCON)的值。甲单片机工作于方式 1，只能发送(P1 口指拨开关数据，8 位)，不能接收，SCON＝01000000B＝40H。乙单片机工作于方式 1，允许接收，SCON＝01010000B＝50H；然后确定定时/计数器 1 的工作方式(编程 TMOD)。51 系列单片机串行口通信时，一般使用 T1 作波特率发生器，定时器工作在方式 2，是一个自动重装初值的 8 位定时器，可确定 TMOD＝00100000＝20H；计算 T1 的初值，装载 TH1、TL1。由于是两个单片机之间的通信，初值可任意选取，只要两个单片机一致即可。

确定串行口工作于中断方式或者查询方式，并根据不同的方式，编制相对应的程序；串行口工作在中断方式时，要进行中断设置(编程 IE、IP)，工作在查询方式时，则不需要进行中断设置。

拨码开关数据处理，可放入某一寄存器或某一地址。

3. 系统原理图设计

系统所需元器件为单片机 AT89C51、瓷片电容 CAP 30pF、晶振 CRYSTAL 12MHz、电解电容 CAP-ELEC、按钮 BUTTON、电阻 RES、发光二极管 YELLOW、发光二极管 RED、发光二极管 GREEN、发光二极管 BLUE、指拨开关 DIPSW_8。两个单片机串行通信原理图如图 5.36 所示。

4. 系统程序流程图设计

两个单片机串行通信程序流程图如图 5.37 所示。

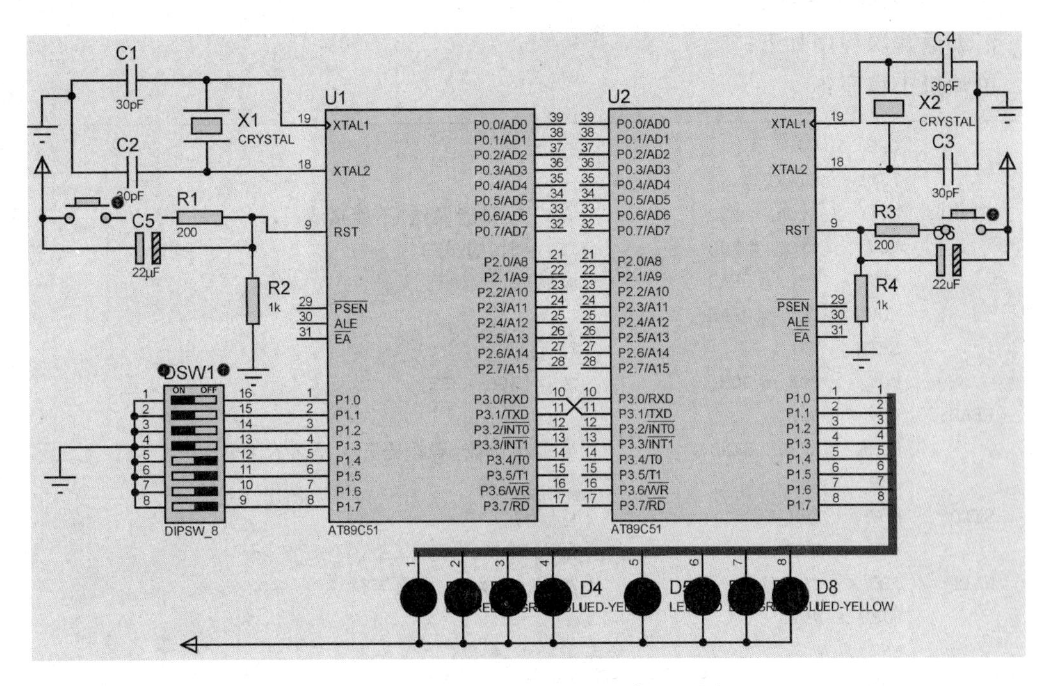

图 5.36　两个单片机串行通信原理图

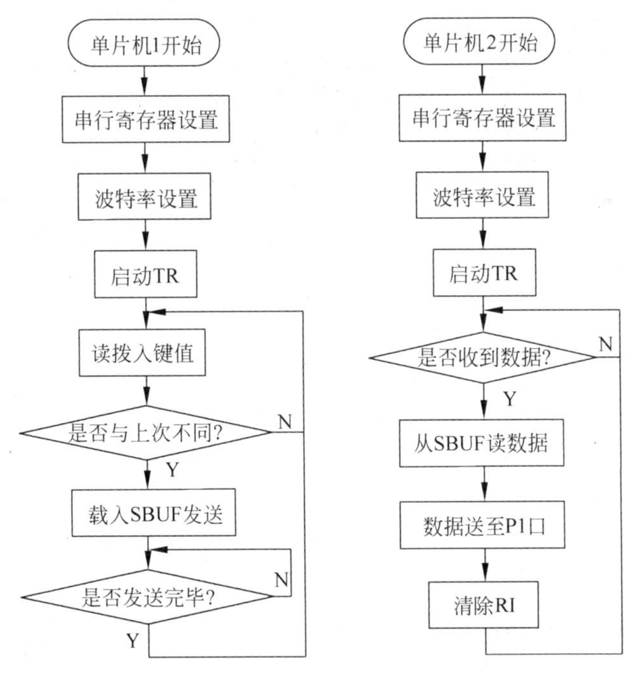

图 5.37　两个单片机串行通信程序流程图

5. 系统源程序设计

汇编语言源程序如下。

单片机 1 程序：

```
        ORG     00H
        AJMP    START
START:  MOV     SCON, #40H          ;方式 1,只能发送,不能接收
        MOV     TMOD, #20H          ;T1,定时,方式 2
        MOV     TH1, #0FAH          ;波特率
        MOV     TL1, #0FAH
        SETB    TR1                 ;T1 启动
        MOV     30H, #00H           ;缓存(30H～7FH)
READ:   MOV     A,P1
        CJNE    A,30H,SEND          ;与缓存比较,看拨码开关是否有变化
        JMP     READ
SEND:   MOV     30H,A               ;写缓存
        MOV     SBUF,A              ;写入 SBUF,发送
WAIT:   JBC     TI,READ             ;发完,继续读,否则等待
        AJMP    WAIT
        END
```

单片机 2 程序：

```
        ORG     00H
        AJMP    START
START:  MOV     SCON, #50H          ;方式 1,允许接收
        MOV     TMOD, #20H          ;同单片机 1 程序
        MOV     TH1, #0FAH          ;同单片机 1 程序
        MOV     TL1, #0FAH
        SETB    TR1
READ:   JB      RI,UART
        AJMP    READ
UART:   MOV     A,SBUF
        MOV     P1,A
        CLR     RI
        AJMP    READ
        END
```

C 语言源程序如下。

单片机 1 程序：

```
#include"reg51.h"
#define  uint unsigned int
#define  uchar unsigned char
void main(void)
{
    uchar i = 0;
```

```
    SCON = 0X40;
    TMOD = 0X20;
    TH1 = 0XFA;
    TL1 = 0XFA;
    TR1 = 1;
    while(1)
    {
        while(P1 == i);              //查询是否有变化
        i = P1;
        SBUF = i;
        while(TI == 0);
        TI = 0;
    }
}
```

单片机 2 程序：

```
#include"reg51.h"
#define uint   unsigned int
#define uchar unsigned char
void main(void)
{
    uchar i = 0;
    SCON = 0X50;
    TMOD = 0x20;
    TH1 = 0XFA;
    TL1 = 0XFA;
    TR1 = 1;
    while(1)
    {
        while(RI == 0);           //查询是否接收完毕
        RI = 0;
        i = SBUF;
        P1 = i;
    }
}
```

6. 在 Keil 中仿真调试

创建“两个单片机串行通信 1”项目，选择单片机型号为 AT89C51 输入源程序，保存为“两个单片机串行通信 1. ASM”或“两个单片机串行通信 1. C”，将源程序添加到项目中，编译源程序，创建“两个单片机串行通信 1. HEX”。再执行如上步骤，创建“两个单片机串行通信 2. HEX”。

7. 在 Proteus 中仿真调试

打开“两个单片机串行通信. DSN”，分别双击两个单片机，选择程序“两个单片机串行通信 1. HEX”和“两个单片机串行通信 2. HEX”。单击▶按钮进入程序调试状态，再拨动 U1 单片机输入开关 DIPSW，改变开关值时，U2 单片机相应的 LED 显示。

5.4.9 串行口扩展应用系统设计

1. 系统设计要求

使用串行口控制8个LED，要求每按一次$\overline{INT0}$，LED进行移位显示。

2. 系统设计分析

单片机的最小系统＋八盏灯＋74LS164。

串行口方式0为移位寄存器方式，主要用于并行输入/输出接口扩展。串行口工作于方式0，发送数据时，是把串行端口设置成“串入并出”的输出口。将它设置为“串入并出”输出口时，需外接一片8位串行输入和并行输出的同步移位芯片74LS164或CD4094，本例中采用74LS164。

74LS164是8位边沿触发式移位寄存器，串行输入数据，然后并行输出。具有DIP14、SO14、SSOP14、TSSOP14等多种封装形式。其DIP封装引脚排列如图5.38所示。

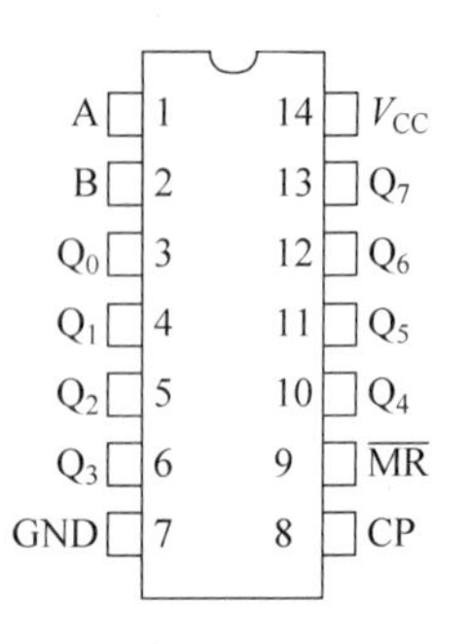

图5.38 74LS164DIP封装引脚排列

数据通过两个输入端A或B之一串行输入，任一输入端可以用作高电平使能端控制另一输入端的数据输入，两个输入端或者连接在一起，或者把不用的输入端接高电平，一定不要悬空。时钟CP每次由低变高时，数据右移一位输入到Q0。Q0是两个数据输入端A和B的逻辑与。

查表法与C语言的数组类似，可以完成数据运算和数据转换等操作，并且具有编程简单、执行速度快、适合实时控制等优点，在汇编语言程序设计中得到了广泛的应用。查表法结构程序的设计思路，即把事先计算或测到的数据按照一定的顺序排列成表格，存放在单片机的程序存储器中，程序中根据被测数据，查出最终所需结果的程序结构。本系统汇编语言程序设计利用查表法。查表法需要用DPTR地址寄存器。

3. 系统原理图设计

系统所需元器件为单片机AT89C51、瓷片电容CAP 30pF、晶振CRYSTAL 12MHz、电解电容CAP-ELEC、按钮BUTTON、电阻RES、发光二极管YELLOW、发光二极管RED、发光二极管GREEN、发光二极管BLUE、74LS164.IEC。74LS164串行口扩展应用系统设计原理图如图5.39所示。

4. 系统程序流程图设计

74LS164串行口扩展应用系统程序设计流程如图5.40所示。

5. 系统源程序设计

汇编语言源程序如下：

```
        ORG     00H
        AJMP    START
        ORG     0003H               ;中断0入口地址
        AJMP    INT
```

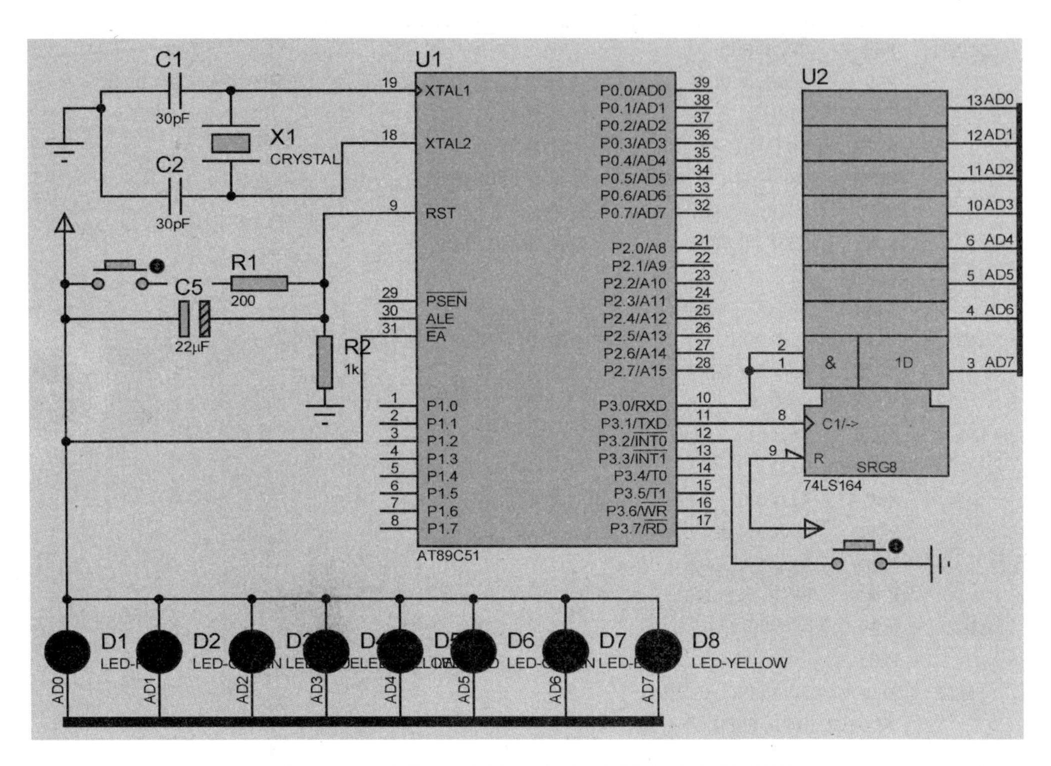

图 5.39　74LS164 串行口扩展应用系统设计原理图

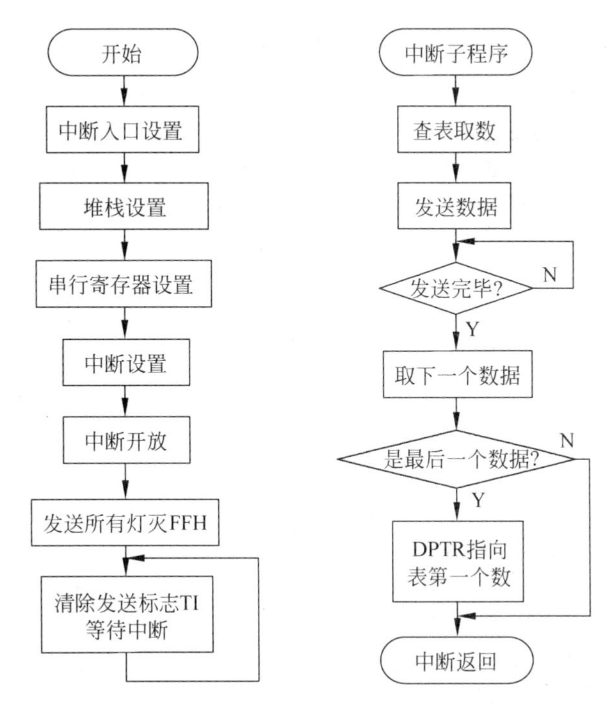

图 5.40　74LS164 串行口扩展应用系统程序设计流程

```
START:  MOV     SP, #60H
        MOV     SCON, #00H          ;选择方式 0:移位寄存器方式,用于并行 I/O 扩展
        SETB    IT0                 ;跳变触发
        SETB    EA                  ;中断总开关
        SETB    EX0                 ;外部中断 0 允许
        MOV     DPTR, #TABLE        ;表地址
        MOV     SBUF, #0FFH         ;先使所有灯灭
LP:     CLR     TI
        AJMP    LP
INT:    MOV     A, #00H             ;中断 0 子程序
        MOVC    A,@A + DPTR
        MOV     SBUF,A
LP1:    JBC     TI,LP1
        INC     DPTR
        MOV     A, #00H
        MOVC    A,@A + DPTR
        CJNE    A, #1BH,LP2
        MOV     DPTR, #TABLE
LP2:    NOP
        RETI
TABLE:  DB0FEH,0FDH,0FBH,0F7H
        DB 0EFH,0DFH,0BFH,7FH,1BH
        END
```

C 语言源程序如下:

```
#include"reg51.h"
#define uint unsigned int
#define uchar unsigned char
const uchar tab[] = {0xfe,0xfd,0xfb,0xf7,0xef,0xdf,0xbf,0x7f};
uchar i;
void main(void)
{      SCON = 0X00;
       IT0 = 1;
       EA = 1;
       EX0 = 1;
       SBUF = 0XFE;
       while(TI == 0);
       TI = 0;
       while(1) ;
}
void it0(void) interrupt 0 using 1
{    i++;
     if(i == 8)
     i = 0;
     SBUF = tab[i];
     while(TI == 0) ;
     TI = 0;
}
```

6. 在 Keil 中仿真调试

创建“串行口扩展应用”项目，选择单片机型号为 AT89C51，输入源程序，保存为“串行口扩展应用. ASM”或“串行口扩展应用. C”，将源程序添加到项目中，编译源程序，创建了“串行口扩展应用. HEX”。

7. 在 Proteus 中仿真调试

打开“串行口扩展应用. DSN”，双击单片机，选择程序“串行口扩展应用. HEX”。单击▶按钮进入程序调试状态，可以观察系统运行情况。

课外设计作业

5.1　简单的单片机应用系统设计。设计要求：实现 3 个发光二极管循环点亮。

5.2　利用定时/计数器设计程序，实现流水灯花样显示，以查询方式完成。设计要求：8 个发光二极管定时 1s 循环点亮。当按下按钮时，8 个发光二极管定时反向循环点亮；当再次按下按钮时，8 个发光二极管再次定时反向循环点亮。

5.3　利用定时/计数器设计程序，实现流水灯花样显示，以中断方式完成。设计要求：8 个发光二极管定时 1s 循环点亮，当按下按钮 K1 时，8 个发光二极管反向循环点亮；当按下按钮 K2 时，8 个发光二极管闪烁 5 次。

5.4　串行口的扩展应用系统设计。设计要求：单片机将 P1 口指拨开关数据串行输入到 74LS164，并行输出到 8 个 LED，进行相应的显示。

第6章

51系列单片机常用接口及其应用系统设计

51 系列单片机的常用接口主要有 LED 数码管、LCD 液晶显示器、键盘、A/D 转换器、D/A 转换器、打印机等，本章重点介绍 LED 数码管、LCD 液晶显示器、键盘、A/D 转换器及 D/A 转换器的工作原理及其应用系统设计的基本方法。

6.1 LED 数码管及其应用系统设计

6.1.1 LED 数码管的结构与分类

LED 数码管是单片机应用系统中常见的输出设备，由发光二极管构成，具有结构简单、价格便宜等特点。单片机应用系统通常使用的是七段 LED 数码管，它由 8 个发光二极管构成，其中 7 个发光二极管 a～g 呈“日”字形排列，一个发光二极管构成小数点。LED 数码管有共阴极和共阳极两种。共阴极 LED 数码管的发光二极管的阴极接地，如图 6.1(a)所示。当发光二极管的阳极为高电平时，对应的发光二极管点亮。共阳极 LED 数码管的发光二极管的阳极接＋5V，如图 6.1(b)所示。当发光二极管的阴极为低电平时，对应的发光二极管点亮。

每段发光二极管压降约为 1.5V，允许通过的电流一般为 15～20mA。电流过低，则亮度较低；电流过大，则导致 LED 损坏。将 LED 接入实际电路时，应串接一个限流电阻，既使其有合适的亮度，又保证其安全。

七段 LED 数码管的引脚如图 6.1(c)所示。LED 数码管的发光二极管的亮暗组合实际上就是不同电平的组合，也就是为 LED 数码管提供不同的代码，这些代码称为字形代码。从 a～g 引脚输出不同的 8 位二进制数，可显示不同的数字或字符。

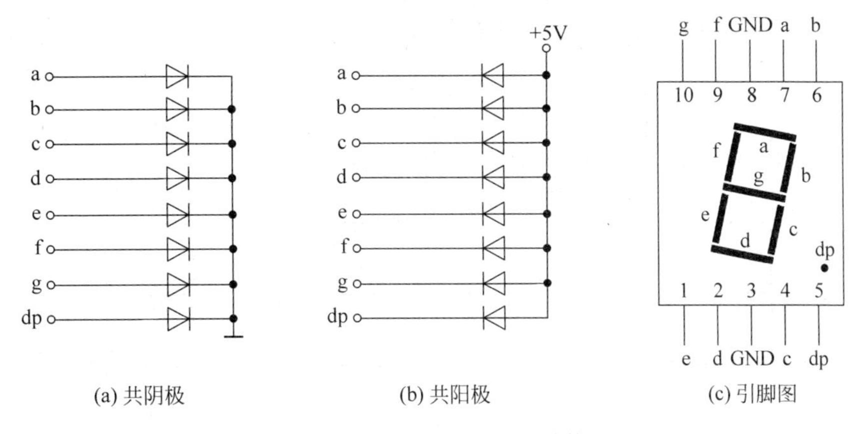

图 6.1 LED数码管引脚与结构图

七段发光二极管加上一个小数点dp共计八段，字型代码与这八段的关系如表6.1所示。

表 6.1 LED字型代码与八段的关系

数据字	D7	D6	D5	D4	D3	D2	D1	D0
LED段	dp	g	f	e	d	c	b	a

通常把发光二极管的8位二进制数称为段选码，字型代码与十六进制数段选码对应关系如表6.2所示。从表中可以看出共阳极与共阴极的段选码互为反码。

表 6.2 七段LED的段选码

字　符	段码(共阴)	段码(共阳)	字　符	段码(共阴)	段码(共阳)
0	3FH	C0H	A	77H	88H
1	06H	F9H	B	7CH	83H
2	5BH	A4H	C	39H	C6H
3	4FH	B0H	D	5EH	A1H
4	66H	99H	E	79H	86H
5	6DH	92H	F	71H	8EH
6	7DH	82H	-	40H	BFH
7	07H	F8H	.	80H	7FH
8	7FH	80H	熄灭	00H	FFH
9	6FH	90H	全亮	FFH	00H

6.1.2 LED数码管的显示方式

在单片机应用系统中一般需要多个LED数码管。N个LED数码管是由N根位选线和$8\times N$根段选线连接在一起的。根据显示方式不同，位选线与段选线的连接方法也不相同。段选线控制字符选择，位选线控制显示位的亮或灭。

N 个 LED 数码管的连接方式如图 6.2 所示。

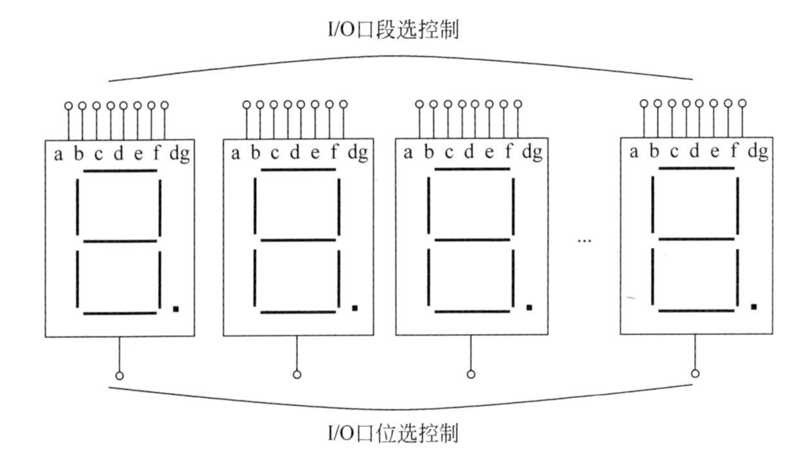

图 6.2 N 个 LED 数码管的连接方式

LED 数码管显示有静态显示和动态显示两种方式。

LED 数码管的静态显示就是当 LED 数码管要显示一个字符时，相应的发光二极管恒定地导通或截止，其电路图如图 6.3 所示。单片机只需将所要显示的数据送出去，直到下一次显示的数据需更新时再传送一次数据。LED 数码管的静态显示数据稳定，占用 CPU 时间少，但是采用这种显示方式时，需要一个 8 位输出口控制，所以占用硬件多。如果单片机系统中有 N 个 LED 数码管，则需要 $8\times N$ 根 I/O 口线，所占用的 I/O 资源较多，需进行扩展。

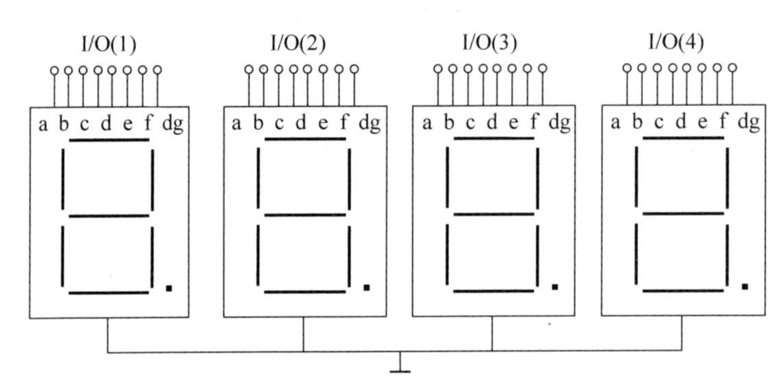

图 6.3 LED 数码管静态显示电路图

LED 数码管的动态显示就是一位一位地轮流点亮各位数码管，其电路图如图 6.4 所示。对每一位 LED 数码管来说，每隔一段时间点亮一次，即 CPU 需要时刻对数码管进行刷新，显示数据有闪烁感，占用 CPU 的时间较长。并且，数码管的点亮既与点亮时的导通电流有关，也与点亮时间、间隔时间的比例有关。调整电流和时间的参数，可实现亮度较高，较稳定的显示。若数码管的位数不大于 8 位时，只需要两个 8 位 I/O 口。

由于每一位的段选线都接在同一个 I/O 口上，因此每送一个段选码，8 位数码管都显示同一个字符，这种显示器显然是不能用的。解决此问题的方法就是利用人的视觉滞留，从段

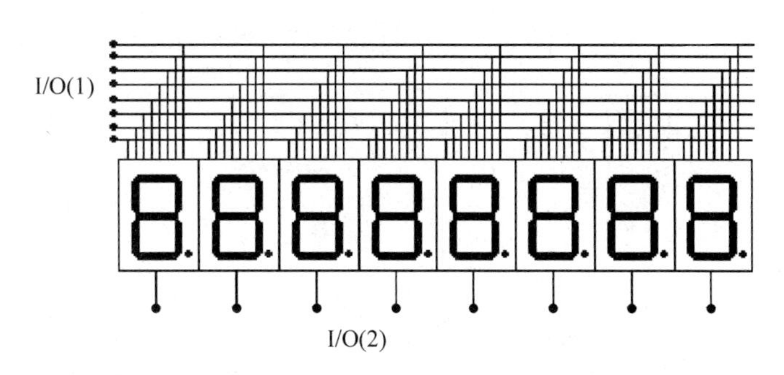

图 6.4 LED数码管动态显示电路图

选线 I/O 口上按位次分别送显示字符的段选码，在位选控制口也按相应的次序分别选通相应的显示位(共阴极送低电平，共阳极送高电平)，选通位就显示相应字符，并保持几毫秒的延时，未选通位不显示字符(保持熄灭)。这样，各位数码管的显示实际上就是一个循环过程。从计算机的工作来看，在一个瞬时只有一位显示字符，而其他位都是熄灭的，但因为人的视觉滞留，这种动态变化是觉察不到的。从效果上看，各位数码管能连续而稳定地显示不同的字符。

6.1.3 LED数码管应用系统设计

1. 串行口驱动一位LED数码管

1）系统设计要求

使用串行口控制一位共阴极 LED 数码管显示，要求每按一次按钮时，LED 进行加 1 显示，显示字符范围为 0～9，显示的初值为 0，以查询方式完成。

2）系统设计分析

单片机的最小系统＋共阴极 LED 数码管＋74LS164＋按钮。

数码管显示字符，一般是通过调用 Table 字库来进行。单片机的串行口只有两根数据线 TXD 和 RXD，为了驱动一位 LED，必须外接一片 8 位串行输入和并行输出的同步位移芯片 74LS164 或 CD4094(同 5.4.10 节串行口扩展应用系统设计)。

在串行口扩展应用系统设计实例中，采用中断方式实现。在此实例中，采用查询方式实现，在程序设计过程中，注意两种编程方式相互之间的转换方法。

在查询方式中，P3.2 只是作为一个普通的 I/O 口输入数据，不再作为“外部中断 0”使用。同时，在按键程序的设计过程中，要注意延时的设计。

3）系统原理图设计

系统所需元器件为单片机 AT89C51、瓷片电容 CAP 30pF、晶振 CRYSTAL 12MHz、电阻 RES、按钮 BUTTON、同步位移芯片 74LS164、共阴数码管 7SEG-COM-CAT-GRN。系统原理图如图 6.5 所示。

4）系统程序流程图设计

程序流程图设计如图 6.6 所示。

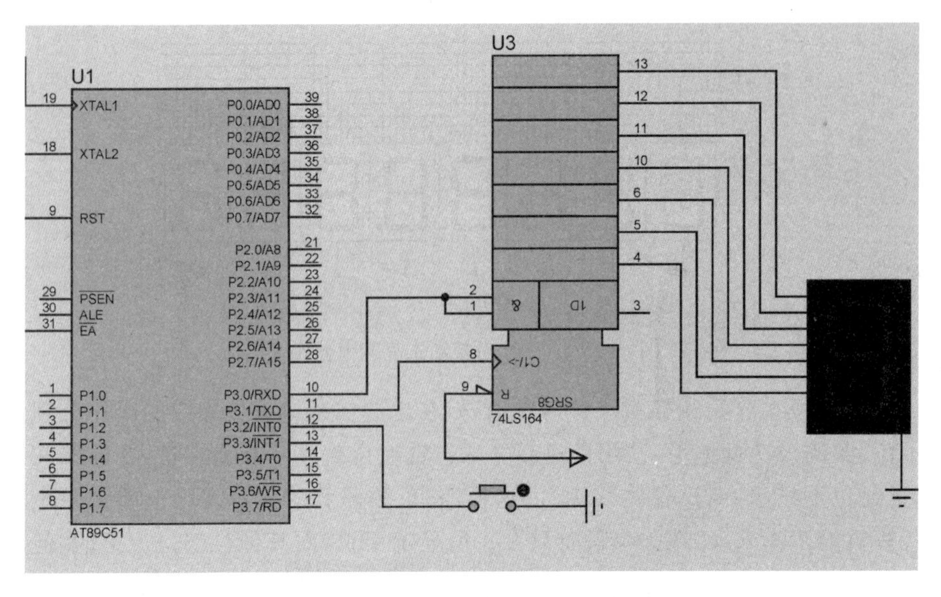

图 6.5　串行口驱动数码管电路原理图

5）系统源程序设计

汇编语言源程序如下：

```
        ORG     0000H
        AJMP    START
START:  MOV     SCON,#00H
        SETB    P3.2
        MOV     DPTR,#TABLE
LP:     MOV     A,#00H
        MOVC    A,@A+DPTR
        MOV     SBUF,A
LP1:    JBC     TI,LP1
LP2:    JB      P3.2,LP2            ;等待按键
        INC     DPTR
        MOV     A,#00H
        MOVC    A,@A+DPTR
        CJNE    A,#1BH,LP3
        MOV     DPTR,#TABLE
LP3:    JNB     P3.2,LP3            ;按键延时
        AJMP    LP
TABLE:  DB  3fh,06H,5BH,4FH,66H
        DB  6DH,7DH,07H,7FH,6FH, 77H
        DB  7CH,39H,5EH,79H,71H, 1BH
        END
```

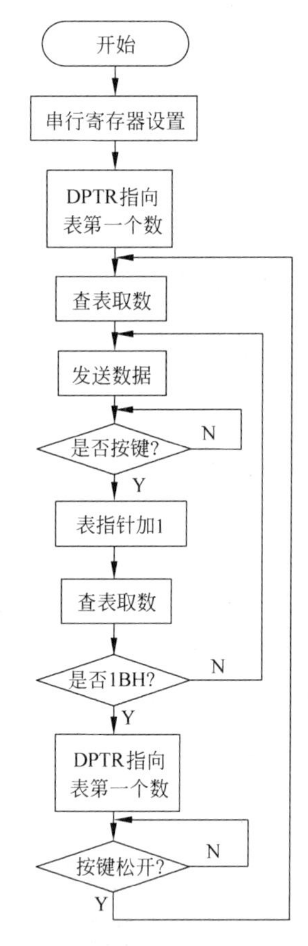

图 6.6　串行口驱动数码管流程图

C 语言源程序如下：

```
#include <reg51.h>
#define uint unsigned int
#define uchar unsigned char
const uchar tab[] = {0x3F,0x06,0x5B,0x4F,0x66,
                0x6D,0x7D, 0x07,0x7F,0x6F,
                0x7C,0x39,0x5E,0x79,0x71};          //共阴数码管段码值
uchar i = 0;
sbit P32 = P3^2;
void main(void)
{   SCON = 0x00;                                //设置串行口工作在方式 0
    P32 = 1;
    SBUF = 0X3F;                                //先发送 0x3f
    while(TI == 0);                             //等待发送完成
    TI = 0;                                     //清发送完成标志
    while(1)
    {
        if(P32 == 0)                            //等待按键
        {
            i++;
            if(i == 15)
            i = 0;
            SBUF = tab[i];                      //每按一次就发送一位数据
            while(TI == 0);                     //等待发送完成
            TI = 0;                             //清发送完成标志
            while(P32 == 0);                    //按键延时
        }
    }
}
```

6）在 Keil 中仿真调试

创建“串行口驱动数码管”项目，选择单片机型号为 AT89C51，输入源程序，保存为“串行口驱动数码管.ASM”或“串行口驱动数码管.C”。将源程序“串行口驱动数码管.ASM”或“串行口驱动数码管.C”添加到项目中，编译源程序，创建“串行口驱动数码管.HEX”。

7）在 Keil 和 Proteus 中联合仿真调试

打开“串行口驱动数码管.DSN”，双击单片机，选择程序“串行口驱动数码管.HEX”。单击▶按钮进入程序调试状态，运行结果如图 6.7 所示。

2. 共阴极数码管与共阳极数码管的应用系统设计

1）系统设计要求

在某系统中有一位共阴极 LED 数码管和一位共阳极 LED 数码管，要求数码管 1 循环显示 0～9，当按下按钮 1 时，数码管 2 显示数码管 1 的当时值；当按下按钮 2 时，清除数码管 2 的所显示的值，以中断方式实现。

2）系统设计分析

单片机的最小系统＋数码管(共阴、共阳)＋按钮($\overline{INT0}$、$\overline{INT1}$)。

利用总线设计原理图，掌握总线的使用方法。

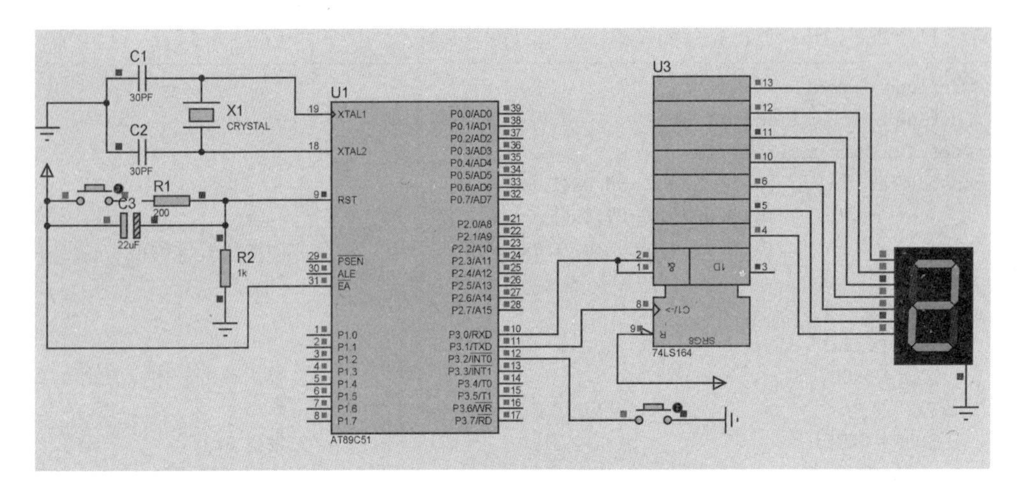

图 6.7　串行口驱动数码管运行结果图

利用中断方式设计程序，进一步掌握中断的使用方法。

3）系统原理图设计

系统所需元器件为单片机 AT89C51、瓷片电容 CAP 30pF、晶振 CRYSTAL 12MHz、电阻 RES、共阳数码管 7SEG-COM-AN-GRN、共阴数码管 7SEG-COM-CAT-GRN、按钮 BUTTON。共阴共阳数码管应用电路原理图如图 6.8 所示。

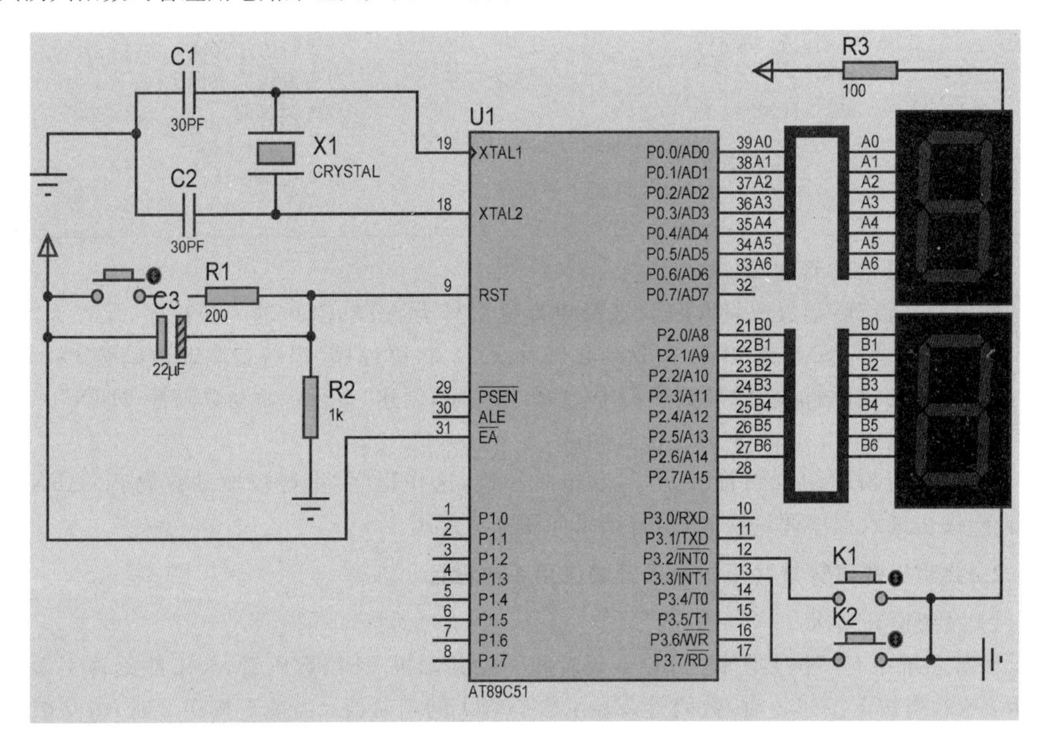

图 6.8　共阴共阳数码管应用电路原理图

4）系统程序流程图设计

共阴共阳数码管应用程序流程图如图 6.9 所示。

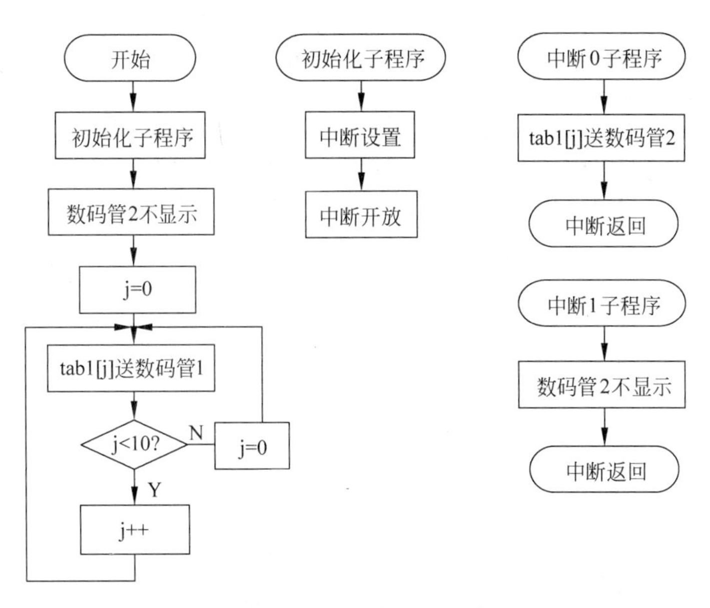

图 6.9　共阴共阳数码管应用程序流程图

5）系统源程序设计

汇编语言源程序如下：

```
        ORG     0000H
        AJMP    START
        ORG     0003H               ;按钮 1 地址
        AJMP    INTR0
        ORG     0013H               ;按钮 2 地址
        AJMP    INTR1
START:  MOV     SP,#60H             ;堆栈起始地址
        SETB    EX0                 ;中断 0 开放
        SETB    IT0                 ;边沿触发
        SETB    EX1                 ;中断 1 开放
        SETB    IT1
        SETB    EA                  ;总中断开放
        MOV     R0,#00H             ; 0～9 显示数的对应序数
        MOV     DPTR,#TABLE         ;共阴数 0～9 显示数
LP:     MOV     A,#00H
        MOVC    A,@A+DPTR
        MOV     P2,A
        LCALL   DELAY               ;延时显示
        INC     R0                  ;下一显示数的对应序数
        INC     DPTR                ;下一显示数
        MOV     A,#00H
        MOVC    A,@A+DPTR
        CJNE    A,#1BH,LP           ;非 1BH,继续
        MOV     DPTR,#TABLE         ;1BH,从 0 重新开始
        MOV     R0,#00H
        SJMP    LP
; 按钮 1,数码管 2 显示数码管 1 的当时值
```

```
INTR0:  PUSH    DPL             ;保护 TABLE 表 DPTR
        PUSH    DPH
        PUSH    ACC             ;保护累加器 A 的值
        PUSH    PSW             ;保护 PSW,准备使用另一组寄存器 R0～R7
        MOV     A,R0            ; TABLE1 表对应显示数
        SETB    RS0             ;使用 01 寄存器组 R0～R7
        MOV     DPTR, #TABLE1
        MOVC    A,@A + DPTR
        MOV     P0,A
        LCALL   DELAY
        POP     PSW             ;
        POP     ACC
        POP     DPH
        POP     DPL
        RETI
;按钮 2,清除数码管 2 的所显示的值
INTR1:  PUSH    PSW             ;保护 PSW,准备使用另一组寄存器 R0～R7
        SETB    RS1             ;使用 10 寄存器组 R0～R7
        MOV     P0, #00H
        LCALL   DELAY
        POP     PSW
        RETI
TABLE:  DB  3FH,06H,5BH,4FH,66H
        DB  6DH,7DH,07H,7FH,6FH,1BH
TABLE1: DB  0C0H,0F9H,0A4H,0B0H,99H
        DB  92H,82H,0F8H,80H,90H,1BH
DELAY:  MOV     R7, #20         ;延时 0.2 秒
DELA1:  MOV     R6, #40         ;延时 0.01 秒
DELA2:  MOV     R5, #248
        DJNZ    R5, $
        DJNZ    R6,DELA2
        DJNZ    R7,DELA1
        RET
        END
```

C 语言源程序如下：

```
#include<reg51.h>
#define uint unsigned int
#define uchar unsigned char
uchar j;
uint n;
const uchar tab1[] = {0x3f,0x06,0x5b,0x4f,0x66,0x6d,0x7d,0x07,0x7f,0x6f,};
const uchar tab2[] = {0xc0,0xf9,0xa4,0xb0,0x99,0x92,0x82,0xf8,0x80,0x90,};
void delay(uint n)
{
    uint i;
```

```
        for(i = 0;i < n;i++);
}
void Int0_server_(void) interrupt 0
{
            uchar a;
            a = tab2[j];
            P0 = a;
}
void Int1_server_(void) interrupt 2
{
      P0 = 0x00;
}
void Init_Int(void)
{
      EX0 = 1;
      IT0 = 1;
      EX1 = 1;
      IT1 = 0;
      EA = 1;
}
void main(void)
{
      P0 = 0x00;
      Init_Int();
      while(1)
      {
            for(j = 0;j < 10;j++)
            {
                  P2 = tab1[j];
                  delay(60000);
            }
      }
}
```

6）在 Keil 中仿真调试

创建“共阴共阳数码管应用”项目，选择单片机型号为 AT89C51，输入源程序，保存为“共阴共阳数码管应用. C”，将源程序“共阴共阳数码管应用. C”添加到项目中。编译源程序，创建“共阴共阳数码管应用. HEX”。

7）在 Proteus 中仿真调试

打开“共阴共阳数码管应用. DSN”，双击单片机，选择程序“共阴共阳数码管应用. HEX”。

单击 按钮进入程序调试状态，按动按钮 K1、K2，可在这两个窗口中看到两个数码管的变化，如图 6.10 所示。

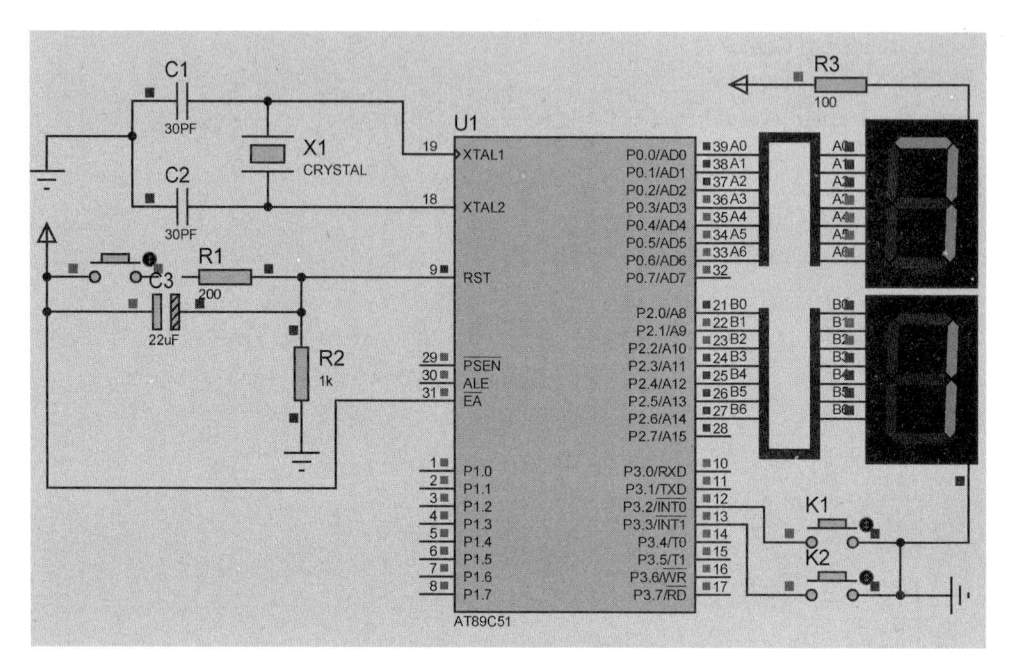

图 6.10 共阴共阳数码管应用运行结果图

6.2 液晶显示器及其应用系统设计

6.2.1 液晶显示器概述

液晶显示器(Liquid Crystal Display,LCD)是一种低功耗的平面显示器件,广泛应用于工业控制、消费电子及便携式电子产品中。它不仅省电,而且能够显示大量的信息,如文字、曲线、图形、动画等,其显示功能比数码管强大了许多,具有广泛的应用前景。

LCD 的构造是在两片平行的玻璃基板中放置液晶盒,下基板玻璃上设置 TFT(薄膜晶体管),上基板玻璃上设置彩色滤光片,通过 TFT 上的信号与电压改变来控制液晶分子的转动方向,从而达到控制每个像素点偏振光出射与否而达到显示目的。

6.2.2 LCD 液晶显示器的分类

LCD 液晶显示器按显示图案的不同通常可以分为笔段型 LCD、字符型 LCD 和点阵图形型 LCD 3 种。

1. 笔段型 LCD

笔段型 LCD 是以长条状作为基本显示单元显示。该类型主要用于数字显示,也可用于显示西文字符或某些字符,一般用于数字仪表和电子仪器中。笔段式 LCD 屏的结构与 LED 数码管很相似,但是由于是液晶,工作机理上不同,驱动方式也有很大差异。

(1) LED 有正负之分,液晶没有。

(2) LED 在直流电压下工作,液晶需要交流电压,防止电解效应。

(3) LED 需要电流提供发光的能量,液晶显示状态下电流非常微弱。

(4) LED对微小电流不反应,液晶则很敏感。

2. 字符型LCD

字符型LCD是专门用于显示数字0～9、大小写英文字符、图形符号及少量自定义符号的液晶显示器。其内部带有显示字符的字库,大多数还能由人工根据需要编码一些字符。它一般由若干个5×7或5×11点阵组成,每一个点阵显示一个字符。这类模块一般应用于数字仪表等电子设备中。

3. 点阵图形型LCD

点阵图形型LCD是在一平板上排列多行和多列,形成矩阵形式的晶格点,点的大小可根据显示的清晰度来设计。它根据要求基本可以显示所有能显示的数字、字母、符号、汉字、图形,甚至是动画。这类液晶显示器可广泛用于图形显示如游戏机、笔记本电脑和彩色电视等设备。

目前市面上的液晶显示器模块按有无内置控制器可分为含有控制器和不含控制器两类。含有控制器的LCD由于显示和驱动的工作都由这个内置的控制器和外围电路完成,所以一般只需通过单片机与其进行接口,再根据内置控制器的控制逻辑进行数据收发就可以完成图像的显示工作了。目前的字符型LCD和点阵图形型LCD中很多都内嵌了控制器,使其控制变得简单实用。

6.2.3 1602字符型LCD液晶显示模块

1. 1602字符型LCD液晶显示模块外观及主要技术参数

字符型LCD液晶显示模块是一种专门用于显示字母、数字、符号等点阵式LCD,目前常用16×1、16×2、20×2和40×2行等的模块。1602字符型LCD液晶显示模块是指显示的内容为16×2,即可以显示两行,每行16个字符的液晶模块(显示字符和数字)。目前市面上字符液晶绝大多数是基于HD44780液晶芯片的,控制原理是完全相同的,因此基于HD44780设计的控制程序可以很方便地应用于市面上大部分的字符型液晶。下面以1602字符型LCD液晶显示模块为例,介绍其用法。一般1602字符型LCD液晶显示模块实物图如图6.11所示。

图6.11 1602字符型LCD液晶显示器实物图

1602LCD分为带背光和不带背光两种,其控制器大部分为HD44780,带背光的比不带背光的厚,是否带背光在应用中并无差别。其主要技术参数如下。

(1) 显示容量:16×2个字符。

(2) 芯片工作电压:4.5～5.5V。

(3) 工作电流:2.0mA(5.0V)。

(4) 模块最佳工作电压:5.0V。

(5) 字符尺寸:2.95×4.35($W\times H$)mm。

2. 1602字符型液晶显示模块的引脚定义

1602字符型LCD液晶显示模块的引脚定义如表6.3所示。

表 6.3 1602 字符型 LCD 液晶显示模块的引脚定义

编 号	符 号	引脚说明	编 号	符 号	引脚说明
1	V_{SS}	电源地	9	D2	数据
2	V_{CC}	电源正极	10	D3	数据
3	V_{EE}	液晶显示偏压	11	D4	数据
4	RS	数据/命令选择	12	D5	数据
5	R/W	读/写选择	13	D6	数据
6	E	使能信号	14	D7	数据
7	D0	数据	15	BLA	背光源正极
8	D1	数据	16	BLK	背光源负极

各引脚接口说明如下。

第 1 脚：V_{SS}为地电源。

第 2 脚：V_{CC}接 5V 正电源。

第 3 脚：V_{EE}为液晶显示器对比度调整端，接正电源时对比度最弱，接地时对比度最高，对比度过高时会产生“鬼影”，使用时可以通过一个 10kΩ 的电位器调整对比度。

第 4 脚：RS 为寄存器选择，高电平时选择数据寄存器、低电平时选择指令寄存器。

第 5 脚：R/W 为读写信号线，高电平时进行读操作，低电平时进行写操作。当 RS 和 R/W 共同为低电平时可以写入指令或者显示地址，当 RS 为低电平、R/W 为高电平时可以读忙信号，当 RS 为高电平、R/W 为低电平时可以写入数据。

第 6 脚：E 端为使能端，当 E 端由高电平跳变成低电平时，液晶模块执行命令。

第 7～14 脚：D0～D7 为 8 位双向数据线。

第 15 脚：背光源正极。

第 16 脚：背光源负极。

3. 1602 字符型液晶显示模块的引脚定义

1602 字符型液晶显示模块内部的控制器共有 11 条控制指令，如表 6.4 所示。

表 6.4 1602 字符型液晶显示模块内部控制指令

序号	指令	RS	R/W	D7	D6	D5	D4	D3	D2	D1	D0
1	清屏(光标回原点)	0	0	0	0	0	0	0	0	0	1
2	光标回原点	0	0	0	0	0	0	0	0	1	*
3	显示模式设置	0	0	0	0	0	0	0	1	I/D	S
4	显示开关设置	0	0	0	0	0	0	1	D	C	B
5	光标或字符移位	0	0	0	0	0	1	S/C	R/L	*	*
6	功能设置	0	0	0	0	1	DL	N	F	*	*
7	CGRAM 地址设置	0	0	0	1	6 位 CGRAM 地址码					
8	DDRAM 地址设置	0	0	1	7 位 DDRAM 地址码						
9	读忙标志或 AC 地址	0	1	BF	7 位当前显示地址码						
10	向 CGRAM 或 DDRAM 写数据	1	0	8 位数据							
11	从 CGRAM 或 DDRAM 读数据	1	1	8 位数据							

1602液晶显示模块的读写操作、屏幕和光标的操作都是通过指令编程来实现的。

指令1：清显示，指令码01H。功能为清屏，光标复位到液晶显示屏的左上角，将地址计数器AC置0。

指令2：光标复位，指令码02H。AC=0，光标返回到地址00H。

指令3：光标和显示模式设置。I/D控制光标移动方向，I/D=1光标右移，I/D=0光标左移；S为屏幕上所有文字是否左移或者右移，S=1移动，S=0不移动。

指令4：显示开关控制，用于设置显示、光标及闪烁。D控制整体显示的开与关，D=1开显示，D=0关显示；C控制光标的开与关，C=1有光标，C=0无光标；B控制光标是否闪烁，B=1闪烁，B=0不闪烁。

指令5：光标或显示移位。S/C=1整个画面移动一位，S/C=0光标移动一位；R/L=1右移，R/L=0左移。

指令6：功能设置命令。DL=1为8位总线，DL=0为4位总线；N=0时单行显示，N=1时双行显示；F=0时显示5×7的点阵字符，F=1时显示5×10的点阵字符。

指令7：字符发生器CGRAM地址设置。D5～D0范围是00H～3FH。

指令8：DDRAM地址设置。*N*=0，一行显示，D6～D0范围是00H～0FH。*N*=1，两行显示，首行D6～D0范围是00H～0FH，次行D6～D0范围是40～4FH。

指令9：读忙信号或光标地址。BF为忙标志位，BF=1表示忙，此时模块不能接收命令或者数据，如果BF=0表示不忙。此时，AC意义为最近一次地址设置(CGRAM或DDRAM)。

指令10：写数据。将地址码写入DDRAM，以使得LCD显示出相应的图形或将用户自创的字符或图形存入CGRAM。

指令11：读数据。根据最近设置的地址性质，从DDRAM或CGRAM读出数据。

4. 1602字符型液晶显示模块的读写时序

与HD44780相兼容的芯片读写时序如下。

读状态(读忙信号或光标地址)：输入，RS=0，R/W=1，E=1；输出，BF=1表示忙，BF=0表示不忙，D0～D7=地址计数器AC值。

写指令：输入，RS=0，R/W=0，D0～D7=指令码，E=高脉冲；输出，无。

读数据：输入，RS=1，R/W=1，E=1；输出，D0～D7=数据。

写数据：输入，RS=1，R/W=0，D0～D7=数据，E=高脉冲；输出，无。

5. 1602字符型液晶显示模块的标准字库表及RAM地址映射

液晶显示模块是一个慢显示器件，所以编程时应注意，在执行每条指令之前一定要确认模块的忙标志为低电平(表示不忙)，或进行适当的延时，以确保前一个指令执行完毕，否则可能造成指令失效。要显示字符时要先输入显示字符地址，也就是告诉模块在哪里显示字符。1602字符型液晶显示模块内部的显示地址，如表6.5所示。

表6.5　1602字符型液晶显示模块内部的显示地址

显示位置	1	2	3	4	5	6	7	8	9	10	11	12	13	14	15	16
第1行字符DDRAM地址	00	01	02	03	04	05	06	07	08	09	0A	0B	0C	0D	0E	0F
第2行字符DDRAM地址	40	41	42	43	44	45	46	47	48	49	4A	4B	4C	4D	4E	4F

在对液晶显示模块的初始化中要先设置其显示模式，在液晶显示模块显示字符时光标是自动右移的，无须人工干预。每次输入指令前都要判断液晶显示模块是否处于忙的状态。

写入显示地址时最高位 D7 恒定为高电平 1，因此，在写入光标定位位置时应把光标定位位置在 1602 字符型液晶显示模块内部的显示地址再加上 80H，即 1602LCD 第一行的首地址是 80H，第二行的首地址是 C0H。例如，第二行第一个字符的地址是 40H，那么是否直接写入 40H 就可以将光标定位在第二行第一个字符的位置呢？这样不行，因为写入显示地址时要求最高位 D7 恒定为高电平 1，所以实际写入的数据应该是 01000000B(40H)＋10000000B(80H)＝11000000B(C0H)。

1602 液晶显示模块内部的字符发生存储器(CGROM)已经存储了 160 个不同的点阵字符图形，如图 6.12 所示。这些字符有阿拉伯数字、英文字母的大小写、常用的符号和日文假名等，每一个字符都有一个固定的代码。

↓→	0000	0001	0010	0011	0100	0101	0110	0111	1000	1001	1010	1011	1100	1101	1110	1111
xxxx0000	CG RAM (1)			0	@	P	`	p				ー	タ	ミ	α	p
xxxx0001	(2)		!	1	A	Q	a	q			。	ア	チ	ム	ä	q
xxxx0010	(3)		"	2	B	R	b	r			「	イ	ツ	メ	β	θ
xxxx0011	(4)		#	3	C	S	c	s			」	ウ	テ	モ	ε	∞
xxxx0100	(5)		$	4	D	T	d	t			、	エ	ト	ヤ	μ	Ω
xxxx0101	(6)		%	5	E	U	e	u			・	オ	ナ	ユ	σ	ü
xxxx0110	(7)		&	6	F	V	f	v			ヲ	カ	ニ	ヨ	ρ	Σ
xxxx0111	(8)		'	7	G	W	g	w			ァ	キ	ヌ	ラ	g	π
xxxx1000	(1)		(	8	H	X	h	x			ィ	ク	ネ	リ	√	x̄
xxxx1001	(2)		)	9	I	Y	i	y			ゥ	ケ	ノ	ル	⁻¹	y
xxxx1010	(3)		*	:	J	Z	j	z			ェ	コ	ハ	レ	j	千
xxxx1011	(4)		+	;	K	[	k	{			ォ	サ	ヒ	ロ	×	万
xxxx1100	(5)		,	<	L	¥	l	|			ャ	シ	フ	ワ	¢	円
xxxx1101	(6)		-	=	M	]	m	}			ュ	ス	ヘ	ン	£	÷
xxxx1110	(7)		.	>	N	^	n	→			ョ	セ	ホ	゛	ñ	
xxxx1111	(8)		/	?	O	_	o	←			ッ	ソ	マ	゜	ö	█

图 6.12　HD44780 内部 CGROM 中存储的点阵字符图形表

例如，大写的英文字母“A”的代码是 01000001B(41H)，显示时模块把地址 41H 中的点阵字符图形显示出来，就能看到字母“A”。如果要在第二行的第三个位置写入字母“A”，只要把字母“A”的代码 41H 写入 DDRAM 的地址 42H 中即可。

1602 液晶显示模块还支持不采用 HD44780 的内部字符发生存储器(CGROM)，而是由用户自定义图形显示。这时，用户可以根据具体的需要编辑所需图形代码并存入 CGROM

中,然后再把编辑的代码从 CGROM 中写入需要显示位置的 DDRAM 中即可。

6.2.4　基于1602LCD的液晶显示应用系统设计

1) 系统设计要求

利用 1602LCD 显示器实现显示功能。要求 LCD 两行、5×7 点阵字符显示;采用 P2.5、P2.6、P2.7 分别作指令数据选择、读/写操作选择和使能信号线,P3 口作 LCD 数据线。

2) 系统设计分析

单片机的最小系统+1602LCD 显示器,继续利用总线设计原理图,掌握总线的使用方法。

液晶显示模块是一个慢显示器件,所以编程时应注意,在执行每条指令之前一定要确认模块的忙标志为低电平(表示不忙),或进行适当的延时,以确保前一个指令执行完毕,否则可能造成指令失效。另外,显示字符时要先发送控制指令,即输入显示字符地址,告诉模块在哪里显示字符。写入显示地址时要求最高位 D7 恒定为高电平 1,1602LCD 第一行的首地址是 80H,第二行的首地址是 C0H。

3) 系统原理图设计

系统所需元器件:单片机 AT89C51、瓷片电容 CAP 30pF、晶振 CRYSTAL 12MHz、电阻 RES、按钮 BUTTON、液晶显示模块 LM016L。LCD 液晶显示应用系统原理图如图 6.13 所示。

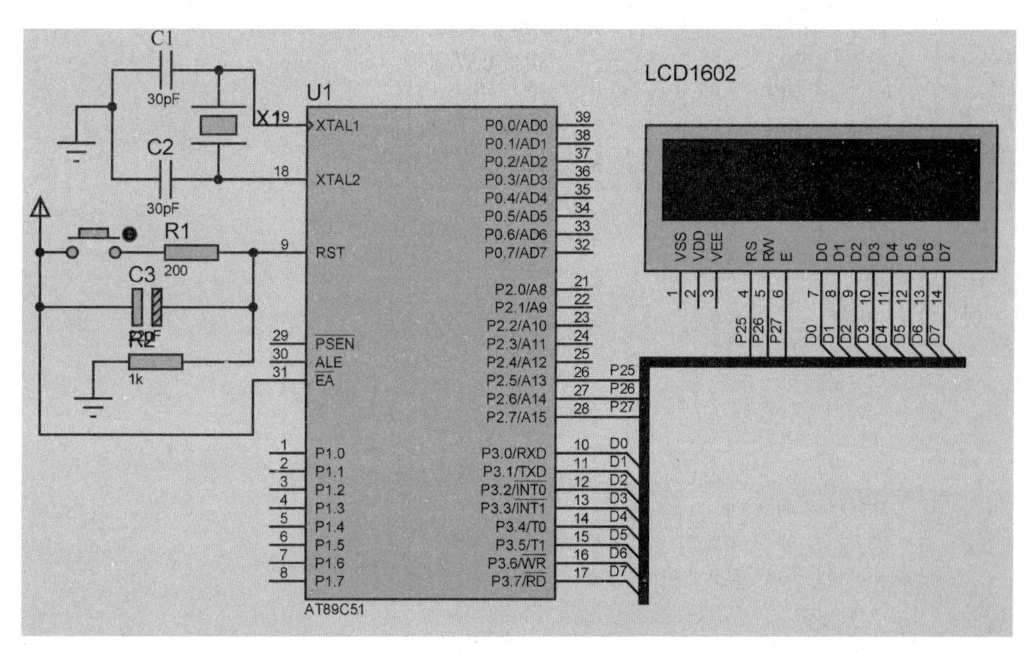

图 6.13　LCD 液晶显示应用系统原理图

4) 系统程序流程图设计

LCD 液晶显示应用程序流程图如图 6.14 所示。

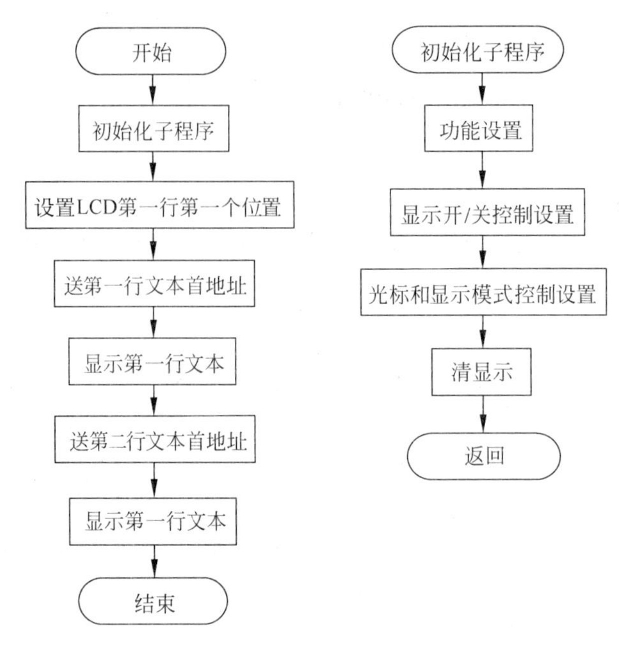

图 6.14 LCD 液晶显示应用程序流程图

5）系统源程序设计

汇编语言源程序如下：

```
;1602LCD 显示程序,在第一行显示 welcome,在第二行显示 Enjoy learning
         RS      BIT     P2.5          ;指令数据选择
         RW      BIT     P2.6          ;读/写操作选择
         EN      BIT     P2.7          ;使能
         LCD     EQU     P3
         ORG     0000H
         LJMP    MAIN
         ORG     0030H
MAIN:    MOV     SP,#60H               ;堆栈地址
START:   ACALL   INIT_LCD              ;调用 LCD 初始化设置
         MOV     LCD,#80H              ;设置 LCD 第一行第一个位置
         ACALL   WR_COMM               ;调用写指令子程序
         MOV     DPTR,#BUF1            ;送第一行文本首地址
         ACALL   DISP_LCD              ;调用查表显示子程序
         MOV     LCD,#0C0H             ;设置 LCD 第二行第一个位置
         ACALL   WR_COMM
         MOV     DPTR,#BUF2            ;送第二行文本首地址
         ACALL   DISP_LCD
         SJMP    $
INIT_LCD:                              ; LCD 初始化设置
         MOV     LCD,#38H              ;功能设置: 8 位数据,双行显示,5×7 点阵字符
         ACALL   WR_COMM
         MOV     LCD,#0CH              ;开显示,无光标,不闪烁
         ACALL   WR_COMM
         MOV     LCD,#06H              ;数据读写屏幕画面不动,AC 自动加 1
```

```
        ACALL   WR_COMM
        MOV     LCD,#01H                ;清屏
        ACALL   WR_COMM                 ;调用写指令子程序
        RET
WR_COMM:                                ;写指令子程序
        ACALL   DELAY                   ;调用延时子程序
        CLR     RS                      ;选择指令寄存器
        CLR     RW                      ;选择写模式
        SETB    EN                      ;允许写 LCD
        ACALL   DELAY                   ;调用延时子程序
        CLR     EN                      ;禁止写 LCD
        RET
WR_DATA:                                ;写数据子程序
        MOV     LCD,A
        ACALL   DELAY                   ;调用延时子程序
        SETB    RS                      ;选择数据寄存器
        CLR     RW                      ;选择写模式
        SETB    EN                      ;允许写 LCD
        ACALL   DELAY                   ;调用延时子程序
        CLR     EN                      ;禁止写 LCD
        RET
DISP_LCD:                               ;查表显示子程序
        MOV     R2,#10H                 ;每行总字符
        MOV     R1,#00H                 ;查表地址初始值
NEXT:   MOV     A,R1                    ;表地址初值送入 A
        MOVC    A,@A+DPTR               ;查表将字符串内容送入 A
        ACALL   WR_DATA                 ;调用写数据子程序
        ACALL   DELAY                   ;调用延时子程序
        INC     R1                      ;地址值加 1
        DJNZ    R2,NEXT                 ;判断查表是否到 16 次
        RET
DELAY:  MOV     R6,#0FH                 ;延时子程序
DEL1:   MOV     R7,#0FH
DEL2:   DJNZ    R7,DEL2
        DJNZ    R6,DEL1
        RET
BUF1:   DB "    welcome!    "
BUF2:   DB " Enjoy learning"
        END
```

C语言源程序如下：

```
//1602 字符型 LCD 显示程序,在第一行显示 welcome,在第二行显示 Enjoy learning
#include <reg51.h>
#include <intrins.h>
#define  uchar unsigned char
#define  uint unsigned int
#define BOOL bit
sbit RS = P2^5;                       //指令数据选择
```

```
sbit RW = P2^6;                          //读/写操作选择
sbit EN = P2^7;                          //使能
uchar code tab1[] = {"welcome!"};
uchar code tab2[] = {"Enjoy learning"};
void delay(uint ms)                      // 延时子程序
{
    uint i;
    while(ms--)
    {
        for(i = 0; i<250; i++)
        {
            _nop_();
            _nop_();
            _nop_();
            _nop_();
        }
    }
}

BOOL lcd_bz()                            // 测试 LCD 忙状态
{
    BOOL result;
    RS = 0;
    RW = 1;
    EN = 1;
    _nop_();
    _nop_();
    _nop_();
    _nop_();
    result = (BOOL)(P0&0x80);            //取 BF 值
    EN = 0;
    return result;
}

void lcd_wcmd(uchar cmd)                 // 写入指令数据到 LCD
{
    while(lcd_bz());
    RS = 0;
    RW = 0;
    EN = 0;
    _nop_();
    _nop_();
    P3 = cmd;
    _nop_();
    _nop_();
    _nop_();
    _nop_();
    EN = 1;
    _nop_();
    _nop_();
```

```
        _nop_();
        _nop_();
        EN = 0;
}
void lcd_pos(uchar pos)             //设定显示位置
{
        lcd_wcmd(pos | 0x80);       //最高位 D7 恒定为高电平 1
}
void lcd_wdat(uchar dat)            //写入字符显示数据到 LCD
{
        while(lcd_bz());
        RS = 1;
        RW = 0;
        EN = 0;
        P3 = dat;
        _nop_();
        _nop_();
        _nop_();
        _nop_();
        EN = 1;
        _nop_();
        _nop_();
        _nop_();
        _nop_();
        EN = 0;
}
void lcd_init()                     //LCD 初始化设定
{
        lcd_wcmd(0x38);             //功能设置: 8 位总线(DL = 1)、双行显示(N = 1)、
        delay(1);                   //5×7 点阵字符(F = 0)
        lcd_wcmd(0x0c);             //显示开/关控制: 开显示(D = 1)、无光标(C = 0)
        delay(1);                   //不闪烁(B = 0)
        lcd_wcmd(0x06);             //光标和显示模式设置: 数据读写屏幕画面不动
        delay(1);                   //AC 自动加 1
        lcd_wcmd(0x01);             //清显示: 清除 LCD 的显示内容,AC 置 0
        delay(1);
}
void main()
{
        uint i;
        lcd_init();                 // 初始化 LCD
        delay(10);
        lcd_pos(4);                 // 设置显示位置为第一行的第 5 个字符
        i = 0;
        while(tab1[i] != '\0')      // 显示字符"welcome!"
        {
            lcd_wdat(tab1[i]);
            i++;
        }
        lcd_pos(0x41);              // 设置显示位置为第二行第二个字符
```

```
    i = 0;
    while(tab2[i] != '\0')
    {
        lcd_wdat(tab2[i]);            // 显示字符"Enjoy learning"
        i++;
    }
    while(1);                         // 等待中
}
```

6）在 Keil 中仿真调试

创建“LCD 液晶显示应用”项目，选择单片机型号为 AT89C51，输入源程序，保存为“LCD 液晶显示应用. ASM”或“LCD 液晶显示应用. C”，将源程序“LCD 液晶显示应用. ASM”或“LCD 液晶显示应用. C”添加到项目中。编译源程序，创建“LCD 液晶显示应用. HEX”。

7）在 Proteus 中仿真调试

打开“LCD 液晶显示应用. DSN”，双击单片机，选择程序“LCD 液晶显示应用. HEX”。单击 按钮进入程序调试状态，可看到 LCD 液晶显示的变化，如图 6.15 所示。

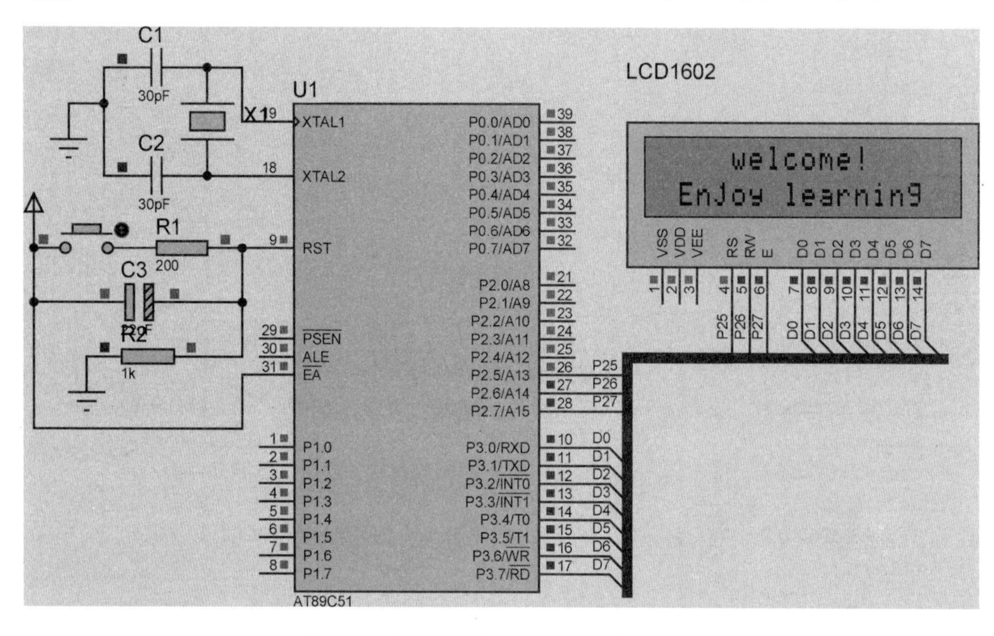

图 6.15 LCD 液晶显示应用运行结果图

6.3 键盘及其应用系统设计

键盘是由若干个按键组成的，是向系统提供操作人员的干预命令及数据的接口设备。在单片机应用系统中，为了控制系统的工作状态，以及向系统输入数据时，键盘是不可缺少的输入设备，它是实现人机对话的纽带，如复位用的复位键、功能转换用的功能键、数据输入用的数字键盘等。

键盘按其结构形式可分为编码键盘和非编码键盘两种。编码键盘通过硬件的方法产生键码,能自动识别按下的键并产生相应的键码值,以并行或串行的方式发送给 CPU。它接口简单,响应速度快,但需要专门的硬件电路。非编码键盘通过软件的方法产生键码,它不需要专用的硬件电路,结构简单、成本低廉,但响应速度不如编码键盘快。为了减少复杂程度,节省单片机的 I/O 接口,在单片机应用系统中广泛采用非编码键盘。

6.3.1　键盘的工作原理

1. 按键输入过程

键盘是由按键构成的,每一个按键都被赋予特定的功能,它们通过接口电路与单片机连接,通过软件了解按键的状态及按键输入的信息,并转去执行该键的功能处理程序。键盘的接口方法有多种,但按键的输入过程与软件结构基本是一样的。51 系列单片机按键输入过程如图 6.16 所示。

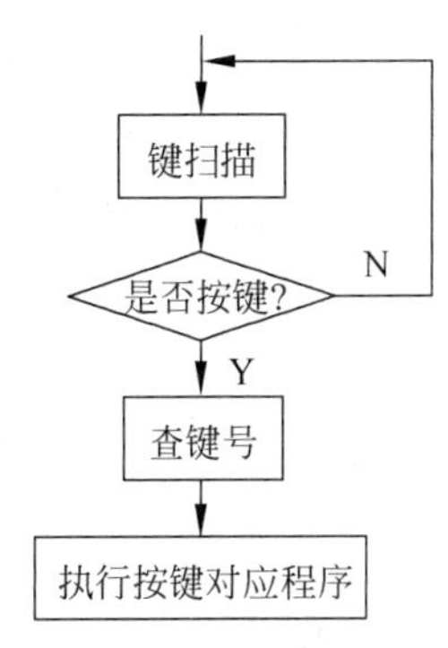

图 6.16　按键输入过程

键的闭合与否通常用高、低电平来进行检测。键闭合时,该键为低电平;键断开时,该键为高电平。

2. 按键的抖动与去抖处理

键的闭合与断开都是利用其机械弹性,由于机械弹性的作用,键在闭合与断开的瞬间均有抖动过程,抖动的时间一般为 5～10ms。按键的稳定闭合期由操作人员的按键动作所决定。键在闭合与断开的瞬间均有抖动过程,如图 6.17 所示。

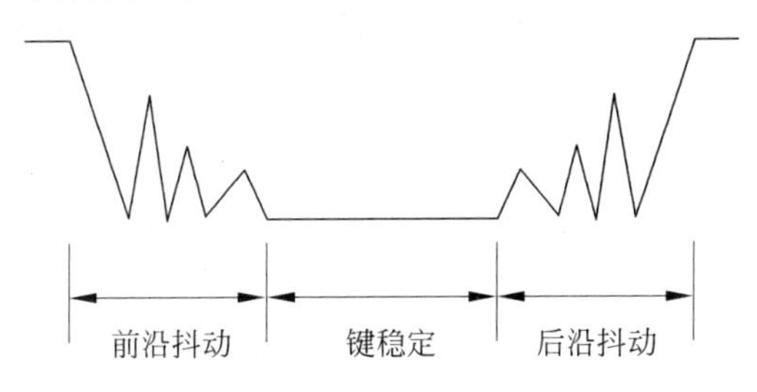

图 6.17　按键抖动

为了使 CPU 对键的一次闭合仅做一次键输入处理,必须去抖动。去抖动有硬件去抖动和软件去抖动两种方法。硬件去抖方法,如滤波防抖电路、由 RS 触发器构成的双稳态去抖电路等。软件去抖法就是检测到有按键按下时,执行一个 10～20ms 的延时子程序后,再确认该键是否仍保持闭合状态,若仍闭合,则确认为此键按下,消除了抖动的影响。

在键盘操作过程中,当有两个或两个以上的键被同时按下时,哪个按键有效完全取决于开发者的设计。

6.3.2　独立式键盘与矩阵式键盘

1. 独立式键盘

独立式键盘直接由 I/O 口线构成。每个按键接一根 I/O 口线,这是最简单的键盘输入设计,各键的工作状态互不影响。当按下或释放按键时,输入到 I/O 端口的电平是不一样的，单片机程序根据不同端口电平的变化判断是否有按键按下，以及哪一个按键按下，并执行相应的程序段。

51系列单片机外接独立式键盘的电路结构如图6.18所示，其中按键和单片机引脚直接使用上拉电阻。当没有按键按下时，I/O端口输入的是高电平；当有按键按下时，I/O端口输入的是低电平，从而实现端口电平的变化来达到按键输入的目的。

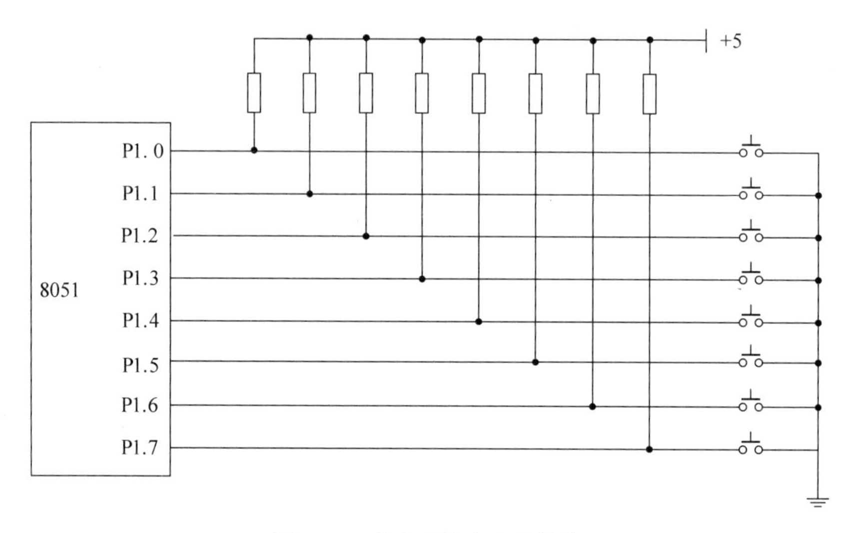

图6.18 独立式键盘电路结构

这种独立式键盘电路简单，方便程序处理。但是由于每个按键都要单独占用一个单片机I/O引脚，因此不适用于按键输入较多的场合，这样会占用较多单片机I/O端口资源。

2. 矩阵式键盘

矩阵式键盘又称为行列式键盘，由I/O口线组成行、列结构，行、列线分别连接在按键开关的两端，按键设置在行、列的交叉点上。

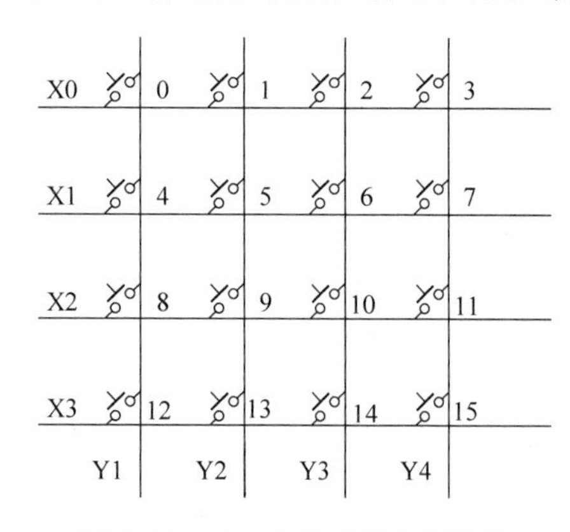

图6.19 4×4矩阵式键盘的结构

4×4矩阵式键盘的结构如图6.19所示，由4根行线和4根列线交叉构成，按键位于行、列线的交叉点上，这样便构成16个键的键盘。交叉点的行、列线是不连接的，当按键按下时，此交叉点的行线和列线导通。

在电路结构上，一般将行线（X0～X3）和列线（Y0～Y3）分别接到单片机的一个8位并行端口上，程序中分别对行线和列线进行不同的操作，以确定按键的状态。这样，只占用一个8位的并口便可以实现16个按键。

矩阵式键盘的工作方式有扫描法、线反转法和中断法3种。

1）扫描法

扫描法是在程序中反复扫描查询键盘接口，根据端口的输入情况，调用不同的按键处理子程序。由于在执行按键处理子程序时，单片机不能再次响应按键请求，因此单片机的按键处理子程序应尽可能少占用CPU的运行时间，并且尽可能将键盘扫描安排在程序空余的时候，以满足实时准确响应按键请求的目的。

在使用扫描法时，应将矩阵式键盘的行线通过上拉电阻接＋5V电源，如图6.20所示。此时，如果无任何键按下，则对应的行线输出为高电平；如果有按键按下，对应交叉点的行线和列线连接，行线的输出依赖于与此行线连接的列线的电平状态。

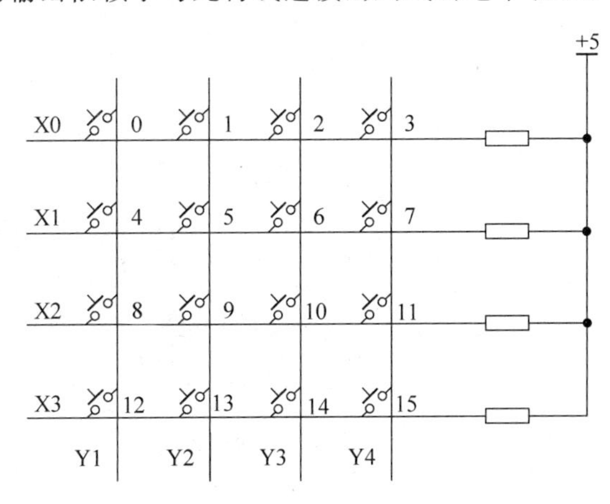

图6.20 扫描法的电路结构

扫描法按键识别的一般步骤如下。

(1) 判断键盘上有无按键按下。将列线(Y0～Y3)分别输出为0，此时读行线的状态，如果行线全为1，则表示此时没有任何按键按下；如果行线不全为1，则表示此时有按键按下。继而执行与按键相对应的程序段或子程序。

(2) 按键软件去抖动。当判断有按键按下之后，程序中延时10ms左右的时间后，再次判断一下按键的状态，即行线不全为1，则可以肯定有按键按下，否则当作按键的抖动来处理。

(3) 扫描按键的位置。先令列线Y0为低电平0，其余三根列线均为高电平1，此时读取行线的状态。如果行线(X0～X3)均为高电平，则Y0这一列上没有按键按下，如果行线(X0～X3)不全为高电平，则其中为低电平的行线与Y0相交的按键被按下。如果Y0这一列上没有按键按下，可以按照同样的方法依此检查Y1、Y2和Y3列上有没有按键按下。这样逐列逐行扫描便可以找到按键按下的位置(X，Y)。

(4) 一次按键处理。有时为了保证一次按键只进行一次处理，可以判断按键是否释放，如果按键释放则开始执行按键操作。

将行线(X0～X3)分别输出为0，此时读列线的状态，过程与上类似。在实际使用过程中，扫描法需要逐列逐行或逐行逐列扫描查询。根据键的位置不同，每次查询的次数不一样。如果查询的键位于最后一行最后一列时，则要经过多次扫描查询才能获得该键的位置。

2) 线反转法

线反转法从本质上来说也是一种扫描法，而采用线反转法，无论被按的按键处于第一列还是最后一列，都只需要经过两步便可获得此按键的位置。因此，线反转法更加方便。线反转法的原理图如图 6.21 所示。

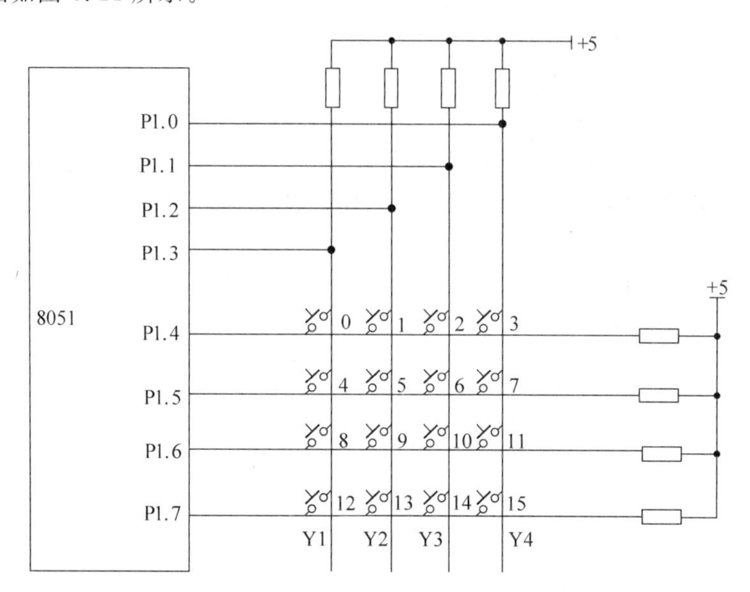

图 6.21 线反转法的原理图

利用线反转法的具体操作步骤如下。

(1) 将行线作为输出线,列线作为输入线,置输出线全部为 0,此时列线中如果全部都不是 0,则没有按键按下;如果列线中不全部是 1,则呈低电平 0 的列为按键所在的列。

(2) 将第一步反过来,即将列线作为输出线,行线作为输入线,置输出线全部为 0,此时行线中呈低电平 0 的为按键所在的行。至此,便确定了按键的位置(X,Y)。

(3) 一次按键处理。有时为了保证一次按键只进行一次处理,可以判断按键是否释放,如果按键释放则开始执行按键操作。

先将列线作为输出线,行线作为输入线,置输出线全部为 0。过程与上类似。

3) 中断法

中断法是将键盘扫描程序放置在单片机的中断服务例程中的方法。利用扫描法和线反转法获得按键信息,这样 CPU 总是要不断地查询扫描键盘,占用很多 CPU 处理时间。而中断式则只用当按键按下时,才触发中断,进而查询扫描键盘。因此,采用中断式进行键盘设计可以提高 CPU 的工作效率,特别适用于复杂的系统或对实时性要求比较高的场合。

中断法的原理图如图 6.22 所示。其中 4×4 矩阵式键盘的列线与单片机 P1 口的高四位相连,行线通过二极管与单片机 P1 口的低四位相连。P1.0～P1.3 作为输入端,P1.4～P1.7 作为输出端。键盘的 4 根行线分别引出连接到一个 4 输入端的与门,与门的输出端与单片机的外部中断口 $\overline{\text{INT0}}$ 相连。

系统初始化的时候,将键盘的输出端口全部置低电平 0。当有按键按下时,$\overline{\text{INT0}}$ 将变为低电平,此时向 CPU 发出中断请求,CPU 响应中断并进入中断服务程序。在中断服务程序中,可以按照前面的扫描查询式的方法来获得按键的位置信息(X,Y)。

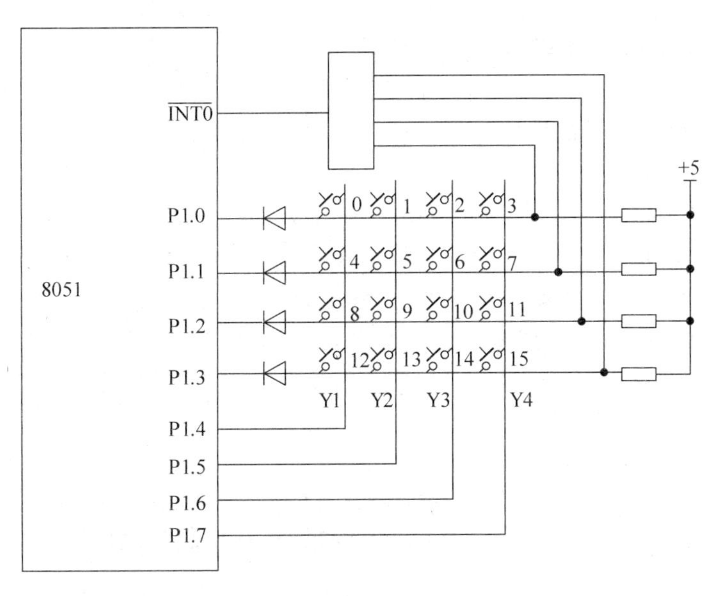

图 6.22　中断法的原理图

6.3.3　键编码与键值

一组按键或键盘都要通过 I/O 线查询按键的开关状态。键盘结构不同，采用不同的编码方法。但无论有无编码，以及采用什么编码，最后都要转换成为与累加器中的数值相对应的键值，以实现按键功能程序的散转。按键的编码方法如下。

(1) 用键盘连接的 I/O 线的二进制组合表示键码。用键盘连接的 I/O 线的二进制组合表示键码，可用一个 8 位 I/O 线的高低 4 位口线的二进制组合表示 16 个键的编码，如图 6.23 所示。

(2) 顺序排列键码。键值的形成要根据 I/O 线的状态作相应处理。键码可按"行首键码＋列号"表示，如图 6.24 所示。

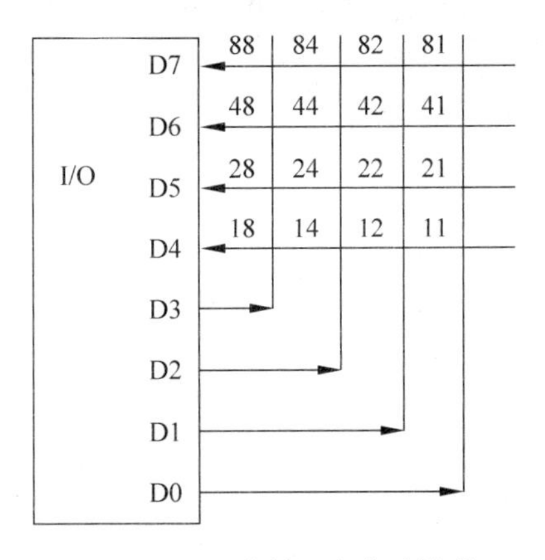

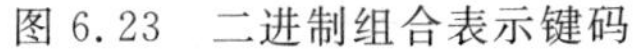

图 6.23　二进制组合表示键码

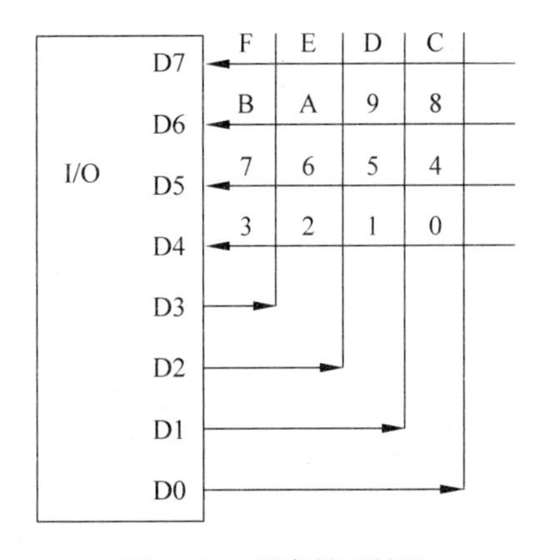

图 6.24　顺序排列键码

(3) 随机排列键码。键值可以任意设置，只不过在编制程序时，按每一按键执行的子程序与键值对应即可。

6.3.4 键盘应用系统设计

1. 查询式按键应用系统设计

1）系统设计要求

将8个按键从1～8进行编号，如果其中一个按键按下，则在LED数码管上显示相应的键值。

2）系统设计分析

单片机的最小系统＋数码管(共阴)＋8个按键。

如果没有按键按下，则相应输入为高电平，否则为低电平。这样，可以通过读入P3口的数据来判断按下的是什么键。在有键按下后，要有一定的延时，以防由于按键抖动而引起误操作。

3）系统原理图设计

根据设计要求分析，系统所需元器件为AT89C51、CAP 30pF、RYSTAL 12MHz、RES、BUTTON、CAP-ELEC、7SEG-COM-CATHODE。查询式按键原理图如图6.25所示。

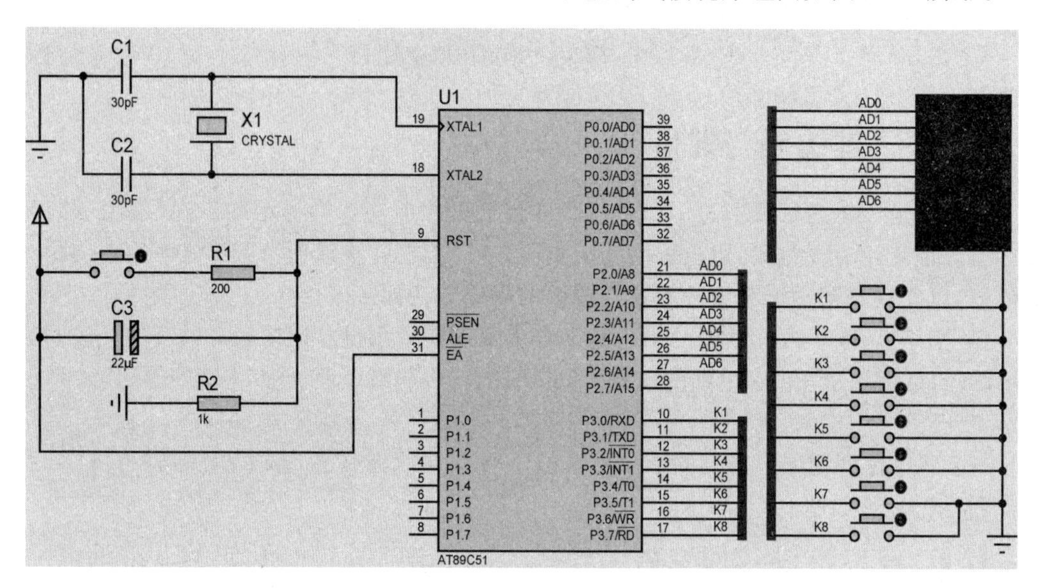

图6.25 查询式按键原理图

4）系统流程图设计

查询式按键流程图如图6.26所示。

5）系统源程序设计

C语言源程序如下：

```
#include<reg51.h>
#define uint unsigned int
#define uchar unsigned char
uchar j;
uchar t;
uint n;
const uchar tab[ ] = {0x3f,0x06, 0x5b,
```

```
                        0x4f,0x66,0x6d,
                    0x7d,0x07,0x7f,0x6f,};
void delay(uint n)
{
    uint i;
    for(i = 0;i < n;i++);
}
void main(void)
{
    uchar key;
    P2 = 0x00;
    P3 = 0xff;
    while(1)
    {
        while(P3 == 0xff);
        delay(2000);
        while(P3 == 0xff);
        key = P3;
        switch(key)
        {
            case 0xfe:P2 = tab[1];break;
            case 0xfd:P2 = tab[2];break;
            case 0xfb:P2 = tab[3];break;
            case 0xf7:P2 = tab[4];break;
            case 0xef:P2 = tab[5];break;
            case 0xdf:P2 = tab[6];break;
            case 0xbf:P2 = tab[7];break;
            case 0x7f:P2 = tab[8];break;
        }
    }
}
```

6）在 Keil 中仿真调试

创建“查询式按键”项目，选择单片机型号为 AT89C51，输入保存源程序“查询式按键.C”，将源程序“查询式按键.C”添加到项目中。编译源程序，创建“查询式按键.HEX”。

7）在 Proteus 中仿真调试

打开“查询式按键.DSN”，双击单片机，选择程序“查询式按键.HEX”。单击▶按钮进入程序运行状态，按动按键 1～8，可在仿真调试窗口中看到数码管显示相应按键序数。

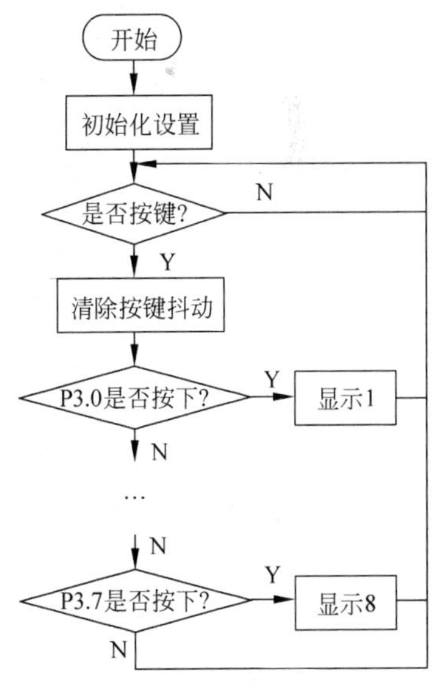

图 6.26　查询式按键流程图

2. 矩阵式键盘应用系统设计

1）系统设计要求

设计一个 4×4 矩阵式键盘，以 P3.0～P3.3 作为行线，以 P3.4～P3.7 作为列线，在数码管上显示每个按键所对应的“0～F”序号，利用扫描法和线反转法分别进行程序设计。

2）系统设计分析

单片机的最小系统＋数码管(共阴)＋矩阵式键盘。

P1.0～P1.3 为键盘行线所连端口，P1.4～P1.7 为键盘列线所连端口。如果有按键按下，则相应输入为低电平，否则为高电平。这样，可以通过读入 P1 口的数据来判断按下的是哪个键。

扫描法按键的识别方法如下。

可首先将 P1.0 设置为低电平，分别检测 P3.4～P3.7 列是否为低电平。如果为低电平，则转入相应显示子程序。否则，再将 P1.1 设置为低电平，分别检测 P3.4～P3.7 列是否为低电平……

线反转法按键的识别方法如下。

可首先将行线端口 P1.0～P1.3 全部输出低电平，再分别检测列线端口 P1.4～P1.7 列是否为低电平，此时列线中呈低电平的为按键所在的列。然后将上一步反过来，即将列线端口 P1.4～P1.7 全部输出低电平，再分别检测行线端口 P1.0～P1.3 行是否为低电平，此时行线中呈低电平的行为按键所在的行。至此，便确定了按键的位置(X，Y)，程序转入与行列对应的显示子程序。

3）系统原理图设计

根据设计要求分析，系统所需元器件为 AT89C51、CAP 30pF、CRYSTAL 12MHz、BUTTON、CAP-ELEC、7SEG-COM-CATHODE。矩阵式键盘原理图如图 6.27 所示。

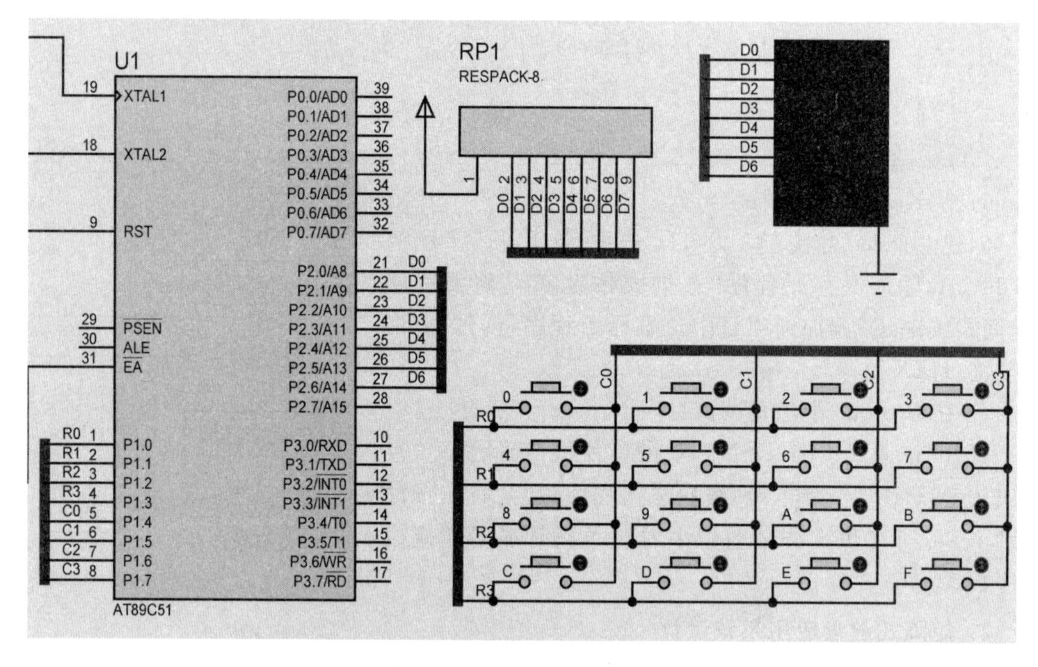

图 6.27 矩阵式键盘原理图

4）系统程序流程图设计

扫描法程序设计流程图(略)。

线反转法程序设计流程图如图 6.28 所示。

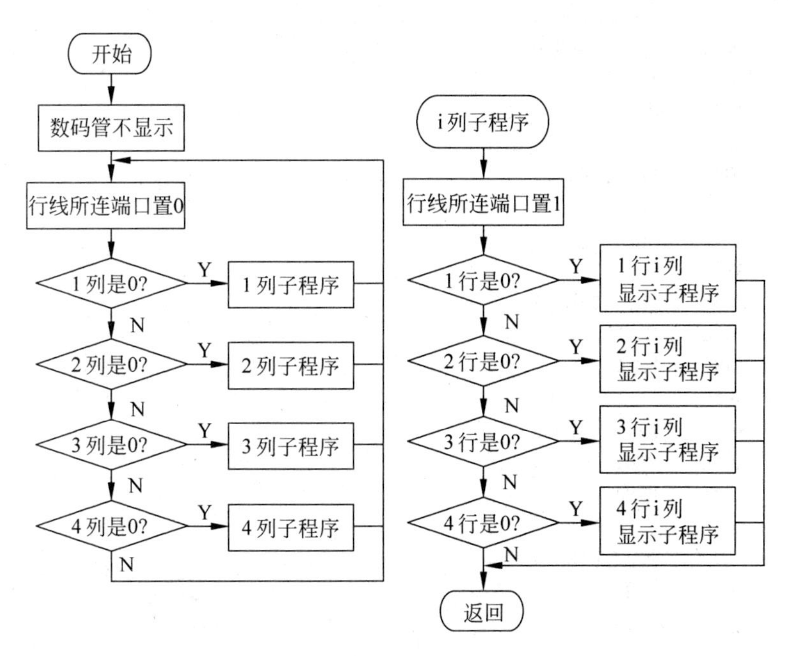

图 6.28　线反转法程序设计流程图

5）系统源程序设计

扫描法汇编语言源程序如下：

```
        ORG     0000H
        AJMP    MAIN
        ORG     0100H
MAIN:   MOV     P2,#000H
KEY0:   MOV     P1,#0FEH
        JNB     P1.4,K0
        JNB     P1.5,K1
        JNB     P1.6,K2
        JNB     P1.7,K3
        MOV     P1,#0FDH
        JNB     P1.4,K4
        JNB     P1.5,K5
        JNB     P1.6,K6
        JNB     P1.7,K7
        MOV     P1,#0FBH
        JNB     P1.4,K8
        JNB     P1.5,K9
        JNB     P1.6,K10
        JNB     P1.7,K11
        MOV     P1,#0F7H
        JNB     P1.4,K12
        JNB     P1.5,K13
        JNB     P1.6,K14
        JNB     P1.7,K15
        AJMP    KEY0
```

```
K0:     MOV     P2,#03FH;0
        ACALL   YSH1S
        AJMP    KEY0
        RET
K1:     MOV     P2,#006H;1
        ACALL   YSH1S
        AJMP    KEY0
        RET
K2:     MOV     P2,#05BH;2
        ACALL   YSH1S
        AJMP    KEY0
        RET
K3:     MOV     P2,#04FH;3
        ACALL   YSH1S
        AJMP    KEY0
        RET
K4:     MOV     P2,#066H;4
        ACALL   YSH1S
        AJMP    KEY0
        RET
K5:     MOV     P2,#06DH;5
        ACALL   YSH1S
        AJMP    KEY0
        RET
K6:     MOV     P2,#07DH;6
        ACALL   YSH1S
        AJMP    KEY0
        RET
K7:     MOV     P2,#007H;7
        ACALL   YSH1S
        AJMP    KEY0
        RET
K8:     MOV     P2,#07FH;8
        ACALL   YSH1S
        AJMP    KEY0
        RET
K9:     MOV     P2,#06FH;9
        ACALL   YSH1S
        AJMP    KEY0
        RET
K10:    MOV     P2,#077H;A
        ACALL   YSH1S
        AJMP    KEY0
        RET
K11:    MOV     P2,#07CH;B
        ACALL   YSH1S
        AJMP    KEY0
        RET
K12:    MOV     P2,#039H;C
        ACALL   YSH1S
```

```
        AJMP    KEY0
        RET
K13:    MOV     P2,#05EH;D
        ACALL   YSH1S
        AJMP    KEY0
        RET
K14:    MOV     P2,#079H;E
        ACALL   YSH1S
        AJMP    KEY0
        RET
K15:    MOV     P2,#071H;F
        ACALL   YSH1S
        AJMP    KEY0
        RET
YSH1S:  MOV     R3,#05H
LOOP:   MOV     R4,#0A8H
LOOP1:  MOV     R5,#08AH
XHD:    DJNZ    R5,XHD
        DJNZ    R4,LOOP1
        DJNZ    R3,LOOP
        RET
        END
```

线反转法汇编语言源程序如下：

```
        ORG     0000H
        AJMP    MAIN
        ORG     0100H
MAIN:   MOV     P2,#00H
KEY0:   MOV     P1,#0F0H          ;首先使所有键盘行线所连端口为0
        JNB     P1.4,COL0         ;若第0列为0,执行对应反转程序
        JNB     P1.5,COL1         ;…
        JNB     P1.6,COL2
        JNB     P1.7,COL3
        AJMP    KEY0
COL0:   MOV     P1,#0FH           ;使所有键盘行线所连端口为1
        JNB     P1.0,K0           ;第1行为0,执行对应显示程序
        JNB     P1.1,K4           ;…
        JNB     P1.2,K8
        JNB     P1.3,K12
        RET
COL1:   MOV     P1,#0FH
        JNB     P1.0,K1
        JNB     P1.1,K5
        JNB     P1.2,K9
        JNB     P1.3,K13
        RET
COL2:   MOV     P1,#0FH
        JNB     P1.0,K2
```

```
        JNB     P1.1,K6
        JNB     P1.2,K10
        JNB     P1.3,K14
        RET
COL3:   MOV     P1,#0FH
        JNB     P1.0,K3
        JNB     P1.1,K7
        JNB     P1.2,K11
        JNB     P1.3,K15
        RET
K0:     MOV     P2,#3FH;0
        ACALL   YSH1S
        AJMP    KEY0
        RET
K1:     MOV     P2,#06H;1
        ACALL   YSH1S
        AJMP    KEY0
        RET
K2:     MOV     P2,#5BH;2
        ACALL   YSH1S
        AJMP    KEY0
        RET
K3:     MOV     P2,#4FH;3
        ACALL   YSH1S
        AJMP    KEY0
        RET
K4:     MOV     P2,#66H;4
        ACALL   YSH1S
        AJMP    KEY0
        RET
K5:     MOV     P2,#6DH;5
        ACALL   YSH1S
        AJMP    KEY0
        RET
K6:     MOV     P2,#7DH;6
        ACALL   YSH1S
        AJMP    KEY0
        RET
K7:     MOV     P2,#07H;7
        ACALL   YSH1S
        AJMP    KEY0
        RET
K8:     MOV     P2,#7FH;8
        ACALL   YSH1S
        AJMP    KEY0
        RET
K9:     MOV     P2,#6FH;9
        ACALL   YSH1S
        AJMP    KEY0
        RET
```

```
K10:    MOV     P2,#77H;A
        ACALL   YSH1S
        AJMP    KEY0
        RET
K11:    MOV     P2,#7CH;B
        ACALL   YSH1S
        AJMP    KEY0
        RET
K12:    MOV     P2,#039H;C
        ACALL   YSH1S
        AJMP    KEY0
        RET
K13:    MOV     P2,#5EH;D
        ACALL   YSH1S
        AJMP    KEY0
        RET
K14:    MOV     P2,#79H;E
        ACALL   YSH1S
        AJMP    KEY0
        RET
K15:    MOV     P2,#71H;F
        ACALL   YSH1S
        AJMP    KEY0
        RET
YSH1S:  MOV     R3,#05H
LOOP:   MOV     R4,#0A8H
LOOP1:  MOV     R5,#8AH
XHD:    DJNZ    R5,XHD
        DJNZ    R4,LOOP1
        DJNZ    R3,LOOP
        RET
        END
```

6）在 Keil 中仿真调试

创建"矩阵式键盘"项目，选择单片机型号为 AT89C51，分别输入扫描法汇编语言源程序和线反转法汇编语言源程序，分别保存为"扫描法. ASM"和"线反转法. ASM"，将源程序分别添加到项目中，分别进行编译，创建"矩阵式键盘. HEX"。

7）在 Proteus 中仿真调试

打开"矩阵式键盘. DSN"，双击单片机，选择程序"矩阵式键盘. HEX"，单击▶按钮进入程序运行状态，按动按键 0～F，可在仿真调试窗口中看到数码管显示相应按键序数。

6.4　A/D 转换器及其应用系统设计

6.4.1　A/D 转换器概述

A/D 转换器(Analog to Digital Converter，ADC)是一种能把输入模拟电压或电流信息转变成与其成正比的数字量信息的电路芯片，用于实现模拟量到数字量的转换，也称模/数转换器。

在单片机测控应用系统中，被采集的实时信号有许多是连续变化的物理量。由于计算机只能处理数字量，因此就需要将连续变化的物理量转换成数字量，即 A/D 转换。这就涉及 A/D 转换的接口问题。在设计 A/D 转换器与单片机接口之前，一定要根据 A/D 转换器的技术指标选择 A/D 转换器芯片。

1. A/D 转换器分类及其特点

A/D 转换器按转换输出数据的方式可分为串行和并行两种，其中并行 A/D 转换器又可根据数据输出宽度分为 8 位、10 位、12 位、24 位等输出；按数据输出类型可分为 BCD 码输出和二进制输出；按转换原理又可分为逐次逼近型和双积分型。

串行 A/D 转换器的优势是占用的数据线少，与单片机的接口简单，但是由于转换后的数据要逐位输出，速度比较慢；并行 A/D 转换器占用较多的数据线，但是转换速度快，在转换位数不多时有较高的性价比。串行和并行 A/D 转换器各有优势，选择类型时主要看具体的设计要求。

逐次逼近型 A/D 转换器也具有很快的转换速度，一般是纳秒(ns)或微秒(μs)级；而双积分型 A/D 转换器的转换速度要慢一些，一般为微秒(μs)或毫秒(ms)级，但是它具有转换精度高、廉价、抗干扰能力强等特点。

常用的 A/D 转换器芯片有普通型(AD570、AD574、ADC0801～0809)、高速型(AD578、AD1170)、高分辨率型(ADC1210(12 位)、ADC1140(16 位))、低功耗型(AD7550、AD7574)等。

2. A/D 转换器的重要指标

(1) 分辨率。分辨率是指输出数字量变化一个相邻数码所需输入模拟量的变化量，一般用转换后数据的二进制位数或 BCD 码位数来表示。如对于二进制输出型的分辨率为 12 位的 A/D 转换器，表示该转换器的输出数据可以用 2^{12} 个二进制数进行量化。分辨率用百分数 $1/2^{12}$ 表示，故一个满刻度为 10V 的 12 位 A/D 转换器能够分辨输入电压的最小值为 $10V/2^{12}=2.44mV$。

(2) 量化误差。量化误差是指将模拟量转化成数字量过程中引起的误差，在理论上为单位数字量的一半，即 1/2LSB。

分辨率和量化误差是统一的，提高分辨率可以减少量化误差。

(3) 转换时间。转换时间是指从启动到转换完成一次 A/D 转换需要的时间。转换速率是指能够重复进行数据转换的速度，是转换时间的倒数。

(4) 转换量程。转换量程是指此芯片能够转换的电压范围，如 0～5V、－10～＋10V 等。

6.4.2 A/D 转换器与单片机的接口

1. 数字量输出线的连接

对于内部有三态锁存器的可直接与单片机相连，如 ADC0808/0809、AD574；对于内部没有三态锁存器的，一般通过锁存器或并行 I/O 口与单片机相连。

在某些情况下，为了增强控制功能，对于那些内部带三态锁存器的，也常采用并行 I/O 口与单片机相连。随着位数的不同，A/D 转换器与单片机的连接方法也不同。

2. 时钟的连接

时钟的频率是决定芯片转换速度的基准，整个 A/D 转换的过程都是在时钟的作用下完成的。A/D 转换时钟一般有芯片内部提供和外部提供两种。

3. A/D 的启动方式

A/D 转换器开始转换时必须加一个启动转换信号，该信号由单片机提供。不同型号的 A/D 转换器对于启动转换信号要求也不同，一般分为脉冲启动和电平启动两种方式。

4. 转换结束处理方式

当 A/D 转换结束时，A/D 转换器输出一个转换结束标志信号，通知单片机读取转换结束。单片机检查判断转换结束的方法分为中断法、查询法和延时等待法。

5. 数据输出控制方式

在 A/D 转换结束后，A/D 转换器一般都提供一个允许输出信号控制端。当 A/D 转换器允许输出信号控制端接收到允许输出信号后，可以向外输出数据。

6.4.3　A/D 转换器芯片 ADC0808

1. ADC0808 引脚功能

ADC0808 是一种 8 路模拟输入的 8 位逐次逼近式 A/D 转换器，其引脚排列如图 6.29 所示。ADC0808 是 ADC0809 的简化版本，两者功能基本相同。一般在硬件仿真时采用 ADC0808 进行 A/D 转换，实际使用时采用 ADC0809 进行 A/D 转换。

ADC0808/0809 各引脚功能如下。

(1) IN0～IN7：8 路模拟量输入端。

(2) ADD A、ADD B、ADD C：模拟输入通道地址选择线，其 8 路编码分别对应 IN0～IN7。

(3) ALE：地址锁存端，高电平把 3 个地址信号送入地址锁存器，并经译码器得到输出地址，以选择相应的模拟输入通道。

(4) START：ADC 转换启动信号，正脉冲有效，引脚信号要求保持在 200ns 以上，其上升沿将内部逐次逼近寄存器清零，下降沿启动 ADC 转换。

(5) EOC：转换结束信号输出端。转换开始后，EOC 信号变低；转换结束后，EOC 返回高电平。此信号可作为 A/D 转换器的状态信号供查询，也可用作中断请求信号。

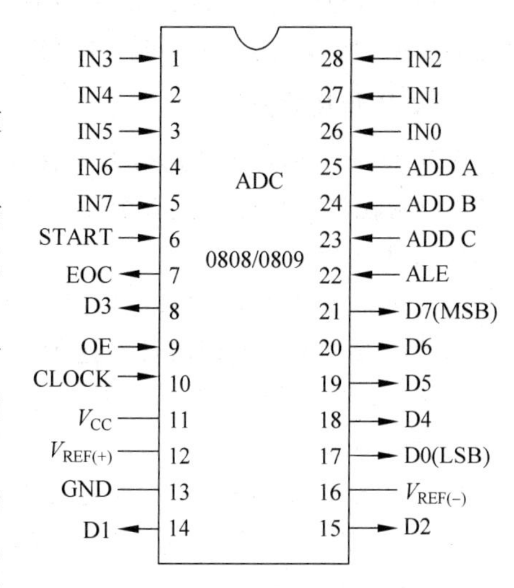

图 6.29　ADC0808 引脚排列

(6) CLOCK：时钟输入端，要求频率范围为 10kHz～1.2MHz。

(7) OE：允许输出信号。

(8) V_{CC}、GND：芯片工作电压及地。

(9) $V_{REF(+)}$、$V_{REF(-)}$：参考电压输入端，一般 $V_{REF(+)}$ 与 V_{CC} 相连，$V_{REF(-)}$ 与 GND 相连。

(10) D_0～D_7：8 路数字量输出端。

2. ADC0808 内部结构

ADC0808 是带有 8 位 A/D 转换器、8 路通道选择开关及与微处理机兼容的控制逻辑的 CMOS 组件，可以与单片机直接连接，其内部结构如图 6.30 所示。

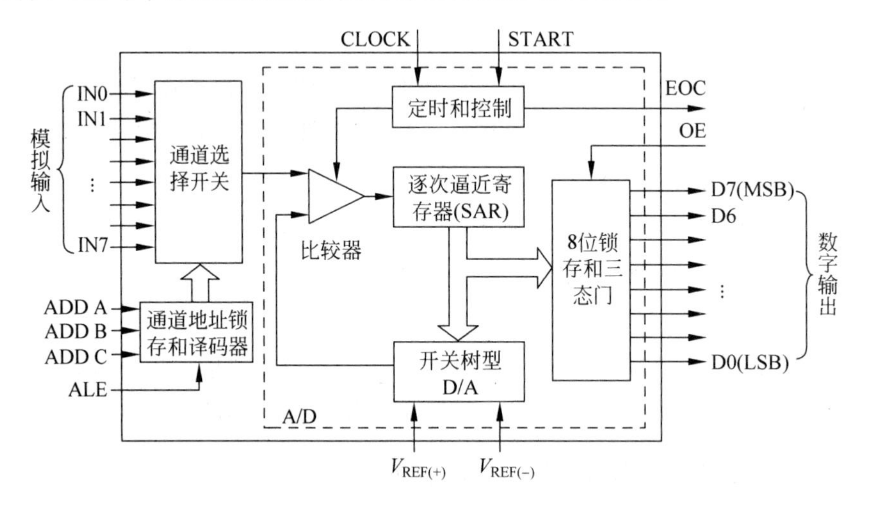

图 6.30　ADC0808 内部结构图

ADC0808 由一个 8 路通道选择开关、一个通道地址锁存与译码器、一个由比较器、逐次逼近寄存器和开关树型 D/A 等组成的 A/D 转换器和一个三态输出锁存器组成。通道地址锁存与译码器可以分时选择 8 路通道的其中一路。8 路选择开关可以选通 8 个模拟通道，允许 8 路模拟量分时输入，公用 A/D 转换器进行转换。三态输出锁存器用于锁定 A/D 转换完的数据，当 OE 为高电平时，才可以从三态输出锁存器取走转换完的数据。

3. A/D 转换的方法

ADC0808 与单片机的连接方式有多种，根据 ADC0808 与单片机的连接方式，可以选择软件设计方法。常用的方法有中断方式、查询方式和延时等待方式 3 种。

1）中断方式

单片机启动 A/D 转换后，执行其他程序，只有在 A/D 转换器完成转换后，产生 EOC 信号向单片机发出中断申请信号。这种方式占用单片机的一个中断源，但不会占用 CPU 过多的时间，有利于提高单片机的工作效率，适合实时数据采集系统。

2）查询方式

单片机启动 A/D 转换后，反复查询 A/D 转换器的转换结束信号 EOC 是否变为高电平。如果 EOC=0，继续查询；EOC=1，读取转换数据。这种方式不占用单片机中断源，程序设计简单，可靠性高。

3）延时等待方式

延时等待方式不需要 A/D 转换器发出的 EOC 信号，即可以不用 EOC 引脚。单片机启动 A/D 转换后，根据 A/D 转换器的转换时间进行软件延时等待，延时程序执行完时 A/D 转换已经结束，单片机便可以直接读取数据。为保险起见，软件延时程序的时间大于 A/D 转换结束的时间。延时等待方式在 I/O 口较少或系统需要的 A/D 转换数据量较少时采用。

6.4.4　基于 ADC0808 的 A/D 转换器与单片机的接口应用系统设计

1. 系统设计要求

使用 ADC0808 设计一个数字电压表，数码管显示范围为 0～255，利用可变电阻模拟电压输入。

2. 系统设计分析

单片机的最小系统＋4 位数码管＋ADC0808＋模拟电压变化的可变电阻 POT-LIN。

数字电压表的数字显示位数一般为 3 位，选择 7SEG-MPX4-CC-BLUE 数码管即可。由于数字电压表只需要一路输入，ADC0808 模拟输入通道地址选择线 ADD A、ADD B、ADD C 可均接地，选 IN0 输入，地址锁存线 ALE 与 START 相连，ADC0808 启动时即把地址锁定。单片机选择引脚与 ADC0808 的控制引脚(CLOK、START、EOC、OE)和 8 路数字量输出端 OUT1～OUT8 分别相连。

为使程序设计简单，可采用查询方式编程。ADC0808 向外输出的数据为 8 位数字信号。如何把 8 位数字信号转换成可供数字电压表显示的 3 位数、电压表的实际量称等，需要在程序设计时进行考虑。

3. 系统原理图设计

系统所需元器件为 AT89C51、CRYSTAL12MHz、CAP、CAP-ELEC、RES、ADC0808、7SEG-MPX4-CC-BLUE、RESPACK-8、可变电阻 POT-LIN、BUTTON。数字电压表原理图如图 6.31 所示。

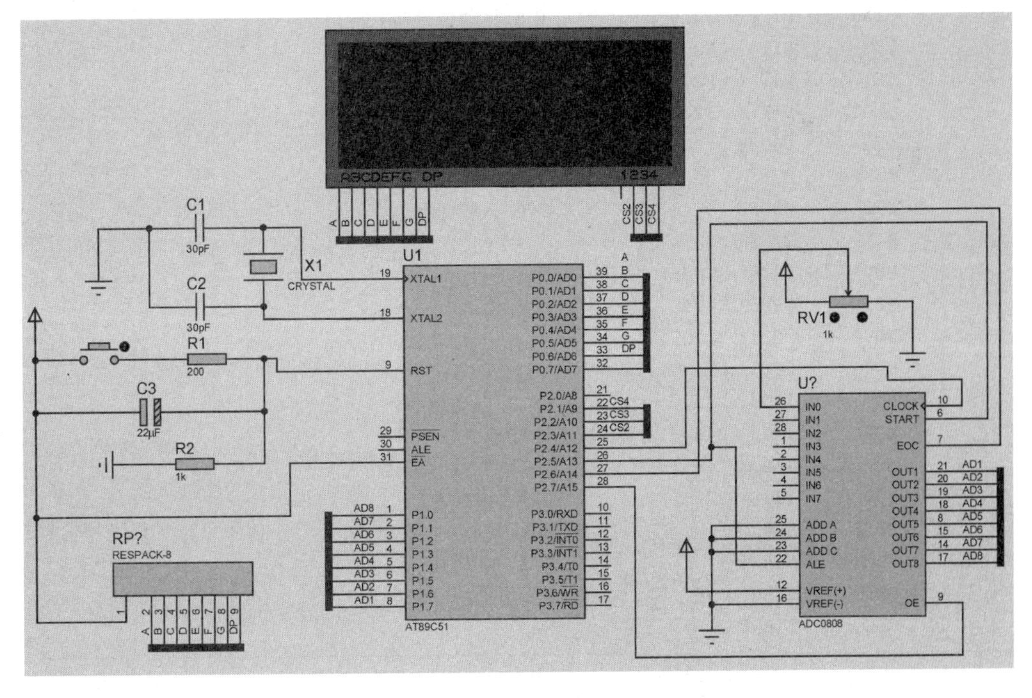

图 6.31　数字电压表原理图

4. 系统程序流程图设计

数字电压表程序流程图如图 6.32 所示。

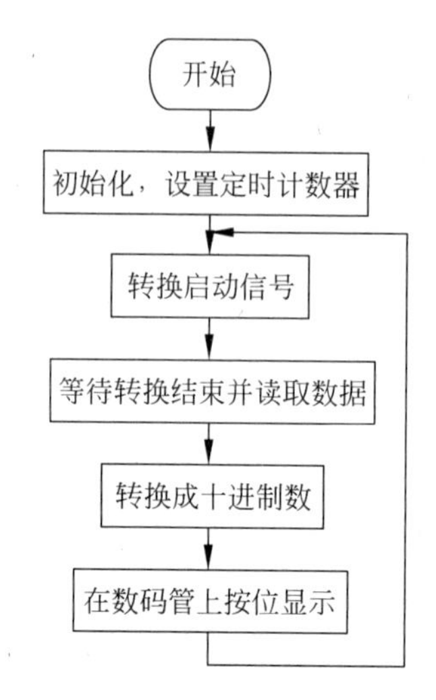

图 6.32 数字电压表程序流程图

5. 系统源程序设计

汇编语言源程序如下：

```
        DBUF1   EQU     30H             ;个、十、百位数缓存地址
        DBUF2   EQU     31H
        DBUF3   EQU     32H
        ABC     EQU     35H             ;转换数缓存地址
        START   BIT     P2.5            ;开始驱动位地址
        EOC     BIT     P2.6            ;转换结束位接收地址
        OE      BIT     P2.7            ;允许输出驱动位地址
        CLOCK   BIT     P2.4            ;波特率时钟输出地址
        ORG     0000H
        AJMP    ST
        ORG     000BH                   ;C/T0 入口地址
        AJMP    ST_T0
ST:     MOV     DBUF1, #00H
        MOV     DBUF2, #00H
        MOV     DBUF3, #00H
        MOV     DPTR, #TABLE
        MOV     TMOD, #02H              ;C/T0,自动重装
        MOV     TH0, #246               ;波特率
        MOV     TL0, #246
        MOV     IE, #82H                ;EA = 1,ET0 = 1
        SETB    TR0
WAIT:   CLR     START                   ;启动 AD 转换
        SETB    START
        CLR     START
```

```
        JNB     EOC, $              ;检测转换结束信号
        SETB    OE                  ;允许输出
        MOV     ABC,P1
        CLR     OE
        MOV     A,ABC
        MOV     B,#100
        DIV     AB
        MOV     DBUF3,A
        MOV     A,B
        MOV     B,#10
        DIV     AB
        MOV     DBUF2,A
        MOV     DBUF1,B
        ACALL   DISP
        AJMP    WAIT
ST_T0:  CPL     CLOCK               ;产生分频时钟
        RETI
DISP:   MOV     A,DBUF3
        MOVC    A,@A+DPTR
        CLR     P2.3
        MOV     P0,A
        ACALL   DELAY
        SETB    P2.3
        MOV     A,DBUF2
        MOVC    A,@A+DPTR
        CLR     P2.2
        MOV     P0,A
        ACALL   DELAY
        SETB    P2.2
        MOV     A,DBUF1
        MOVC    A,@A+DPTR
        CLR     P2.1
        MOV     P0,A
        ACALL   DELAY
        SETB    P2.1
        RET
DELAY:  MOV     R6,#255
        DJNZ    R6, $
        RET
TABLE:  DB   3fH,06H,5bH,4fH,66H,6dH,7dH,07H,7fH,6fH
        END
```

C语言源程序如下：

```
#include"reg51.h"
#define uint  unsigned int
#define uchar unsigned char
sbit START = P2^5;
sbit EOC = P2^6;
```

```
sbit OE = P2 ^ 7;
sbit CLOCK = P2 ^ 4;
sbit P21 = P2 ^ 1;                  //个位
sbit P22 = P2 ^ 2;                  //十位
sbit P23 = P2 ^ 3;                  //百位
uchar code tab[] = {0X3F,0X06,0X5B,0X4F,0X66,0X6D,0X7D,0X07,0X7F,0X6F};
void int1(void)interrupt 1 using 1
{
    CLOCK = ~CLOCK;
}
void main(void)
{
    uchar DATE;                     //转换后的数据
    uchar BZLC = 220;               //标准电压量程,可修改
    double DDATE;                   //把转换后的数据在转换成标准量程
    uchar BW,SW,GW;
    uchar i;
    TMOD = 0X02;                    //定时器 0 工作方式 2
    TH0 = 246;
    TL0 = 246;
    IE = 0X82;
    TR0 = 1;
    while(1)
    {
        START = 0;                  //开始转换数据
        START = 1;
        START = 0;
        for(i = 0;i < 20;i++);
        while(EOC == 0)             //EOC = 1 转换结束
        OE = 1;                     //允许输出
        DATE = P1;
        OE = 0;
        DDATE = DATE;               //标准量程转换
        DDATE = (DDATE/255) * BZLC; //利用线性系统的转换方式
        DATE = DDATE;
        BW = DATE/100;              //百、十、个位处理
        SW = (DATE - BW * 100)/10;
        GW = DATE - BW * 100 - SW * 10;
        if(BW)
        {
            P23 = 0;
            P0 = tab[BW];
            for(i = 0;i < 25;i++);
            P23 = 1;
        }
        else
        {
            P23 = 0;
            P0 = 0x00;
            for(i = 0;i < 25;i++);
```

```
                P23 = 1;
            }
            if(BW == 0)
            {
                if(SW)
                {
                    P22 = 0;
                    P0 = tab[SW];
                    for(i = 0;i < 25;i++);
                    P22 = 1;
                }
                else
                {
                    P22 = 0;
                    P0 = 0x00;
                    for(i = 0;i < 25;i++);
                    P22 = 1;
                }
            }
            else
            {
                P22 = 0;
                P0 = tab[SW];
                for(i = 0;i < 25;i++);
                P22 = 1;
            }
            P21 = 0;
            P0 = tab[GW];
            for(i = 0;i < 25;i++);
            P21 = 1;
        }
    }
```

6. 在 Keil 中仿真调试

创建“数字电压表”项目，选择单片机型号为 AT89C51，输入源程序，保存为“数字电压表.ASM”或“数字电压表.C”。将源程序添加到项目中，编译源程序，创建“数字电压表.HEX”。

7. 在 Proteus 中仿真调试

打开“数字电压表.DSN”，双击单片机，选择程序“数字电压表.HEX”，单击▶按钮进入程序运行状态，调动可变电阻，可在数码管中看到相应的电压值的变化情况。

6.5　D/A 转换器及其应用系统设计

6.5.1　D/A 转换器概述

D/A 转换器(Digital to Analog Converter，DAC)是一种能把数字信号转换成模拟信号的电路芯片，用于实现数字量到模拟量的转换，也称为数/模转换器。

D/A 转换器是单片机应用系统与外部控制对象的一种重要控制接口。单片机输出的数字信号必须经过 D/A 转换器，变换成模拟信号后，才能对控制对象进行控制。这就涉及 D/A 转换的接口问题。在设计 D/A 转换器与单片机接口之前，一定要根据 D/A 转换器的技术指标选择 D/A 转换器芯片。

1. D/A 转换器分类及其特点

D/A 转换器按照待转换的数字量位数可分为 8 位、10 位、12 位和 16 位转换器等；按照与单片机的接口方式可分为并行 D/A 转换器和串行 D/A 转换器；按照转换后输出的模拟量类型可分为电压输出型转换器和电流输出型转换器。

D/A 转换器的位数越多表明它转换的精度越高，即可以得到更小的模拟量微分，转换后的模拟量具有更好的连续性。与 A/D 转换器相似，并行 D/A 转换器数据并行传输，输出速度快，但是占用的数据线较多，在转换位数不多时具有较高的性价比；串行 D/A 转换器具有占用数据线少，与单片机接口简单、便于信号隔离等优点，但由于待转换的数据是串行逐位传输的，速度相对较慢。

常用的 D/A 转换器芯片有普通 8 位 D/A 转换器(DAC0800～0808)、8 位双缓冲 D/A 转换器(DAC0830～0832)、12 位双缓冲 D/A 转换器(DAC1208～1210、DAC1230～1232)、12 位串行 D/A 转换器(MAX538、MAX539)等。

2. D/A 转换器的主要技术指标

(1) 分辨率。D/A 转换器的分辨率是指满量程信号能分成的步数和阶梯的尺寸，对于 n 位的 D/A 转换器，其分辨率为满刻度的 $1/2^n$。

(2) 转换时间。转换时间是指完成一次 D/A 转换所需的时间。D/A 转换器的位数越多，它的转换时间越长。不同类型的 D/A 转换器，转换时间是不同的，一般为几十微秒到几百微秒。

(3) 转换精度。转换精度也称为转换相对误差，主要决定于 D/A 转换器的二进制位数，二进制位数越多，精度越高。例如，8 位 D/A 转换器的转换精度为 1/256。

(4) 线性度。D/A 转换器的输出与线性关系。

(5) 输出模拟量的类型与范围。输出的电流、电压以及其对应的范围。

6.5.2 D/A 转换器与单片机的接口

1. 数据线的连接

最简单、最常用数据线的连接是 8 位带锁存器的 D/A 转换器与 8 位单片机接口，一一对应即可。当高于 8 位的 D/A 转换器与 8 位数据总线的 51 系列单片机接口时，单片机必须分时输出，必须考虑数据分时传送的格式和输出电压的“毛刺”问题。当 D/A 转换器内部没有锁存器时，必须在单片机和 D/A 转换器之间增设锁存器和 I/O 接口。

2. 地址线的连接

一般的 D/A 转换器只有片选信号，没有地址线。这时，单片机的地址线采用全译码或部分译码，经译码器的输出控制片选信号。也可由某一位 I/O 线来控制片选信号。

也有少数的 D/A 转换器有少量的地址线用于选中片内独立的寄存器或选择输出通道，单片机的地址线与 D/A 转换器的地址线对应连接。

3. 控制线的连接

就控制线来说，D/A 转换器主要有片选信号、写信号及启动转换信号等，一般由单片机的有关引脚或译码器提供。一般来说，写信号多由单片机的$\overline{WR}$控制；启动信号常为片选信号和写信号的合成。

6.5.3 D/A 转换器芯片 DAC0832

DAC0832 是常用的 8 位电流输出型并行低速数/模转换集成芯片，由 8 位输入锁存器、8 位 DAC 寄存器、8 位 D/A 转换电路及转换控制电路构成，与微处理器完全兼容，具有价格低廉、接口简单、转换控制容易等优点，在单片机应用系统中得到广泛的应用。

1. DAC0832 引脚功能

DAC0832 引脚排列如图 6.33 所示，其各引脚功能如下。

(1) $\overline{CS}$(Chip Selected 芯片选择，片选)：片选信号，低电平有效。

(2) $\overline{WR1}$：输入寄存器的写选通信号。

(3) AGND：模拟信号地。

(4) DGND：数字信号地。

(5) DI0～DI7(Digital Input，数字输入)：8 位数据输入端，TTL 电平。

(6) V_{REF}(Reference Voltage Input，参考电压输入)：基准电压输入引脚，要求外接精密电压源(－10～10V)。

(7) R_{fb}(FeedBack Resistor，反馈电阻)：反馈信号输入引脚，反馈电阻集成在芯片内部。

引脚名	引脚号	引脚号	引脚名
$\overline{CS}$	1	20	V_{CC}
$\overline{WR1}$	2	19	I_{LE}
AGND	3	18	$\overline{WR2}$
DI3	4	17	$\overline{XFER}$
DI2	5	16	DI4
DI1	6	15	DI5
DI0	7	14	DI6
V_{REF}	8	13	DI7
R_{fb}	9	12	I_{OUT1}
DGND	10	11	I_{OUT2}

图 6.33　DAC0832 引脚排列

(8) I_{OUT1}、I_{OUT2}：电流输出引脚，电流 I_{OUT1} 和 I_{OUT2} 的和为常数，当输入全为 1 时 I_{OUT1} 最大，当输入为全 0 时，I_{OUT2} 最大。I_{OUT1} 和 I_{OUT2} 随 DAC 寄存器的内容线性变化。单极性输出时，I_{OUT2} 通常接地。

(9) $\overline{XFER}$：数据传送信号，低电平有效。

(10) $\overline{WR2}$：DAC 寄存器写选通信号。

(11) I_{LE}(Input Latch Enable，输入锁存使能)：数据允许锁存信号，高电平有效。

(12) V_{CC}：电源输入引脚(＋5～＋15V)。

2. DAC0832 内部结构

DAC0832 内部结构如图 6.34 所示，当需要转换为电压输出时，可外接运算放大器。运放的反馈电阻可通过 R_{fb} 端引用片内固有电阻，也可外接。内部集成两级输入寄存器，使得数据输入可采用双缓冲、单缓冲或直通方式，以便适于各种电路的需要(如要求多路 D/A 异步输入、同步转换等)。

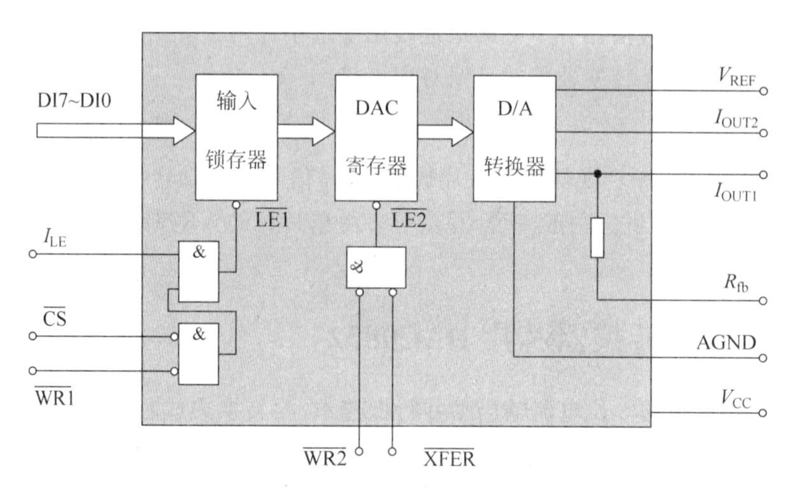

图 6.34 DAC0832 内部结构框图

3. DAC0832 的工作方式

DAC0832 进行 D/A 转换，可以采用两种方法对数据进行锁存（注意：$\overline{LE1}$、$\overline{LE2}$低电平有效，即当它们为低电平时，输入锁存器和 DAC 寄存器工作在直通状态）。

第一种方法：输入锁存器工作在锁存状态，而 DAC 寄存器工作在直通状态。具体来说，就是使$\overline{WR2}$和$\overline{XFER}$都为低电平，从而 DAC 寄存器的锁存选通端$\overline{LE2}$为低电平而直通；同时，使输入锁存器的控制信号 I_{LE}处于高电平、$\overline{CS}$处于低电平，这样，当$\overline{WR1}$端来一个负脉冲时，就可以完成一次转换。

第二种方法：输入锁存器工作在直通状态，而 DAC 寄存器工作在锁存状态。就是使$\overline{WR1}$和$\overline{CS}$为低电平，I_{LE}为高电平，这样输入锁存器的锁存选通端$\overline{LE1}$为低电平而直通；当$\overline{WR2}$和$\overline{XFER}$端输入一个负脉冲时，使得 DAC 寄存器工作在锁存状态，提供锁存数据进行转换。

根据上述对 DAC0832 的输入锁存器和 DAC 寄存器不同的控制方法，DAC0832 有单缓冲方式、双缓冲方式和直通方式 3 种工作方式。

1）单缓冲方式

单缓冲方式是控制输入锁存器和 DAC 寄存器同时接收数据，或者只用输入锁存器而把 DAC 寄存器接成直通方式。此方式适用只有一路模拟量输出或几路模拟量异步输出的情形。

2）双缓冲方式

双缓冲方式是先使输入锁存器接收数据，再控制输入锁存器的输出数据到 DAC 寄存器，即分两次锁存输入数据。此方式适用于多个 D/A 转换同步输出的情形。

3）直通方式

直通方式是数据不经两级锁存器锁存，即$\overline{WR1}$、$\overline{CS}$、$\overline{WR2}$、$\overline{XFER}$均接地，I_{LE}接高电平。数字量一旦输入，就直接进入 DAC 寄存器，进行 D/A 转换。此方式适用于连续反馈控制线路，不过在使用时，必须通过另加 I/O 接口与 CPU 连接，以匹配 CPU 与 D/A 转换。

6.5.4　基于 DAC0832 的 D/A 转换器与单片机的接口应用系统设计

1. 系统设计要求

用单片机和 DAC0832 单缓冲型工作方式设计一个简易信号发生器，能产生方波、三角波、锯齿波和正弦波等波形。

2. 系统设计分析

单片机的最小系统＋ DAC0832＋运算放大器 LM324。

单缓冲型工作方式主要用于一路 DAC 或多路 DAC 不需要同步的场合，主要是把 DAC0832 的两个寄存器中任一个接成常通状态。I_{LE}引脚接高电平，写选通信号$\overline{WR1}$、$\overline{WR2}$都和单片机的写信号$\overline{WR}$连接。片选信号$\overline{CS}$、数据传送信号$\overline{XFER}$都连接到高位地址线 A15(P2.7)，输入寄存器和 DAC 寄存器的地址都是 7FFFH(因为$\overline{CS}$和$\overline{XFER}$都是低电平有效，即 A15 低电平有效，其余地址线 A0～A14 都为高电平时的地址为 DAC0832 的最高地址，即其在系统中的地址，即为 7FFFH)。CPU 对 DAC0832 执行一次写操作，则把数据直接写入 DAC 寄存器，DAC0832 的输出也将随之变化。

3. 系统原理图设计

根据设计要求分析，系统所需元器件为 AT89C51、CRYSTAL、CAP、CAP-ELEC、RES、DAC0832、LM324、RESPACK-8、BUTTON。信号发生器原理图如图 6.35 所示。

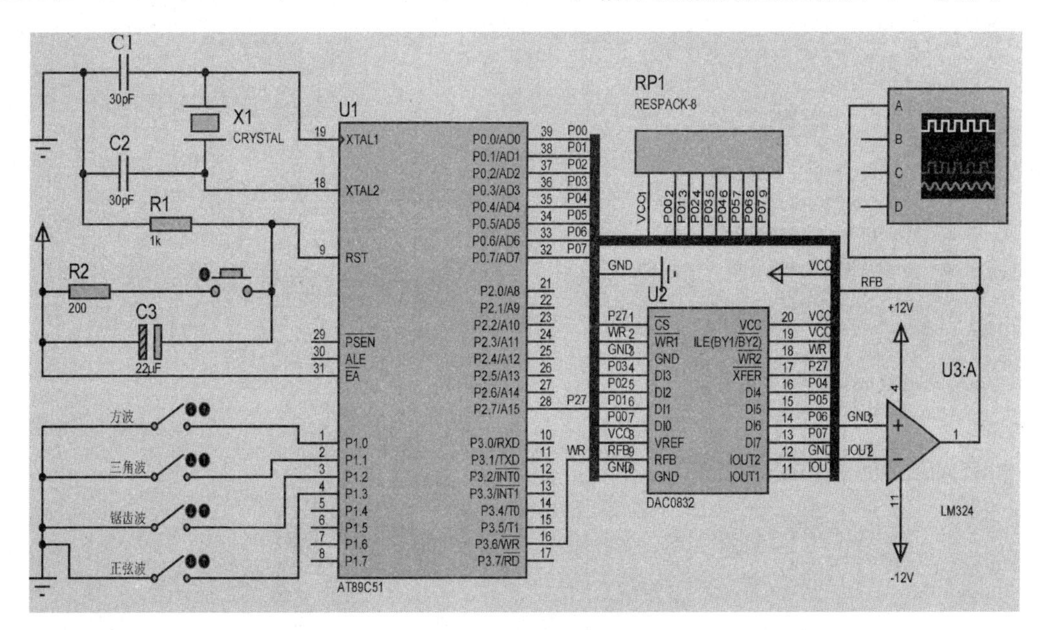

图 6.35　信号发生器原理图

4. 系统程序流程图设计

略。

5. 系统源程序设计

C 程序源程序如下：

```
#include<reg51.h>
#include<absacc.h>
#include<math.h>
#define DAC0832 XBYTE[0x7FFF]            //DAC0832 在系统中的地址为 0x7FFF
code unsigned char Sin[128] = {64,67,70,73,76,79,82,85,88,91,94,96,99,102,
104,106,109,111,113,115,117,118,120,121,123,124,125,126,126,127,127,127,
127,127,127,127,126,126,125,124,123,121,120,118,117,115,113,111,109,106,
104,102,99,96,94,91,88,85,82,79,76,73,70,67,64,60,57,54,51,48,45,42,39,36,
33,31,28,25,23,21,18,16,14,12,10,9,7,6,4,3,2,1,1,0,0,0,0,0,0,0,1,1,2,3,4,
6,7,9,10,12,14,16,18,21,23,25,28,31,33,36,39,42,45,48,51,54,57,60};  //正弦描点
void delay(unsigned int j)               //延时函数
{
    while(j--);
}
void fangbo(void)                        //方波
{
    while(P1 == 0xfe)
    {
        DAC0832 = 0xff;
        delay(500);
        DAC0832 = 0x00;
        delay(500);
    }
}
void sanjiao(void)                       //三角波
{
    unsigned int i;
    while(P1 == 0xfd)
    {
        for(i = 0;i<255;i++)
        DAC0832 = i;
        for(i = 255;i>0;i--)
        DAC0832 = i;
        DAC0832 = 0;
    }
}
void juchi(void)                         //锯齿波
{
    unsigned int i;
    while(P1 == 0xfb)
    {
        for(i = 0;i<255;i++)
        DAC0832 = i;
    }
}
void zhengxian(void)                     //正弦波
{
    unsigned int i;
    while(P1 == 0xf7)
```

```
        {
            for(i = 0;i < 128;i++)
            {
                DAC0832 = Sin[i];
            }
        }
    }
    void main(void)
    {
        unsigned char a;
        P1 = 0xFF;
        while(1)
        {
            a = P1;
            switch(a)
            {
                case   0xfe:fangbo();break;
                case   0xfd:sanjiao();break;
                case   0xfb:juchi();break;
                case   0xf7:zhengxian();break;
                default:break;
            }
        }
    }
```

6. 在 Keil 中仿真调试

创建"简易信号发生器"项目,选择单片机型号为 AT89C51,输入 C 语言源程序,保存为"简易信号发生器.C"。将源程序"简易信号发生器.C"添加到项目中,编译源程序,创建"简易信号发生器.HEX"。

7. 在 Proteus 中仿真调试

打开"简易信号发生器.DSN",双击单片机,选择程序"简易信号发生器.HEX",单击▶按钮进入程序运行状态,分别按下方波、三角波、锯齿波和正弦波波形开关,可在示波器中观察到方波、三角波、锯齿波和正弦波波形信号的变化。

课外设计作业

6.1　电子时钟的设计。设计要求：利用数码管设计一个电子时钟,开机时显示 00-00-00,能够使用按键进行时间调整。

6.2　简易计算器的设计。设计要求：利用 1602LCD 液晶显示器和 4×4 矩阵键盘进行设计。

6.3　数字电压表的设计。设计要求：使用 ADC0808 设计一个数字电压表,以中断方式处理,并将对应的电压值在 1602LCD 上显示出来。

6.4　简易信号发生器的设计。设计要求：使用单片机和 TLC5615 设计一个能产生方波、三角波、锯齿波和正弦波的信号发生器。

第7章

51系列单片机测控技术及其应用系统设计

单片机测控系统一般包括测控对象及现场、传感器及控制驱动、通信接口等几部分。在生产过程的控制中，从信号检测和输出控制两个方向来看，单片机测控系统通常要处理3种类型的信号：一是表示生产过程运行情况的开关量信号，如各种被控设备的启停状态、接触器的开闭状态、操作面板上的开关状态以及各种物理量的上下限报警信号等；二是反映生产过程工况和驱动现场控制装置的模拟量信号，如模拟量输入的温度、流量、转速、压力、料位等，模拟量输出的连续调节的调节阀、电动执行机构等，它们都是一些随时间连续变化的模拟量；三是纯数字设备要求的数字信号，如与上位机进行通信的RS232、RS485串行口，微型打印机等常规外设，某些数字式执行装置(步进电机及数显装置)以及某些数字式检测装置(光电码盘、数字流量计等)，此类纯数字信号大都可直接与单片机的数据线或通信接口相连，其标准性和通用性很强，应用十分方便。

与单片机测控系统相关的一些常用接口，如开关量、数字量、LED数码管、LCD液晶显示、键盘、A/D转换器及D/A转换器等常用接口在前面的相关章节已经进行了详细的论述。本章重点论述与单片机测控系统密切相关的智能传感器、直流控制电机、步进控制电机、RS485多机远程通信器件等相关元器件的结构、工作原理及其应用系统设计等。

7.1 智能传感器及其应用系统设计

7.1.1 智能传感器概述

传感器也称为感应器，是一种能把物理量或化学量转变成便于利用的电信号的器件，是测量系统中的一种前置部件，它将输入变量转换成可供测量的信号。传感器是一种检测装置，能感受到被测量的信息，并能将检测感受到的信息，按一定规律变换成为电信号或其他所需形式的信息输出，以满足信息的传输、处理、存储、显示、记录和控制等要求。它是实现自动检测和自动控制的首要环节。

目前，传感器正从传统的分立式，朝着单片集成化、智能化、网络化、系统化的方向发展。随着微处理器技术的迅猛发展以及测控系统自动化、智能化的发展，传统的传感器已与各种微处理器相结合，并连入网络，形成了带有信息检测、信号处理、逻辑思维等一系列功能的智能传感器。与一般传感器相比，智能传感器具有通过软件技术可实现高精度的信息采集、具有一定的编程自动化能力、功能多样化、成本低等优点。

智能传感器系统是一门现代综合技术，是当今世界正在迅速发展的高新技术，是现代传感器的发展趋势，它涉及机械、控制工程、仿生学、微电子学、计算机科学、生物电子学等多学科领域。智能传感器带有微处理机，具有采集、处理、交换信息的能力，是传感器集成化与微处理机相结合的产物。

智能传感器可广泛用于工业、农业、商业、交通、环境监测、医疗卫生、军事科研、航空航天、现代办公设备和家用电器等领域。例如，智能传感器使机器人具有人类的五官和大脑功能，可感知各种现象，完成各种动作，在机器人领域中有着广阔应用前景。在工业生产中，利用传统的传感器无法对某些产品质量指标(如黏度、硬度、表面光洁度、成分、颜色及味道等)进行快速直接测量并在线控制，而利用智能传感器可直接测量与产品质量指标有函数关系的生产过程中的某些量(如温度、压力、流量)，利用神经网络或专家系统技术建立的数学模型进行计算，可推断出产品的质量等。

7.1.2 智能传感器的主要功能和特点

1. 智能传感器的主要功能

智能传感器的主要功能如下。

(1) 具有自动校零、自动标定、自动校正等功能。

(2) 数据自动采集并具有预处理功能。

(3) 具有自检，自动故障诊断等功能。

(4) 具有自适应量程。

(5) 具有数据存储、记忆和信息处理功能。

(6) 数字化双向通信，能做符号化输出。

(7) 具有一定的判断决策能力。

2. 智能传感器的主要特点

智能传感器具有以下主要特点。

(1) 具有较高的测量精度。

(2) 具有较好的动态响应速度。

(3) 高可靠性和稳定性。

(4) 高信噪比和高分辨率。

(5) 具有自适应能力。

(6) 价格低，性价比高。

7.1.3 智能传感器的实现途径和主要形式

1. 智能传感器实现的主要途径

1）非集成化的实现

非集成化智能传感器是将传统的经典传感器（采用非集成化工艺制作的传感器，仅具有获取信号的功能）、信号调理电路、带数字总线接口的微处理器组合为一整体而构成的一个智能传感器系统。如模糊传感器，是在经典数值测量的基础上，经过模糊推理和知识合成，以模拟人类自然语言符号描述的形式输出测量结果。显然，模糊传感器的核心部分就是模拟人类自然语言符号的产生及其处理。

2）集成化实现

这种智能传感器系统是采用微机加工技术和大规模集成电路工艺技术，利用硅作为基本材料来制作敏感元件、信号调理电路、微处理器单元，并把它们集成在一块芯片上构成的。故又可称为集成智能传感器。其特点是微型化、一体化、精度高、多功能、可阵列化、全数字化、“傻瓜”化。

3）混合实现

以上两种方式的混合，兼顾成本、工艺和性能考虑。

2. 智能传感器的主要形式

1）初级形式

敏感元件＋电路调理，无微处理器。初级形式就是组成环节中没有微处理器单元，只有敏感单元与（智能）信号调理电路，两者被封装在一个外壳里。这是智能传感器系统最早出现的商品化形式，也是最广泛使用的形式，也被称为“初级智能传感器”。

2）中级形式

敏感元件＋电路调理＋微处理器。中级形式是在组成环节中除敏感单元与信号调理电路外，必须含有微处理器单元，即一个完整的传感器系统封装在一个外壳里的形式。

3）高级形式

高集成度，多维阵列化，具有信息融合功能，有些具有成像和图像处理等功能。高级形式是集成度进一步提高，敏感单元实现多维阵列化，同时配备了更强大的信息处理软件，从而具有更高级的智能化功能的形式。

7.1.4 数字温湿度传感器 SHT1x

1. SHT1x 概述

SHT1x 传感器（包括 SHT10、SHT11 和 SHT15）属于 Sensirion 温湿度传感器家族中的贴片封装系列，将传感元件和信号处理电路集成在一块微型电路板上，输出完全标定的数字信号，采用专利的 CMOSens® 技术（该项技术亦称为 Sensmitter，它表示传感器 sensor 与变送器 transmitter 的有机结合），确保产品具有极高的可靠性与卓越的长期稳定性。

SHT1x 传感器包括一个电容性聚合体测湿敏感元件、一个用能隙材料制成的测温元件，并在同一芯片上，与 14 位的 A/D 转换器以及串行接口电路实现无缝连接。因此，该产品具有品质卓越、响应迅速、抗干扰能力强、性价比高等优点，可广泛应用于工农业生产、环境监测、医疗仪器、汽车、消费电子、自动控制等领域。其中，SHT10 主要特点如下。

(1) 高度集成，将温度感测、湿度感测、信号变换、A/D 转换和加热器等功能集成到一个芯片上。

(2) 提供二线数字符串行接口 SCK 和 DATA，接口简单，支持 CRC 传输校验，传输可靠性高。

(3) 测量精度可编程调节，内置 A/D 转换器(分辨率为 8～12 位，可以通过对芯片内部寄存器编程来选择)。

(4) 测量精确度高，由于同时集成温湿度传感器，可以提供温度补偿的湿度测量值和高质量的露点计算功能。

(5) 封装尺寸超小(7.62mm×5.08mm×2.5mm)，测量和通信结束后，自动转入低功耗模式。

(6) 高可靠性，采用 CMOS 工艺，测量时可将感测头完全浸于水中。

2. SHT1x 引脚功能

SHT1x 引脚名称及排列顺序如图 7.1 所示。其各引脚功能如下。

(1) 电源引脚 VDD(脚 4)、GND(脚 1)：SHT1x 的供电电压范围为 2.4～5.5V，建议供电电压为 3.3V。在电源引脚(VDD，GND)之间须加一个 100nF 的电容，用以去耦滤波。微处理器是通过二线串行数字接口与 SHT1x 进行通信的，所以硬件接口设计非常简单。微处理器与 SHT1x 的硬件连接如图 7.2 所示。

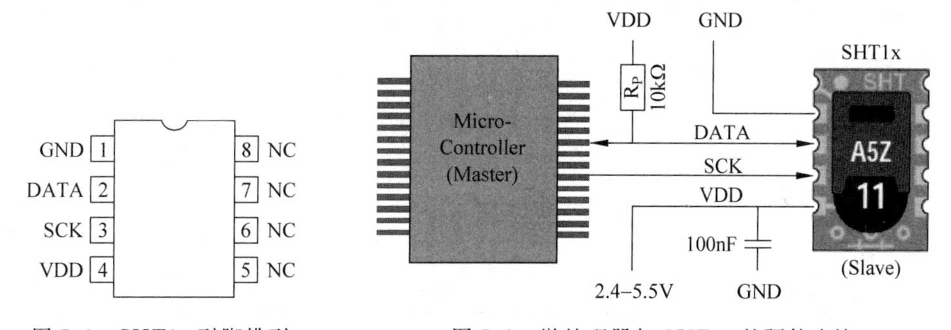

图 7.1　SHT1x 引脚排列　　　图 7.2　微处理器与 SHT1x 的硬件连接

SHT1x 的串行接口，在传感器信号的读取及电源损耗方面，都做了优化处理；传感器不能按照 I^2C 协议编址，但是，如果 I^2C 总线上没有挂接别的元件，传感器可以连接到 I^2C 总线上，但单片机必须按照传感器的协议工作。

(2) 串行时钟输入 SCK(脚 3)：用于微处理器与 SHT1x 之间的通信同步。由于接口包含了完全静态逻辑，因而不存在最小 SCK 频率。当工作电压高于 4.5V 时，SCK 频率最高为 10MHz，而当工作电压低于 4.5V 时，SCK 最高频率则为 1MHz。

(3) DATA(脚 2)：DATA 引脚为三态结构，用于读取传感器数据。当向传感器发送命令时，DATA 在 SCK 上升沿有效且在 SCK 高电平时必须保持稳定。DATA 在 SCK 下降沿之后改变。为确保通信安全，DATA 的有效时间在 SCK 上升沿之前和下降沿之后应该分别延长至 T_{SU} and T_{HO}，如图 7.3 所示。当从传感器读取数据时，DATA 在 SCK 变低以后有效，且维持到下一个 SCK 的下降沿。为避免信号冲突，微处理器应驱动 DATA 在低电平。需要一个外部的上拉电阻（如 10kΩ）将信号提拉至高电平。上拉电阻通常已包含在微处理器的 I/O 电路中。

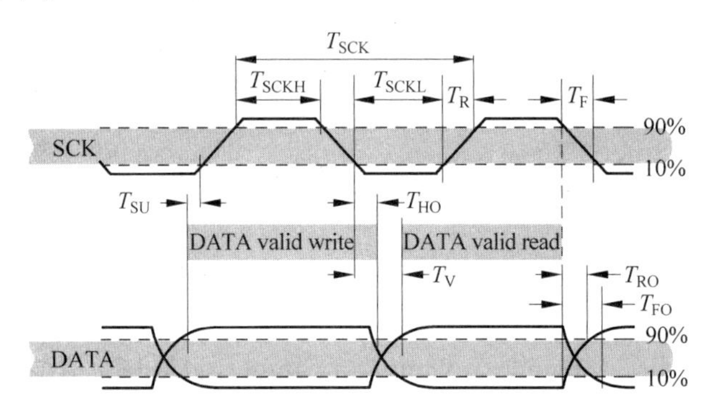

图 7.3　DATA 数据读写时序图

（4）NC：保持悬空。

图 7.3 中的缩写词在表 7.1 有注释。加重的 DATA 线由传感器控制，普通的 DATA 线由单片机控制。有效时间依据 SCK 的时序。数据读取的有效时间为前一个切换的下降沿。

表 7.1　SHT1x I/O 信号特性

	参　　数	条　　件	min	typ	max	单　　位
F_{SCK}	SCK 频率	VDD＞4.5V	0	0.1	5	MHz
		VDD＜4.5V	0	0.1	1	MHz
T_{SCKx}	SCK 高/低时间		100			ns
T_R/T_F	SCK 上升/下降时间		1	200	*	ns
T_{FO}	DATA 下降时间	OL＝5pF	3.5	10	20	ns
		OL＝100pF	30	40	200	ns
T_{RO}	DATA 上升时间		**	**	**	ns
T_V	DATA 有效时间		200	250	***	ns
T_{SU}	DATA 设置时间		100	150	***	ns
T_{HO}	DATA 保持时间		10	15	****	ns

3. SHT1x 的内部结构和工作原理

SHT1x 温湿度传感器将温度感测、湿度感测、信号变换、A/D 转换和加热器等功能集成到一个芯片上，该芯片包括一个电容性聚合体湿度敏感组件和一个用能隙材料制成的温度敏感组件。这两个敏感组件分别将湿度和温度转换成电信号，该电信号首先进入微弱信号放大器进行放大；然后进入一个 14 位的 A/D 转换器；最后经过二线串行数字接口输出数字信号。SHT1x 温湿度传感器内部结构如图 7.4 所示。

SHT1x 在出厂前，都会在恒湿或恒温环境中进行校准，校准系数存储在校准寄存器中；在测量过程中，校准系数会自动校准来自传感器的信号。此外，SHT1x 内部还集成了一个加热组件，加热组件接通后可以将 SHT1x 的温度升高 5℃左右，同时功耗也会有所增加。此功能主要为了比较加热前后的温度和湿度值，可以综合验证两个传感器组件的性能。在高湿（＞95％RH）环境中，加热传感器可预防传感器结露，同时缩短响应时间，提高精度。

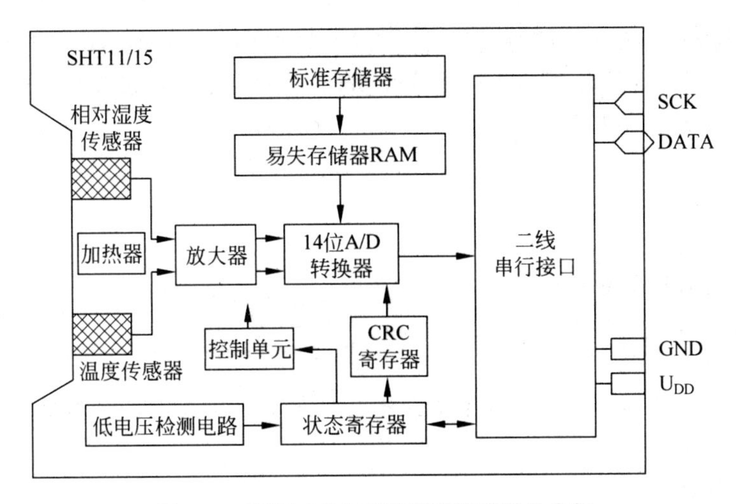

图 7.4　SHT11/15 型温湿度传感器的内部

加热后 SHT1x 温度升高，相对湿度降低，较加热前，测量值会略有差异。其中 SHT10 主要指标如下。

(1) 相对湿度(空气中所含压强与该温度下饱和水蒸气的压强之比，通常用百分数表示)测量范围为 0～100RH；测量精度为±4.5%RH；分辨率为 8 位 0.4%RH，12 位 0.05%RH。

(2) 温度测量范围为－40～＋123.8℃；测量精度为±0.5℃；分辨率为 12 位 0.04℃，14 位 0.01℃。

(3) 露点(在水气冷却过程中最初发生结露的温度)测量精度为＜±1℃；分辨率为±0.01℃。

4. SHT1x 传感器的通信

1) 启动传感器

首先选择供电电压后将传感器通电，上电速率不能低于 1V/ms。通电后传感器需要 11ms 进入休眠状态，在此之前不允许对传感器发送任何命令。

2) 发送命令

用一组“启动传输”时序，来完成数据传输的初始化。当 SCK 时钟高电平时 DATA 翻转为低电平，紧接着 SCK 变为低电平，随后是在 SCK 时钟高电平时 DATA 翻转为高电平，如图 7.5 所示。

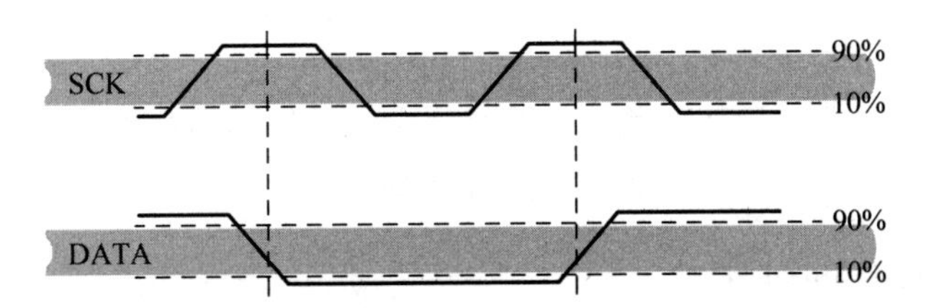

图 7.5　SHT11 数据传输启动时序图

后续命令包含 3 个地址位(目前只支持“000”)和 5 个命令位。SHT1x 会以下述方式表示已正确地接收到指令：在第 8 个 SCK 时钟的下降沿之后，将 DATA 下拉为低电平(ACK 位)。在第 9 个 SCK 时钟的下降沿之后，释放 DATA(恢复高电平)。

微处理器与 SHT1x 的通信协议与通用的 I^2C 总线协议是不兼容的，因此需要用通用微处理器 I/O 口仿真该通信时序。微处理器对 SHT1x 的控制是通过 5 个 5 位命令代码来实现的，命令代码及其含义如下。

0000x：预留。

00011：温度测量。

00101：湿度测量。

00111：读内部状态寄存器。

00110：写内部状态寄存器。

0101x～1110x：预留。

11110：软复位，接口复位，状态寄存器复位即恢复为默认状态。在要发送下一个命令前，至少等待 11ms。

3）温湿度测量

发布一组测量命令（“00000101”表示相对湿度 RH，“00000011”表示温度 T）后，控制器要等待测量结束。这个过程需要大约 20ms/80ms/320ms，分别对应 8b/12b/14b 测量。确切的时间随内部晶振速度变化，最多可能有－30％的变化。SHT1x 通过下拉 DATA 至低电平并进入空闲模式，表示测量的结束。控制器在再次触发 SCK 时钟前，必须等待这个“数据备妥”信号来读出数据。检测数据可以先被存储，这样控制器可以继续执行其他任务，在需要时再读出数据。

接着传输两个字节的测量数据和一个字节的 CRC 奇偶校验（可选择读取）。微处理器需要通过下拉 DATA 为低电平，以确认每个字节。所有的数据从 MSB 开始，右值有效（如对于 12b 数据，从第 5 个 SCK 时钟起算作 MSB；而对于 8b 数据，首字节则无意义）。

在收到 CRC 的确认位之后，表明通信结束。如果不使用 CRC-8 校验，控制器可以在测量值 LSB 后，通过保持 ACK 高电平终止通信。在测量和通信完成后，SHT1x 自动转入休眠模式。

4）通信复位时序

如果与 SHT1x 通信中断，可通过下列信号时序复位：当 DATA 保持高电平时，触发 SCK 时钟 9 次或更多，如图 7.6 所示；接着发送一个“传输启动（Transmission Start）”时序。这些时序只复位串口，状态寄存器内容仍然保留。

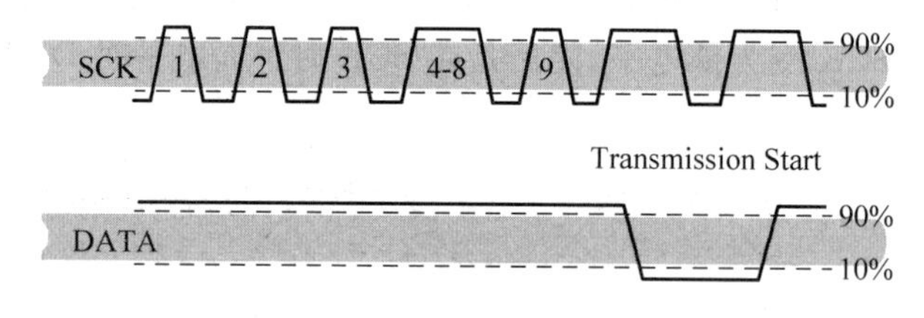

图 7.6 通信复位时序图

5）CRC-8 Checksum 计算

SHT1x 的可靠性由 CRC-8 的校验来保证。它确保可以检测并去除所有错误数据。用户可选择是否使用 CRC 功能。关于如何计算 CRC，请参考“CRC Checksum Calculation”。

6）状态寄存器

SHT1x 的某些高级功能可以通过给状态寄存器发送指令来实现，如选择测量分辨率、电量不足提醒、使用 OTP 加载或启动加热功能等。

(1) 测量分辨率：默认分辨率 14b(温度)和 12b(湿度)，可以被降低为 12b 和 8b，尤其适用于要求测量速度极高或者功耗极低的应用。

(2) 电量不足检测功能：在电压不足 2.47V 发出警告，精度为 0.05V。

(3) 加热：可通过向状态寄存器内写入命令启动传感器内部加热器。加热器可以使传感器的温度高于周围环境 5～10℃，功耗大约为 8mA×5V。

注意：此时测出的温度为传感器本身温度而并非周围环境温度。因此，加热器不适于持续使用。

(4) OTP 加载：开启此功能，标定数据将在每次测量前被上传到寄存器。如果不开启此功能，可节省大约 10ms 的测量时间。

在读状态寄存器或写状态寄存器之后，8 位状态寄存器的内容将被读出或写入，如图 7.7 和图 7.8 所示，状态寄存器各位描述如表 7.2 所示。

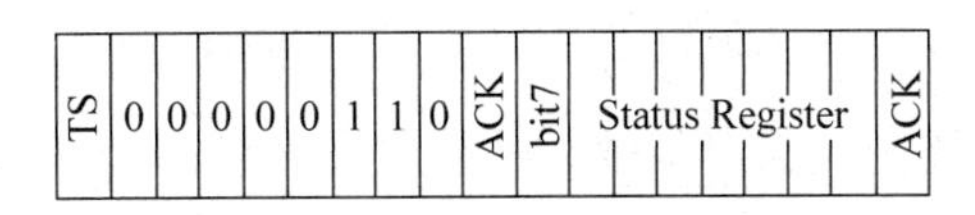

图 7.7　状态寄存器写入

图 7.8　状态寄存器读出

表 7.2　状态寄存器位描述

位	类　型	描　述	描　述	
7		保留	0	
6	R	电量不足(低电压检测) '0'for VDD>2.47 '1'for VDD<2.47	X	无默认值，每次测量后更新
5		预留	0	
4		预留	0	
3		仅供测试，用户不要使用	0	
2	R/W	加热器	0	关
1	R/W	不从 OTP 加载	0	加载
0	R/W	'1'=8 位湿度/12 位温度分辨率 '0'=12 位湿度/14 位湿度分辨率	0	12 位湿度 14 位温度

图 7.9 和图 7.10 描述了整个通信过程。TS=传输开始，MSb=高有效位，MSB=高有效字节，LSB=低有效字节，LSb=低有效位。

5. 信号转换

1) 湿度线性补偿

SHT1x 可通过 DATA 数据总线直接输出数字量湿度值。该湿度值称为“相对湿度”，

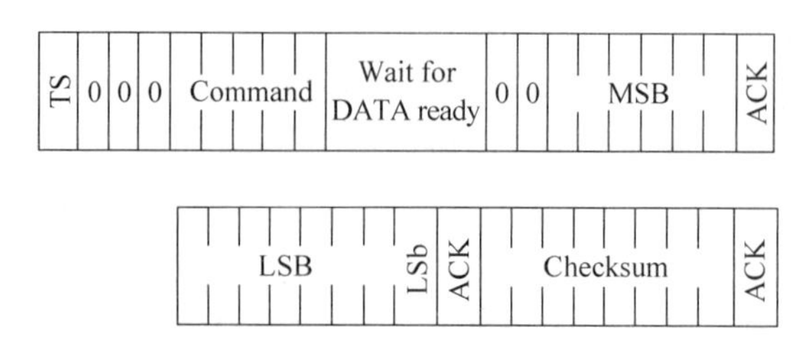

图 7.9 测量时序图

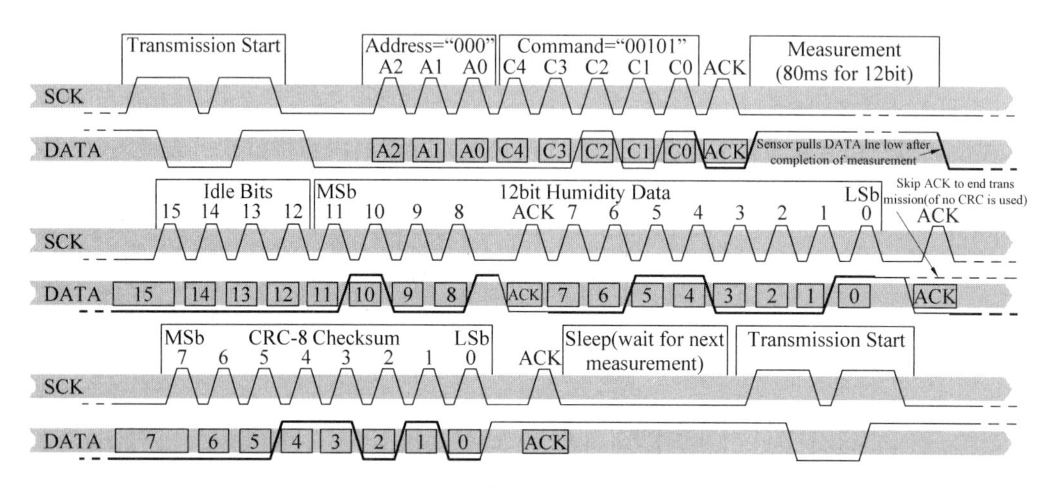

图 7.10 8 位状态寄存器的内容

需要进行线性补偿和温度补偿后才能得到较为准确的湿度值。由于相对湿度数字输出特性呈一定的非线性，如图 7.11 所示。

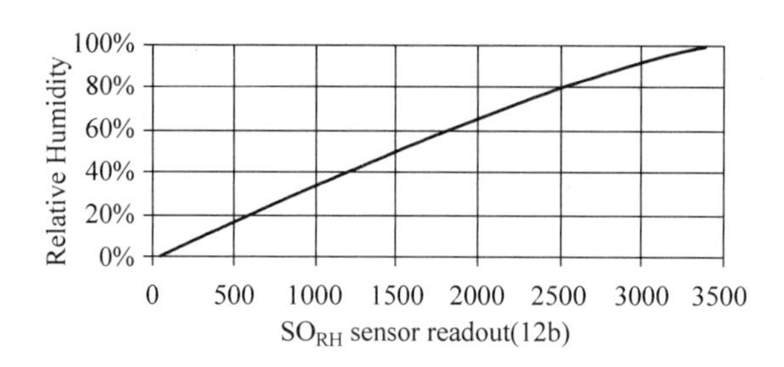

图 7.11 从 SO_{RH} 到相对湿度的转化

因此，为了补偿湿度传感器的非线性，可按下式修正湿度值：

$$RH_{linear} = C_1 + C_2 \cdot SO_{RH} + C_3 \cdot SO_{RH}^2$$

式中，RH_{linear} 为经过线性补偿后的湿度值；SO_{RH} 为相对湿度测量值；C_1、C_2、C_3 为线性补偿系数，取值如表 7.3 所示。

表 7.3 湿度线性补偿系数

SO_{RH}	C_1	C_2	C_3
12b	−2.0468	0.0367	−1.5955E-6
8b	−2.0468	0.5872	−4.0845E-4

2）温度补偿

由于温度对湿度的影响十分明显，而实际温度和测试参考温度 25℃有所不同，因此对线性补偿后的湿度值进行温度补偿很有必要。补偿公式如下：

$$RH_{true} = (T - 25) \cdot (t_1 + t_2 \cdot SO_{RH}) + RH_{linear}$$

式中，RH_{true}为经过线性补偿和温度补偿后的湿度值；T 为测试湿度值时的温度(℃)；t_1 和 t_2 为温度补偿系数，取值如表 7.4 所示。

表 7.4　温度补偿系数

SO_{RH}	t_1	t_2
12b	0.01	0.00008
8b	0.01	0.00128

3）温度值输出

由能隙材料 PTAT(正比于绝对温度)研发的温度传感器具有极好的线性。可用如下公式将数字输出(SO_T)转换为温度值，温度转换系数如表 7.5 所示。

$$T = d_1 + d_2 \cdot SO_T$$

式中，d_1 和 d_2 为特定系数，d_1 的取值与 SHT1x 工作电压有关，d_2 的取值则与 SHT1x 内部 A/D 转换器采用的分辨率有关，其对应关系分别如表 7.5 所示。

表 7.5　温度转换系数

VDD	d_1(℃)	d_1(℉)
5V	−40.1	−40.2
4V	−39.8	−39.6
3.5V	−39.7	−39.5
3V	−39.6	−39.3
2.5V	−39.4	−38.9

SO_T	d_2(℃)	d_2(℉)
14b	0.01	0.018
12b	0.04	0.072

4）露点

露点是一个特殊的温度值，是空气保持某一定湿度必须达到的最低温度。当空气的温度低于露点时，空气容纳不了过多的水分，这些水分会变成雾、露水或霜。SHT1x 并不直接进行露点测量，但露点可以通过温度和湿度读数计算得到。由于温度和湿度在同一块集成电路上测量，SHT1x 可测量露点。

露点的计算方法很多，绝大多数都很复杂。对于−40～＋50℃温度范围的测量，通过下面的公式可得到较好的精度，如表 7.6 所示。

$$T_d(RH,T) = T_n \cdot \frac{\ln\left(\frac{RH}{100\%}\right) + \frac{m \cdot T}{T_n + T}}{m - \ln\left(\frac{RH}{100\%}\right) - \frac{m \cdot T}{T_n + T}}$$

表 7.6　露点(T_d)计算参数

温　度	T_n(℃)	m
Above water，0～50℃	243.12	17.62
Above ice，−40～0℃	272.62	22.46

6. 环境稳定性

如果传感器用于装备或机械中,要确保用于测量的传感器与用于参考的传感器感知的是同一条件的温度和湿度。如果传感器被放置于装备中,反应时间会延长,因此在程序设计中要保证预留足够的测量时间。

7.1.5 基于SHT10的智能传感器应用系统设计

1. 系统设计要求

设计一个温湿度监控系统,温度范围为20~38℃,湿度范围为40%~70%,超范围报警。要求传感器采用SHT10智能传感器,温湿度显示采用LCD1602,精确到两位小数,超范围发光二极管报警。

2. 系统设计分析

单片机的最小系统+SHT10智能传感器+LCD1602+两个LED(灯光报警)。

第一步,实现将SHT10中的数据读入到单片机中然后显示到LCD 1602上。

第二步,调节SHT10的数据。在SHT10测量数据的基础上进行温湿度补偿信号转换,包括湿度线性补偿、温度补偿和温度值输出。

第三步,调节后的数据,若在温度20~38℃范围内则正常显示到LCD 1602上,若超出范围则报警,二极管点亮(红);同理,若在湿度40%~70%范围内则正常显示到LCD 1602上,若超出范围则报警,二极管点亮(绿)。

3. 系统原理图设计

系统所需元器件为AT89C51、CAP30pF、CRYSTAL12MHz、CAP-ELEC、BUTTON、RES、RESPACK-8、SHT10、LM016L、LED-RED、LED-GREEN。智能传感器应用系统原理图如图7.12所示。

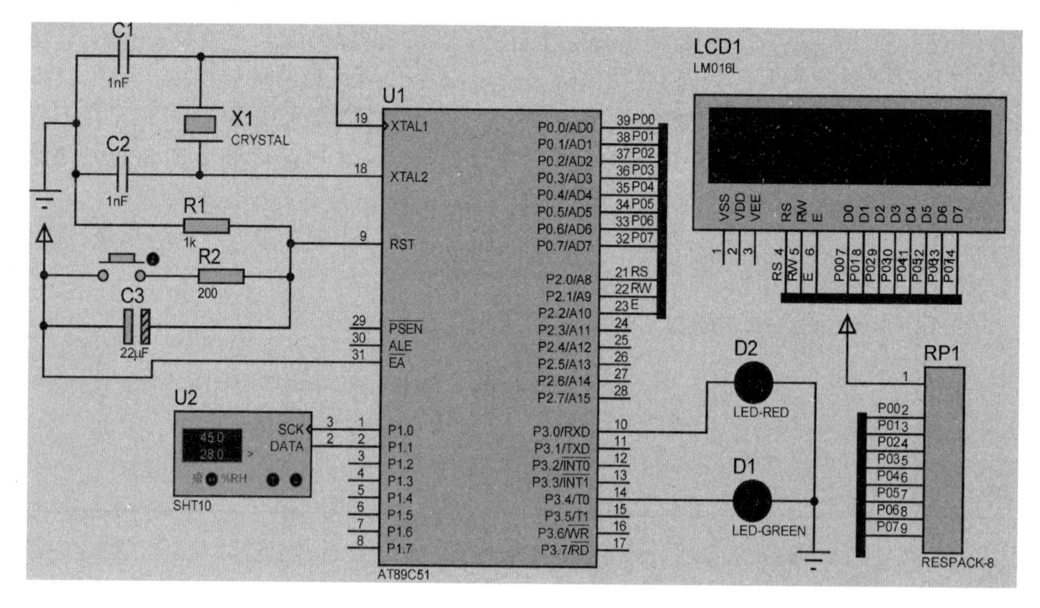

图7.12 智能传感器应用系统原理图

4. 系统程序流程图设计

略。

5. 系统源程序设计

```
#include <reg52.h>
#include <intrins.h>
#include <stdio.h>
#include <string.h>
#include <absacc.h>
#include <math.h>
#define uchar unsigned char
#define uint unsigned int
#define TEMPUP 38                                       //温度上限
#define TEMPDOWN 20                                     //温度下限
#define HUMUP   70                                      //湿度上限
#define HUMDOWN 40                                      //湿度下限
sbit LcdRs = P2 ^ 0;                                    //1602LCD 端口定义
sbit LcdRw = P2 ^ 1;
sbit LcdEn = P2 ^ 2;
sbit led1 = P3 ^ 0;                                     //温度报警灯端口定义
sbit led2 = P3 ^ 4;                                     //湿度报警灯端口定义
uchar str[7];                                           //温湿度值处理
//向 LCD 写入命令或数据
#define LCD_COMMAND          0                          // Command
#define LCD_DATA             1                          // Data
#define LCD_CLEAR_SCREEN     0x01                       // 清屏
#define LCD_HOMING           0x02                       // 光标返回原点
//设置显示模式
#define LCD_SHOW             0x04                       //显示开
#define LCD_HIDE             0x00                       //显示关
#define LCD_CURSOR           0x02                       //显示光标
#define LCD_NO_CURSOR        0x00                       //无光标
#define LCD_FLASH            0x01                       //光标闪动
#define LCD_NO_FLASH         0x00                       //光标不闪动
//设置输入模式
#define LCD_AC_UP            0x02
#define LCD_AC_DOWN          0x00                       // default
#define LCD_MOVE             0x01                       // 画面可平移
#define LCD_NO_MOVE          0x00                       //default
//1602 液晶显示部分子程序
void delay(uint z)                                      //延时函数
{
    uint x,y;
    for(x = z;x > 0;x -- )
    for(y = 110;y > 0;y -- );
}
void LCD_Write(bit style, uchar input)
{
```

```
        LcdRs = style;
        P0 = input;
        delay(5);
        LcdEn = 1;
        delay(5);
        LcdEn = 0;
    }
    void LCD_SetDisplay(uchar DisplayMode)          //设置输出
    {
        LCD_Write(LCD_COMMAND, 0x08|DisplayMode);
    }
    void LCD_SetInput(uchar InputMode)              //设置输入
    {
        LCD_Write(LCD_COMMAND, 0x04|InputMode);
    }
    void LCD_Initial()                              //初始化 LCD 函数
    {
        LcdEn = 0;
        LCD_Write(LCD_COMMAND,0x38);                //8 位数据端口,2 行显示,5×7 点阵
        LCD_SetDisplay(LCD_SHOW|LCD_NO_CURSOR);     //开启显示, 无光标
        LCD_Write(LCD_COMMAND,LCD_CLEAR_SCREEN);    //清屏
        LCD_SetInput(LCD_AC_UP|LCD_NO_MOVE);        //AC 递增, 画面不动
    }
    void GotoXY(uchar x, uchar y)                   //液晶字符输入的位置
    {
        if(y == 0)
            LCD_Write(LCD_COMMAND,0x80|x);
        if(y == 1)
            LCD_Write(LCD_COMMAND,0x80|(x - 0x40));
    }
    void Print(uchar * str)                         //将字符输出到液晶显示
    {
        while( * str!= '\0')
        {
            LCD_Write(LCD_DATA, * str);
            str++;
        }
    }
    void welcome()                                  //初始界面函数
    {
        LCD_Initial();
        GotoXY(0,0);
        Print("   Welcome!   ");
        GotoXY(0,1);
        Print("  Code of sht10 ");
        delay(200);
    }
    void delay_n10us(uint n)                        //延时 n 个 10μs@12MHz 晶振
    {
```

```
    uint i;
    for(i = n;i > 0;i -- )
    {
        _nop_();_nop_();_nop_();
        _nop_();_nop_();_nop_();
    }
}
//第一部分 LCD1602 设置 END
//第二部分 SHT10 设置 START
sbit SCK   = P1 ^ 0;                //定义通信时钟端口
sbit DATA  = P1 ^ 1;                //定义通信数据端口
typedef union                       //定义了两个共用体
{ uint i;
  float f;
} value;
enum {TEMP,HUMI};                   //TEMP = 0,HUMI = 1
#define noACK 0                     //用于判断是否结束通信
#define ACK   1                     //结束数据传输
                                    //adr  command  r/w
#define STATUS_REG_W 0x06           //000   0011    0
#define STATUS_REG_R 0x07           //000   0011    1
#define MEASURE_TEMP 0x03           //000   0001    1
#define MEASURE_HUMI 0x05           //000   0010    1
#define RESET        0x1e           //000   1111    0
/**************** 定义函数 ****************/
void s_transstart(void);            //启动传输函数
void s_connectionreset(void);       //连接复位函数
char s_write_byte(uchar value);     //SHT10 写函数
char s_read_byte(uchar ack);        //SHT10 读函数
char s_measure(uchar *p_value, uchar *p_checksum, uchar mode);   //测量温湿度函数
void calc_dht90(float *p_humidity,float *p_temperature);         //温湿度补偿
void s_transstart(void)                                          //启动传输函数
// generates a transmission start
//       _____         ________
// DATA:      |_______|
//           ___     ___
// SCK :  ___|   |___|   |______
{
   DATA = 1; SCK = 0;                                            //Initial state
   _nop_();
   SCK = 1;
   _nop_();
   DATA = 0;
   _nop_();
   SCK = 0;
   _nop_();_nop_();_nop_();
   SCK = 1;
   _nop_();
   DATA = 1;
```

```
    _nop_();
    SCK = 0;
}
void s_connectionreset(void)                //连接复位函数
// communication reset: DATA - line = 1 and at least 9 SCK cycles followed by transstart
//
// DATA:
//
// SCK
{
  uchar i;
  DATA = 1; SCK = 0;                        //Initial state
  for(i = 0;i<9;i++)                        //9 SCK cycles
  {
    SCK = 1;
    SCK = 0;
  }
  s_transstart();                           //transmission start
}
char s_write_byte(uchar value)              // SHT10 写字节函数
// writes a byte on the Sensibus and checks the acknowledge
{
  uchar i,error = 0;
  for (i = 0x80;i>0;i/ = 2)                 //shift bit for masking
  {
    if (i & value) DATA = 1;                //masking value with i, write to SENSI - BUS
    else DATA = 0;
    SCK = 1;                                //clk for SENSI - BUS
    _nop_();_nop_();_nop_();                //pulswith approx. 3 us
    SCK = 0;
  }
  DATA = 1;                                 //release DATA - line
  SCK = 1;                                  //clk #9 for ack
  error = DATA;                             //check ack (DATA will be pulled down bySHT10),
//DATA 在第 9 个上升沿将被 DHT10 自动下拉为低电平
  _nop_();_nop_();_nop_();
  SCK = 0;
  DATA = 1;                                 //release DATA - line
  return error;                  //error = 1 in case of no acknowledge //返回: 0 成功,1 失败
}
//SHT10 读函数
//reads a byte form the Sensibusand gives an acknowledge in case of "ack = 1"
char s_read_byte(uchar ack)
{
  uchar i,val = 0;
  DATA = 1;                                 //release DATA - line
  for (i = 0x80;i>0;i/ = 2)                 //shift bit for masking
  { SCK = 1;                                //clk for SENSI - BUS
```

```
        if (DATA) val = (val | i);              //read bit
        _nop_();_nop_();_nop_();                //pulswith approx. 3 us
        SCK = 0;
    }
    if(ack == 1)DATA = 0;                       //in case of "ack == 1" pull down DATA - Line
    else DATA = 1;                              //如果是校验(ack == 0),读取完后结束通信
    _nop_();_nop_();_nop_();                    //pulswith approx. 3 us
    SCK = 1;                                    //clk #9 for ack
    _nop_();_nop_();_nop_();                    //pulswith approx. 3 us
    SCK = 0;
    _nop_();_nop_();_nop_();                    //pulswith approx. 3 us
    DATA = 1;                                   //release DATA - line
    return val;
}
//测量温湿度函数 makes a measurement (humidity/temperature) with checksum
char s_measure(uchar * p_value, uchar * p_checksum, uchar mode)
{
    uchar error = 0;
    uint i;
    s_transstart();                             //transmission start
    switch(mode){                               //send command to sensor
        case TEMP: error += s_write_byte(MEASURE_TEMP); break;
        case HUMI: error += s_write_byte(MEASURE_HUMI); break;
        default: break;
    }
    for (i = 0;i < 65535;i++) if(DATA == 0) break;  //wait until sensor has finished the measurement
    if(DATA) error += 1;                        // or timeout (~2 sec.) is reached
    * (p_value)     = s_read_byte(ACK);         //read the first byte (MSB)
    * (p_value + 1) = s_read_byte(ACK);         //read the second byte (LSB)
    * p_checksum  = s_read_byte(noACK);         //read checksum
    return error;
}
void calc_sht10(float * p_humidity,float * p_temperature)  //温湿度补偿函数
// calculates temperature [C] and humidity [ % RH]
// input :   humi [Ticks] (12 bit) and temp [Ticks] (14 bit)
// output:   humi [ % RH] and temp [C]
{ const float C1 = - 2.0468;                    // for 12 bit humi
    const float C2 = + 0.0367;                  // for 12 bit humi
    const float C3 = - 1.5955E - 6;             // for 12 bit humi
    const float T1 = + 0.01;                    // for 12 bit humi
    const float T2 = + 0.00008;                 // for 12 bit humi
    const float d1 = - 40.1;                    // for 14 bit temp @ 5V
    const float d2 = + 0.01;                    // for 14 bit temp @ 5V
    float rh = * p_humidity;                    // rh: Humidity [Ticks] 12 bit
    float t = * p_temperature;                  // t: Temperature [Ticks] 14 bit
    float rh_lin;                               // rh_lin: Humidity linear
    float rh_true;                              // rh_true: Temperature compensated humidity
    float t_C;                                  // t_C: Temperature [C]
```

```
    t_C = d1  +  t * d2;                          //calc. temperature from ticks to [C]
    rh_lin = C1  +  C2 * rh  +  C3 * rh * rh;     //calc. humidity from ticks to [ % RH]
    rh_true = (t_C - 25) * (T1 + T2 * rh) + rh_lin;  //calc. temperature compensated humidity [ % RH]
    if(rh_true > 100)rh_true = 100;               //cut if the value is outside of
    if(rh_true < 0.1)rh_true = 0.1;               //the physical possible range
    * p_temperature = t_C;                        //return temperature [C]
    * p_humidity = rh_true;                       //return humidity[ % RH]
}
void zhuanhuan(float a)                           //浮点数转换成字符串函数
{
    memset(str,0,sizeof(str));
    sprintf (str," % f", a);
}
// *** 第二部分 SHT10 设置 END
// ******* 主函数
void main(void)
{
    value humi_val,temp_val;
    uchar error,checksum;
    LcdRw = 0;
    led1 = 0;
    led2 = 0;
    start = 0;
    s_connectionreset();
    welcome();                                    //显示欢迎画面
    delay(2000);
    LCD_Initial();
    while(1)
    {   error = 0;
        error += s_measure((uchar * ) &humi_val.i,&checksum,HUMI);
        error += s_measure((uchar * ) &temp_val.i,&checksum,TEMP);
        if(error!= 0)
            s_connectionreset();                  //in case of an error: connection reset
        else
        {
            humi_val.f = (float)humi_val.i;   //converts integer to float
            temp_val.f = (float)temp_val.i;   //converts integer to float
            calc_sht10(&humi_val.f,&temp_val.f);  //计算湿度与温度
            GotoXY(0,0);
            Print("Tep:");
            GotoXY(0,1);
            Print("Hum:");
            zhuanhuan(temp_val.f);                //转换温度为 uchar 方便液晶显示
            GotoXY(5,0);
            str[5] = 0xDF;                        //℃ 的符号
            str[6] = 0x43;
            str[7] = '\0';                        //字符串结束标志
            Print(str);
```

```
            if( temp_val.f > TEMPUP || temp_val.f < TEMPDOWN )
                led1 = 1;
            else
                led1 = 0;
            zhuanhuan(humi_val.f);          //转换湿度为 uchar 方便液晶显示
            GotoXY(5,1);
            str[5] = '%';                   //%的符号
            str[6] = '\0';                  //字符串结束标志
            Print(str);
            if( humi_val.f > HUMUP || humi_val.f < HUMDOWN )
                led2 = 1;
            else
                led2 = 0;
        }
        delay_n10us(80000);                 //延时约 0.8s
    }
}
```

6. 在 Keil 中仿真调试

创建“智能传感器应用”项目，并选择单片机型号为 AT89C52，输入 C 语言源程序，保存为“智能传感器应用. C”，将源程序“智能传感器应用. C”添加到项目中，编译源程序，创建“智能传感器应用. HEX”。

7. 在 Proteus 中仿真调试

打开“智能传感器应用. DSN”，双击单片机，选择程序“智能传感器应用. HEX”。单击▶按钮进入程序运行状态。分别按下 SHT10 的各个按钮，可以在 LCD1602 上观察到与智能传感器相对应的温度、湿度变化及湿度随温度的变化而变化（温度补偿）的情况。

7.2 直流电动机及其应用系统设计

7.2.1 直流电动机概述

电动机是工业控制领域使用非常广泛的执行机构，如机床、电梯、机器人、飞行器、光驱、手机等设备中都有电动机的存在。直流电动机是将直流电能转换为机械能的电动机，因其控制简单、性能优越而被广泛应用于位置和速度控制的应用中。直流电动机具有以下特点。

(1) 调速性能好。所谓“调速性能”，是指电动机在一定负载的条件下，根据需要，人为地改变电动机的转速。直流电动机可以在重负载条件下，实现均匀、平滑的无级调速，而且调速范围较宽。

(2) 启动力矩大。可以均匀而经济地实现转速调节，因此凡是在重负载下启动或要求均匀调节转速的机械，如大型可逆轧钢机、卷扬机、电力机车、电车等，都用直流电动机拖动。

7.2.2 直流电动机控制原理

直流电动机只要改变加在两端的电压就可以改变转动方向，而在负载变化不大时，加在直流电动机两端的电压的大小与其速度近似成正比。

实际应用中，直流电动机的转动方向是通过全桥（又称为 H 桥）电路实现的，如图 7.13 所示。Q1～Q4 是功率 MOSFET（Metal-Oxide-Semicondactor Field-Effect Transistor，金属氧化物半导体场效应晶体管），Q1、Q2 是一个桥臂，Q3、Q4 是另一个桥臂。每个 MOSFET 旁边的二极管是续流二极管。

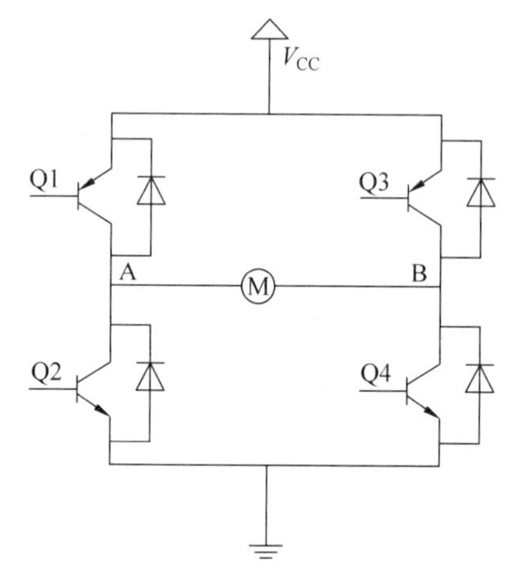

图 7.13 直流电动机的全桥电路

全桥电路改变电动机转向的原理如下。

当打开 Q1 和 Q4 时，电动机的电流从 A 流向 B，此时电动机正转；当打开 Q2 和 Q3 时，电动机的电流从 B 流向 A，此时电动机反转。这样通过控制 Q1～Q4 就可以控制电动机的转向。

对直流电动机调速可以有很多种方法。如可以通过晶闸管电路（在将交流电整流成直流电的过程中）控制晶闸管的导通将整流的输出电压加在直流电机上进行调速，也可以利用 D/A 转换加驱动的方法通过单片机进行调压调速。目前在实际应用中用得比较多的通过 PWM（脉冲宽度调制）的方法对直流电动机进行调速。

PWM 的原理很简单，就是指利用脉冲冲量等效原理，用一系列周期相等但宽度可以调节的脉冲来等效理想的电压波形，如一个恒为 2V 的电压波形可以用幅值为 5V 的 PWM 脉冲序列等效，其等效图如图 7.14 所示。

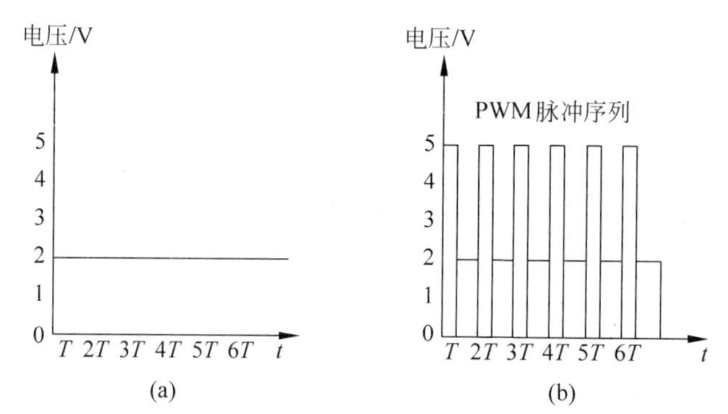

图 7.14 5V 的 PWM 脉冲序列等效 2V 的电压波形

在图 7.14(b)中，在每个调制周期 T 内，序列为 5V 高电平的时间均为 $2T/5$，这是一个占空比为 40%的 PWM 脉冲序列。只要调制频率足够高，则它的等效效果其实就是一个电压为 2V 的恒定电压波形。如果在 PWM 脉冲序列的输出端接上一个容值合适的电容，可以看到输出波形与图 7.14(a)相差无几。

PWM 的工作原理是保持加在负载的脉冲电压频率不变，调节脉冲电压的占空比使负载上的平均电流功率在 0～100%之间变化，从而改变灯光亮度或电动机速度等。利用 PWM 实现调光或调速，它的优点是电源的能量功率能得到充分利用、电路的效率高。另外采用该方式可以使负载在工作时得到几乎满电源的电压，这样有利于克服电动机内在的绕组电阻而使电动机产生更大的力矩。

7.2.3 常用直流电动机的驱动电路

对于直流电动机的驱动，应根据实际情况选择合适的驱动电路，如电动机是单向或双向转动，是否需要调速。对于单方向的电动机驱动，只要用大功率的三极管、达林顿管、场效应管或者继电器直接驱动即可，必要时加光耦隔离。当电动机需要双向驱动时，可以使用由4个功率元件组成的H桥电路或一个双刀双掷的继电器。如果不需要调速，只要使用继电器控制通断即可；如果需要调速，可以使用上述大功率半导体开关器件实现PWM调速。

1. 大功率开关管实现单向驱动

利用大功率场效应管或双极型三极管等半导体开关器件直接驱动直流电动机，其原理图如图7.15所示。

2. 达林顿阵列ULN2003驱动

ULN2003是高电压大电流达林顿晶体管阵列系列产品，其内部原理图如图7.16所示。它是双列16脚封装，内部包含7个共发射极的集电极开路的硅NPN达林顿管，每个单元的最大驱动电压50V，最大驱动电流可达350mA，输入电压5V，适用于TTL、COMS电路。内部集成了一个消线圈反电动势的二极管，可用来驱动继电器等感性负载。由于采用集电极开路输出，具有电流增益高、工作电压高、温度范围宽、带负载能力强等特点，适应于各类要求高速大功率驱动的系统，可直接驱动继电器或固体继电器，也可直接驱动低压灯泡。通常单片机驱动ULN2003时，上拉2kΩ的电阻较为合适，同时COM引脚应该悬空或接电源。

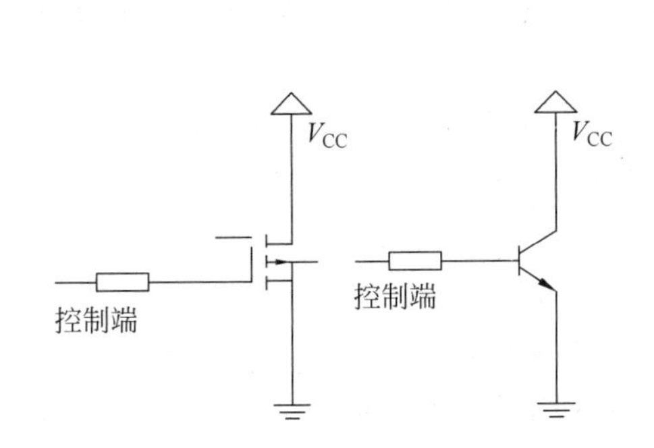

图7.15 半导体开关驱动直流电动机原理图

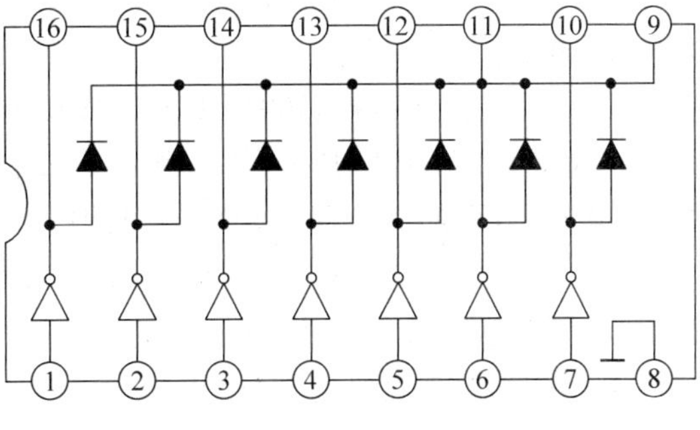

图7.16 ULN2003内部原理图

3. 集成H桥L298N驱动

实际使用的时候，用分立元件制作H桥比较麻烦，很多公司生产封装好的H桥集成电路，使用起来非常方便、可靠。常用的有L293D、L298N、TA7257P、SN754410等。

L298N是一种高电压、大电流电机驱动芯片，比较常见的是15脚Multiwatt封装的L298N，内部包含4通道逻辑驱动电路，其引脚排列如图7.17所示。

现对L298N各个引脚及其功能进行简要说明。

(1) CURRENT SENSING A(1脚)、CURRENT SENSING B(15脚)：电流监测端，分别为两个H桥的电流反馈脚，不用时可以直接接地。

(2) OUTPUT1(2脚)、OUTPUT2(3脚)：电桥A的输出端，与这两脚相连的负载的电流可通过CURRENT SENSING A检测。

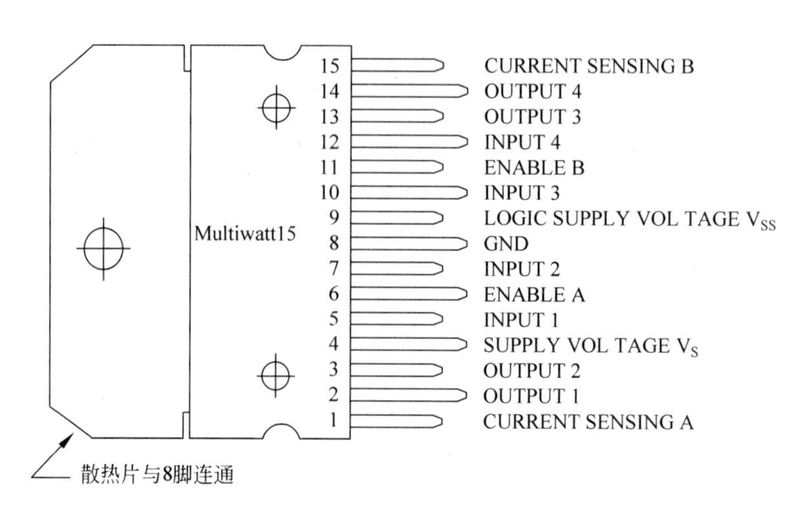

图 7.17 L298N 引脚排列图

(3) V_S(4 脚)：驱动工作(功率电源)电压，典型值为 9V 或 12V。此引脚与地必须连接 100nF 电容。

(4) INPUT1(5 脚)、INPUT2(7 脚)：电桥 A 的输入控制端，与 TTL 电平兼容。

(5) ENABLE A(6 脚)、ENABLE B(11 脚)：电桥 A 和电桥 B 的使能端，高电平使能，低电平禁止输出。

(6) GND(8 脚)：GND 地。

(7) V_{SS}(9 脚)：逻辑电源电压，可在 4.5～7V 之间，典型值为 5V。此引脚与地必须连接 100nF 电容。

(8) INPUT3(10 脚)、INPUT4(12 脚)：电桥 B 的输入控制端，与 TTL 电平兼容。

(9) OUTPUT3(13 脚)、OUTPUT4(14 脚)：电桥 B 的输出端，与这两脚相连的负载的电流可通过 CURRENT SENSING B 检测。

L298N 的主要特点是：工作电压高，最高工作电压可达 46V；输出电流大，瞬间峰值电流可达 3A，持续工作电流为 2A；额定功率 25W。内含两个 H 桥的高电压大电流全桥式驱动器，可以用来驱动直流电动机、步进电动机、继电器线圈等感性负载，如大功率直流电机、步进电机、电磁阀等，特别是其输入端可以与单片机直接相连，从而很方便地受单片机控制。当驱动直流电机时，可以直接控制步进电机，并可以实现电机正转与反转，实现此功能只需改变输入端的逻辑电平。使用 L298N 芯片驱动电机，该芯片可以驱动一台两相步进电机或四相步进电机，也可以驱动两台直流电机。

L298N 的控制信号与电动机运行状态关系如表 7.7 所示。

表 7.7 L298N 的控制信号与电动机运行状态关系

使能端(6、11 引脚)	输入控制端(5、10 引脚)	输入控制端(7、12 引脚)	电动机状态
H	H	L	正转
	L	H	反转
	H	H	停止
	L	L	停止
L	×	×	自然停转

单片机通过 L298N 驱动直流电动机采用不同的组合，可以有 3 种控制方式。

方式一：使能端 ENABLE 输入 PWM 信号，控制端 INPUT1 和 INPUT2 输入方向信号。根据表 7.7，INPUT1 为高电平，INPUT2 为低电平，正转；INPUT1 为低电平，INPUT2 为高电平，反转。

方式二：使能端 ENABLE 接高电平使 L298N 工作，控制端 INPUT1 输入 PWM 信号，控制端 INPUT2 输入方向信号。根据表 7.7，INPUT2 为低电平时，正转；INPUT2 为高电平，反转。

方式三：使能端 ENABLE 接高电平使 L298N 工作，控制端 INPUT1 输入 PWM 信号，控制端 INPUT2 输入 PWM 的反相信号。根据 INPUT1 和 INPUT2 高低电平时间的不同，可使电动机正转、反转或不转。当 INPUT1 的高电平时间大于 INPUT2 时(占空比大于 50%)，正转；当 INPUT1 的高电平时间小于 INPUT2 时(占空比小于 50%)，反转；当 INPUT1 的高电平时间等于 INPUT2 时(占空比等于 50%)，停转。

7.2.4 PWM 信号产生的方法

利用单片机产生 PWM 信号，可以采用延时方法或利用定时器方法。

1. 采用延时方法产生 PWM 信号

采用延时方法产生 PWM 信号的程序代码如下：

```
#include<reg51.h>
#define  uchar unsigned char;
#define  uint unsigned int;
sbit  PWM = P1^0;                //PWM 控制端,假设为 P1^0
uchar cycle = 100;               // 定义 PWM 周期,假设为 100
uchar  speed = 20;               //用于控制占空比的变量,控制电动机的速度
void delay(uint t)
{
    uchar m;
    while(t--)
    for(m = 0;m<10;m++);         //延时 0.1ms
}
main()
{
    while(1)
    {
        PWM = 1;
        delay(speed);
        PWM = 0;
        delay(cycle - speed);
    }
}
```

2. 利用定时器方法产生 PWM 信号

利用定时器方法产生 PWM 信号的程序代码如下：

```
//晶振采用 11.0592MHz,产生的 PWM 周期约为 10ms,频率约为 100Hz
#include<reg51.h>
#define  uchar unsigned char;
#define  uint unsigned int;
sbit  PWM = P1^0;                         //PWM 控制端,假设为 P1^0
uchar cycle = 100;                        // 定义 PWM 周期,假设为 100
uchar speed = 20;                         //用于控制占空比的变量,控制电动机的速度
uchar t = 0;                              //中断计数器
T0_init(void)                             //初始化定时器 T0

{
    TMOD = 0x02;                          //设定 T0 工作模式 2(自动重装模式)
    TH0 = 0xA3;                           //装入定时器初值, 定时 0.1ms
    TL0 = 0xA3;
    ET0 = 1;
    EA = 1;
    TR0 = 1;
}
void Timer0(void) interrupt 1
{
    if(t<speed)
        PWM = 1;                          //产生 PWM 信号
    else
        PWM = 0;
    t++;
    if(t>cycle)                           //一个 PWM 周期为 0.1ms×100 = 10 ms
        t = 0;
}
void main()
{
    T0_init();                            //初始化定时器 T0
    while(1);
}
```

3. 直流电动机的调速

在以上两种产生 PWM 信号的方法中,cycle 定义为 PWM 周期,speed 定义为控制占空比的变量。在 PWM 周期不变的情况下,通过改变 speed 的值的大小,即可改变占空比,即改变电动机的速度。

7.2.5 基于 L298N 的直流电动机控制系统设计

1. 系统设计要求

设计一个直流电动机控制系统,要求该系统具有正转、反转、停止、加速和减速控制功能。

2. 系统设计分析

单片机的最小系统+直流电动机+L298+5 个按键+五输入与门(可使用中断)。

单片机通过 L298N 驱动直流电动机采用不同的组合，通过方式一可以较好地实现直流电动机的正转、反转、停止、加速和减速控制功能。以单片机为核心，利用波特率发生器通过程序控制产生不同的 PWM 信号，送给电动机驱动芯片 L298N 的使能端口 ENA，并通过 L298N 的输入端口 IN1 和 IN2 来控制直流电动机的启动、速度和方向的变化；可利用五输入与门使用中断 0 检测按键的输入。

3. 系统原理图设计

系统所需元器件为 AT89C52、CAP 30pF、CRYSTAL 12MHz、CAP-ELEC、BUTTON、RES、MOTOR-DC、L298、DIODE、AND_5。直流电动机控制系统原理图如图 7.18 所示。

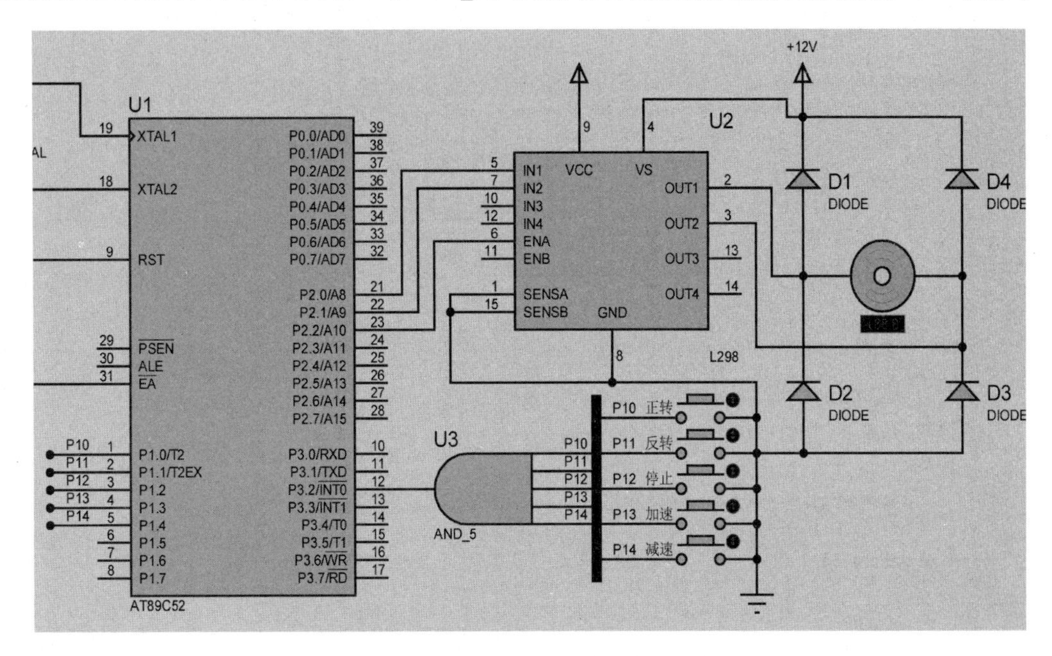

图 7.18　直流电动机控制系统原理图

4. 系统程序流程图设计

略。

5. 系统源程序设计

```
#include<reg51.h>
#define uchar unsigned char
uchar cycle = 100;                    //确定 PWM 的周期
uchar speed = 50;                     //用于控制占空比的变量,控制电动机的速度
sbit  IN1 = P2^0;
sbit  IN2 = P2^1;
sbit  ENA = P2^2;                     //PWM 的输入端
void zz()
{
    IN1 = 1;
    IN2 = 0;
}
```

```
void fz()
{
    IN1 = 0;
    IN2 = 1;
}
void stop()
{
    IN1 = 0;
    IN2 = 0;
}
void t0(void) interrupt 1 using 1                    //PWM 占空比 50/100
{
    if(cycle > 100)
        cycle  = 0;
    if(cycle > speed)
        ENA = 0;
    else
        ENA = 1;
    cycle++;
}
void speedup()                                       //增大 PWM 占空比
{
    if(speed > 99)
        speed = 100;
    else
        speed++;
}
void speeddown()                                     //减小 PWM 占空比
{
    if(speed < 1)
        speed = 0;
    else
        speed--;
}
void main(void)
{
    EA = 1;
    EX0 = 1;
    IT0 = 1;
    TMOD = 0x02;
    TH0 = 0x06;
    TL0 = 0x06;
    TR0 = 1;
    ET0 = 1;
    PX0 = 1;
    P1 = 0xff;
    while(1)
    {
    }
}
```

```
void int0(void) interrupt 0 using  0
{
    switch(P1)
    {
        case 0xfe:zz();break;
        case 0xfd:fz();break;
        case 0xfb:stop();break;
        case 0xf7:speedup();break;
        case 0xef:speeddown();break;
        default:P1 = 0xff;break;
    }
}
```

6. 在 Keil 中仿真调试

创建“直流电动机控制”项目，并选择单片机型号为 AT89C52，输入 C 语言源程序，保存为“直流电动机控制. C”，将源程序“直流电动机控制. C”添加到项目中，编译源程序，创建“直流电动机控制. HEX”。

7. 在 Proteus 中仿真调试

打开“直流电动机控制. DSN”，双击单片机，选择程序“直流电动机控制. HEX”。单击▶按钮进入程序运行状态。分别按下正转、反转、停止、加速和减速控制键，可以观察到直流电动机相对应的运行情况。

7.3　步进电动机控制系统设计

7.3.1　步进电动机概述

步进电动机作为执行元件，是机电一体化的关键产品之一，广泛应用在各种自动化控制系统中。随着微电子技术和计算机技术的发展，步进电动机的需求量与日俱增，在各个国民经济领域都有应用。目前打印机、绘图仪、机器人、数控机床等设备都以步进电动机为动力核心。

步进电动机是一种将电脉冲转化为角位移的执行机构。当步进驱动器接收到一个脉冲信号，它就驱动步进电动机按设定的方向转动一个固定的角度(即步进角)，因此可以通过控制脉冲个数来控制角位移量，从而达到准确定位的目的；同时可以通过控制脉冲频率来控制电动机转动的速度和加速度，从而达到调速的目的。

步进电动机具有以下优点。

(1) 可以用数字信号直接进行开环控制；在需要更高控制精度时，可以进行闭环控制。

(2) 位移与脉冲信号数对应，没有角积累误差，能精确定位。

(3) 具有优秀的启停和反转响应，可以瞬间启停和转向。

(4) 电动机停转的时候具有最大的转矩。

(5) 没有电刷，造价较低，可靠性较高，因此电机的寿命仅仅取决于轴承的寿命。

(6) 由于速度正比于脉冲频率，因而有比较宽的转速范围。

步进电动机具有以下缺点。

(1) 难以运转到较高的转速。

(2) 难以获得较大的转矩。

(3) 在体积质量方面没有优势,能源利用率低。

(4) 超过负载时会破坏同步,高速工作时会发出振动和噪声。

7.3.2 步进电动机的种类和主要技术指标

1. 步进电动机的种类

步进电动机分为反应式(VR)、永磁式(PM)和混合式(HB)3 种。

(1) 反应式步进电动机一般为三相,可实现大转矩输出,步进角一般为 1.5°,但噪声和振动都很大。

(2) 永磁式步进电动机一般为两相,转矩和体积较小,步进角一般为 7.5°或 15°。

(3) 混合式步进电动机是指混合了永磁式电动机和反应式电动机的优点,步进角小,转矩大,动态性能好。目前这种步进电动机的应用最为广泛。

2. 步进电动机的主要技术指标

1) 相数

相数是指电动机内部的线圈组数,也就是产生不同对 N、S 极磁场的激磁线圈对数。目前常用的步进电动机有二相、三相、四相、五相,常用 m 表示。

2) 拍数

完成一个磁场周期性变化所需脉冲数或导电状态,用 n 表示,或指电动机转过一个齿距角所需脉冲数。以四相电动机为例,其四相四拍运行方式,即 AB-BC-CD-DA-AB,四相八拍运行方式,即 A-AB-B-BC-C-CD-D-DA-A。

3) 步距角

对应一个脉冲信号,电动机转子转过的角位移,用 θ 表示。$\theta=360°/$(转子齿数×运行拍数)。下面以常规四相、转子齿为 50 齿电动机为例。

四拍运行时步距角为 $\theta=360°/(50\times4)=1.8°$(俗称整步),八拍运行时步距角为 $\theta=360°/(50\times8)=0.9°$(俗称半步)。

4) 定位转矩

电动机在不通电状态下,电动机转子自身的锁定力矩(由磁场齿形的谐波及机械误差造成的)。

5) 静转矩

电动机在额定静态电作用下,电动机不作旋转运动时,电动机转轴的锁定力矩。此力矩是衡量电动机体积的标准,与驱动电压及驱动电源等无关。虽然静转矩与电磁激磁安匝数成正比,与定齿转子间的气隙有关,但过分采用减小气隙,增加激磁安匝数来提高静转矩是不可取的,这样会造成电动机的发热及机械噪声等。

6) 保持转矩

保持转矩是指步进电动机通电但没有转动时,定子锁住转子的力矩。通常步进电动机在低速时的力矩接近保持转矩。由于步进电动机的输出力矩随速度的增大而不断衰减,输出功率也随速度的增大而变化，因此保持转矩就成为了衡量步进电动机最重要的参数之一。例如，人们所说的 2N·m 的步进电动机，在没有特殊说明的情况下是指保持转矩为 2N·m 的步进电动机。

7.3.3 四相五线步进电动机 28BYJ-48 的驱动

下面以一种常用的四相五线步进电动机 28BYJ-48 为例介绍步进电动机的驱动方法，其内部原理如图 7.19 所示。

从图 7.19 中可以发现，在该电动机中，有 4 组线圈，5 根引出线，其中 E 为电源端，其他 4 个引出端 A、B、C、D 为励磁相。若以 E 为基准，A、B、C、D 励磁依此接通，使电流按顺序通过线圈，则会使步进电动机产生转动。驱动该步进电动机，可以使用几种励磁方式，包括 1 相励磁(四相单 4 拍)、2 相励磁(四相双 4 拍)和 1-2 相励磁方式(四相 8 拍)，其励磁方式如表 7.8 所示。表中 A、B、C、D 表示电动机的各相，1 表示此时有一个脉冲，0 表示没有。

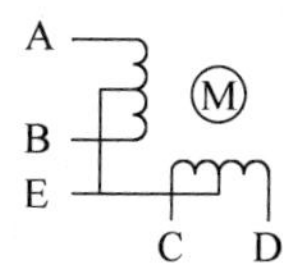

图 7.19 28BYJ-48 内部原理

表 7.8 四相五线步进电动机的励磁方式

四相单 4 拍						四相双 4 拍						四相 8 拍					
STEP	A	B	C	D	二进制	STEP	A	B	C	D	二进制	STEP	A	B	C	D	二进制
1	1	0	0	0	0001	1	1	1	0	0	0011	1	1	0	0	0	0001
2	0	1	0	0	0010	2	0	1	1	0	0110	2	1	1	0	0	0011
3	0	0	1	0	0100	3	0	0	1	1	1100	3	0	1	0	0	0010
4	0	0	0	1	1000	4	1	0	0	1	1001	4	0	1	1	0	0110
5	1	0	0	0	0001	5	1	1	0	0	0011	5	0	0	1	0	0100
6	0	1	0	0	0010	6	0	1	1	0	0110	6	0	0	1	1	1100
7	0	0	1	0	0100	7	0	0	1	1	1100	7	0	0	0	1	1000
8	0	0	0	1	1000	8	1	0	0	1	1001	8	1	0	0	1	1001

1. 1 相励磁方式(四相单 4 拍)

按 A、B、C、D 的顺序总是仅有一个励磁相有电流通过，因此对应一个脉冲信号电动机只会转动一步，这种电动机只能产生很小的转矩并会产生振动，故很少使用。

2. 2 相励磁方式(四相双 4 拍)

按 AB、BC、CD、DA 的方式，总是只有 2 相励磁，通过的电流是 1 相励磁时通过的两倍，转矩也是 1 相励磁时通过的两倍。此时电动机的振动较小，且响应频率升高，目前仍广泛使用此种方式。

3. 1-2 相励磁方式(四相 8 拍)

按 A、AB、B、BC、C、CD、D、DA 的顺序交替进行线圈的励磁。与前述的两个线圈励磁方式相比，电动机的转速是原来的 1/2，响应频率范围变为原来的两倍。

7.3.4 基于 ULN2003A 的步进电动机控制系统设计

1. 系统设计要求

设计一个步进电动机控制系统，要求该系统具有正转、反转、停止、加速和减速控制功能。

2. 系统设计分析

单片机的最小系统＋步进电动机＋达林顿阵列 ULN2003A＋5 个按键＋五输入与门(使用中断)。

单片机通过达林顿阵列 ULN2003 驱动步进电动机，采用 1-2 相励磁方式(四相 8 拍)，在步进电动机的 A、B、C、D 四相按 A、AB、B、BC、C、CD、D、DA 的顺序交替进行线圈的励磁，实现步进电动机的正转；按 AD、D、DC、C、CB、B、BA、A 的顺序交替进行线圈的励磁，实现步进电动机的反转；停止顺序交替实现步进电动机的停止；通过延时时间控制脉冲信号的频率，实现步进电动机的加速和减速控制功能。

3. 系统原理图设计

系统所需元器件为 AT89C51、CAP 30pF、CRYSTAL 12MHz、CAP-ELEC、BUTTON、RES、MOTOR-STEPPER、ULN2003A、AND_5。步进电动机转速控制原理图如图 7.20 所示。

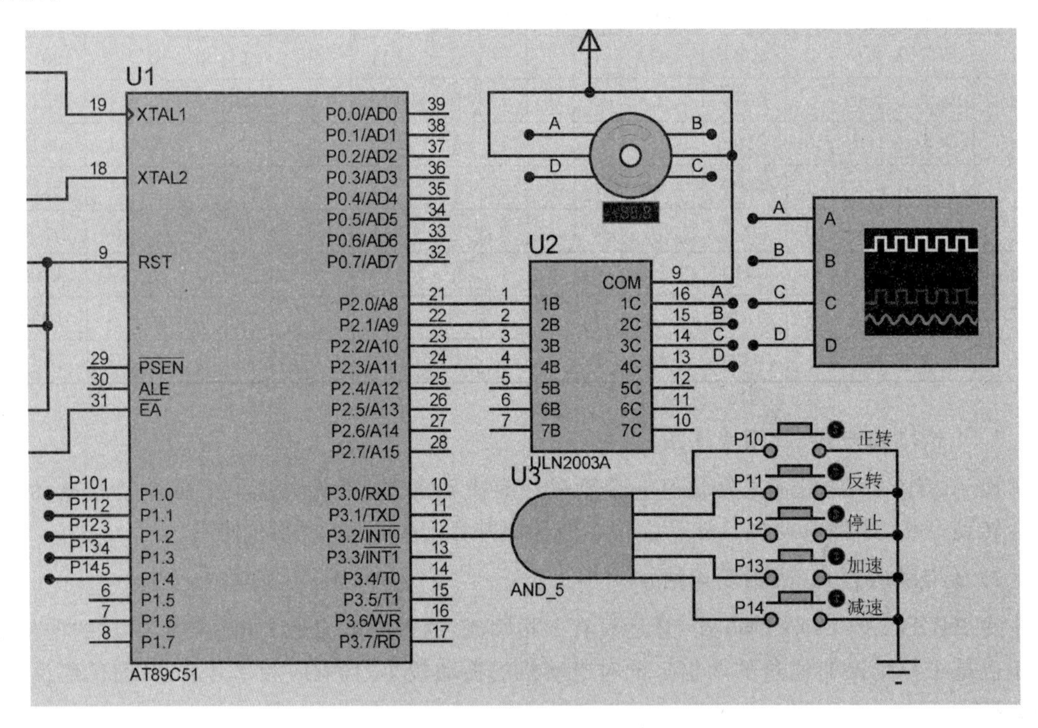

图 7.20 步进电动机转速控制原理图

4. 系统程序流程图设计

略。

5. 系统源程序设计

```
#include"reg51.h"
#define uint unsigned int
#define uchar unsigned char
uint  i = 0;
uchar flag0 = 0,flag1 = 0;              //正反转控制标记,flag0 = 1 正转,flag1 = 1 反转
long t = 5000;                          //延时时间,改变其大小可控制脉冲信号的频率
code tab[ ] = {0x01,0x03,0x02,0x06,0x04,0x0c,0x08,0x09 };  //正转顺序
code tab1[ ] = {0x09,0x08,0x0c,0x04,0x06,0x02, 0x03,0x01};  //反转顺序
void zz(void)
{
    flag0 = 1;
    flag1 = 0;
}
void fz(void)
{
    flag0 = 0;
    flag1 = 1;
}
void stop(void)                         // flag1 =  flag0 停止
{
    flag1 = 0;
    flag0 = 0;
}
void  speedup(void)                     //延时时间减少,脉冲信号的频率增大
{
    t -= 100;
    if(t < 0)
    t = 0;
}
void  speeddown(void)                   //延时时间增加,脉冲信号的频率减小

{
    t += 100;
    if(t > 65535)
    t = 65534;
}
void delay(long m)                      //延时时间,改变其 m 的大小可控制脉冲信号的频率
{
    long n;
    for(n = 0;n < m;n++);
}
void main(void)
{
   EX0 = 1;
   IT0 = 1;
```

```
    EA = 1;
    P1 = 0xff;
    P2 = 0x00;
    while(1)
    {
        while(flag1 == flag0)                //停止
        {
            P2 = tab[i];
            delay(t);
        }
        if(flag0 == 1)                       //正转
            for(i = 0;i < 8;i++)
            {
                P2 = tab[i];
                delay(t);
            }
        if(flag1 == 1)                       //反转
            for(i = 0;i < 8;i++)
            {
                P2 = tab1[i];
                delay(t);
            }

    }
}
void int0(void) interrupt 0                  //按键检测
{
        switch(P1)
        {
            case 0xfe:zz();break;
            case 0xfd:fz();break;
            case 0xfb:stop();break;
            case 0xf7:speedup();break;
            case 0xef:speeddown();break;
            default:P1 = 0xff;break;
        }
}
```

6. 在 Keil 中仿真调试

创建“步进电动机控制”项目，并选择单片机型号为 AT89C51，输入 C 语言源程序，保存为“步进电动机控制.C”，将源程序“步进电动机控制.C”添加到项目中，编译源程序，创建“步进电动机控制.HEX”。

7. 在 Proteus 中仿真调试

打开“步进电动机控制.DSN”，双击单片机，选择程序“步进电动机控制.HEX”。单击▶按钮进入程序运行状态，分别按下正转、反转、停止、加速和减速控制键，可以观察到步进电动机相对应的运行情况。

7.4　RS-485多机远程通信及其应用系统设计

7.4.1　RS-485接口概述

由于串行通信的简单易用，在工业领域大量使用串行通信作为数据交换的手段。RS-232接口虽然可以实现点对点的通信方式，但不能实现联网功能，同时这种串行通信进行数据传输时，传输距离短，而且经常会受到外界的电气干扰而使信号发生错误，RS-485接口较好地解决了上述问题。

RS-485接口采用差分信号负逻辑，+2～+6V表示"0"，-6～-2V表示"1"，一般采用主从通信方式通信，即一个主机带多个从机。通信网络多采用两线制接线方式，为总线式拓扑结构，在很多情况下，只是简单地用一对双绞线将各个接口的"A"、"B"端连接起来，在同一总线上最多可以挂接32个结点。

在RS-485传输信号前，先把信号分解成正、负信号通过两条线路分别传输，到达接收端后，再将信号相减还原成原来的信号，即：

原信号：(DT)=(D+)-(D-)

线路干扰：(D+)+Noise ，(D-)+Noise

接收合成：(DT)=[(D+)+Noise]-[(D-)+Noise] =(D+)-(D-)=(DT)

RS-485采用半双工工作方式，任何时候只能有一点处于发送状态，因此，发送电路须由使能信号加以控制。采用平衡发送和差分接收，因此具有抑制共模干扰的能力。加上总线收发器具有高灵敏度，能检测低至200mV的电压，故传输信号能在千米以外得到恢复。

RS-485理论上的最大传输速率为10Mb/s(可传送15m)，最大传输距离为1200m(传输速率100Kb/s)，但在实际应用中传输的距离要比1200m短，具体能传输多远视周围环境而定。

在传输过程中可以采用增加中继的方法对信号进行放大，最多可以加8个中继，最大传输距离可以达到9.6km。如果需要更长距离传输，可以在收发两端各加一个光电转换器，采用光纤为传播介质，多模光纤的传输距离为5～10km，而采用单模光纤可达50km的传输距离。

7.4.2　RS-485接口芯片及其使用方法

RS-485接口芯片已广泛应用于工业控制、仪器、仪表、多媒体网络、机电一体化产品等诸多领域，可用于RS-485接口的芯片种类也越来越多。RS-485接口在不同的使用场合，对芯片的要求和使用方法也有所不同。

1. 连接的结点数

连接32结点的芯片有SN75176、SN75276、SN75179、SN75180、MAX485、MAX488、MAX490等；连接64结点的芯片有SN75LBC184等；连接128结点的芯片有MAX487、MAX1487等；连接256结点的芯片有MAX1482、MAX1483、MAX3080～MAX3089等。

2. 通信方式

半双工通信的芯片有 SN75176、SN75276、SN75LBC184、MAX485、MAX487、MAX1487、MAX3082、MAX1483 等；全双工通信的芯片有 SN75179、SN75180、MAX488～MAX491、MAX1482 等。

3. 传输速率

MAX481、MAX483、MAX485、MAX487～MAX491 及 MAX1487 是用于 RS-485 与 RS-422 通信的低功耗收发器，每个器件中都具有一个驱动器和一个接收器。MAX483、MAX487、MAX488 及 MAX489 具有限摆率驱动器，可以减小电磁干扰，并降低由不恰当终端匹配电缆引起的反射，实现最高 250kbps 的无差错数据传输。MAX481、MAX485、MAX490、MAX491、MAX1487 的驱动器摆率不受限制，可以实现最高 2.5Mbps 的传输速率。

4. 抗雷击和抗静电冲击

RS-485 接口芯片在使用、焊接或设备的运输途中都有可能受到静电的冲击而损坏。在传输线架设于户外的使用场合，接口芯片乃至整个系统还有可能遭致雷电的袭击。选用抗静电或抗雷击的芯片可有效避免此类损失，常见的芯片有 MAX485E、MAX487E、MAX1487E 等。特别值得一提的是 SN75LBC184，它不但能抗雷电的冲击而且能承受高达 8kV 的静电放电冲击，是目前市场上不可多得的一款产品。

5. 限摆率驱动

由于信号在传输过程中会产生电磁干扰和终端反射，使有效信号和无效信号在传输线上相互迭加，严重时会使通信无法正常进行。为解决这一问题，某些芯片的驱动器设计成限摆率方式，使输出信号边沿不要过陡，以不至于在传输线上产生过多的高频分量，从而有效地扼制干扰的产生，如 MAX487、SN75LBC184 等都具有此功能。

6. 故障保护

故障保护技术是近两年产生的，一些新的 RS-485 芯片都采用了此项技术，如 SN75276、MAX3080～MAX3089。使用带故障保护的芯片，会在总线开路、短路和空闲情况下，使接收器的输出为高电平。确保总线空闲、短路时接收器输出高电平是由改变接收器输入门限来实现的。例如，MAX3080～MAX 3089 输入灵敏度为－50mV/－200mV，即差分接收器输入电压 $U_A - U_B \geqslant -50\text{mV}$ 时，接收器输出逻辑高电平；如果 $U_A - U_B \leqslant -200\text{mV}$，则输出逻辑低电平。当接收器输入端总线短路或总线上所有发送器被禁止时，接收器差分输入端为 0V，从而使接收器输出高电平。同理，SN75276 的灵敏度为 0mV/－300mV，因而达到故障保护的目的。

若使用不带故障保护的芯片（如 SN75176、MAX1487 等）时，可在软件上作一些处理，从而避免通信异常。即在进入正常的数据通信之前，由主机预先将总线驱动设置为大于＋200mV，并保持一段时间，使所有结点的接收器产生高电平输出。这样，在发出有效数据时，所有接收器能够正确地接收到起始位，进而接收到完整的数据。

7.4.3 MAX487 芯片及其工作原理

MAX487 是 MAXIM 公司生产的一种差分平衡型收发器芯片，是用于 TTL 协议与 485 协议转换的小功率收发器，它含有一个驱动器和一个接收器，5V 电压供电，工作电流 120～

500μA，最大总线结点数128，半双工通信方式，数据速率0.15Mbps，低电流关机模式，驱动器有过载保护功能。其外观形状、内部结构、引脚与工作电路如图7.21所示。

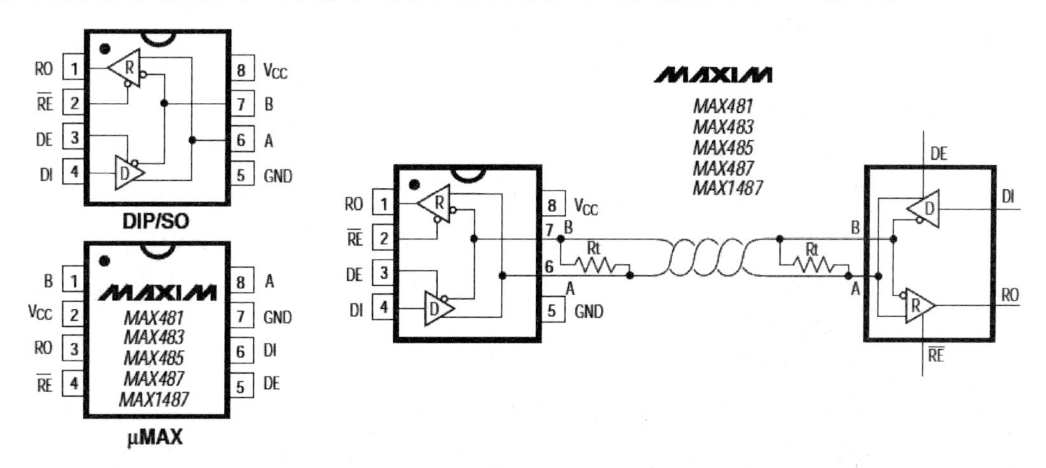

图7.21　MAX487引脚与工作电路图

MAX487芯片的结构和引脚都非常简单，内部含有一个驱动器和一个接收器。RO引脚和DI引脚分别为接收器的输出端和驱动器的输入端，与单片机连接时只需分别与单片机的RXD和TXD相连即可。$\overline{RE}$引脚和DE引脚分别为接收器和驱动器的使能端。当$\overline{RE}$为逻辑0时，器件处于接收状态，接收器接收来自总线的信息，并通过RO传送至单片机的RXD；当DE为逻辑1时，器件处于发送状态，驱动器通过DI将来自单片机TXD的信息传送至总线。因为MAX487工作在半双工状态，所以只需用单片机的一个管脚控制这两个引脚即可。A引脚和B引脚分别为接收和发送的差分信号端，当A引脚的电平高于B引脚时，代表发送的数据为1；当A引脚的电平低于B引脚时，代表发送的数据为0。MAX487芯片在与单片机连接时接线非常简单，只需要一个信号控制MAX487的接收和发送即可。同时将A和B之间加匹配电阻，一般可选100Ω的电阻。

7.4.4　单片机之间的主从式多机通信

在实际应用中，经常需要多个单片机之间协调工作，即多机通信。利用51系列单片机串行口可实现多机通信，串行口用于多机通信时必须使用方式2或方式3(是9位异步通信接口方式)。

主从式多机通信是多机通信应用最广，也是最简单的一种。由51系列单片机构成的主从式多机通信系统如图7.22所示。

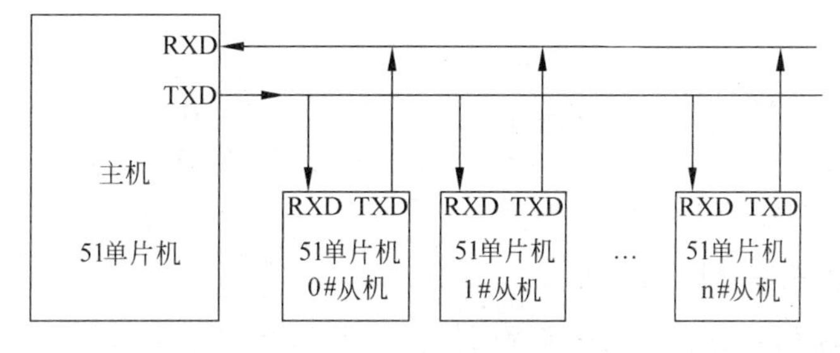

图7.22　单片机之间的主从式多机通信系统

主从式多机通信中主机只有一台,从机则可以有多台。主机发出的信息能传送到所有从机或指定的从机。而从机发送的信息只能被主机接收,各从机之间不可以直接通信,各从机之间的通信必须通过主机进行。

在主从式多机系统中,主机发出的信息有两类,而且各具特征,能够有所区分。一类为地址,用来确定需要和主机通信的从机,特征是串行传送的第9位数据为1;另一类是数据,特征是串行传送的第9位数据为0。对从机来说,要利用SCON寄存器中的SM2位的控制功能。在接收时,当RI=0时,如果SM2=1,则主机发送的第9位TB8必须为1,接收才能进行,如果SM2=0,接收总能实现。因此,对于从机来说,在接收地址时,应使SM2=1,以便接收到主机发来的地址,从而确定主机是否打算和自己通信,一经确认后,从机应使SM2=0,以便接收TB8 =0的数据。

主从多机通信的过程如下。

(1) 使所有从机的SM2置1,以便接收主机发来的地址。

(2) 主机发出一帧信息,其中包括8位需要与之通信的从机地址,第9位为1。

(3) 所有从机接收到地址帧后,各自将所接收到的地址与本机地址相比较,对于地址相同的从机,应使SM2=0,以便接收主机随后发来的所有信息;对于地址不符合的从机,仍保持SM2=1的状态,对主机随后发来的数据不予理睬,直至发送新的地址帧。

(4) 主机给已被寻址的从机发送控制指令和数据(数据帧的第9位为0)。

7.4.5 基于MAX487的多机远程通信系统设计

1. 系统设计要求

使用MAX487控制3个单片机串行通信,要求主机根据按键次数不同,交叉与从机进行通信,其中,主机分别发送从机地址,并在BCD数码管上显示从机返回的从机编号;从机1接收到主机发送的地址与本机一致时,向主机发送从机1的编号,并在LCD上显示与主机通信的次数;从机2接收到主机发送的地址与本机一致时,向主机发送从机2的编号,并用LED亮灭交叉显示与主机通信成功。

2. 系统设计分析

3个最小的单片机系统+3个MAX487+1个BCD数码管+1个按键+LCD液晶显示+1个LED指示灯。

该系统采用3个单片机通信,因此需要3个MAX487。3个MAX487的A引脚和B引脚分别相互连接,$\overline{\text{RE}}$引脚和DE引脚与每个单片机的P3.5分别相连,用于发送或接收命令;RO引脚和DI引脚与每个单片机的RXD、TXD分别相连,用于发送或接收信息。

3. 系统原理图设计

系统所需元器件为AT89C51、CAP30pF、CRYSTAL 12MHz、CAP-ELEC、BUTTON、RES、MAX487、LM016L、7SEG-BCD、LED_BIBY。基于MAX487的RS-485多机远程通信系统原理图如图7.23所示。

4. 系统程序流程图设计

RS-485多机远程通信系统程序流程图如图7.24所示。

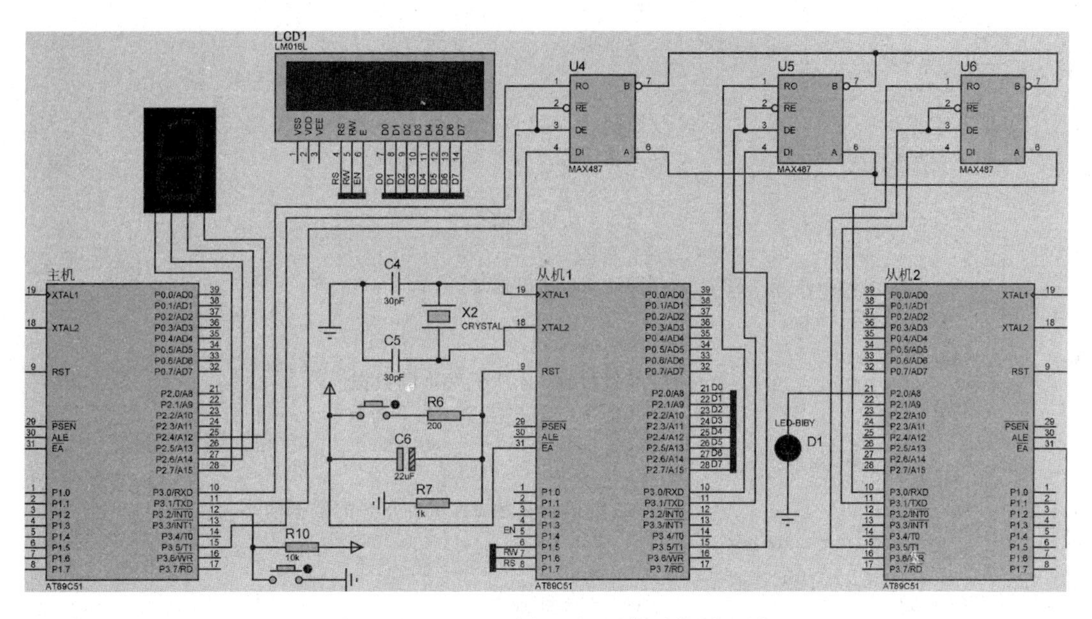

图 7.23　RS-485 多机远程通信系统原理图

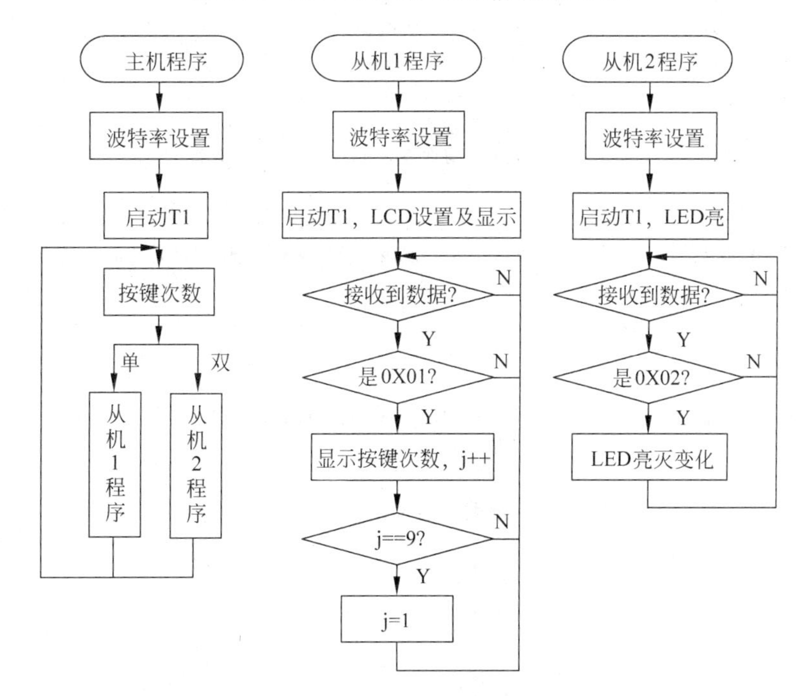

图 7.24　RS-485 多机远程通信系统程序流程图

5. 系统源程序设计

(1) 主机 C 语言源程序如下：

```
#include<reg51.h>
#include<absacc.h>
```

```
#include<intrins.h>
unsigned char cort = 0;
sbit P3_5 = P3^5;                //控制 MAX487 发送(1)和接收(0)
void master(void)                //发送子程序
{
    if(cort == 1)                //与 1#从机通信
    {
        SBUF = 0x01;             //发送 1#从机地址
        while(TI!= 1);
        TI = 0;
        P3_5 = 0;                //准备接收 1#从机发来的数据
        SM2 = 0;                 //准备接收第 9 位 TB8 为 0 的数据
        while(RI!= 1);
        RI = 0;
        P2 = SBUF;               //BCD 数码管显示 1#从机发来的数据的高 4 位
        //add your code here!
    }
    if(cort == 2)                //与 2#从机通信
    {
        SBUF = 0x02;             //发送 2#从机地址
        while(TI!= 1);
        TI = 0;
        P3_5 = 0;                //准备接收 2#从机发来的数据
        SM2 = 0;                 //准备接收第 9 位 TB8 为 0 的数据
        while(RI!= 1);
        RI = 0;
        P2 = SBUF;               //BCD 数码管显示 2#从机发来的数据的高 4 位
        //add your code here!
    }
    if(cort == 2)
    cort = 0;
    SM2 = 1;                     //准备向所有从机发送新的地址
    P3_5 = 1;                    //准备发送
}
key_serial() interrupt 0         //按键扫描子程序
{
     ++cort;                     //按键次数
     master();                   //发送子程序
}
void main(void)
{
    P2 = 0xf0;                   //BCD 数码管显示 F(P2 口高 4 位控制)
    SCON = 0xf8;                 //串行口工作于方式 3,SM2 = 1 多机通信,
                                 //REN = 1 可接收数据,TB8 = 1 发送地址
    TMOD = 0x20;                 //T1 工作于方式 2,作波特率发生器用
    TL1 = 0xfd;                  //波特率
    TH1 = 0xfd;
    TR1 = 1;
    EA = 1;
    EX0 = 1;
```

```
    IT0 = 1;
    P3_5 = 1;                        //准备发送地址
    while(1)
    {
        _nop_();
    }
}
```

(2) 从机 1 汇编语言源程序如下:

```
        ORG     0000H
        AJMP    MAIN
        ORG     0023H
        AJMP    INT
        ORG     0100H
        RS      BIT     P1.7        ;LCD 液晶显示指令数据选择控制
        RW      BIT     P1.6        ;LCD 液晶显示读写选择控制
        EN      BIT     P1.5        ;LCD 液晶显示使能控制
        LCD     EQU     P2          ;LCD 液晶显示控制 P2 口
        P3_5    BIT     P3.5        ;控制 MAX487 发送(1)和接收(0)
MAIN:   MOV     SP, #60H
        MOV     SCON, #0F0H         ;串行口工作于方式 3,SM2 = 1 多机通信
                                    ;REN = 1 可接收数据(也可发送)
        MOV     TMOD, #20H          ;定时器 1 自动重装载,同主机程序
        MOV     TH1, #0FDH          ;波特率设置,同主机程序
        MOV     TL1, #0FDH
        SETB    TR1
        SETB    ES                  ;串行口中断允许
        SETB    EA
        ACALL   INIT_LCD            ;调用初始化子程序
        MOV     LCD, #81H           ;定位第 1 行第 2 个位置
        ACALL   WR_COMM             ;调用写指令子程序
        MOV     DPTR, #TAB0         ;送第 1 行文本首地址
        ACALL   DISP_LCD            ;调用查表显示子程序
        MOV     LCD, #0C1H          ;定位第 2 行第 2 个位置
        ACALL   WR_COMM
        MOV     DPTR, #TAB1         ;送第 2 行文本首地址
        ACALL   DISP_LCD            ;调用查表显示子程序
        MOV     40H, #00H           ;存放与主机通信次数,用于对应次数显示
        CLR     P3_5                ;等待接收
SERIAL: NOP                         ;等待串行中断
        AJMP    SERIAL
;串行中断子程序
INT:    CLR     ES                  ;串行口中断关闭
                                    ;串行口中断关闭后,串行口中断处于查询方式
        CLR     RI                  ;串行口中断标志必须人工清零
        MOV     A,SBUF              ;读取主机发来的地址
        CJNE    A, #01, RESERIAL    ;接收数据非 01,转 SERIAL0
        SETB    P3_5                ;准备向主机发送数据
```

```
            MOV     SBUF, #10H;                ;向主机发送数据,高 4 位供 BCD 数码管显示
            JNB     TI, $                      ;此时,串行口中断处于查询方式
            CLR     TI
            CLR     SM2                        ;准备接收主机发送的 TB8 = 0 的数据
            ;add your code here!               ;在此可以添加与主机通信信息交换代码
            ;显示与主机通信次数
            MOV     A,40H
            MOV     LCD, #0C9H                 ;每次均定位第 2 行第 10 个位置
            ACALL   WR_COMM
            MOV     DPTR, #TAB2                ;送第 2 行显示次数对应数字表首地址
            MOV     A,40H                      ;显示次数送 A
            MOVC    A,@A + DPTR                ;表中找到显示次数字符对应地址
            MOV     LCD,A                      ;显示该字符
            ACALL   WR_DATA
            INC     40H
            MOV     A,40H
            CJNE    A, #10, RESERIAL           ;未达到 10 次,转 SERIAL0
            MOV     40H, #00H                  ;达到 10 次,重新计数
RESERIAL:                                      ;重新进入接收主机地址的通信中
            CLRP3_5                            ;准备从主机接收
            SETB    SM2                        ;准备从主机接收地址
            SETB    ES
            RETI
        ; 查表显示子程序
DISP_LCD:
            MOV     A, #00H
            MOVC    A,@A + DPTR
            CJNE    A, #0FFH,SS                ;是否是最后一个字符
            AJMP    EXIT
SS:         MOV     LCD,A
            ACALL   WR_DATA
            INC     DPTR
            AJMP    DISP_LCD
EXIT:       RET
;初始化子程序
INIT_LCD:
            MOV     LCD, #01H                  ;清屏
            ACALL   WR_COMM
            MOV     LCD, #00000110B            ;数据读写屏幕画面不动,AC 自动加 1
            ACALL   WR_COMM
            MOV     LCD, #00001100B            ;开显示,无光标,不闪烁
            ACALL   WR_COMM
            MOV     LCD, #38H                  ;功能设置: 8 位数据,双行显示,5×7 点阵字符
            ACALL   WR_COMM
            RET
;写命令子程序
WR_COMM:
            CLR     RS                         ;选择指令寄存器
            CLR     RW                         ;选择写模式
            CLR     EN                         ;禁止写 LCD
```

```
        ACALL   DELAY               ;调用延时或忙检测
        SETB    EN                  ;允许写 LCD
        RET
;写数据子程序
WR_DATA:
        SETB    RS
        CLR     RW
        CLR     EN
        ACALL   DELAY               ;调用延时或忙检测
        SETB    EN
        RET
;忙检测
DELAY:
        MOV     LCD, #0FFH
        CLR     RS
        SETB    RW
        CLR     EN
        NOP
        SETB    EN
        JB      LCD.7,DELAY         ;忙位检测
        RET
TAB0:   DB      "Proteus 7.1",0FFH  ;显示字库
TAB1:   DB      "Count:",0FFH
TAB2:   DB      "1234567890"
        END
```

(3) 从机 1 C 语言源程序如下：

```
#include <reg51.h>
#include <intrins.h>
#define  uchar unsigned char
#define  uint unsigned int
#define  BOOL bit
sbit RS = P1^7;                          //LCD 指令数据选择
sbit RW = P1^6;                          //LCD 读/写操作选择
sbit EN = P1^5;                          //LCD 使能
sbit P3_5 = P3^5;                        //控制 MAX487 发送(1)和接收(0)
BOOL flag;                               //与主机通信成功标记
uchar code tab0[] = {"Proteu 7.8"};      //LCD 第 1 行显示
uchar code tab1[] = {"Count: "};         //LCD 第 2 行显示
uchar code tab2[] = {"1234567890"};      //LCD 通信次数 1 位显示
void delay(uint ms)                      // 毫秒延时子程序
{
    uint i;
    while(ms--)
    {
        for(i = 0; i<250; i++)
        {
            _nop_();
```

```
            _nop_();
            _nop_();
            _nop_();
        }
    }
}
BOOL lcd_bz()                        // 测试 LCD 忙状态
{
    BOOL result;
    RS = 0;
    RW = 1;
    EN = 1;
    _nop_();
    _nop_();
    _nop_();
    _nop_();
    result = (BOOL)(P0&0x80);        //取 BF 值
    EN = 0;
    return result;
}
void lcd_wcmd(uchar cmd)             // 写入指令数据到 LCD
{
    while(lcd_bz());
    RS = 0;
    RW = 0;
    EN = 0;
    _nop_();
    _nop_();
    P2 = cmd;
    _nop_();
    _nop_();
    _nop_();
    //_nop_();
    EN = 1;
    _nop_();
    _nop_();
    _nop_();
    //_nop_();
    EN = 0;
}
void lcd_pos(uchar pos)              //设定显示位置
{
    lcd_wcmd(pos | 0x80);            //最高位 D7 恒定为高电平 1
}
void lcd_wdat(uchar dat)             //写入字符显示数据到 LCD
{
    while(lcd_bz());
    RS = 1;
    RW = 0;
    EN = 0;
```

```
        P2 = dat;
        _nop_();
        _nop_();
        _nop_();
        EN = 1;
        _nop_();
        _nop_();
        _nop_();
        EN = 0;
}
void lcd_init()                         //LCD 初始化设定
{
        lcd_wcmd(0x38);                 //功能设置: 8 位总线(DL = 1)、双行显示(N = 1)、
        delay(1);                       //5 × 7 点阵字符(F = 0)
        lcd_wcmd(0x0c);                 //显示开/关控制: 开显示(D = 1)、无光标(C = 0)
        delay(1);                       //不闪烁(B = 0)
        lcd_wcmd(0x06);                 //光标和显示模式设置: 数据读写屏幕画面不动
        delay(1);                       //AC 自动加 1
        lcd_wcmd(0x01);                 //清显示: 清除 LCD 的显示内容,AC 置 0
        delay(1);
}
void serial (void) interrupt 4          //串行口中断子程序
{
        ES = 0;                         //关闭串口中断,准备处理数据
        RI = 0;
        if(SBUF == 0x01)                //判断从主机接收的地址是否与本机一致
        {
            P3_5 = 1;                   //准备向主机发送数据
            SBUF = 0x10;                //向主机发送数据,高 4 位供 BCD 数码管显示
            while(TI!= 1);
            TI = 0;
            flag = 1;                   //与主机通信成功标记置 1
            SM2 = 0;                    //准备接收主机 TB8 = 0 的数据
            //add your code here!
        }
        ES = 1;                         //允许串口中断
        P3_5 = 0;                       //准备从主机接收
        SM2 = 1;                        //准备从主机接收 TB8 = 1 的地址
}
void main(void)
{
        uint i,j;
        SCON = 0xf0;                    //串行口工作于方式 3,SM2 = 1 多机通信,
                                        //REN = 1 可接收数据(也可发送)
        TMOD = 0x20;                    //定时器 1 自动重装载,同主机程序
        TH1 = 0xfd;                     //波特率设置,同主机程序
        TL1 = 0xfd;
        TR1 = 1;
        EA = 1;
        ES = 1;
        P3_5 = 0;                       //准备接收主机发来的地址(TB8 = 1)或数据(TB8 = 0)
        lcd_init();                     //初始化 LCD
```

```
        delay(10);
        lcd_pos(1);                     //设置显示位置为第 1 行的第 2 个字符
        i = 0;
        while(tab0[i] != '\0')          //显示字符" Proteus 7.8"
        {
            lcd_wdat(tab0[i]);
            i++;
        }
        lcd_pos(0x41);                  //设置显示位置为第 2 行第 2 个字符
        i = 0;
        while(tab1[i] != '\0')
        {
            lcd_wdat(tab1[i]);          //显示字符" Count: "
            i++;
        }
        j = 0;
        flag = 0;
        while(1)
        {
            if(flag == 1)
            {
                lcd_pos(0x49);          //设置显示位置为第 2 行第 2 个字符
                lcd_wdat(tab2[j]);      //显示对应字符"1234567890"
                j++;
                if(j == 10)
                j = 0;
                flag = 0;
            }
        }
    }
```

(4) 从机 2 C 语言源程序如下：

```
    #include<reg51.h>
    #include<absacc.h>
    #include<intrins.h>
    sbit P3_5 = P3^5;                  //控制 MAX487 发送(1)和接收(0)
    sbit P2_0 = P2^0;                  //控制 LED 亮灭,通信成功显示
    void serial (void) interrupt 4     //串行口中断子程序
    {
        ES = 0;                        //关闭串口中断,准备处理数据
        RI = 0;
        if(SBUF == 0x02)               //判断从主机接收地址是否与本机一致
        {
            P2_0 = ~P2_0;              //通信成功显示
            P3_5 = 1;                  //准备向主机发送数据
            SBUF = 0x20;               //向主机发送数据,高 4 位供 BCD 数码管显示
            while(TI!= 1);
            TI = 0;
            SM2 = 0;                   //准备接收主机 TB8 = 0 的数据
            //add your code here!
```

```
        }
        ES = 1;                     //允许串口中断
        P3_5 = 0;                   //准备从主机接收
        SM2 = 1;                    //准备从主机接收 TB8 = 1 的地址
    }
    void main(void)
    {
        P2_0 = 0;
        SCON = 0xf0;                //串行口工作于方式 3,REN = 1 可接收数据(也可发送)
                                    // SM2 = 1, 从主机接收 TB8 = 1 的地址,对 TB8 = 0 的数据不予理睬
        TMOD = 0x20;                //定时器 1 自动重装载,同主机程序
        TL1 = 0xfd;                 //波特率设置,同主机程序
        TH1 = 0xfd;
        TR1 = 1;
        EA = 1;
        ES = 1;
        P3_5 = 0;                   //准备接收主机发来的地址(TB8 = 1)或数据(TB8 = 0)
        while(1)
        {
            _nop_();
        }
    }
```

6. 在 Keil 中仿真调试

在 Keil 中分别创建“RS485 多机远程通信系统主机”、“RS485 多机远程通信系统从机 1”和“RS485 多机远程通信系统从机 2”3 个项目，并分别选择单片机型号为 AT89C51，分别输入源程序，分别保存为“RS485 多机远程通信系统主机. C”、“RS485 多机远程通信系统从机 1. ASM”、“RS485 多机远程通信系统从机 1. C”和“RS485 多机远程通信系统从机 2. C”，将各源程序分别添加到对应的项目中，分别编译源程序，创建“RS485 多机远程通信系统主机. HEX”、“RS485 多机远程通信系统从机 1. HEX”和“RS485 多机远程通信系统从机 2. HEX”。

7. 在 Proteus 中仿真调试

打开“RS485 多机远程通信. DSN”，分别双击系统主机、系统从机 1 和系统从机 2 单片机，选择相对应的程序“RS485 多机远程通信系统主机. HEX”、“RS485 多机远程通信系统从机 1. HEX”和“RS485 多机远程通信系统从机 2. HEX”。单击 ▶ 按钮进入程序运行状态，分别按下两个按键，可以观察到 3 个单片机相对应的运行情况。

课外设计作业

7.1　具有温度显示的电子日历时钟的设计。设计要求：使用 DS1302、数字温度传感器 DS18B20、LCD1602 等进行系统设计，时钟具有日历和时间校正功能。

7.2　红外遥控小车的设计。设计要求：使用红外遥控技术控制小车的前进、停止、后退、左转和右转等功能。

第8章

51系列单片机应用系统实物设计

单片机应用系统是将硬件系统和软件系统合理地结合起来，构成一个完整的系统装置来完成特定的功能或任务。硬件系统是指单片机扩展的存储器、外围设备及其接口电路等，软件系统包括监控程序和各种应用程序。

8.1 单片机应用系统的一般硬件构成

一个实际的单片机应用系统除了基本组成结构、功能及其扩展基本外围设备的接口技术外，还需要多种配置及其接口连接。单片机应用系统设计涉及许多复杂的内容和问题，如模拟电路、伺服电路、抗干扰隔离电路等。因此，单片机应用系统设计应遵循一些基本原则和方法。从应用角度，了解单片机应用系统的结构、设计的内容与一般方法，对于单片机应用系统的工程设计与开发具有十分重要的指导意义。

由于单片机主要用于工业测控，其典型应用系统应包括单片机系统、用于测控目的的前向传感器输入通道、用于伺服的后向控制输出通道及基本的人机对话通道。大型复杂的测控系统是一个多机系统，还包括机与机之间进行通信的相互通道。图 8.1 是一个典型单片机应用系统的结构框图。

典型的单片机应用系统结构组成包括单片机、数字量、模拟量、开关量、A/D 接口、D/A 接口、通信接口、人机界面等，各部分功能大体如下。

(1) 单片机：以单片机作为控制核心，通过 A/D 接口实现模拟信号的采集。

(2) D/A 接口：通过 D/A 接口，输出模拟量的控制信号，实现对执行机构的控制。

(3) 开关量：通过开关量输入/输出通道，实现开关信号的检测和控制。

(4) 通信接口：通过通信接口，实现系统与外界(单片机或 PC)的数据交换和远程传输。

(5) 人机界面：通过人机界面，沟通用户和系统，实现数据和命令的输入及结果的显示。

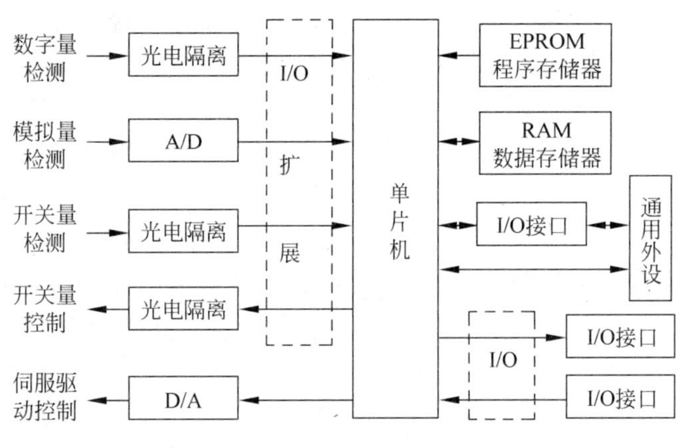

图 8.1 典型单片机应用系统结构框图

1. 前向通道的组成及其特点

前向通道是单片机与测控对象相连的部分，是应用系统的数据采集的输入通道。来自被控对象的现场信息多种多样，按物理量的特征可分为模拟量、数字量和开关量。

数字量包括频率、周期、相位、计数等。对于数字量的采集，输入比较简单。它们可直接作为计数输入、测试输入、I/O 口输入或中断输入进行事件计数、定时计数，实现脉冲的频率、周期、相位及计数测量。

开关量只包括低电平 0 和高电平 1 两个数。对于开关量，一般通过 I/O 口线或扩展 I/O 口线直接输入。

模拟量输入通道比较复杂，一般包括变换器、隔离放大器、滤波器、采样保持器、多路电子转换开关、A/D 转换器及其接口电路，如图 8.2 所示。

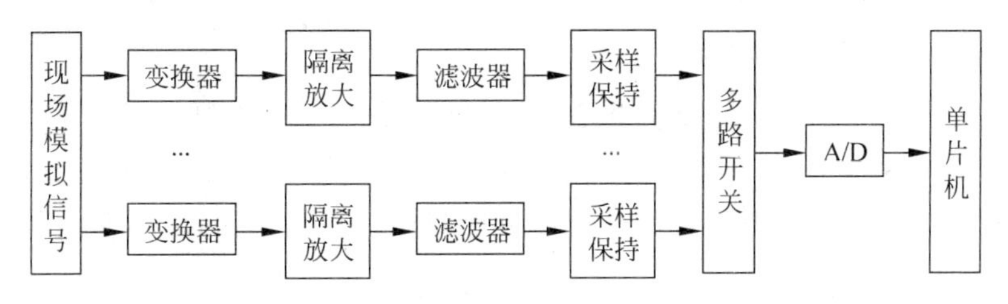

图 8.2 模拟信号采集通道结构

(1) 变换器：变换器是各种传感器的总称，它采集现场的各种信号，并变换成电信号(电压信号或电流信号)，以满足单片机的输入要求。现场信号各种各样，有电信号，如电压、电流、电磁量等，也有非电量信号，如温度、湿度、压力、流量、位移量等，对于不同物理量应选择相应的传感器。

(2) 隔离放大器与滤波器：传感器的输出信号一般是比较微弱的，不能满足单片机系统的输入要求，要经过放大处理后才能作为单片机系统的采集输入信号。同时，现场信息来自各种工业现场，夹杂大量的噪声干扰信号，为提高单片机应用系统的可靠性，必须隔离或削减干扰信号，这是抗干扰设计的重点。

(3) 采样保持器：前向通道中的采样保持器有两个作用：一是实现多路模拟信号的同时采集，二是消除 A/D 转换器的“孔径误差”。

一般的单片机应用系统都是用一个 A/D 转换器分时对多路模拟信号进行转换，并输入给单片机，而控制系统又要求单片机对同一时刻的现场采样进行处理，否则将产生很大误差。用一个 A/D 转换器同时对多路模拟信号进行采样是由采样保持器来实现的。采样保持器在单片机的控制下，在某一时刻可同时采样它所接一路的模拟信号的值，并能保持该瞬时值，直到下一次重新采样。

A/D 转换器把一个模拟量转换成数字量总要经历一个时间过程。A/D 转换器从接通模拟信号开始转换，到转换结束输出稳定的数字量，这一段时间称为孔径时间。对一个动态模拟信号，在 A/D 转换器接通的孔径时间里，输入模拟信号值是不确定的，从而会引起输出的不确定性误差。在 A/D 转换器前加设采样保持器，在孔径时间里，使模拟信号保持某一个瞬时值不变，从而可消除孔径误差。

(4) 多路开关：用多路开关实现一个 A/D 转换器分时对多路模拟信号进行转换。多路开关是受单片机控制的多路电子模拟开关，某一时刻需要对某路模拟信号进行转换，由单片机向多路开关发出路地址信息，使多路开关把该路模拟信号与 A/D 转换器接通，其他路模拟信号与 A/D 转换器不接通，实现有选择的转换。

(5) A/D 转换器：是前向通道中模拟系统与数字系统连接的核心部件。

前向通道具有以下特点。

(1) 与现场对象相连接，是现场干扰进入的主要通道，是整个系统抗干扰设计的重点部位。

(2) 由于所采集的对象不同，有模拟量、数字量和开关量，而这些都是由安放在现场的传感、变换装置产生的，许多参量信号不能满足单片机输入的要求，故有大量的、形式多样的信号变换调节电路，如测量放大器、I/F 变换器、A/D 转换器、放大电路、整形电路等。

(3) 前向通道是一个模拟、数字混合电路系统，其电路功耗小，一般没有功率驱动要求。

2. 后向通道的组成及其特点

后向通道是应用系统的伺服驱动通道。作用于控制对象的控制信号通常有两种：一种是开关量控制信号，另一种是模拟量控制信号。开关量控制信号的后向通道比较简单，只需要采用隔离器件进行隔离及电平转换。模拟量控制信号的后向通道，需要进行 D/A 转换、隔离放大、功率驱动等。

后向通道具有以下特点。

(1) 后向通道是应用系统的输出通道，大多数需要功率驱动。

(2) 后向通道靠近伺服驱动现场，伺服控制系统的大功率负荷易从后向通道进入单片机系统，故后向通道的隔离对系统的可靠性影响很大。

(3) 根据输出控制的要求不同，后向通道电路多种多样，如模拟电路、数字电路和开关电路，输出信号的形式有电流输出、电压输出、开关量输出及数字量输出等。

3. 人机通道的结构及其特点

单片机应用系统中的人机通道是用户为了对应用系统进行干预(如启动、参数设置等)，以及了解应用系统运行状态所设置的对话通道，主要有键盘、显示器、打印机等通道接口。

人机通道具有以下特点。

(1) 由于单片机应用系统大多数是小规模系统，因此应用系统中的人机对话通道及人机对话设备的配置都是小规模的，如微型打印机、功能键、LED/LCD显示器等。若需要高水平的人机对话配置，如通用打印机、CRT、硬盘、标准键盘等，则往往将单片机应用系统通过外总线与通用计算机相连，享用通用计算机的外围人机对话设备。

(2) 单片机应用系统中，人机对话通道及接口大多采用内总线形式，与计算机系统扩展密切相关。

(3) 人机通道接口一般都是数字电路，电路结构简单，可靠性好。

4. 相互通道及其特点

单片机应用系统中的相互通道是解决单片机系统间相互通信的接口。在较大规模的多机测控系统中，就需要设计相互通道接口。

相互通道设计中须考虑的问题如下。

(1) 中、高档单片机大多设有串行端口，为构成系统的相互通道提供了方便条件。

(2) 单片机本身的串行口只为相互通道提供了硬件结构及基本的通信方式，并没有提供标准的通信规程，故利用单片机串行口构成相互通道时，要配置比较复杂的通信软件。

(3) 在很多情况下，采用扩展标准控制通信芯片来组成相互通道，如用扩展8250、8251、SIO、8273、MC6850等通用标准控制通信芯片来构成相互通信接口。

(4) 相互通信接口都是数字电路系统，抗干扰能力强。但大多数都需远距离传输，故需要解决长线传输的驱动、匹配、隔离等问题。

8.2　单片机应用系统设计的主要内容

单片机应用系统设计包含硬件设计和软件设计两部分。硬件设计又包括单片机系统扩展和配置。

1. 单片机系统设计

单片机本身具备比较强大的功能，但往往不能满足一个实际应用系统功能的要求，有些单片机本身就缺少一些功能部分，如8031片内无程序存储器，所以要通过系统扩展，构成一个完善的计算机系统，它是单片机应用系统中的核心部分。系统的扩展方法、内容、规模与所用的单片机系列及供应状态有关。在单片机应用系统中，单片机系统扩展的设计内容如下。

(1) 最小系统设计：给单片机配以必要的器件构成单片机最小系统。如51系列片内有程序存储器的机型，只需在片外配置电源、复位电路、振荡电路，这样便于对单片机系统进行测试和调试。

(2) 系统扩展设计：在单片机最小系统的基础上，再配置能满足应用系统要求的一些外围功能器件。

2. 通道和接口设计

由于通道大都是通过I/O口进行配置的，与单片机本身的联系不甚紧密，故大多数接口电路都能方便地移植到其他类型的单片机应用系统中。

3. 系统抗干扰设计

抗干扰设计要贯穿到应用系统设计的全过程。从具体方案、器件选择到电路系统设计，从硬件系统设计到软件系统设计，都要把抗干扰设计列为一项重要工作。

4. 应用软件设计

应用软件是根据系统功能要求，采用汇编语言或高级语言进行设计，主要包括系统设计分析、流程图绘制、程序编制、仿真调试等。

8.3 单片机应用系统的设计过程

单片机应用系统的设计过程包括总体设计、硬件设计与调试、软件设计与调试、联机调试、性能测试和生成产品几个阶段，如图 8.3 所示。但各阶段不是绝对独立的，有时是交叉进行的。

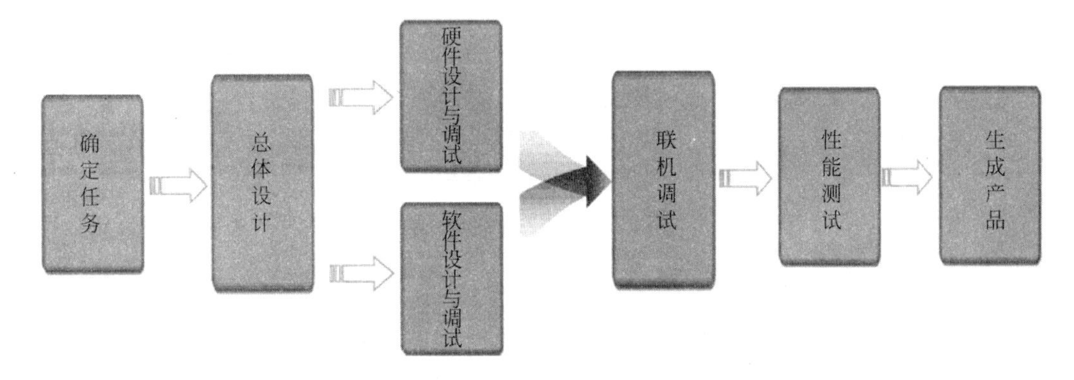

图 8.3 单片机应用系统设计流程图

8.3.1 系统总体设计

首先要细致分析、研究实际问题，明确设计目的，综合考虑系统的先进性、可靠性、可维护性及成本、经济效益，拟订出合理可行的技术性能指标，编写设计任务书。

1. 确立系统功能特性指标

不管是工程控制系统还是智能仪器仪表，都必须首先分析和了解项目的总体要求、输入信号类型和数量、输出控制及对象、辅助外设种类及要求、使用环境及工作电源要求、产品成本、可靠性要求和可维护性、经济效益等因素，必要时可参考同类产品的技术资料，制定出可行的性能指标。

2. 单片机的选型

现在的单片机品种繁多，包括各种专用功能的单片机，给用户带来了许多好处，可以节约很多外接扩展器件。单片机的选型很重要，选择时要考虑其功能是否全部满足规定的要求，如控制速度、精度、控制端口的数量、驱动外设的能力、储存器的大小、软件编写的难易程度、开发工具的支持程度等。再如要驱动 LED 显示器，可选用多端口的单片机直接驱动，还可以利用少端口的单片机加扩展电路构成，这就要具体分析选用何种器件有利于降低成本、电路易于制作、软件便于编写等因素。如果要求驱动 LCD 显示器，也可选用具有直接驱动 LCD 的单片机，也可使用加外接驱动芯片的办法，这就要求在应用时具体问题具体分析。

此外，选择某种单片机还需要考虑货源是否充足，是否便于批量生产，芯片加密功能是否完善等，在考虑性价比的同时，需研究易于实现产品指标的因素。

3. 关键器件的选择

确定单片机类型后，通常还需要对系统中一些严重影响系统性能指标的器件进行选择。例如，在精确测控系统中，传感器、前置微弱信号放大器的精度或使用条件等因素直接影响系统的控制效果，必须慎重选择。

4. 软件的编写和支持工具

单片机应用软件的设计与硬件的设计一样重要，没有控制软件的单片机是毫无用处的，它们紧密联系，相辅相成，并且硬件和软件具有一定的互换性。在应用系统中，有些功能既可以用硬件实现，也可以用软件完成。多利用硬件可以提高研制速度、减少编写软件的工作量、争取时间、争取商机，但这样会增加产品的单位成本，对以价格为竞争手段的产品不宜采用。相反，以软件代替硬件完成一些功能，最直观的优点是可以降低成本，提高可靠性，增加技术难度而给仿制者增加仿制难度；缺点是同时也增加了系统软件的复杂性，软件的编写工作量大，研制周期可能会加长，同时系统运行的速度也可能会降低等。因此，在总体考虑时必须综合分析以上因素，合理制定某些功能硬件和软件的比例。

对于不同的单片机，甚至同一公司的单片机，它们的开发工具可能不同或不完全相同。这就要求在选择单片机时，需考虑开发工具的因素。原则上是以最少的开发投资满足某一项目的研制过程，最好使用现有的开发工具或增加少量的辅助器材就可达到目的。当然，开发工具是一次性投资，而形成产品却是长远的效益，这就需要平衡产品和开发工具的经济性和效益性。

8.3.2 硬件系统设计

单片机应用系统由硬件和软件两部分组成。硬件部分以 CPU 为核心，包括了扩展存储器、输入/输出接口电路及外围设备等；软件部分包括各种控制程序。只有硬件和软件的密切配合、协调一致，才能组成一个高性能的单片机应用系统。硬件设计时应考虑系统资源及软件实现方法，而软件设计时又必须了解硬件的工作原理。

1. 系统硬件电路设计的一般原则

系统硬件电路设计的一般原则大体如下。

(1) 尽可能选择典型电路、采用硬件移植技术、力求硬件电路标准化、模块化。

(2) 尽可能选择功能强的芯片，简化电路的设计。

(3) 系统配置及扩展必须充分满足系统的功能要求，并留有余地，以便于系统的二次开发。

(4) 在不影响系统功能的条件下，采用“以软代硬”方法，以简化系统的硬件电路，降低成本，提高系统的可靠性。

(5) 单片机外接电路较多时，必须考虑其驱动能力。若驱动能力不足，则系统工作不可靠。这时应增设线驱动器或者减少芯片功耗，降低总线负载。

(6) 可靠性与抗干扰设计：去耦滤波、合理布线、信号隔离、看门狗电路等。

(7) 工艺设计，包括机架机箱、面板、配线、接插件等，必须兼顾电磁兼容的要求以及安装、调试、维护等操作是否方便的要求。

2. 硬件可靠性设计

在进行单片机应用产品的开发过程中，经常会碰到一个很棘手的问题，即在实验室环境下系统运行很正常，但小批量生产并安装在工作现场后，却出现一些不太规律、不太正常的现象。究其原因主要是系统的抗干扰设计不全面，导致应用系统的工作不可靠。

单片机应用系统工作环境恶劣，个别系统甚至要求在无人值守情况下工作，因此任何差错都可能造成非常严重的后果。可见，单片机在应用时对系统的可靠性要求较高，而影响单片机应用系统可靠性的因素很多，如电磁干扰、电网电压波动、大型用电设备(如电炉、电机、电焊机等)的启/停、高压设备和电磁开关的电磁辐射、传输电缆的共模干扰等，需要针对不同应用条件在硬件上采取相应的抗干扰措施，使系统可靠运行。

硬件抗干扰措施主要有以下几点。

1) 输入/输出通道干扰的抑制措施

采用隔离和滤波技术可抑制输入/输出通道可能出现的干扰。常用的隔离器件有隔离变压器、光电耦合器、继电器和隔离放大器等，应根据传输信号的种类选择相应的隔离器件。例如，对于高频开关信号可采用脉冲变压器作隔离器件；对于低速开关、电平信号，可采用光电耦合器作隔离器件。

2) 供电系统干扰的抑制措施

单片机应用系统的供电线路是干扰的主要入侵途径，常采用如下措施进行供电系统干扰的抑制。

(1) 单片机系统的供电线路和产生干扰的各类大功率用电设备分开供电。

(2) 通过低通滤波器和隔离变压器接入电网。低通滤波器可以吸收大部分电网中的“毛刺”，隔离变压器是在初级绕组和次级绕组之间多加一层屏蔽层，并将它和铁芯一起接地，防止干扰通过初次级之间的电容效应进入单片机供电系统。

(3) 在整流元件上并接滤波电容，可以在很大程度上削弱高频干扰。

3) 电磁场干扰的抑制措施

电磁场的干扰可采用屏蔽和接地措施。用金属外壳或金属屏蔽罩将整机或部分元器件包起来，再将金属外壳接地，即能起到屏蔽作用。单片机系统中有数字地线、模拟地线、交流地线、信号地线、屏蔽地线，应分开接不同性质的地线。强信号地线和弱信号地线也要分开。

4) 使用“看门狗”电路，解决 CPU 运行时可能进入混乱或死循环

由于干扰或程序设计错误等各种原因，程序在运行过程中可能会偏离正常的顺序而进入到不可预知、不受控制的状态，甚至陷入死循环。为防止出现这种情况造成重大损失，并让系统能够自动恢复正常运行，必须对系统运行进行监控。完成系统运行监控功能的电路或软件称为“看门狗”。其工作原理是系统在运行过程中，每隔一段固定的时间给“看门狗”一个信号(喂狗)，如果系统运行正常则“看门狗”电路不会产生复位或中断信号。如果超过这一时间没有给出信号，“看门狗”将自动产生一个复位信号使系统复位，或产生一个“看门狗”定时器中断请求，系统响应该请求，转去执行中断服务子程序，处理当前的故障。

3. 元器件选择原则

单片机应用系统中可用的元器件种类繁多、功能各异且价格不等，选择元器件的基本原

则是选择那些满足性能指标、可靠性高、经济性好的元器件。选择元器件时应考虑以下因素。

1）尽量采用通用的大规模集成电路

在应用系统中，尽量采用通用的大规模集成电路芯片，这样能简化系统的设计、安装和调试过程，也有助于提高系统的可靠性。一般原则是能用一块中大规模芯片完成的功能，不用多个中小规模电路芯片实现。

2）整个系统速度匹配

单片机时钟频率一般可在一定范围内选择(如增强型51系列单片机芯片可在0～33MHz之间任意选择)，在不影响系统性能的前提下，时钟频率选低一些好，这样一方面可降低系统对其他元器件的速度要求，从而降低成本和提高系统的可靠性；另一方面也将减少晶振电路潜在的电磁干扰。

3）外围电路芯片类型一致

对于低功耗应用系统，必须采用HCMOS或CMOS芯片，如74HC系列、CD4000系列；而一般系统可使用TTL数字集成电路芯片。

8.3.3　软件系统设计

整个单片机应用系统是一个整体，当系统的硬件电路设计定型后，软件的任务也就明确了。软件设计是单片机系统设计中最重要的一环。进行软件编程时，可以采用汇编语言或高级语言(常为C语言)完成。

在单片机应用系统的开发中，软件的设计是最为复杂和困难的，大部分情况下工作量都较大，特别是对那些控制系统比较复杂的情况。如果是机电一体化的设计人员，往往需要同时考虑单片机的软件和硬件资源分配。在考虑一个应用工程项目时就需要先分析该系统完成的任务，明确软件和硬件中的哪个承担哪些工作。实际上这种情况很多，如一些任务可以用软件完成，也可以用硬件完成，此时还需考虑采用软件或硬件的优势，一般均以最优的方案为首选，定义各输入/输出(I/O)口的功能、数据的传输交换形式、与外部设备接口及它们的地址分配、程序存储器和数据存储器的使用区域、主程序和子程序使用的空间、显示等数据暂存区的选择、堆栈区的开辟等因素。

1. 资源分配

一个单片机应用系统所拥有的硬件资源可分为片内和片外两部分。片内资源是指单片机本身所包含的中央处理器、程序存储器、数据存储器、定时/计数器、看门狗计数器、中断源、I/O接口以及串行通信接口等。这部分硬件资源的种类和数量，不同公司不同系列单片机之间的差别较大，设计人员进行硬件设计选择单片机时一定要根据系统要实现的功能充分了解它们内部资源情况进行合理选型，当选定某种型号的单片机进行系统设计时，软件设计应充分利用片内的各种宝贵的硬件资源。

2. 软件设计

一个优秀的单片机程序设计人员，设计的软件程序结构是合理、紧凑和高效的。同一任务，有时用主程序完成是合理的，但有时用子程序执行效率会更高，占用CPU资源最少。对一些要求不高的中断任务或在单片机的速度足够高的情况下，则可以使用程序扫描查询，也可以用中断申请执行，这也要具体问题具体分析。对于多中断系统，当它们存在矛盾时，需区分轻重缓急、主要和次要，区别对待，并适当地给予不同的中断优先级别。

在单片机的软件设计中，任务可能很多，程序量很大，是否就意味着程序也按部就班地编写下去呢？答案是否定的，在这种情况下一般都需要把程序分成若干个功能独立的模块，这也是软件设计中常用的方法，即俗称的化整为零的方法。理论和实践都证明，这种方法是行之有效的。这样可以分阶段地对单个模块进行设计和调试，一般情况下单个模块利用仿真工具即可调试好，最后再将它们有机地联系起来，构成一个完整的控制程序，并对它们进行联合调试即可。

对于复杂的多任务实时控制系统，要处理的数据非常庞大，同时又要求对多个控制对象进行实时控制，要求对各控制对象的实时数据进行快速的处理和响应，这对系统的实时性、并行性提出了更高的要求。这种情况下一般要求采用实时任务操作系统，并要求这个系统具备优良的实时控制能力。

在进行软件设计时，应注意以下问题。

1）模块化结构

单片机应用系统的软件设计千差万别，不存在统一模式。但软件开发的明智方法是尽可能采用模块化结构，方便调试、系统集成和扩充。

根据系统软件的总体构思，按照先粗后细的方法，把整个系统软件划分成多个功能独立、大小适当的模块。应明确规定各模块的功能，尽量使每个模块功能单一，各模块间的接口信息简单、完备，接口关系统一，尽可能使各模块间的联系减少到最低限度。这样，各个模块可以分别独立设计、编制和调试，最后再将各个程序模块连接成一个完整的程序进行总调试。

2）软件抗干扰技术

软件对系统的干扰主要表现在数据采集不可靠、控制失灵、程序运行失常等几个方面。由于单片机芯片主要应用于工业控制、智能化仪器仪表中，因此对单片机应用系统的可靠性要求更高。消除干扰除了硬件抗干扰措施外，还需要在软件设计时，采取相应措施。

3. 数学模型

一个控制系统的研制，在明确了各部分需要完成的任务后，此时摆在设计人员面前的就是需要协调解决的问题了。这时设计人员必须进一步分析各输入、输出变量的数学关系，即建立数学模型。这个步骤对一般较复杂的控制系统是必不可少的，而且不同的控制系统，它们的数学模型也不尽相同。

在很多控制系统中，都需要对外部的数据进行采集取样、处理加工、补偿校正和控制输出。外部数据可能是数字量，也可能是模拟量。对于输入模拟量时，通过传感器件进行采样，由单片机进行分析处理后输出。输出的方式很多，可以显示、打印或终端控制。从模拟量的采样到输出的诸多环节中，信号都可能会失真，即产生非线性误差，这些都需要单片机进行补偿、校正，才能保证输出量达到所要求的误差范围。

现阶段8位单片机仍是主流。对于复杂参数的计算（如非线性数据、对数、指数、三角函数、微积分运算），如果使用PC（32位）的软件编程相对简单，并且具有大量应用软件可以利用。但单片机要用汇编语言完成这样的运算，程序结构是很复杂的，程序编写也较困难，甚至难以建立数学模型，所以解决这个问题常用的方法多半采用查表法去实现。查表法，即事先将测试和计算的数据按一定规律编制成表格，并存于存储器中，CPU 根据被测参数值和近似值查出最终所需的结果。查表法是一种行之有效的方法，它可以对输入参数进行补偿校正、计算和转换，程序编制简单，是将复杂的数值运算简化为简单的数据输出的好办法，常被设计人员采用。值得一提的是，现行大多数的单片机都具有查表指令，这给软件设计提供了技术支持。

4. 程序流程图

较复杂的控制系统一般都需要绘制一份程序流程图，可以说它是程序编写的纲领性文件，可以有效地指导程序的编写。当然，程序设计开始的流程图不可能尽善尽美，在编制过程中仍需进行修改和完善。认真地绘制程序流程图，可以起到事半功倍的效果。

流程图就是根据系统功能的要求及操作过程，列出主要的各功能模块。复杂程序流向多变，需要在初始化时设置各种标识，根据这些标识控制程序的流向。当系统中各功能模块的状态改变时，只需修改相应的标识即可，无须具体地管理状态变化对其他模块的影响。这些需要在绘制流程图时，清晰地标识出程序流程中各标识的功能。

5. 编写程序

上述的工作完成后，就可以开始编写程序了。程序编写时，首先需要对用到的参数进行定义，与标号的定义一样，使用的字符必须易于理解；可以使用英文单词和汉语拼音的缩写形式，这对今后自己的辨读和排错都是有好处的，然后初始化各特殊功能寄存器的状态，定义中断口的地址区，安排数据存储区，根据系统的具体情况估算中断、子程序的使用情况，预留出堆栈区和需要的数据缓存区，接下来就可以编写程序了。

过去单片机应用软件以汇编语言为主，因为它简洁、直观、紧凑，使设计人员乐于接受。而现在高级语言在单片机应用软件设计中发挥了越来越重要的角色，性能也越来越好，C 语言已成为现代单片机应用系统开发中较常用的高级语言。但不管使用何种语言，最终还是需要翻译成机器语言，调试正常后，通过烧录器固化到单片机或片外程序存储器中，至此程序编写即告完成。

8.3.4 系统联机调试

系统联机调试包括硬件调试和软件调试。硬件调试的任务是排除系统的硬件电路故障。软件调试是利用开发工具进行在线仿真调试，除发现和解决程序错误外，也可以发现硬件故障。

程序调试一般是一个子程序一个子程序地调试，然后一个模块一个模块地进行，最后联合起来统调。在调试过程中，不断地发现错误、排除故障、修改系统的硬件和软件，直到其正确为止。

8.3.5 性能测试

程序联调运行正常后，还需在模拟的各种现场条件和恶劣环境下运行和测试，以检查系统是否满足原设计要求，并进行不断的改进和完善。并利用各种测量设备进行系统参数的测量，记录系统的各种性能指标参数，完成系统测试报告。

8.3.6 生成正式产品

经过系统参数的测量，各种性能指标满足要求后，就可以把调试完毕的软件固化在Flash存储器中，然后脱机（脱离开发系统）运行。如果脱机运行正常，再在真实环境或模拟真实环境下运行，经反复运行正常且各种性能指标满足要求，开发过程即告结束。

8.4 基于51系列单片机的被动红外探测系统设计

8.4.1 红外探测技术概述

红外探测器是将不可见的红外辐射能转变成其他易于测量的能量形式的能量转化器，作为红外整机系统的核心关键部件，红外探测器的研究始终是红外物理与技术发展的中心。红外探测器作为传感探测装置，用来探测入侵者的入侵行为及各种异常情况。在各种各样的智能建筑和普通建筑物中需要安全防范的场所很多，这些场所根据实际情况也有各种各样的安全防范目的和要求。因此，就需要各种各样的红外探测器，以满足不同的安全防范要求。

为便于理解单片机应用系统的设计过程，本实例采用一种常见的YL-38红外探测模块为红外信号探测装置，通过软件以51系列单片机为核心对YL-38红外探测模块的信号输出进行处理，实现一个简单的被动红外探测系统设计，并通过实物制作及性能测试，了解单片机应用系统实物设计的全过程。

8.4.2 红外探测原理

红外线是波长介于微波与可见光之间的电磁波，波长为0.75～1mm，是太阳光线中众多不可见光线中的一种。红外线可分为三部分，即近红外线，波长为0.75～2.5μm；中红外线，波长为2.5～25μm；远红外线，波长为25～1000μm。红外线波长较长，给人的感觉是热的感觉，产生的效应是热效应。红外线频率较低，能量不够，远远达不到原子、分子解体的效果。因此，红外线只能穿透到原子、分子的间隙，而不能穿透到原子、分子的内部。由于红外线只能穿透到原子、分子的间隙，会使原子、分子的振动加快，间距拉大，即增加热运动能量。从宏观上看，物质在融化、在沸腾、在汽化，但物质的本质并没有发生改变，这就是红外线的热效应。红外线覆盖了室温下物体所发出的热辐射的波段，透过云雾能力比可见光强，因此在通信、探测、医疗、军事等方面有着广泛的用途。

被动式红外探测器不需要附加红外辐射光源，本身不向外界发射任何能量，而是由探测器直接探测来自移动目标的红外辐射。由光学系统、热传感器（也称为红外传感器）及报警控制器等组成，也称为被动红外报警器。红外感光管是由光敏二极管组成的，其管芯是一个具有红外光敏特征的PN节，具有单向导电性，因此工作时需加上反向电压。无红外光照时，有很小的饱和反向漏电流，此时光敏二极管截止。当受到红外光照射时，饱和反向漏电流大大增加，形成光电流，它随入射光强度的变化而变化。

被动式红外器的核心部件是红外探测器件（红外传感器），通过光学系统的配合作用，它可以探测到位于某一个立体防范空间内的热辐射的变化。当防范区域内没有移动的人体等目标时，由于所有背景物体(如墙、家具等)在室温下红外辐射的能量比较小，而且基本上是稳定的，因此不能触发报警。当有人体在探测区域内走动时，就会造成红外热辐射能量的变化。红外传感器将接收到的活动人体与背景物体之间的红外热辐射能量的变化转换为相应的电信号，经适当的处理后，送往报警控制器，发出报警信号。

红外传感器的探测波长范围为 8～14μm，由于人体的红外辐射波长正好在此探测波长范围之内，因此能较好地探测到人体的活动。红外传感器前的光学系统可以将来自多个方向的红外辐射能量经反射镜反射或特殊的透镜透射后全都集中在红外传感器上。这样，一方面可以提高红外传感器的热电转换效力，另一方面还起到了加长探测距离、扩大警戒视场的作用。

8.4.3　YL-38 红外探测模块

YL-38 红外探测模块如图 8.4 所示，主要由红外感光管、电压比较器、敏感调节器组成。

该模块有 4 个引脚 AO、DO、GND、V_{CC}。其中，AO 为模拟信号输出端，DO 为数字信号输出端，GND 为接地端，V_{CC}为 5V 正电压端。当红外感光管接收到红外信号时，DO 输出低电平。

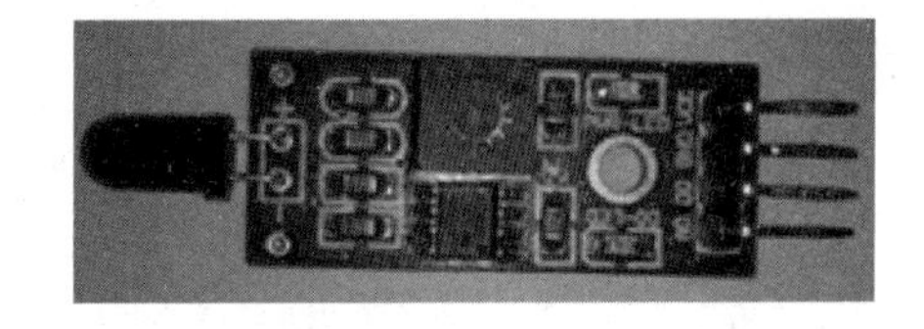

图 8.4　YL-38 红外探测模块

本模块采用双探测元的结构，其工作原理及电路图如图 8.5 所示，V_{CC}电源端利用 *C*1 和 *R*2 来稳定工作电压，同样输出端也增加了稳压元件稳定信号。当检测到红外热信号时，信号经过 FET 放大后，经过 *C*2、*R*1 的稳压后使输出变为高电位，再经过 NPN 的转化，输出 OUT 为低电平。

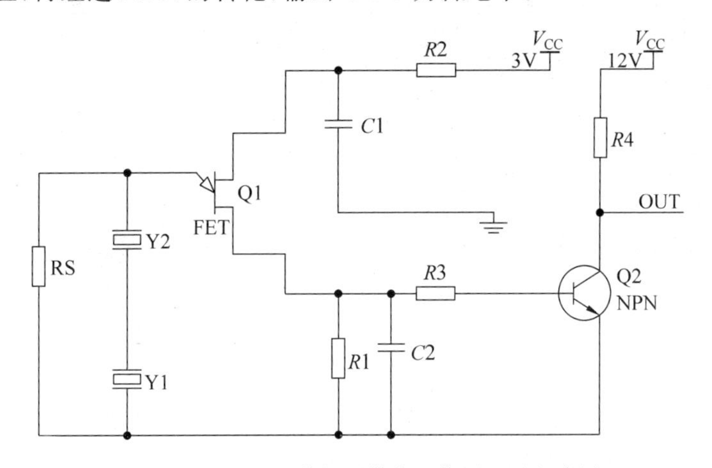

图 8.5　YL-38 红外探测模块工作原理及电路图

8.4.4　被动红外探测系统实物设计

1. 系统设计要求

利用 51 单片机及红外探测模块 YL-38 设计被动红外探测系统，并做出实物。

2. 系统设计分析

本系统为最小单片机系统+红外探测模块+报警蜂鸣器+LED。

核心处理器采用51系列单片机AT89C2051。整个系统是在系统软件控制下工作的。当红外检测装置检测到信号时,信号经放大电路和非门将相应的电平送至单片机的P3.7端口。在单片机内,经查询、识别、判决等环节实时发出报警状态控制信号。驱动电路将控制信号放大并推动声光报警设备完成相应动作。当警情消除后复位电路使系统复位。

3. 系统原理图设计

系统所需元器件为AT89C2051、CAP(30pF、0.1μF)、CRYSTAL 12MHz、二极管IN4148、CAP-ELEC、BUTTON、RES、LED、NPN(8050、9013、9014、9018均可)、SPEAKER(仿真)、红外传感器模块(实物)、蜂鸣报警器(实物),红外探测系统原理图如图8.6所示,分别为单片机的最小系统、探测部分电路和报警电路。探测部分电路由于采用现有红外探测模块,在电路中用一个地和开关代替,P3.7口外接红外传感器输出信号。当P1.7口是低电平时D1才会发光。当P1.3口电平不断变化时,蜂鸣器才会发出蜂鸣声;当P1.3口电平持续高或持续低时,蜂鸣器不会发出蜂鸣声。

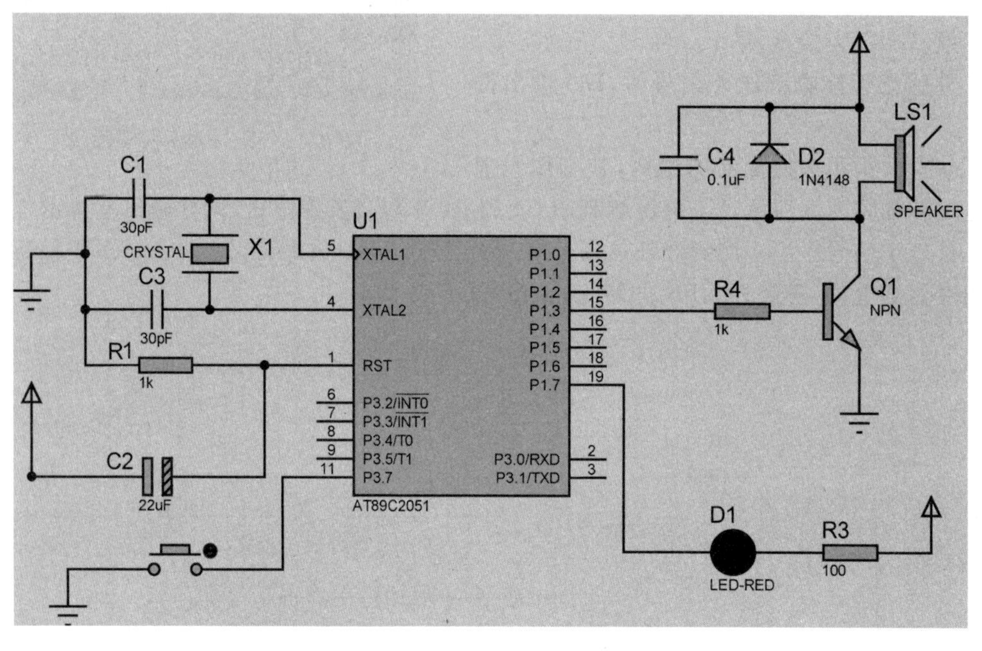

图8.6 红外探测系统原理图

系统红外探测模块一旦接到红外辐射信号,若接收到的红外辐射强度足够激活红外探头(可通过调节红外探头的最低敏感热辐射来调节敏感程度),即P3.7口由高电平变为低电平,则其输出引脚P1.7的电平将从“1”变为“0”,P1.3口电平不断变化,D1发光,蜂鸣器发出蜂鸣声。

4. 系统程序流程图设计

红外探测系统程序流程图如图8.7所示。

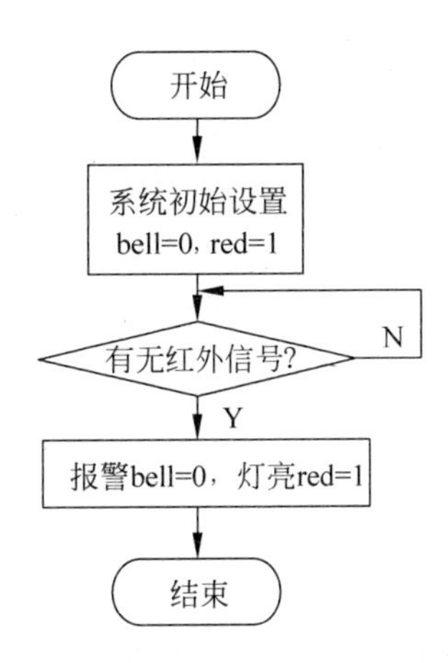

图 8.7　红外探测系统程序流程图

5. 系统源程序设计

C 语言程序如下：

```
#include<reg51.h>                       //头文件定义
#include<intrins.h>
#define uint unsigned int
#defineuchar unsigned char
sbithw = P3^7;                          //引脚定义
sbit bell = P1^3;
sbit bell = P1^7;
void Delay100us()                       //11.0592MHz,延时子程序
{
    uchar i, j;
    _nop_();
    _nop_();
    i = 2;
    j = 15;
    do
    {
        while (--j);
    }
    while (--i);
}
void main(void)                         //主程序
{
    P3 = 0xff;
    bell = 1;
    red = 1;
    while(1)                            //循环
    {
        if(hw == 0)
        {
            //bell = 1;                 //有源蜂鸣器(实物)
            bell = !bell;               //无源蜂鸣器(仿真)
```

```
                red = 0;
                Delay100us();
            }
            else
            {
                bell = 0;
                red = 1;
            }
        }
    }
```

6. 系统仿真调试

创建“红外探测系统”项目，选择单片机型号为AT89C2051，输入C语言源程序，保存为“红外探测系统.C”。将源程序“红外探测系统.C”添加到项目中，编译源程序，并创建了“红外探测系统.HEX”。系统电路仿真调试结果如图8.8所示。

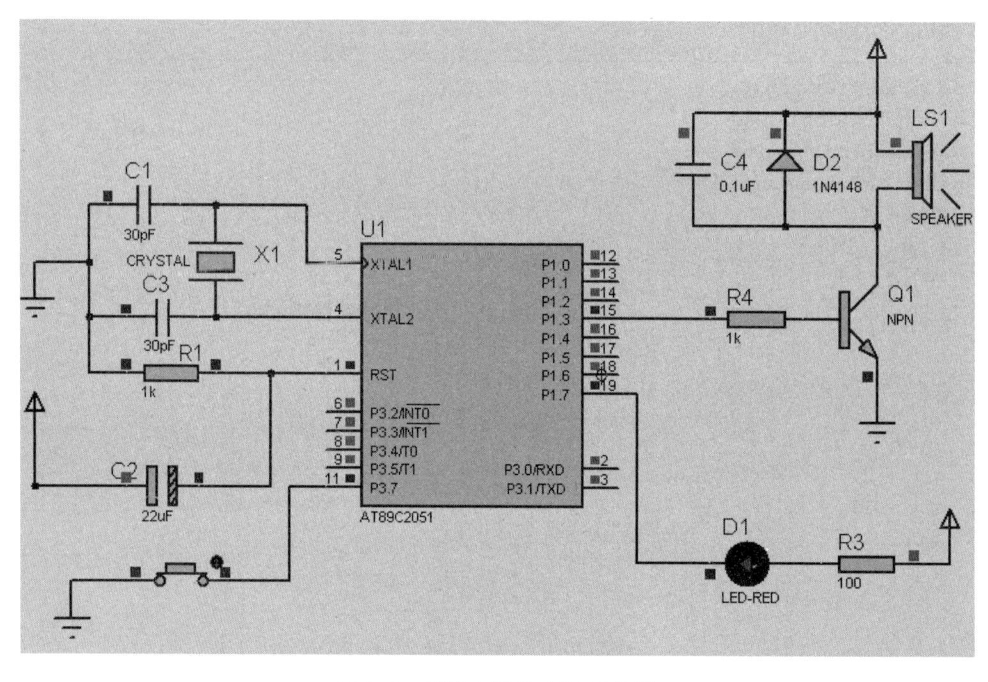

图8.8 系统电路仿真调试结果

当P3.7口的接地开关按下后，P3.7口由高电平变为低电平，P1.3口高低电平交替变化，P1.7口由高电平变为低电平，蜂鸣器响起，LED发光，仿真调试成功。

7. 系统PCB板图制作

在Proteus中打开ARES并运行，添加封装元器件，然后连接电路板，如图8.9所示。

8. 系统电路板焊接

根据PCB板图的格局，在电路板上各元器件对应的位置安放元器件。首先用电烙铁把芯片插座焊接到电路板上，然后再依次把元器件焊接到电路板上其对应的位置，最后用导线连接对应的引脚，距离较近的两个引脚可以直接用焊锡连上。焊接完成的电路板如图8.10所示。

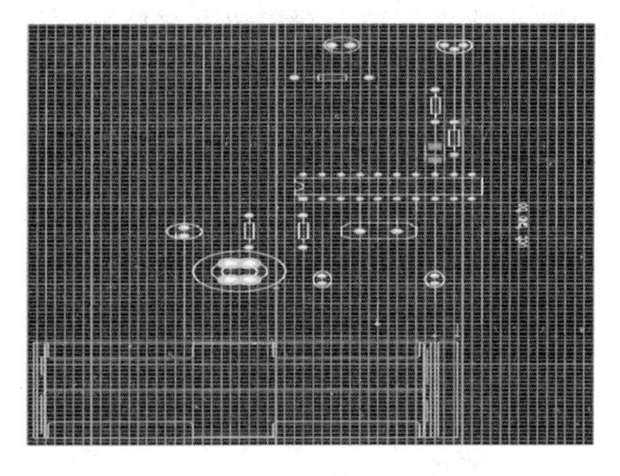

图 8.9　系统 PCB 板图制作

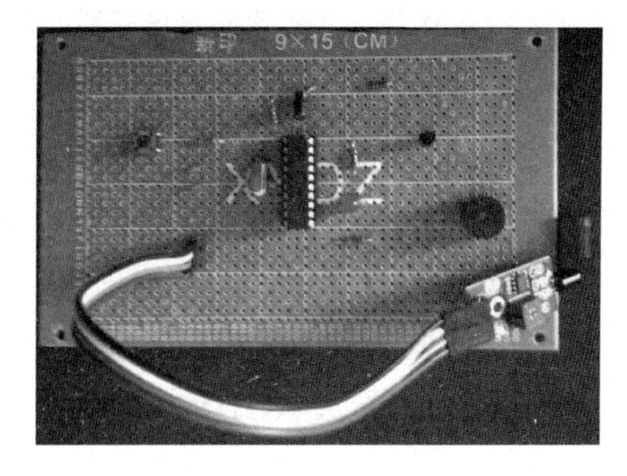

图 8.10　焊接完成的电路板

9. 利用仿真器进行硬件仿真调试

软件仿真是使用计算机软件来模拟单片机的实际运行，而用户不需要搭建硬件电路就可以对程序进行验证，但是软件仿真无法完全仿真与硬件相关的部分。硬件仿真是使用附加的硬件来替代用户系统的单片机并完成单片机全部或大部分的功能。它能直接反映单片机的全部或部分实际运行控制功能，是开发过程中所必需的。利用仿真器进行硬件仿真的具体方法详见 2.3 节的“利用仿真器进行硬件仿真”。

10. 利用编程器进行程序固化

硬件仿真完成后，经过系统参数的测量，各种性能指标满足要求后，就可以把调试完毕的软件固化在 Flash 存储器中，然后脱机（脱离开发系统）运行。对于不同型号的单片机或存储器，厂家都要为其提供配套的编程器进行程序固化。如果脱机运行正常，再在真实环境或模拟真实环境下运行，经反复运行正常且各种性能指标满足要求时，开发过程即结束。利用编程器进行程序固化的具体方法详见 2.3 节的“利用编程器进行程序固化”。

给系统通上电后，放在有光处，蜂鸣器会响起，LED 会亮；放在避光处时蜂鸣器不响，LED 不亮。当报警部分没有被驱动时，P3.7 口的对地电压大约为 4.75V，P1.3 口的对地电压约为 0.3V，P1.7 口的对地电压约为 4.8V。当报警电路被驱动时，P3.7 口的对地电压约为 0.4V，P1.3 口的对地平均电压为 2.5V，P1.7 口的对点电压约为 0.2V。当探测模块被太阳光照射时报警部分工作，没有太阳光照射时报警部分不工作，由此得出结论，该实物制作基本成功。

8.5　基于 51 系列单片机的超声波测距系统设计

8.5.1　超声波测距技术概述

当物体振动时会发出声音，每秒钟振动的次数称为声音的频率，它的单位是赫兹（Hz）。人类耳朵能听到的声波频率为 20～20 000Hz。当声波的振动频率大于 20 000Hz 或小于 20Hz 时，人们便听不见了。因此，人们把频率高于 20 000Hz 的声波称为“超声波”。超声波具有方向性好，穿透能力强，易于获得较集中的声能，在水中传播距离远等特点，可用于测距、测速、清洗、焊接、碎石等，在医学、军事、工业、农业等领域有明显的作用。

由于超声波指向性强，能量消耗缓慢，在介质中传播的距离较远，因而超声波经常用于距离的测量，如测距仪和物位测量仪等都可以通过超声波来实现。利用超声波检测往往比较迅速、方便、计算简单、易于做到实时控制，并且在测量精度方面能达到工业实用的要求，因此在移动机器人研制中也得到了广泛的应用。

同样，为便于理解单片机应用系统的设计过程，本实例采用一种常见的 HC-SR04 超声波测距模块为信号探测装置，通过软件以 51 系列单片机为核心对 HC-SR04 超声波测距模块的信号输出进行处理，实现一个简单的超声波测距系统设计，并通过实物制作及性能测试，了解单片机应用系统实物设计的全过程。

8.5.2 超声波测距原理

超声波测距是利用反射的原理测量距离的，被测距离一端为超声波传感器，另一端必须有能反射超声波的物体。测量距离时，将超声波传感器对准反射物发射超声波，并开始计时，超声波在空气中传播到达障碍物后被反射回来，传感器接收到反射脉冲后立即停止计时，然后根据超声波的传播速度和计时时间就能计算出两端的距离。测量距离 D 为

$$D = \frac{1}{2}ct$$

式中 c——超声波的传播速度；

$\frac{1}{2}t$——超声波从发射到接收到发射信号所需时间的一半，也就是单程传播时间。

由上式可知，距离的测量精度主要取决于计时精度和传播速度两方面。计时精度由单片机定时器决定，定时时间为机器周期与计数次数的乘积，可选用 12MHz 的晶振，使机器周期为精确的 $1\mu s$，不会产生累积误差，使定时间达到 $1\mu s$。超声波的传播速度 c 并不是固定不变的，传播速度受空气密度、温度和气体分子成分的影响，关系式为

$$c = \sqrt{\frac{\gamma RT}{M}} = c_0\sqrt{1 + \frac{T}{273K}}$$

式中 γ——气体定压热容与定容热容的比值，空气为 1.40。

R——气体普适常数，为 7.314kg/mol。

T——气体势力学温度，与摄氏温度的关系是 $T=273\text{K}+t$。

M——气体相对分子质量，空气为 27.8×10^{-3}kg/mol。

C_0——0℃时的声波速度，为 331.4m/s。

由上式可见，超声波在空气中传播时，受温度影响最大，由表达式可计算出波速与温度的关系。温度越高，传播速度越快，而且不同温度下传播速度差别非常大，例如 0℃时的速度为 332m/s，30℃时的速度为 350m/s，相差 18m/s。因此，需要较高的测量精度时，进行温度补偿是最有效的措施。对测量精度要求不高时，可认为超声波在空气中的传播速度为 340m/s。

8.5.3 HC-SR04 超声波测距模块

HC-SR04 超声波测距模块如图 8.11 所示。该模块有 V_{CC}、GND、TRIG、ECHO 4 个接口端，其中 V_{CC} 供 DC5V 电源，GND 为地线，TRIG 触发控制信号输入，ECHO 为回响信号输出。

其工作电压为 DC5V，工作电流为 15mA，工作频率为 40kHz，最远射程为 4m，最近射程为 2cm，测量角度为 15°，输入触发信号为最少 $10\mu s$ 的 TTL 脉冲，回响信号输出为与射程

图 8.11　HY-SR04 超声波测距模块

成比例的 TTL 电平信号。

HC-SR04 超声探测模块工作电路如图 8.12 所示，利用软件产生超声波信号，通过输出引脚输入至驱动器，经驱动器驱动后推动探头产生超声波；超声波信号的接收采用锁相环

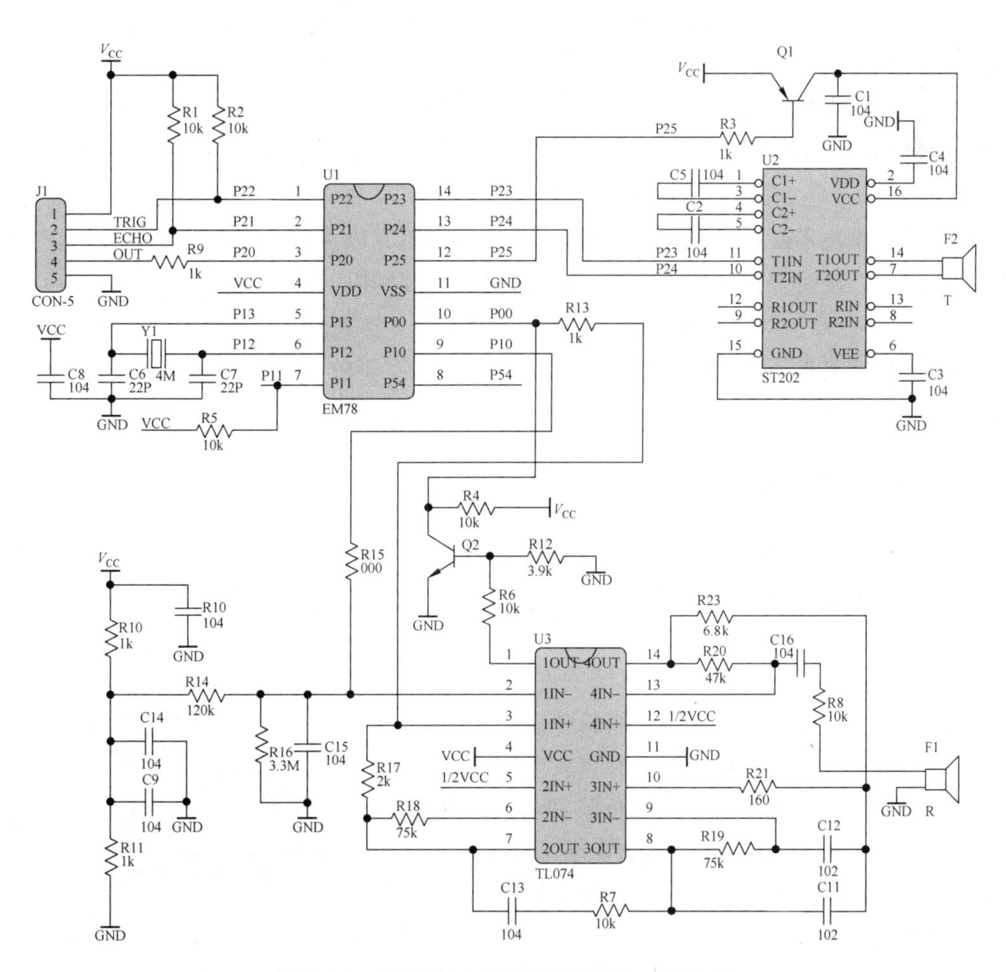

图 8.12　HC-SR04 超声波探测模块工作电路

EM78 对放大后的信号进行频率监视和控制。一旦探头接到回波,若接收到的信号频率等于振荡器的固有频率(此频率主要由 *RC* 值决定),则其输出引脚的电平将从"1"变为"0"(此时锁相环已进入锁定状态),这种电平变化可以作为单片机对接收探头的接收情况进行实时监控。

HC-SR04 超声探测模块工作原理如图 8.13 所示,其基本工作原理如下。

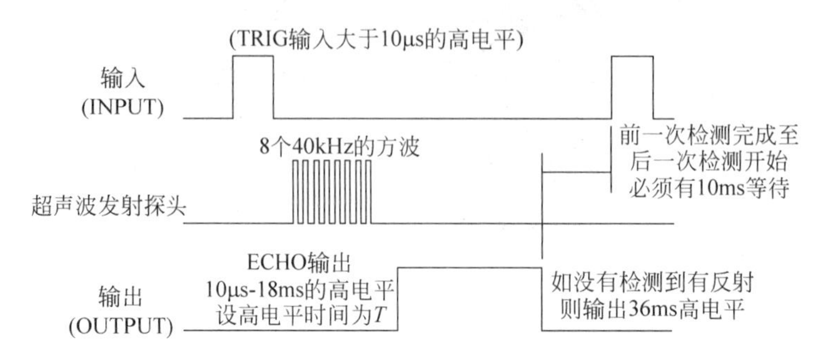

图 8.13　HC-SR04 超声波探测模块工作原理

(1) 采用 I/O 口给 TRIG 输入至少 10μs 的高电平信号,TRIG 触发模块测距。

(2) 模块自动发送 8 个 40kHz 的方波(超声波信号频率大于 20kHz),自动检测是否有信号返回。

(3) 若有信号返回,通过 ECHO 输出一个高电平给 I/O 口,高电平的持续时间就是超声波从发射到返回的时间。若没有信号返回,通过 ECHO 输出一个 36ms 的高电平给 I/O 口。

超声探测模块不断循环执行上述操作,前一次检测完成至后一次检测开始必须有 10ms 延时等待时间。延时等待使显示更稳定,越大测量时间间隔,延时等待时间应越长。

$$检测距离=(高电平时间\ T\times 声速)/2$$

对测量精度要求不高时,可认为声速为 340m/s;需要较高的测量精度时,进行温度补偿是最有效的措施。

8.5.4 锁存器 74HC373

74HC373 锁存器引脚排列如图 8.14 所示,其中 D0～D7 为数据输入端,Q0～Q7 为数据输出端,$\overline{OE}$ 为三态允许控制端(低电平有效),LE 为锁存允许端。输出端 Q0～Q7 可直接与总线相连,当三态允许控制端 $\overline{OE}$ 为低电平时,Q0～Q7 为正常逻辑状态,可用来驱动负载或总线。当 $\overline{OE}$ 为高电平时,Q0～Q7 呈高阻态,即不驱动总线,也不为总线的负载,但锁存器内部的逻辑操作不受影响。当锁存允许端 LE 为高电平时,Q 随数据 D 而变。当 LE 为低电平时,Q 被锁存在已建立的数据电平。

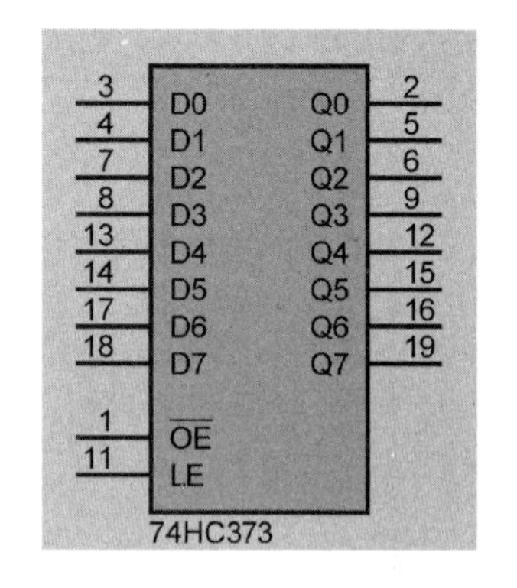

图 8.14　74HC373 锁存器引脚排列

8.5.5　超声波测距系统实物设计

1. 系统设计要求

利用 51 单片机及 HC-SR04 超声探测模块设计超声波测距系统，并做出实物。

2. 系统设计分析

超声波测距系统结构由单片机的最小系统、HC-SR04 超声探测模块和数码管显示电路组成。

系统主要功能包括超声波的发射和接收，根据计时时间计算出测量距离，并在数码管上显示出来。

根据设计要求并综合各方面因素，可以采用 AT89C51 控制发射触发脉冲的开始时间及脉宽（至少 10μs），响应回波时刻测量（ECHO=1），计算发射至往返的时间差。AT89C51 还控制显示电路，用动态扫描法实现 LED 数字显示。

3. 系统原理图设计

系统所需元器件为 AT89C51、CAP 30pF、CRYSTAL 12MHz、CAP-ELEC、BUTTON、RES、74HC373、PNP（S8550）、7SEG-MPX4-CA、超声波测距模块 HC-SR04（实物）。超声波测距系统原理图如图 8.15 所示。

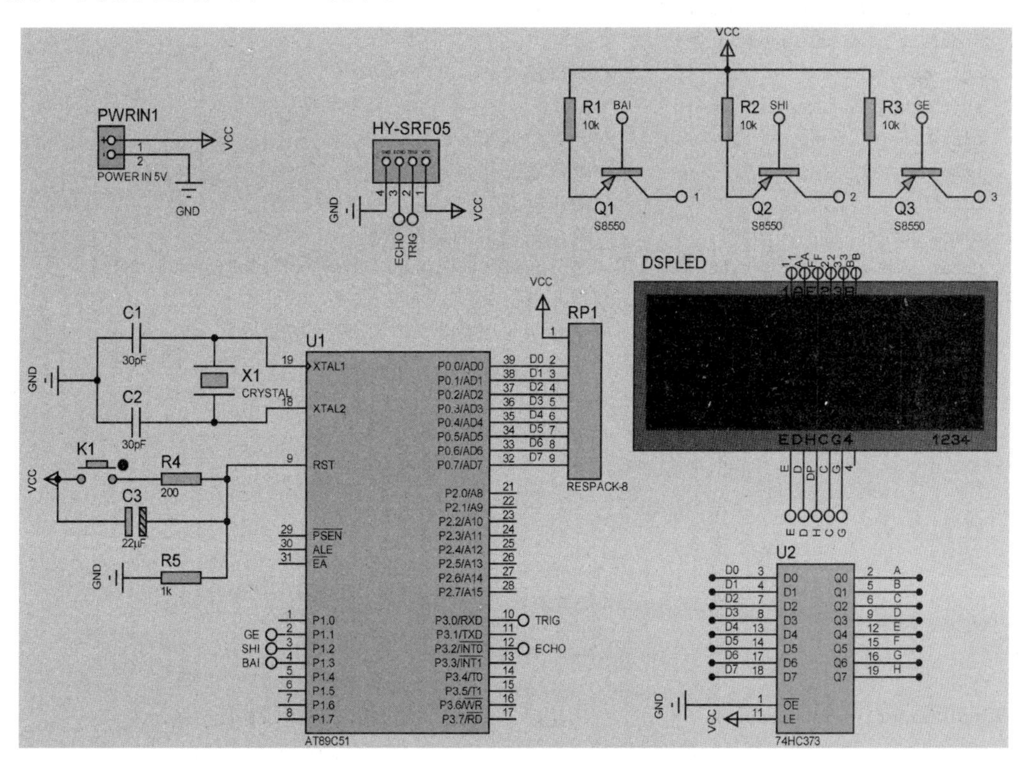

图 8.15　超声波测距系统原理图

4. 系统程序流程图设计

超声波测距系统程序流程图如图 8.16 所示。

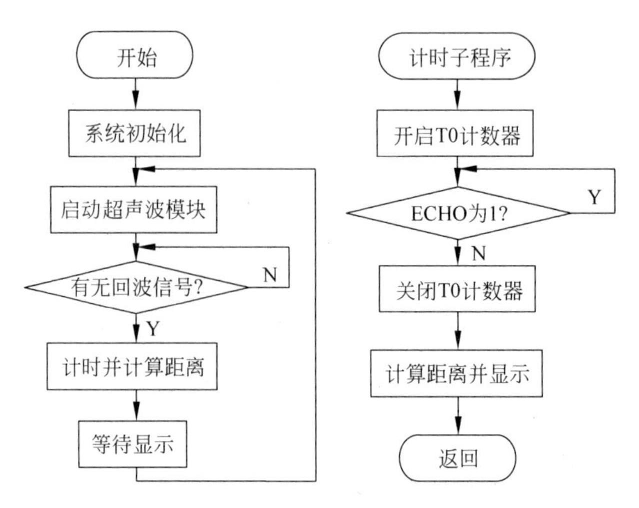

图 8.16　超声波测距系统程序流程图

5. 系统源程序设计

```
#include <reg52.h>
#include <intrins.h>
#define uchar unsigned char
#define uint unsigned int
sbit trig = P3^0;                    //端口定义
sbit echo = P3^2;
uint time = 0,s = 0;                 //计时时间 time,距离 s
uchar i = 0;                         //数码管扫描显示相关变量
bit flag = 0;                        //溢出标志
uchar buffer[3] = {0,0,0};           //各位数码管的显示数据
uchar code table[11] = {0x3f,0x06,0x5b,0x4f,0x66,0x6d,0x7d,0x07,0x7f,0x6f,0x40};
                                     //数码管"0～9","-"
void delayms(unsigned int ms)        //毫秒级延时函数,10×100 = 1000μs = 1ms
{
    uchar i = 100,j;
    for(;ms;ms--)
    {
        while(--i)
        {
            j = 10;
            while(--j);
        }
    }
}
void timer1() interrupt 3            //用定时器 1 做动态扫描法实现 LED 数字显示
{
    TL1 = 0x18;                      //1 毫秒@12MHz (0xFC18 = 64536)
    TH1 = 0xFC;
```

```
    switch(i)
    {
        case 0:P1 = 0xf7;P0 = table[buffer[0]];i = 1;break;   //百位
        case 1:P1 = 0xfb;P0 = table[buffer[1]];i = 2;break;   //十位
        case 2:P1 = 0xfd;P0 = table[buffer[2]];i = 0;break;   //个位
        default:break;
    }
}
void Conut(void)                      //计算距离
{
    time = TH0 * 256 + TL0;
    TH0 = 0;
    TL0 = 0;
    s = time/58.8;                    //计算距离(厘米)@12MHz
    /* 晶振频率 fosc = 12MHz,时钟周期 T = 1/12×10³,机器周期 Tcy = 1μs,定时器计时 time,实际
时间为 t = time×1μs,该记录时间为声波往返时间,计算距离时需除以 2,声速 340m/s,
    s = vt = 340×time×10⁻⁶/2 (m) = (1.7×10⁻⁴×time)×100 (cm) = time/58.8   */
    //s = time/54.2;                  //计算距离(厘米)@11.0592MHz
    /* 晶振频率 fosc = 11.0592MHz,时钟周期 T = 1/11.0592×10³,机器周期 Tcy = (1/11.0592)×
12 = 1.085μs,定时器计时 time,实际时间为 t = time×1.085μs,该记录时间为声波往返时间,计算
距离时需除以 2,声速 340m/s,
    s = vt = 340×time×1.085×10⁻⁶/2 (m) = (1.8445×10⁻⁴×time)×100 (cm) = time/54.2   */
                                      //超声波模块的最大测量距离约为 450cm
    if((s>=450)||flag==1)             //超出测量范围显示"-"
    {
    flag = 0;                         //清除溢出标志
        buffer[0] = 10;               //百位"-"
        buffer[1] = 10;               //十位"-"
        buffer[2] = 10;               //个位"-"
    }
    else
    {
        buffer[0] = s/100;            //百位
        buffer[1] = s%100/10;         //十位
        buffer[2] = s%10;             //个位
    }
}
void  timer0() interrupt 1            //T0 中断,当计数器溢出则超过测距范围
{
    flag = 1;                         //中断溢出标志
    echo = 0;
}
void  StartModule()                   //启动模块
{
      trig = 1;                       //启动一次模块
      _nop_();                        //持续高电平约 20μs
      _nop_();
      _nop_();
      _nop_();
      _nop_();
```

```
        _nop_();
        _nop_();
        _nop_();
        _nop_();
        _nop_();
        _nop_();
        _nop_();
        _nop_();
        _nop_();
        _nop_();
        _nop_();
        _nop_();
        _nop_();
        _nop_();
        _nop_();
        _nop_();
        trig = 0;
    }
void Timer_Count(void)              //计时函数
{
    TR0 = 1;                        //开启计数
    while(echo);                    //当 ECHO 为 1 计数并等待
    TR0 = 0;                        //关闭计数
    Conut();                        //计算距离
    ET1 = 1;                        //打开 T1 中断进行显示
}
void main(void)
{
    TMOD  =  0x11;                  //设 T0、T1 为定时方式 1
    TH0 = 0;                        //T0 用于计算 ECHO = 1 的时间
    TL0 = 0;
    TL1  =  0x18;                   //1 毫秒@12MHz,用于显示
    TH1  =  0xFC;
    ET0 = 1;                        //允许 T0 中断
    EA = 1;                         //开启总中断
    TR1 = 1;
    while(1)
    {
        ET1 = 0;                    //关闭 T1 中断
        StartModule();              //启动超声波模块
        while(!echo);               //等待 ECHO 变为高电平
        Timer_Count();              //测距计时,并计算距离
        delayms(60);                //延时,使显示稳定,越大测量时间间隔越长
    }
}
```

6. 系统仿真调试

创建“超声波测距系统”项目,选择单片机型号为 AT89C51,输入 C 语言源程序,保存为“超声波测距系统.C”。将源程序“超声波测距系统.C”添加到项目中,编译源程序,并创建

了“超声波测距系统. HEX”。

打开“超声波测距系统. DSN”，双击单片机，选择程序中“超声波测距系统. HEX”。进入程序运行状态，数码管显示出距离的数据。运行结果如图 8.17 所示。

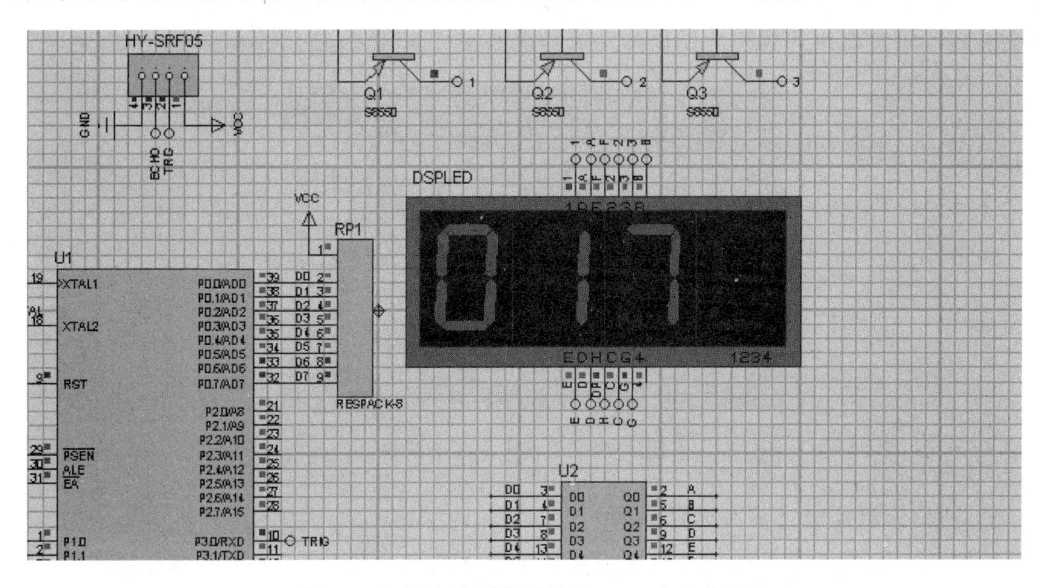

图 8.17 超声波测距系统 Proteus 电路仿真

7. 系统 PCB 板图设计

在 Proteus 中打开 ARES 并运行，添加器件的封装元器件，然后连接电路板，如图 8.18 所示。

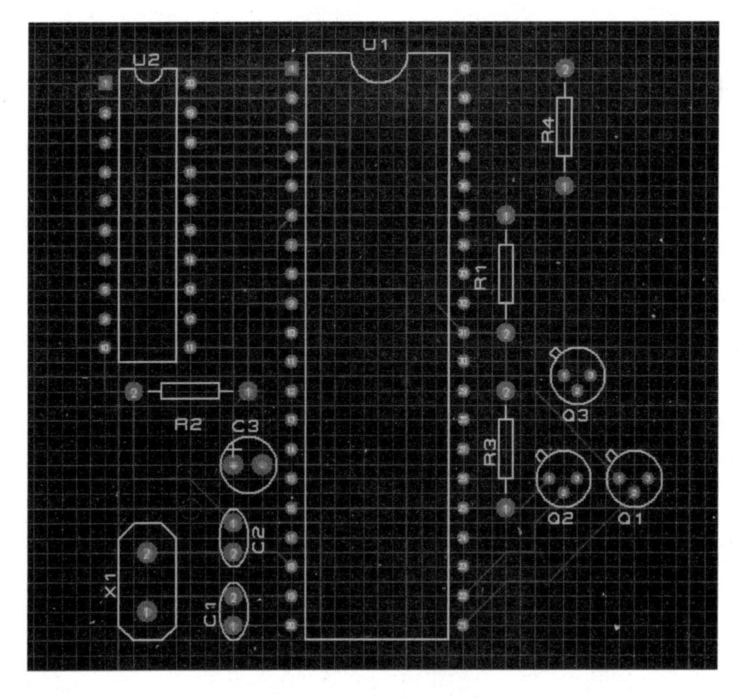

图 8.18 系统 PCB 板图制作

8. 系统电路板焊接

根据PCB板图的格局，在电路板上合适地安放器件，首先用电烙铁把芯片插座焊接到电路板上，然后再依次把元器件焊接到电路板上，最后用导线连接对应的引脚，距离较近的两个引脚可以直接用焊锡连上。焊接完成的电路板如图8.19所示。

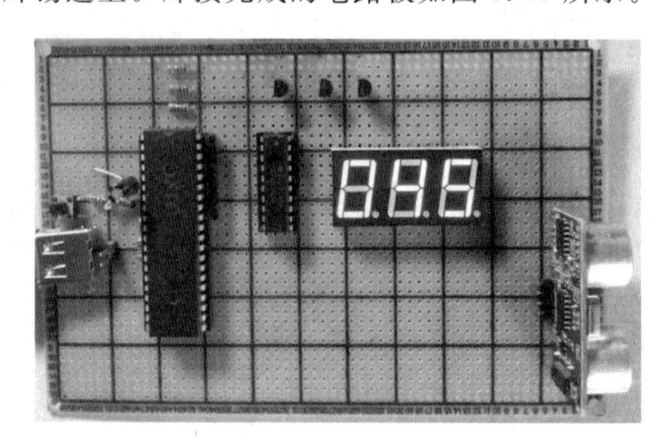

图8.19 焊接完成的电路板

9. 利用仿真器进行硬件仿真调试

利用仿真器进行硬件仿真的具体方法详见2.3节的“利用仿真器进行硬件仿真”。

10. 利用编程器进行程序固化

利用编程器进行程序固化的具体方法详见2.3节的“利用编程器进行程序固化”。

系统正常运行后，超声波探头至目标的距离显示在数码管上，随着超声波探头至目标的距离的不断改变，数码管的显示数字也相应发生变化。至此，一个简单的超声波探测系统实物制作成功。

如果对距离的精度要求较高，在系统设计时，可以把温度传感器设计进来，利用温度传感器测量出该处的实际温度，对系统进行温度补偿，该系统就会成为一个较为实用的应用系统了。

课外设计作业

查找相关资料，设计一个你最感兴趣的单片机应用系统。该作业为综合设计，需3～5周的课外时间，自第5章学习结束后即可安排设计任务。每个学生可根据自己的爱好，自拟课题。教师在授课过程中或利用课外时间，对学生的选题、设计思路、设计方法等进行辅导，同时对设计的过程进行有效监督，确保学生能够高质量地完成设计任务，并在本课程结束时，对学生的设计内容、设计质量、设计效果及设计论文等进行考核和验收。

附录A

MCS51系列单片机指令一览表

1. 数据传送类指令

指令	助　记　符	功 能 说 明	字节数	振荡周期
MOV	A,Rn	寄存器内容送入累加器	1	12
MOV	A,direct	直接地址单元中的数据送入累加器	2	12
MOV	A,@Ri	间接 RAM 中的数据送入累加器	1	12
MOV	A,# $data_8$	8 位立即数送入累加器	2	12
MOV	Rn,A	累加器内容送入寄存器	1	12
MOV	Rn,direct	直接地址单元中的数据送入寄存器	2	24
MOV	Rn,# $data_8$	8 位立即数送入寄存器	2	12
MOV	direct,A	累加器内容送入直接地址单元	2	12
MOV	direct,Rn	寄存器内容送入直接地址单元	2	24
MOV	direct,direct	直接地址单元中的数据送入直接地址单元	3	24
MOV	direct,@Ri	间接 RAM 中的数据送入直接地址单元	2	24
MOV	direct,# $data_8$	8 位立即数送入直接地址单元	3	24
MOV	@Ri,A	累加器内容送入间接 RAM 单元	1	12
MOV	@Ri,direct	直接地址单元中的数据送入间接 RAM 单元	2	24
MOV	@Ri,# $data_8$	8 位立即数送入间接 RAM 单元	2	12
MOV	DPTR,# $data_{16}$	16 位立即数地址送入地址寄存器	3	24
MOV	A,@A+DPTR	以 DPTR 为基地址变址寻址单元中的数据送入累加器	1	24
MOV	A,@A+PC	以 PC 为基地址变址寻址单元中的数据送入累加器	1	24
MOV	A,@Ri	外部 RAM(8 位地址)送入累加器	1	24
MOV	A,@DPTR	外部 RAM(16 位地址)送入累加器	1	24
MOV	@Ri,A	累加器送入外部 RAM(8 位地址)	1	24
MOV	@DPTR,A	累加器送入外部 RAM(16 位地址)	1	24

续表

指令	助　记　符	功 能 说 明	字节数	振荡周期
PUSH	direct	直接地址单元中的数据压入堆栈	2	24
POP	DIRECT	堆栈中的数据弹出到直接地址单元	2	24
XCH	A,Rn	寄存器与累加器交换	1	12
XCH	A,direct	直接地址单元与累加器交换	2	12
XCH	A,@Ri	间接 RAM 与累加器交换	1	12
XCHD	A,@Ri	间接 RAM 与累加器进行低半字节交换	1	12

2. 算术操作类指令

指令	助　记　符	功 能 说 明	字节数	振荡周期
ADD	A,Rn	寄存器内容加到累加器	1	12
ADD	A,direct	直接地址单元加到累加器	2	12
ADD	A,@Ri	间接 RAM 内容加到累加器	1	12
ADD	A,# $data_8$	8 位立即数加到累加器	2	12
ADDC	A,Rn	寄存器内容带进位加到累加器	1	12
ADDC	A,direct	直接地址单元带进位加到累加器	2	12
ADDC	A,@Ri	间接 RAM 内容带进位加到累加器	1	12
ADDC	A,# $data_8$	8 位立即数带进位加到累加器	2	12
SUBB	A,Rn	累加器带借位减寄存器内容	1	12
SUBB	A,direct	累加器带借位减直接地址单元	2	12
SUBB	A,@Ri	累加器带借位减间接 RAM 内容	1	12
SUBB	A,# $data_8$	累加器带借位减 8 位立即数	2	12
INC	A	累加器加 1	1	12
INC	Rn	寄存器加 1	1	12
INC	direct	直接地址单元内容加 1	2	12
INC	@Ri	间接 RAM 内容加 1	1	12
INC	DPTR	DPTR 加 1	1	24
DEC	A	累加器减 1	1	12
DEC	Rn	寄存器减 1	1	12
DEC	direct	直接地址单元内容减 1	2	12
DEC	@Ri	间接 RAM 内容减 1	1	12
MUL	A,B	A 乘以 B	1	48
DIV	A,B	A 除以 B	1	48
DA	A	累加器进行十进制转换	1	12

3. 逻辑操作类指令

指令	助　记　符	功 能 说 明	字节数	振荡周期
ANL	A,Rn	累加器与寄存器相“与”	1	12
ANL	A,direct	累加器与直接地址单元相“与”	2	12
ANL	A,@Ri	累加器与间接 RAM 内容相“与”	1	12
ANL	A,# $data_8$	累加器与 8 位立即数相“与”	2	12

续表

指令	助　记　符	功 能 说 明	字节数	振荡周期
ANL	direct,A	直接地址单元与累加器相“与”	2	12
ANL	direct,#$data_8$	直接地址单元与8位立即数相“与”	3	24
ORL	A,Rn	累加器与寄存器相“或”	1	12
ORL	A,direct	累加器与直接地址单元相“或”	2	12
ORL	A,@Ri	累加器与间接RAM内容相“或”	1	12
ORL	A,#$data_8$	累加器与8位立即数相“或”	2	12
ORL	direct,A	直接地址单元与累加器相“或”	2	12
ORL	direct,#$data_8$	直接地址单元与8位立即数相“或”	3	24
XRL	A,Rn	累加器与寄存器相“异或”	1	12
XRL	A,direct	累加器与直接地址单元相“异或”	2	12
XRL	A,@Ri	累加器与间接RAM内容相“异或”	1	12
XRL	A,#$data_8$	累加器与8位立即数相“异或”	2	12
XRL	direct,A	直接地址单元与累加器相“异或”	2	12
XRL	direct,#$data_8$	直接地址单元与8位立即数相“异或”	3	24
CLR	A	累加器清0	1	12
CPL	A	累加器求反	1	12
RL	A	累加器循环左移	1	12
RLC	A	累加器带进位循环左移	1	12
RR	A	累加器循环右移	1	12
RRC	A	累加器带进位循环右移	1	12
SWAP	A	累加器半字节交换	1	12

4. 控制转移类指令

指令	助　记　符	功 能 说 明	字节数	振荡周期
ACALL	$addr_{11}$	绝对短调用子程序	2	24
LCALL	$addr_{16}$	长调用子程序	3	24
RET		子程序返回	1	24
RETI		中断返回	1	24
AJMP	$addr_{11}$	绝对短转移	2	24
LJMP	$addr_{16}$	长转移	3	24
SJMP	rel	相对转移	2	24
JMP	@A+DPTR	相对于DPTR的间接转移	1	24
JZ	rel	累加器为零转移	2	24
JNZ	rel	累加器非零转移	2	24
CJNE	A,direct,rel	累加器与直接地址单元比较不等则转移	3	24
CJNE	A,#$data_8$,rel	累加器与8位立即数比较不等则转移	3	24
CJNE	Rn,#$data_8$,rel	寄存器与8位立即数比较不等则转移	3	24
CJNE	@Ri,#$data_8$,rel	间接RAM单元不等则转移	3	24
DJNZ	Rn,rel	寄存器减1非零转移	3	24
DJNZ	direct,rel	直接地址单元减1非零转移	3	24
NOP		空操作	1	12

5. 布尔变量操作类指令

指令	助　记　符	功 能 说 明	字节数	振荡周期
CLR	C	清进位位	1	12
CLR	bit	清直接地址位	2	12
SETB	C	置进位位	1	12
SETB	bit	置直接地址位	2	12
CPL	C	进位位求反	1	12
CPL	bit	直接地址位求反	2	12
ANL	C,bit	进位位和直接地址位相“与”	2	24
ANL	C,/bit	进位位和直接地址位的反码相“与”	2	24
ORL	C,bit	进位位和直接地址位相“或”	2	24
ORL	C,/bit	进位位和直接地址位的反码相“或”	2	24
MOV	C,bit	直接地址位送入进位位	2	12
MOV	bit,C	进位位送入直接地址位	2	24
JC	rel	进位位为 1 则转移	2	24
JNC	rel	进位位为 0 则转移	2	24
JB	bit,rel	直接地址位为 1 则转移	3	24
JNB	bit,rel	直接地址位为 0 则转移	3	24
JBC	bit,rel	直接地址位为 1 则转移,该位清零	3	24

参 考 文 献

[1] Labcenter公司. Proteus ISIS用户手册,2007.

[2] 赵建领,薛园园. 51系列单片机开发与应用技术详解. 北京:电子工业出版社,2009.

[3] 周润景,张丽娜,刘映群. Proteus入门实用教程. 北京:机械工业出版社,2007.

[4] 赵建领. 精通51系列单片机开发技术与应用实例. 北京:电子工业出版社,2012.

[5] 李建忠. 单片机原理及应用. 西安:西安电子科技大学出版社,2008.

[6] 丁明亮. 51系列单片机应用设计与仿真. 北京:北京航空航天大学出版社,2009.

[7] 宁爱民,等. 单片机应用技术. 北京:北京理工大学出版社,2009.

[8] 侯玉宝,陈忠平,李成群,等. 基于Proteus的51系列单片机设计与仿真. 北京:电子工业出版社,2008.

[9] 卫晓娟. 单片机原理及应用系统设计. 北京:机械工业出版社,2012.

[10] 艾运阶,等. 51单片机项目教程. 北京:北京理工大学出版社,2012.

[11] 李泉溪,倪水平,李静. 单片机原理与应用实例仿真. 北京:北京航空航天大学出版社,2012.

[12] 蒋辉平,周国雄. 基于Proteus单片机系统设计与仿真实例. 北京:机械工业出版社,2009.

[13] 陈雷,陈爽. C51单片机应用实例. 北京:中国电力出版社,2011.

[14] 赵林惠,李一男,陈爽. 电子设计自动化——Proteus在电子电路与51单片机中的应用. 西安:西安电子科技大学出版社,2012.

[15] 禹定臣,李白燕,等. 单片机原理及应用案例教程. 北京:电子工业出版社,2015.

图书资源支持

感谢您一直以来对清华版图书的支持和爱护。为了配合本书的使用，本书提供配套的素材，有需求的用户请到清华大学出版社主页(http://www.tup.com.cn)上查询和下载，也可以拨打电话或发送电子邮件咨询。

如果您在使用本书的过程中遇到了什么问题，或者有相关图书出版计划，也请您发邮件告诉我们，以便我们更好地为您服务。

我们的联系方式：

地　　址：北京海淀区双清路学研大厦 A 座 707

邮　　编：100084

电　　话：010－62770175－4604

资源下载：http://www.tup.com.cn

电子邮件：weijj@tup.tsinghua.edu.cn

QQ：883604(请写明您的单位和姓名)

扫一扫

资源下载、样书申请

新书推荐、技术交流

用微信扫一扫右边的二维码，即可关注清华大学出版社公众号“书圈”。